Springer-Lehrbuch

Josef Stoer   Roland Bulirsch

Numerische Mathematik 2

Eine Einführung – unter Berücksichtigung von Vorlesungen von F.L. Bauer

Fünfte Auflage
Mit 28 Abbildungen

 Springer

Prof. Dr. Josef Stoer
Universität Würzburg
Institut für Angewandte Mathematik und Statistik
Am Hubland
97074 Würzburg, Deutschland
e-mail: jstoer@mathematik.uni-wuerzburg.de

Prof. Dr. Roland Bulirsch
Technische Universität München
Zentrum für Mathematik
Boltzmannstr. 3
85747 Garching, Deutschland
e-mail: bulirsch@mathematik.tu-muenchen.de

Die 2. Auflage erschien 1978 als Band 114 der Reihe *Heidelberger Taschenbücher*

Mathematics Subject Classification (2000):   65-01, 65-02, 65B05, 65D32, 65F10, 65F15, 65F25, 65F35, 65F50, 65L05, 65L06, 65L07, 65L12, 65L15, 65L20, 65L60, 65L80, 65N22, 65N30

Bibliografische Information Der Deutschen Bibliothek

Die Deutsche Bibliothek verzeichnet diese Publikation in der Deutschen Nationalbibliografie; detaillierte bibliografische Daten sind im Internet über http://dnb.ddb.de abrufbar.

ISBN 3-540-23777-1   Springer Berlin Heidelberg New York

ISBN 3-540-67644-9   4. Aufl.   Springer-Verlag Berlin Heidelberg New York

Springer ist ein Unternehmen von Springer Science+Business Media

springer.de

© Springer-Verlag Berlin Heidelberg 1973, 1978, 1990, 2000, 2005
Printed in Germany

Satz: Datenerstellung durch den Autor unter Verwendung eines Springer TEX-Makropakets
Herstellung: LE-TEX Jelonek, Schmidt & Vöckler GbR, Leipzig
Einbandgestaltung: *design & production* GmbH, Heidelberg

Gedruckt auf säurefreiem Papier   44/3142YL - 5 4 3 2 1 0

Vorwort zur fünften Auflage

Auch diese Neuauflage wurde zum Anlaß genommen, den vorliegenden Text zu verbessern und um neue Abschnitte zu ergänzen. Schon in den früheren Auflagen wurde die Mehrzielmethode als eine der leistungsfähigsten Methoden zur Lösung von Randwertproblemen für gewöhnliche Differentialgleichungen behandelt. In einem neuen Abschnitt 7.3.8 werden jetzt neuere fortgeschrittene Techniken beschrieben, die die Effizienz dieser Methode weiter steigern, wenn man mit ihr Mehrpunktrandwertprobleme behandeln will, bei denen Unstetigkeiten der Lösung zugelassen sind. Solche Probleme treten bei Differentialgleichungen auf, die optimale Steuerungen beschreiben, in denen sich die Steuerung in Abhängigkeit von Schaltfunktionen ändert.

Krylovraum-Methoden gehören mittlerweile zu den wichtigsten iterativen Methoden zur Lösung sehr großer linearer Gleichungssysteme. Ihre Beschreibung in Abschnitt 8.7 wird um einen neuen Unterabschnitt 8.7.4 ergänzt, der sich mit dem Bi-CG Verfahren befaßt und dessen Stabilisierung, dem Bi-CGSTAB Verfahren, das speziell für die Lösung von Gleichungen mit einer nichtsymmetrischen Matrix wichtig ist. Schließlich werden jetzt alle Krylovraum-Methoden in einen detaillierteren Vergleich der iterativen Verfahren in Abschnitt 8.10 einbezogen.

An der Erstellung der Neuauflage haben viele geholfen. Besonders danken wir Herrn Dr. R. Callies für seine Hilfe beim Zustandekommen des neuen Abschnitts 7.3.8, in den seine Ideen und Resultate eingeflossen sind. Die Herren Dr. M. Preiß und Dr. M. Wenzel haben sich mit der kritischen Lektüre nicht nur der neuen Abschnitte verdient gemacht. Herrn Professor Sadegh Jokar von der Universität Teheran danken wir für Hinweise auf (gewissermaßen internationale) Druckfehler in den früheren deutschen wie englischen Auflagen.

Schließlich danken wir den Mitarbeiterinnen und Mitarbeitern des Springer-Verlages für die mittlerweile gewohnte gute Zusammenarbeit, die zum reibungslosen Entstehen auch dieser Neuauflage führte.

Würzburg, München   *J. Stoer*
Januar 2005   *R. Bulirsch*

Inhaltsverzeichnis

6 Eigenwertprobleme

6.0 Einführung

Viele praktische Probleme in den Ingenieur- und Naturwissenschaften führen auf Eigenwertprobleme. Zu diesen Problemen gehört typischerweise ein überbestimmtes Gleichungssystem, etwa von $n + 1$ Gleichungen für n Unbekannte, $\xi_1, \ldots, \xi_n$, der Form

$$(6.0.1) \qquad F(x; \lambda) :\equiv \begin{bmatrix} f_1(\xi_1, \ldots, \xi_n; \lambda) \\ \vdots \\ f_{n+1}(\xi_1, \ldots, \xi_n; \lambda) \end{bmatrix} = 0,$$

in denen die Funktionen f_i von einem weiteren Parameter λ abhängen. Gewöhnlich besitzt (6.0.1) nur für spezielle Werte $\lambda = \lambda_i$, $i = 1$, 2, ..., dieses Parameters Lösungen $x = [\xi_1, \ldots, \xi_n]$, die natürlich von λ_i abhängen, $x = x(\lambda_i)$. Diese Werte λ_i heißen *Eigenwerte* des Eigenwertproblems (6.0.1), und eine zugehörige Lösung $x(\lambda_i)$ *Eigenlösung* zum Eigenwert λ_i.

In dieser Allgemeinheit kommen Eigenwertprobleme z.B. bei Randwertproblemen für Differentialgleichungen vor (s. Abschnitt 7.3.0). In diesem Abschnitt betrachten wir nur die speziellere Klasse der *algebraischen Eigenwertprobleme*, bei denen die Funktionen f_i, $i = 1, \ldots, n$, linear von x und linear von λ abhängen und die die folgende Form besitzen: Zu zwei reellen oder komplexen $n \times n$-Matrizen A und B sind Zahlen $\lambda \in \mathbb{C}$ so zu bestimmen, so daß das überbestimmte Gleichungssystem von $n + 1$ Gleichungen

$$(6.0.2) \qquad \begin{aligned} (A - \lambda B)x &= 0, \\ x^H x &= 1, \end{aligned}$$

eine Lösung $x \in \mathbb{C}^n$ besitzt. Dies ist äquivalent damit, Zahlen $\lambda \in \mathbb{C}$ so zu bestimmen, daß das *homogene* lineare Gleichungssystem

(6.0.3) $Ax = \lambda Bx$

eine nichttriviale Lösung $x \in \mathbb{C}^n$, $x \neq 0$, besitzt.

Für beliebige Matrizen A und B ist dieses Problem noch sehr allgemein und es wird nur kurz in Abschnitt 6.8 behandelt. Kapitel 6 beschäftigt sich hauptsächlich mit dem Sonderfall $B := I$ von (6.0.3). Hier sind zu einer $n \times n$-Matrix A Zahlen $\lambda \in \mathbb{C}$ (die *Eigenwerte* von A) und nichttriviale Vektoren $x \in \mathbb{C}^n$, $x \neq 0$ (die *Eigenvektoren* von A zum Eigenwert λ), zu bestimmen, so daß

(6.0.4) $Ax = \lambda x$, $x \neq 0$.

In den Abschnitten 6.1–6.4 werden die wichtigsten theoretischen Ergebnisse über das Eigenwertproblem (6.0.4) zu einer beliebigen $n \times n$-Matrix A zusammengestellt. So beschreiben wir verschiedene Normalformen von A, die mit den Eigenwerten von A verknüpft sind, weitere Resultate über das Eigenwertproblem für wichtige spezielle Klassen von Matrizen A (z.B. für Hermitesche und normale Matrizen), sowie elementare Resultate über die *singulären Werte* σ_i einer allgemeinen $m \times n$-Matrix, die als die Eigenwerte σ_i^2 von $A^H A$ bzw. AA^H definiert sind.

Fast alle Verfahren, um die Eigenwerte und Eigenvektoren einer Matrix A zu bestimmen, beginnen mit einem vorbereitenden Reduktionsschritt, in dem die Matrix A in eine zu A „ähnliche", aber einfacher strukturierte Matrix B mit den gleichen Eigenwerten transformiert wird ($B = (b_{i,k})$ ist entweder eine Tridiagonalmatrix, $b_{i,k} = 0$ für $|i - k| > 1$, oder eine Hessenbergmatrix, $b_{i,k} = 0$, für $i \geq k + 2$), so daß die Standardverfahren zur Berechnung der Eigenwerte und Eigenvektoren von B weniger Rechenoperationen erfordern als bei ihrer Anwendung auf A. Eine Reihe solcher Reduktionsmethoden werden in Abschnitt 6.5 beschrieben.

Die Hauptalgorithmen zur Berechnung von Eigenwerten und Eigenvektoren werden in Abschnitt 6.6 dargestellt, darunter der *LR*-Algorithmus von Rutishauser (Abschnitt 6.6.4) und der leistungsfähige *QR*-Algorithmus von Francis (Abschnitte 6.6.4 und 6.6.5). Eng verwandt mit dem *QR*-Verfahren ist ein Verfahren von Golub und Reinsch zur Berechnung der singulären Werte von Matrizen, es wird in Abschnitt 6.7 beschrieben. Nach einer kurzen Behandlung von allgemeinen Eigenwertproblemen (6.0.3) in Abschnitt 6.8 schließt das Kapitel mit der Beschreibung einer Reihe nützlicher Abschätzungen für Eigenwerte (Abschnitt 6.9). Diese können dazu dienen, um die Sensitivität der Eigenwerte bei kleinen Änderungen der Matrix zu studieren.

Eine detaillierte Beschreibung aller numerischen Aspekte von algebraischen Eigenwertproblemen findet man in der ausgezeichneten Monographie von Wilkinson (1965), und bei Golub und Van Loan (1983); das

Eigenwertproblem für symmetrische Matrizen wird bei Parlett (1980) behandelt. ALGOL-Programme für alle Verfahren dieses Kapitels findet man in Wilkinson und Reinsch (1971), FORTRAN-Programme im EISPACK Guide von Smith et al. (1976) und dessen Fortsetzungsband von Garbow et al. (1977). Diese Verfahren sind auch in die großen Programmsysteme wie MATLAB, MATHEMATICA und MAPLE eingegangen und stehen dort in sehr benutzerfreundlicher Form zur Verfügung.

6.1 Elementare Eigenschaften von Eigenwerten

Im folgenden studieren wir das Problem (6.0.4), d.h. das Problem, zu einer gegebenen $n \times n$-Matrix A eine Zahl $\lambda \in \mathbb{C}$ so zu bestimmen, daß das homogene lineare Gleichungssystem

$$(6.1.1) \qquad (A - \lambda I)x = 0$$

eine nichttriviale Lösung $x \neq 0$ besitzt.

(6.1.2) **Def.**: *Eine Zahl $\lambda \in \mathbb{C}$ heißt Eigenwert der Matrix A, wenn es einen Vektor $x \neq 0$ gibt mit $Ax = \lambda x$. Jeder solche Vektor heißt (Rechts-) Eigenvektor von A zum Eigenwert λ. Die Menge aller Eigenwerte heißt das Spektrum von A.*

Die Menge

$$L(\lambda) := \{x \,|\, (A - \lambda I)x = 0\}$$

bildet einen linearen Teilraum des $\mathbb{C}^n$ der Dimension

$$\rho(\lambda) = n - \text{Rang}\,(A - \lambda I),$$

und eine Zahl $\lambda \in \mathbb{C}$ ist genau dann Eigenwert von A, wenn $L(\lambda) \neq 0$, d.h. wenn $\rho(\lambda) > 0$ gilt und deshalb $A - \lambda I$ singulär ist:

$$\det(A - \lambda I) = 0.$$

Man sieht leicht, daß $\varphi(\mu) := \det(A - \mu I)$ ein Polynom n-ten Grades folgender Form ist

$$\varphi(\mu) = (-1)^n(\mu^n + \alpha_{n-1}\mu^{n-1} + \cdots + \alpha_0).$$

Es heißt das

(6.1.3) *charakteristische Polynom*

der Matrix A. Seine Nullstellen sind genau die Eigenwerte von A. Sind λ_1, ..., λ_k die verschiedenen Nullstellen von $\varphi(\mu)$, so läßt sich φ in der Form

$$\varphi(\mu) = (-1)^n (\mu - \lambda_1)^{\sigma_1} (\mu - \lambda_2)^{\sigma_2} \cdots (\mu - \lambda_k)^{\sigma_k}$$

darstellen. Die Zahl σ_i, die wir auch mit $\sigma(\lambda_i) = \sigma_i$ bezeichnen, heißt die *Vielfachheit* des Eigenwerts λ_i, genauer, seine *algebraische* Vielfachheit. Die Eigenvektoren zum Eigenwert λ sind nicht eindeutig bestimmt, zusammen mit dem Nullvektor füllen sie gerade den linearen Teilraum $L(\lambda)$ des $\mathbb{C}^n$ aus. Es gilt also

(6.1.4) *Mit x und y ist auch jede Linearkombination $\alpha x + \beta y \neq 0$ wieder Eigenvektor zum Eigenwert λ der Matrix A.*

Die Zahl $\rho(\lambda) = \dim L(\lambda)$ gibt die Maximalzahl linear unabhängiger Eigenvektoren zum Eigenwert λ an. Sie heißt deshalb auch die

geometrische Vielfachheit des Eigenwertes λ.

Man verwechsle sie nicht mit der algebraischen Vielfachheit $\sigma(\lambda)$.

Beispiele: Die n-reihige Diagonalmatrix $D := \lambda I$ besitzt das charakteristische Polynom $\varphi(\mu) = \det(D - \mu I) = (\lambda - \mu)^n$. λ ist einziger Eigenwert und jeder Vektor $x \in \mathbb{C}^n$, $x \neq 0$, ist Eigenvektor, $L(\lambda) = \mathbb{C}^n$, und es gilt $\sigma(\lambda) = n = \rho(\lambda)$. Die n-reihige Matrix

$$(6.1.5) \qquad C_n(\lambda) := \begin{bmatrix} \lambda & 1 & & & 0 \\ & \lambda & \cdot & & \\ & & \cdot & \cdot & \\ & & & \cdot & \cdot \\ & & & & \cdot & 1 \\ 0 & & & & & \lambda \end{bmatrix}$$

besitzt ebenfalls das charakteristische Polynom $\varphi(\mu) = (\lambda - \mu)^n$ und λ als einzigen Eigenwert mit $\sigma(\lambda) = n$. Jedoch ist jetzt der Rang von $C_n(\lambda) - \lambda I$ gleich $n - 1$, also $\rho(\lambda) = n - (n - 1) = 1$, sowie

$$L(\lambda) = \{\alpha e_1 | \alpha \in \mathbb{C}\}, \quad e_1 = (1, 0, \ldots, 0)^T = 1. \text{ Achsenvektor.}$$

An weiteren einfachen Eigenschaften von Eigenwerten notieren wir:

(6.1.6) *Ist $p(\mu) = \gamma_0 + \gamma_1 \mu + \cdots + \gamma_m \mu^m$ ein beliebiges Polynom und definiert man für eine $n \times n$-Matrix A die Matrix $p(A)$ durch*

$$p(A) := \gamma_0 I + \gamma_1 A + \cdots + \gamma_m A^m,$$

so besitzt die Matrix $p(A)$ den Eigenvektor x zum Eigenwert $p(\lambda)$, wenn λ Eigenwert von A und x zugehöriger Eigenvektor ist. Insbesondere besitzt αA den Eigenwert $\alpha \lambda$, $A + \tau I$ den Eigenwert $\lambda + \tau$. Ist A zusätzlich nicht singulär, so besitzt A^{-1} den Eigenwert λ^{-1} zum Eigenvektor x.

Beweis: Aus $Ax = \lambda x$ folgt sofort $A^2 x = A(Ax) = \lambda Ax = \lambda^2 x$ und allgemein $A^i x = \lambda^i x$. Also gilt

$$p(A)x = (\gamma_0 I + \gamma_1 A + \cdots + \gamma_m A^m)x$$
$$= (\gamma_0 + \gamma_1 \lambda + \cdots + \gamma_m \lambda^m)x = p(\lambda)x.$$

Schließlich ist $Ax = \lambda x$ für nicht singuläres A mit $A^{-1}x = \lambda^{-1}x$ äquivalent. □

Ferner folgt aus

$$\det(A - \lambda I) = \det((A - \lambda I)^T) = \det(A^T - \lambda I)$$
$$\det(A^H - \bar{\lambda}I) = \det((A - \lambda I)^H) = \det\overline{((A - \lambda I)^T)} = \overline{\det(A - \lambda I)}$$

die Aussage:

(6.1.7) *Wenn* λ *Eigenwert von* A *ist, so ist* λ *auch Eigenwert von* A^T *und* $\bar{\lambda}$ *Eigenwert von* A^H.

Zwischen den zugehörigen Eigenvektoren x, y, z,

$$Ax = \lambda x,$$
$$A^T y = \lambda y,$$
$$A^H z = \bar{\lambda}z$$

gilt wegen $A^H = \bar{A}^T$ lediglich die triviale Beziehung $\bar{y} = z$. Insbesondere gibt es zwischen x und y bzw. x und z i.a. keine einfache Beziehung. Wegen $y^T = z^H$ und $z^H A = \lambda z^H$ bezeichnet man z^H bzw. y^T auch als einen zum Eigenwert λ von A gehörigen *Linkseigenvektor*.

Ist ferner $x \neq 0$ Eigenvektor zum Eigenwert λ, $Ax = \lambda x$, T eine nichtsinguläre $n \times n$-Matrix, und definiert man $y := T^{-1}x$, so gilt

$$T^{-1}ATy = T^{-1}Ax = \lambda T^{-1}x = \lambda y, \quad y \neq 0,$$

d.h. y ist Eigenvektor der transformierten Matrix

$$B := T^{-1}AT$$

zum selben Eigenwert λ. Solche Transformationen nennt man

Ähnlichkeitstransformationen,

und B heißt ähnlich zu A, $A \sim B$. Man zeigt leicht, daß die Ähnlichkeit von Matrizen eine Äquivalenzrelation ist, d.h. es gilt

$$A \sim A,$$
$$A \sim B \Rightarrow B \sim A,$$
$$A \sim B, \quad B \sim C \Rightarrow A \sim C.$$

Ähnliche Matrizen besitzen nicht nur dieselben Eigenwerte λ, sondern auch dasselbe charakteristische Polynom. Es ist nämlich

$$\det(T^{-1}AT - \mu I) = \det(T^{-1}(A - \mu I)T)$$
$$= \det(T^{-1}) \det(A - \mu I) \det(T)$$
$$= \det(A - \mu I).$$

Darüber hinaus bleiben die Zahlen $\rho(\lambda)$, $\sigma(\lambda)$ erhalten: Für $\sigma(\lambda)$ folgt dies aus der Invarianz des charakteristischen Polynoms, für $\rho(\lambda)$ daraus, daß wegen der Nichtsingularität von T die Vektoren $x_1, \ldots, x_\rho$ genau dann linear unabhängig sind, wenn die zugehörigen Vektoren $y_i := T^{-1}x_i$, $i = 1$, $\ldots, \rho$, linear unabhängig sind.

Bei den wichtigsten Verfahren zur Berechnung von Eigenwerten und Eigenvektoren einer Matrix A werden zunächst eine Reihe von Ähnlichkeitstransformationen vorgenommen

$$A^{(0)} := A,$$
$$A^{(i)} := T_i^{-1} A^{(i-1)} T_i, \quad i = 1, 2, \ldots,$$

um die Matrix A schrittweise in eine Matrix einfacherer Gestalt zu transformieren, deren Eigenwerte und Eigenvektoren man leichter bestimmen kann.

6.2 Die Jordansche Normalform einer Matrix

Es wurde bereits im letzten Abschnitt bemerkt, daß für einen Eigenwert λ einer $n \times n$-Matrix A die Vielfachheit $\sigma(\lambda)$ von λ als Nullstelle des charakteristischen Polynoms nicht mit $\rho(\lambda)$, der Maximalzahl linear unabhängiger zu λ gehöriger Eigenvektoren, übereinstimmen muß. Man kann jedoch folgende Ungleichung zeigen

(6.2.1) $1 \le \rho(\lambda) \le \sigma(\lambda) \le n.$

Beweis: Wir zeigen nur den nichttrivialen Teil $\rho(\lambda) \le \sigma(\lambda)$. Sei $\rho := \rho(\lambda)$ und seien $x_1, \ldots, x_\rho$ linear unabhängige zu λ gehörige Eigenvektoren,

$$Ax_i = \lambda x_i, \quad i = 1, \ldots, \rho.$$

Wir wählen $n - \rho$ weitere linear unabhängige Vektoren $x_i \in \mathbb{C}^n$, $i = \rho + 1$, $\ldots, n$, so daß die x_i, $i = 1, \ldots, n$, eine Basis des $\mathbb{C}^n$ bilden. Dann ist die quadratische Matrix $T := (x_1, \ldots, x_n)$ mit den Spalten x_i nichtsingulär. Für $i = 1, \ldots, \rho$ gilt nun wegen $Te_i = x_i$, $e_i = T^{-1}x_i$,

$$T^{-1}ATe_i = T^{-1}Ax_i = \lambda T^{-1}x_i = \lambda e_i.$$

$T^{-1}AT$ besitzt daher die Gestalt

$$T^{-1}AT = \left[\begin{array}{ccc|ccc} \lambda & & 0 & * & \cdots & * \\ & \ddots & & \vdots & & \vdots \\ 0 & & \lambda & * & \cdots & * \\ \hline & & & * & \cdots & * \\ & 0 & & \vdots & & \vdots \\ & & & * & \cdots & * \end{array}\right] = \left[\begin{array}{c|c} \lambda I & B \\ \hline 0 & C \end{array}\right],$$

$$\underbrace{}_{\rho}$$

und es folgt für das charakteristische Polynom von A bzw. $T^{-1}AT$

$$\varphi(\mu) = \det(A - \mu I) = \det(T^{-1}AT - \mu I) = (\lambda - \mu)^\rho \cdot \det(C - \mu I).$$

$\varphi(\mu)$ ist durch $(\lambda - \mu)^\rho$ teilbar, also λ mindestens eine ρ-fache Nullstelle von φ. □

Im Beispiel des letzten Abschnitts wurden bereits die $\nu \times \nu$-Matrizen [s. (6.1.5)]

$$C_\nu(\lambda) = \left[\begin{array}{cccc} \lambda & 1 & & 0 \\ & \ddots & \ddots & \\ & & \ddots & 1 \\ 0 & & & \lambda \end{array}\right]$$

eingeführt und gezeigt, daß für den (einzigen) Eigenwert λ dieser Matrizen gilt $1 = \rho(\lambda) < \sigma(\lambda) = \nu$ (sofern $\nu > 1$). Einziger Eigenvektor (bis auf skalare Vielfache) ist e_1 und für die Achsenvektoren e_i gilt allgemein

(6.2.2)
$$(C_\nu(\lambda) - \lambda I)e_i = e_{i-1}, \quad i = \nu, \nu - 1, \ldots, 2,$$

$$(C_\nu(\lambda) - \lambda I)e_1 = 0.$$

Setzt man formal $e_k := 0$ für $k \le 0$, so folgt sofort für alle $i, j \ge 1$

$$(C_\nu(\lambda) - \lambda I)^i e_j = e_{j-i}$$

und daher

(6.2.3)
$$(C_\nu(\lambda) - \lambda I)^\nu = 0, \quad (C_\nu(\lambda) - \lambda I)^{\nu-1} \ne 0.$$

Die Bedeutung der Matrizen $C_\nu(\lambda)$ liegt darin, daß aus ihnen die sog. *Jordansche Normalform* J einer Matrix aufgebaut ist. Es gilt nämlich der folgende fundamentale Satz, den wir ohne Beweis bringen:

(6.2.4) **Satz:** *Sei A eine beliebige $n \times n$-Matrix und $\lambda_1, \ldots, \lambda_k$ ihre verschiedenen Eigenwerte mit den geometrischen bzw. algebraischen Vielfachheiten*

$\rho(\lambda_i)$, $\sigma(\lambda_i)$, $i = 1, \ldots, k$. *Zu jedem der Eigenwerte* λ_i, $i = 1, \ldots, k$, *gibt es dann* $\rho(\lambda_i)$ *natürliche Zahlen* $v_j^{(i)}$, $j = 1,2, \ldots, \rho(\lambda_i)$ *mit*

$$\sigma(\lambda_i) = v_1^{(i)} + v_2^{(i)} + \cdots + v_{\rho(\lambda_i)}^{(i)}$$

und eine nichtsinguläre $n \times n$-*Matrix* T, *so daß* $J := T^{-1}AT$ *folgende Gestalt besitzt:*

$$(6.2.5) \quad J = \begin{bmatrix} C_{v_1^{(1)}}(\lambda_1) & & & & 0 \\ & \ddots & & & \\ & & C_{v_{\rho(\lambda_1)}^{(1)}}(\lambda_1) & & \\ & & & \ddots & \\ & & & & C_{v_1^{(k)}}(\lambda_k) \\ & & & & \ddots \\ 0 & & & & & C_{v_{\rho(\lambda_k)}^{(k)}}(\lambda_k) \end{bmatrix}$$

Die Zahlen $v_j^{(i)}$, $j = 1, \ldots, \rho(\lambda_i)$, *(und damit die Matrix* J) *sind bis auf die Reihenfolge eindeutig bestimmt.* J *heißt die Jordansche Normalform der Matrix* A.

Die Matrix T ist i. allg. nicht eindeutig bestimmt.

Partitioniert man die Matrix T spaltenweise entsprechend der Jordanschen Normalform J (6.2.5),

$$T = (T_1^{(1)}, \ldots, T_{\rho(\lambda_1)}^{(1)}, \ldots, T_1^{(k)}, \ldots, T_{\rho(\lambda_k)}^{(k)}),$$

so folgen aus $T^{-1}AT = J$ und damit $AT = TJ$ sofort die Beziehungen

$$(6.2.6) \quad AT_j^{(i)} = T_j^{(i)} C_{v_j^{(i)}}(\lambda_i), \quad i = 1, 2, \ldots, k, \quad j = 1, 2, \ldots, \rho(\lambda_i).$$

Bezeichnen wir die Spalten der $n \times v_j^{(i)}$-Matrix $T_j^{(i)}$ ohne weitere Indizes kurz mit t_m, $m = 1, 2, \ldots, v_j^{(i)}$,

$$T_j^{(i)} = (t_1, t_2, \ldots, t_{v_j^{(i)}}),$$

so folgt aus (6.2.6) und der Definition von $C_{v_j^{(i)}}(\lambda_i)$ sofort

$$(A - \lambda_i I)[t_1, \ldots, t_{v_j^{(i)}}] = [t_1, \ldots, t_{v_j^{(i)}}] \begin{bmatrix} 0 & 1 & & 0 \\ & 0 & \ddots & \\ & & \ddots & 1 \\ 0 & & & 0 \end{bmatrix}$$

oder

$$(A - \lambda_i I)t_m = t_{m-1}, \quad m = v_j^{(i)}, \, v_j^{(i)} - 1, \ldots, 2,$$

(6.2.7)

$$(A - \lambda_i I)t_1 = 0.$$

Insbesondere ist t_1, die erste Spalte von $T_j^{(i)}$, Eigenvektor zum Eigenwert λ_i. Die übrigen t_m, $m = 2, 3, \ldots, v_j^{(i)}$, heißen *Hauptvektoren* zu λ_i; man sieht, daß zu jedem Jordanblock $C_{v_j^{(i)}}(\lambda_i)$ je ein Eigenvektor und ein Satz von Hauptvektoren gehört. Insgesamt kann man also zu einer $n \times n$-Matrix A eine Basis des $\mathbb{C}^n$ finden (nämlich gerade die Spalten von T), die nur aus Eigen- und Hauptvektoren von A besteht.

Die charakteristischen Polynome

$$(\lambda_i - \mu)^{v_j^{(i)}} = \det(C_{v_j^{(i)}}(\lambda_i) - \mu I)$$

der einzelnen Jordanblöcke $C_{v_j^{(i)}}(\lambda_i)$ heißen die

(6.2.8) *Elementarteiler*

von A. A besitzt also genau dann nur lineare Elementarteiler, wenn $v_j^{(i)} = 1$ für alle i und j gilt, die Jordansche Normalform von A also eine Diagonalmatrix ist. Man nennt dann A *diagonalisierbar* oder auch *normalisierbar*. Dieser Fall ist dadurch ausgezeichnet, daß es dann eine Basis des $\mathbb{C}^n$ gibt, die nur aus Eigenvektoren von A besteht, Hauptvektoren treten nicht auf. Andernfalls sagt man, daß A „höhere", nämlich nichtlineare, Elementarteiler besitze.

Aus Satz (6.2.4) folgt sofort der

(6.2.9) **Satz:** *Jede $n \times n$-Matrix A mit n verschiedenen Eigenwerten ist diagonalisierbar.*

Weitere Klassen von diagonalisierbaren Matrizen werden wir in Abschnitt 6.4 kennenlernen.

Ein anderer Extremfall liegt vor, wenn zu jedem der verschiedenen Eigenwerte λ_i, $i = 1, \ldots, k$, von A nur ein Jordanblock in der Jordanschen Normalform J (6.2.5) gehört. Dieser Fall liegt genau dann vor, wenn

$$\rho(\lambda_i) = 1 \quad \text{für} \quad i = 1, 2, \ldots, k.$$

Die Matrix A heißt dann

(6.2.10) *nichtderogatorisch,*

andernfalls *derogatorisch* (eine $n \times n$-Matrix mit n verschiedenen Eigenwerten ist also sowohl diagonalisierbar als auch nichtderogatorisch!). Die

Klasse der nichtderogatorischen Matrizen wird im nächsten Abschnitt näher studiert.

Ein weiterer wichtiger Begriff ist der des *Minimalpolynoms* einer Matrix A. Man versteht darunter dasjenige Polynom

$$\psi(\mu) = \gamma_0 + \gamma_1 \mu + \cdots + \gamma_{m-1} \mu^{m-1} + \mu^m$$

kleinsten Grades mit der Eigenschaft

$$\psi(A) = 0.$$

Es kann mit Hilfe der Jordanschen Normalform von A sofort angegeben werden:

(6.2.11) **Satz:** *Sei A eine $n \times n$-Matrix mit den (verschiedenen) Eigenwerten $\lambda_1, \ldots, \lambda_k$ und der Jordanschen Normalform J (6.2.5) und sei $\tau_i := \max_{1 \leq j \leq \rho(\lambda_i)} \nu_j^{(i)}$. Dann ist*

$$(6.2.12) \qquad \psi(\mu) := (\mu - \lambda_1)^{\tau_1}(\mu - \lambda_2)^{\tau_2} \ldots (\mu - \lambda_k)^{\tau_k}$$

das Minimalpolynom von A. $\psi(\mu)$ ist Teiler jedes Polynoms $\chi(\mu)$ mit $\chi(A) = 0$.

Beweis: Wir zeigen zunächst, daß alle Nullstellen des Minimalpolynoms ψ von A, sofern es existiert, Eigenwerte von A sind. Ist etwa λ Nullstelle von ψ, so gilt

$$\psi(\mu) = (\mu - \lambda) \cdot g(\mu)$$

mit einem Polynom $g(\mu)$, das von kleinerem Grade als ψ ist. Es gilt daher nach Definition des Minimalpolynoms $g(A) \neq 0$. Also gibt es einen Vektor $z \neq 0$ mit $x := g(A)z \neq 0$. Wegen $\psi(A) = 0$ folgt dann

$$0 = \psi(A)z = (A - \lambda I)g(A)z = (A - \lambda I)x,$$

d. h. λ ist Eigenwert von A. Sofern ein Minimalpolynom existiert, hat es also die Gestalt $\psi(\mu) = (\mu - \lambda_1)^{\tau_1}(\mu - \lambda_2)^{\tau_2} \cdots (\mu - \lambda_k)^{\tau_k}$ mit gewissen τ_i. Wir wollen nun zeigen, daß durch $\tau_i := \max_j \nu_j^{(i)}$ ein Polynom mit $\psi(A) = 0$ gegeben ist. Mit den Bezeichnungen von Satz (6.2.4) hat man nämlich $A = TJT^{-1}$ und daher $\psi(A) = T\psi(J)T^{-1}$. Nun gilt aber wegen der Diagonalstruktur von J,

$$J = \mathrm{diag}(C_{\nu_1^{(1)}}(\lambda_1), \ldots, C_{\nu_{\rho(\lambda_k)}^{(k)}}(\lambda_k)),$$

die Beziehung

$$\psi(J) = \mathrm{diag}(\psi(C_{\nu_1^{(1)}}(\lambda_1)), \ldots, \psi(C_{\nu_{\rho(\lambda_k)}^{(k)}})).$$

Wegen $\psi(\mu) = (\mu - \lambda_i)^{\tau_i} \cdot g(\mu)$, $g(\mu)$ ein Polynom mit $g(\lambda_i) \neq 0$, folgt

(6.2.13) $\qquad \psi(C_{v_j^{(i)}}(\lambda_i)) = (C_{v_j^{(i)}}(\lambda_i) - \lambda_i I)^{\tau_i} \cdot g(C_{v_j^{(i)}}(\lambda_i))$

und daher wegen $\tau_i \geq v_j^{(i)}$ und (6.2.3)

$$\psi(C_{v_j^{(i)}}(\lambda_i)) = 0.$$

Also ist $\psi(J) = 0$ und damit auch $\psi(A) = 0$.
Gleichzeitig sieht man, daß man keine der Zahlen τ_i kleiner als $\max_j v_j^{(i)}$ wählen darf: Wäre etwa $\tau_i < v_j^{(i)}$, so wäre wegen (6.2.3)

$$(C_{v_y^{(i)}}(\lambda_i) - \lambda_i I)^{\tau_i} \neq 0.$$

Aus $g(\lambda_i) \neq 0$ folgt sofort die Nichtsingularität der Matrix

$$B := g(C_{v_j^{(i)}}(\lambda_i)).$$

Also wäre wegen (6.2.13) auch $\psi(C_{v_j^{(i)}}) \neq 0$, und $\psi(J)$ und $\psi(A)$ würden beide nicht verschwinden. Damit ist gezeigt, daß das angegebene Polynom das Minimalpolynom von A ist.

Sei nun schließlich $\chi(\mu)$ irgendein Polynom mit $\chi(A) = 0$. Dividiert man χ (mit Rest) durch das Minimalpolynom $\chi(\mu)$, erhält man

$$\chi(\mu) = g(\mu) \cdot \psi(\mu) + r(\mu)$$

mit Grad $r <$ Grad ψ. Aus $\chi(A) = \psi(A) = 0$ folgt daher auch $r(A) = 0$. Da ψ das Minimalpolynom von A ist, muß $r(\mu) \equiv 0$ identisch verschwinden: ψ ist Teiler von χ. $\qquad\square$
Wegen (6.2.4) hat man

$$\sigma(\lambda_i) = \sum_{j=1}^{\rho(\lambda_i)} v_j^{(i)} \geq \tau_i = \max_j v_j^{(i)},$$

d. h. das charakteristische Polynom $\varphi(\mu) = \det(A - \mu I)$ von A ist ein Vielfaches des Minimalpolynoms. Gleichheit, $\sigma(\lambda_i) = \tau_i$, $i = 1, \ldots, k$, herrscht genau dann, wenn A nichtderogatorisch ist. Es folgen somit

(6.2.14) **Korollar** (Cayley-Hamilton): *Für das charakteristische Polynom* $\varphi(\mu)$ *einer Matrix A gilt* $\varphi(A) = 0$.

(6.2.15) **Korollar:** *Eine Matrix A ist nichtderogatorisch genau dann, wenn ihr Minimalpolynom und ihr charakteristisches Polynom (bis auf eine Konstante als Faktor) übereinstimmen.*

Beispiel: Die Jordan-Matrix

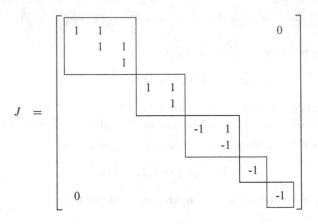

besitzt die Eigenwerte $\lambda_1 = 1$, $\lambda_2 = -1$ mit den Vielfachheiten

$$\rho(\lambda_1) = 2, \qquad \rho(\lambda_2) = 3,$$
$$\sigma(\lambda_1) = 5, \qquad \sigma(\lambda_2) = 4.$$

Elementarteiler:

$$(1 - \mu)^3, \ (1 - \mu)^2, \ (-1 - \mu)^2, \ (-1 - \mu), \ (-1 - \mu).$$

Charakteristisches Polynom: $\qquad \varphi(\mu) = (-1)^9(\mu - 1)^5(\mu + 1)^4.$

Minimalpolynom: $\qquad\qquad \psi(\mu) = (\mu - 1)^3(\mu + 1)^2.$

Zu $\lambda_1 = 1$ gehören die linear unabhängigen (Rechts-) Eigenvektoren e_1, e_4, zu $\lambda_2 = -1$ die Eigenvektoren e_6, e_8, e_9.

6.3 Die Frobeniussche Normalform einer Matrix

Im letzten Abschnitt studierten wir die Matrizen $C_\nu(\lambda)$, die sich als Bausteine der Jordanschen Normalform einer Matrix herausstellten. Die *Frobeniussche Normalform,* oder auch *rationale Normalform,* einer Matrix ist analog aus *Frobeniusmatrizen F* der Form

$$(6.3.1) \qquad F = \begin{bmatrix} 0 & \cdots & \cdots & 0 & -\gamma_0 \\ 1 & \ddots & & 0 & -\gamma_1 \\ & \ddots & \ddots & \vdots & \vdots \\ & & \ddots & 0 & -\gamma_{m-2} \\ 0 & & & 1 & -\gamma_{m-1} \end{bmatrix},$$

aufgebaut, mit deren Eigenschaften wir uns zunächst befassen wollen. Man stößt auf Matrizen dieses Typs beim Studium von *Krylovsequenzen* von Vektoren: Unter einer Krylovsequenz für die $n \times n$-Matrix A zum Startvektor $t_0 \in \mathbb{C}^n$ versteht man eine Sequenz von Vektoren $t_i \in \mathbb{C}^n$, $i = 0, 1, \ldots$, $m - 1$, mit der folgenden Eigenschaft:

$a)$ $t_i = At_{i-1}$, $i \geq 1$.

$b)$ $t_0, t_1, \ldots, t_{m-1}$ sind linear unabhängig.

(6.3.2) $c)$ $t_m := At_{m-1}$ hängt linear von $t_0, t_1, \ldots, t_{m-1}$ ab:

Es gibt Konstanten γ_i mit

$$t_m + \gamma_{m-1}t_{m-1} + \cdots + \gamma_0 t_0 = 0.$$

Die Länge m der Krylovsequenz hängt natürlich von t_0 ab. Es gilt $m \leq n$, da mehr als n Vektoren im $\mathbb{C}^n$ stets linear abhängig sind. Bildet man die $n \times m$-Matrix $T := [t_0, \ldots, t_{m-1}]$ und die Matrix F (6.3.1), so ist (6.3.2) äquivalent mit

(6.3.3)

Rang $T = m$,

$$AT = A[t_0, \ldots, t_{m-1}] = [t_1, \ldots, t_m] = [t_0, \ldots, t_{m-1}]F = TF.$$

Jeder Eigenwert von F ist auch Eigenwert von A: Aus $Fz = \lambda z$, $z \neq 0$, folgt nämlich für $x := Tz$ wegen (6.3.3)

$$x \neq 0 \quad \text{und} \quad Ax = ATz = TFz = \lambda Tz = \lambda x.$$

Darüber hinaus gilt

(6.3.4) **Satz:** *Die Matrix F (6.3.1) ist nichtderogatorisch: Das Minimalpolynom von F ist*

$$\psi(\mu) = \gamma_0 + \gamma_1 \mu + \cdots + \gamma_{m-1}\mu^{m-1} + \mu^m$$
$$= (-1)^m \det(F - \mu I).$$

Beweis: Entwickelt man $\varphi(\mu) := \det(F - \mu I)$ nach der letzten Spalte, so findet man als charakteristisches Polynom von F

$$\varphi(\mu) = \det \begin{bmatrix} -\mu & & & 0 & -\gamma_0 \\ 1 & -\mu & & & -\gamma_1 \\ & \ddots & \ddots & & \vdots \\ & & 1 & -\mu & -\gamma_{m-2} \\ 0 & & & 1 & -\gamma_{m-1} - \mu \end{bmatrix}$$

$$= (-1)^m (\gamma_0 + \gamma_1 \mu + \cdots + \gamma_{m-1}\mu^{m-1} + \mu^m).$$

Nach den Resultaten des letzten Abschnitts (6.2.12), (6.2.14) ist das Minimalpolynom $\psi(\mu)$ von F Teiler von $\varphi(\mu)$. Wäre Grad $\psi < m = $ Grad φ, etwa

$$\psi(\mu) = \alpha_0 + \alpha_1\mu + \cdots + \alpha_{r-1}\mu^{r-1} + \mu^r, \quad r < m,$$

so folgt aus $\psi(F) = 0$ und $Fe_i = e_{i+1}$ für $1 \le i \le m - 1$ sofort der Widerspruch

$$0 = \psi(F)e_1 = \alpha_0 e_1 + \alpha_1 e_2 + \cdots + \alpha_{r-1}e_r + e_{r+1}$$
$$= [\alpha_0, \alpha_1, \ldots, \alpha_{r-1}, 1, 0, \ldots, 0]^T \neq 0.$$

Also ist Grad $\psi = m$ und damit $\psi(\mu) = (-1)^m \varphi(\mu)$. Wegen (6.2.15) ist der Satz bewiesen. □

Nimmt man an, daß das charakteristische Polynom von F die Nullstellen λ_i mit den Vielfachheiten σ_i, $i = 1, \ldots, k$, besitzt,

$$\psi(\mu) = \gamma_0 + \cdots + \gamma_{m-1}\mu^{m-1} + \mu^m = (\mu - \lambda_1)^{\sigma_1}(\mu - \lambda_2)^{\sigma_2} \cdots (\mu - \lambda_k)^{\sigma_k},$$

so ist wegen (6.3.4) die Jordansche Normalform von F (6.3.1) gerade

$$\begin{bmatrix} C_{\sigma_1}(\lambda_1) & & & 0 \\ & C_{\sigma_2}(\lambda_2) & & \\ & & \ddots & \\ 0 & & & C_{\sigma_k}(\lambda_k) \end{bmatrix}.$$

Die Bedeutung der Frobeniusmatrizen liegt darin, daß sie die Bausteine der sog. *Frobeniusschen* oder *rationalen Normalform* einer Matrix liefern. Es gilt nämlich:

(6.3.5) **Satz:** *Zu jeder $n \times n$-Matrix A gibt es eine nichtsinguläre $n \times n$-Matrix T mit*

$$(6.3.6) \qquad T^{-1}AT = \begin{bmatrix} F_1 & & & 0 \\ & F_2 & & \\ & & \ddots & \\ 0 & & & F_r \end{bmatrix},$$

wobei die F_i Frobeniusmatrizen mit folgender Eigenschaft sind:

1. *Ist $\varphi_i(\mu) = \det(F_i - \mu I)$ das charakteristische Polynom von F_i, so ist $\varphi_i(\mu)$ ein Teiler von $\varphi_{i-1}(\mu)$, $i = 2, 3, \ldots, r$.*
2. *$\varphi_1(\mu)$ ist bis auf den Faktor ± 1 das Minimalpolynom von A.*
3. *Die Matrizen F_i sind durch A eindeutig bestimmt.*

Man nennt (6.3.6) die *Frobeniussche Normalform* von A.

Beweis: Wir nehmen an, daß J (6.2.5) die Jordansche Normalform von A ist. Seien ferner o. B. d. A. die Zahlen $v_j^{(j)}$ geordnet,

$$(6.3.7) \qquad v_1^{(i)} \geq v_2^{(i)} \geq \cdots \geq v_{\rho(\lambda_i)}^{(i)}, \qquad i = 1, 2, \ldots, k.$$

Man definiere die Polynome $\varphi_j(\mu)$, $j = 1, \ldots, r$, $r := \max_i \rho(\lambda_i)$, durch

$$\varphi_j(\mu) = (\lambda_1 - \mu)^{v_j^{(1)}} (\lambda_2 - \mu)^{v_j^{(2)}} \ldots (\lambda_k - \mu)^{v_j^{(k)}}$$

(dabei sei $v_j^{(i)} := 0$ für $j > \rho(\lambda_i)$). Wegen (6.3.7) ist $\varphi_j(\mu)$ Teiler von $\varphi_{j-1}(\mu)$ und $\pm\varphi_1(\mu)$ Minimalpolynom von A. Als Frobeniusmatrix F_j nehme man gerade diejenige Frobeniusmatrix, deren charakteristisches Polynom $\varphi_j(\mu)$ ist. S_i bezeichne diejenige Matrix, die F_i in die zugehörige Jordansche Normalform J_i transformiert

$$S_i^{-1} F_i S_i = J_i.$$

Eine Jordansche Normalform von A (die Jordansche Normalform ist nur bis auf Permutationen der Jordanblöcke eindeutig) ist dann

$$J' = \begin{bmatrix} J_1 & & & \\ & J_2 & & \\ & & \ddots & \\ & & & J_r \end{bmatrix}$$

$$= \begin{bmatrix} S_1 & & & \\ & S_2 & & \\ & & \ddots & \\ & & & S_r \end{bmatrix}^{-1} \begin{bmatrix} F_1 & & & \\ & F_2 & & \\ & & \ddots & \\ & & & F_r \end{bmatrix} \begin{bmatrix} S_1 & & & \\ & S_2 & & \\ & & \ddots & \\ & & & S_r \end{bmatrix}.$$

Nach Satz (6.2.4) gibt es eine Matrix U mit $U^{-1} A U = J'$. Die Matrix $T := U S^{-1}$ mit

$$S = \begin{bmatrix} S_1 & & & \\ & S_2 & & \\ & & \ddots & \\ & & & S_r \end{bmatrix}$$

transformiert A in die verlangte Form (6.3.6). Man überzeugt sich leicht von der Eindeutigkeit der F_i.   □

Beispiel: Für die Matrix J des Beispiels in Abschnitt 6.2 ist

$$\varphi_1(\mu) = (1 - \mu)^3 (-1 - \mu)^2 = -(\mu^5 - \mu^4 - 2\mu^3 + 2\mu^2 + \mu - 1),$$

$$\varphi_2(\mu) = (1 - \mu)^2 (-1 - \mu) = -(\mu^3 - \mu^2 - \mu + 1),$$

$$\varphi_3(\mu) = -(\mu + 1),$$

so daß

$$F_1 = \begin{bmatrix} 0 & 0 & 0 & 0 & 1 \\ 1 & 0 & 0 & 0 & -1 \\ 0 & 1 & 0 & 0 & -2 \\ 0 & 0 & 1 & 0 & 2 \\ 0 & 0 & 0 & 1 & 1 \end{bmatrix}, \quad F_2 = \begin{bmatrix} 0 & 0 & -1 \\ 1 & 0 & 1 \\ 0 & 1 & 1 \end{bmatrix}, \quad F_3 = [-1].$$

Die Frobeniussche Normalform hat hauptsächlich theoretische Bedeutung, ihr praktischer Nutzen für die Bestimmung von Eigenwerten ist gering: im einfachsten Fall einer nichtderogatorischen $n \times n$-Matrix A läuft ihre Berechnung auf die Berechnung der Koeffizienten γ_k des charakteristischen Polynoms

$$\varphi(\mu) \equiv \det(A - \mu I) = (-1)^n (\mu^n + \gamma_{n-1}\mu^{n-1} + \cdots + \gamma_0)$$

hinaus, dessen Nullstellen die Eigenwerte von A sind. Es ist aber nicht zu empfehlen, zuerst die γ_k und dann die Eigenwerte von A als Nullstellen des Polynoms φ zu berechnen, weil im allgemeinen die Nullstellen λ_i von φ auf kleine Änderungen der Koeffizienten γ_k von φ viel empfindlicher reagieren als auf kleine Änderungen der Matrix A [s. die Abschnitte 5.8 und 6.9].

Beispiel: Satz (6.9.7) wird zeigen, daß das Eigenwertproblem für hermitesche Matrizen $A = A^H$ gut konditioniert in folgendem Sinne ist: Zu jedem Eigenwert $\lambda_i(A + \triangle A)$ von $A + \triangle A$ gibt es einen Eigenwert $\lambda_j(A)$ von A mit

$$|\lambda_i(A + \triangle A) - \lambda_j(A)| \leq \mathrm{lub}_2(\triangle A).$$

Hat die 20×20-Matrix A etwa die Eigenwerte $\lambda_j = j$, $j = 1, 2, \ldots, 20$, so gilt $\mathrm{lub}_2(A) = 20$ wegen $A = A^H$ (s. Übungsaufgabe 8). Versieht man alle Elemente von A mit einem relativen Fehler von höchstens eps, d.h. ersetzt man A durch $A + \triangle A$ mit $|\triangle A| \leq \mathrm{eps}\,|A|$, so folgt (s. Übungsaufgabe 11)

$$\mathrm{lub}_2(\triangle A) \leq \mathrm{lub}_2(|\triangle A|) \leq \mathrm{lub}_2(\mathrm{eps}\,|A|)$$
$$\leq \mathrm{eps}\,\sqrt{20}\,\mathrm{lub}_2(A) < 90\,\mathrm{eps}\,.$$

Dagegen bewirken relative Fehler der Größenördnung eps in den Koeffizienten γ_k des charakteristischen Polynoms $\varphi(\mu) = (\mu-1)(\mu-2)\cdots(\mu-20)$ von A gewaltige Änderungen der Nullstellen λ_j von φ [s. Abschnitt 5.8, Beispiel 1].

Eine besonders krasse Konditionsverschlechterung liegt immer dann vor, wenn A eine hermitesche Matrix mit nahe benachbarten (oder gar mehrfachen) Eigenwerten ist, da auch dann noch das Eigenwertproblem für diese Matrizen gut konditioniert ist, während mehrfache Nullstellen eines Polynoms φ immer schlecht konditionierte Funktionen der Koeffizienten γ_k sind.

Hinzu kommt, daß viele Verfahren zur Berechnung der Koeffizienten des charakteristischen Polynoms numerisch instabil sind, etwa das naheliegende Verfahren von Frazer, Duncan und Collar: Hier wird ausgenutzt, daß der Vektor $c = [\gamma_0, \gamma_1, \ldots, \gamma_{n-1}]^T$ wegen (6.3.2), c) als Lösung eines linearen Gleichungssystems $Tc = -t_n$ mit der nichtsingulären Matrix

$T := [t_0, t_1, \dots, t_{n-1}]$ berechnet werden kann, wenn $t_0, \dots, t_{n-1}$ eine Krylovsequenz der Länge n ist. Leider ist für großes n die Matrix T schlecht konditioniert, $\text{cond}(T) \gg 1$ [s. Abschnitt 4.4], so daß allein die Fehler bei der Berechnung von T die Lösung $c = -T^{-1}t_n$ sehr stark verfälschen. Dies liegt daran, daß i.a. die Vektoren $t_i = A^i t_0$ bis auf einen Skalierungsfaktor σ_i gegen einen Vektor $t \neq 0$ konvergieren, $\lim_i \sigma_i t_i = t$, so daß die Spalten von T immer „linear abhängiger" werden [s. Abschnitt 6.6.3 und Übungsaufgabe 12].

6.4 Die Schursche Normalform einer Matrix. Hermitesche und normale Matrizen, singuläre Werte von Matrizen

Läßt man zur Ähnlichkeitstransformation $T^{-1}AT$ nicht mehr beliebige nichtsinguläre Matrizen T zu, so kann man A i. allg. nicht mehr auf die Jordansche Normalform transformieren. Für unitäre Matrizen T, d. h. Matrizen T mit $T^H T = I$, gilt jedoch das folgende Resultat von Schur:

(6.4.1) Satz: *Zu jeder $n \times n$-Matrix A gibt es eine unitäre $n \times n$-Matrix U mit*

$$U^H A U = \begin{bmatrix} \lambda_1 & * & \cdots & * \\ & \lambda_2 & \ddots & \vdots \\ & & \ddots & * \\ 0 & & & \lambda_n \end{bmatrix}.$$

Dabei sind die λ_i, $i = 1, \dots, n$, die (nicht notwendig verschiedenen) Eigenwerte von A.

Beweis: Durch vollständige Induktion bzgl. n. Für $n = 1$ ist der Satz trivial. Nehmen wir an, daß der Satz für $(n-1)$-reihige Matrizen richtig ist und sei A eine $n \times n$-Matrix. Sei λ_1 irgendein Eigenwert von A und $x_1 \neq 0$ ein zugehöriger Eigenvektor, $Ax_1 = \lambda_1 x_1$, mit $\|x_1\|_2^2 = x_1^H x_1 = 1$. Dann kann man $n-1$ weitere Vektoren $x_2, \dots, x_n$ finden, die zusammen mit x_1 eine orthonormale Basis des $\mathbb{C}^n$ bilden, also die $n \times n$-Matrix $X := [x_1, \dots, x_n]$ mit den Spalten x_i unitär ist, $X^H X = I$. Wegen

$$X^H A X e_1 = X^H A x_1 = \lambda_1 X^H x_1 = \lambda_1 e_1$$

besitzt die Matrix $X^H A X$ die Form

$$X^H A X = \left[\begin{array}{c|c} \lambda_1 & a \\ \hline 0 & A_1 \end{array} \right],$$

wobei A_1 eine $(n-1)$-reihige Matrix ist und $a^H \in \mathbb{C}^{n-1}$. Nach Induktionsvoraussetzung gibt es eine unitäre $(n-1)$-reihige Matrix U_1 mit

$$U_1^H A_1 U_1 = \begin{bmatrix} \lambda_2 & * & \cdot & \cdot & \cdot & * \\ & & \cdot & & & \cdot \\ & & & \cdot & & \cdot \\ & & & & \cdot & * \\ 0 & & & & & \lambda_n \end{bmatrix}.$$

Die Matrix

$$U := X \begin{bmatrix} 1 & 0 \\ \hline 0 & U_1 \end{bmatrix}$$

ist dann eine unitäre $n \times n$-Matrix mit

$$\begin{aligned}
U^H A U &= \begin{bmatrix} 1 & 0 \\ 0 & U_1^H \end{bmatrix} X^H A X \begin{bmatrix} 1 & 0 \\ 0 & U_1 \end{bmatrix} \\[2mm]
&= \begin{bmatrix} 1 & 0 \\ 0 & U_1^H \end{bmatrix} \begin{bmatrix} \lambda_1 & a \\ 0 & A_1 \end{bmatrix} \begin{bmatrix} 1 & 0 \\ 0 & U_1 \end{bmatrix} \\[2mm]
&= \begin{bmatrix} \lambda_1 & * & \cdot & \cdot & \cdot & * \\ & & \cdot & & & \cdot \\ & & & \cdot & & \cdot \\ & & & & \cdot & * \\ 0 & & & & & \lambda_n \end{bmatrix}.
\end{aligned}$$

Daß die Zahlen λ_i, $i = 1, \ldots, n$, Nullstellen von $\det(U^H A U - \mu I)$ und
damit Eigenwerte von A sind, ist trivial.   □

Ist $A = A^H$ nun eine Hermitesche Matrix, so ist

$$(U^H A U)^H = U^H A^H U^{HH} = U^H A U$$

wieder eine Hermitesche Matrix. Es folgt daher sofort aus (6.4.1)

(6.4.2) **Satz:** *Zu jeder Hermiteschen $n \times n$-Matrix $A = A^H$ gibt es eine
unitäre Matrix $U = [x_1, \ldots, x_n]$ mit*

$$U^{-1} A U = U^H A U = \begin{bmatrix} \lambda_1 & & 0 \\ & \ddots & \\ 0 & & \lambda_n \end{bmatrix}.$$

*Die Eigenwerte λ_i, $i = 1, \ldots, n$, von A sind reell. A ist diagonalisierbar.
Die i-te Spalte x_i von U ist Eigenvektor zum Eigenwert λ_i, $A x_i = \lambda_i x_i$. A
besitzt somit n linear unabhängige zueinander orthogonale Eigenvektoren.*

Ordnet man die Eigenwerte λ_i einer n-reihigen Hermiteschen Matrix $A = A^H$ der Größe nach an,

$$\lambda_1 \geq \lambda_2 \geq \cdots \geq \lambda_n,$$

so kann man λ_1 und λ_n auch auf folgende Weise kennzeichnen [s. (6.9.14) für eine Verallgemeinerung]

$$(6.4.3) \qquad \lambda_1 = \max_{0 \neq x \in \mathbb{C}^n} \frac{x^H A x}{x^H x}, \quad \lambda_n = \min_{0 \neq x \in \mathbb{C}^n} \frac{x^H A x}{x^H x}.$$

Beweis: Ist $U^H A U = \Lambda = \mathrm{diag}(\lambda_1, \ldots, \lambda_n)$, U unitär, so gilt für alle $x \neq 0$

$$\frac{x^H A x}{x^H x} = \frac{(x^H U) U^H A U (U^H x)}{(x^H U)(U^H x)} = \frac{y^H \Lambda y}{y^H y} = \frac{\sum_i \lambda_i |\eta_i|^2}{\sum_i |\eta_i|^2}$$

$$\leq \frac{\sum_i \lambda_1 |\eta_i|^2}{\sum_i |\eta_i|^2} = \lambda_1,$$

wobei $y := U^H x = [\eta_1, \ldots, \eta_n]^T \neq 0$. Nimmt man als $x \neq 0$ speziell einen Eigenvektor zu λ_1, $Ax = \lambda_1 x$, erhält man $x^H A x / x^H x = \lambda_1$, so daß $\lambda_1 = \max_{0 \neq x \in \mathbb{C}^n} x^H A x / x^H x$. Die andere Aussage von (6.4.3) folgt aus dem eben Bewiesenen, wenn man A durch $-A$ ersetzt.

Aus (6.4.3) und der Definition (s. (4.3.1)) einer positiv definiten (positiv semidefiniten) Matrix A erhält man sofort

(6.4.4) Satz: *Eine Hermitesche Matrix A ist positiv definit (positiv semidefinit) genau dann, wenn alle Eigenwerte von A positiv (nichtnegativ) sind.*

Eine Verallgemeinerung der Hermiteschen Matrizen sind die *normalen* Matrizen: Eine $n \times n$-Matrix A heißt normal, wenn gilt

$$A^H A = A A^H,$$

d.h. A ist mit A^H vertauschbar. Beispielsweise sind alle Hermiteschen, Diagonal-, schiefhermiteschen und unitären Matrizen normal.

(6.4.5) Satz: *Eine $n \times n$-Matrix A ist genau dann normal, wenn es eine unitäre Matrix U gibt mit*

$$U^{-1} A U = U^H A U = \begin{bmatrix} \lambda_1 & & 0 \\ & \ddots & \\ 0 & & \lambda_n \end{bmatrix}.$$

Normale Matrizen sind diagonalisierbar und besitzen n linear unabhängige zueinander orthogonale Eigenvektoren x_i, $i = 1, \ldots, n$, $A x_i = \lambda_i x_i$, nämlich die Spalten der Matrix $U = [x_1, \ldots, x_n]$.

Beweis: Nach dem Satz von Schur (6.4.1) gibt es eine unitäre Matrix U mit

$$U^H A U = \begin{bmatrix} \lambda_1 & * & \cdots & * \\ & \cdot & \cdot & \cdot \\ & & \cdot & * \\ 0 & & & \lambda_n \end{bmatrix} =: R = [r_{ik}].$$

Aus $A^H A = A A^H$ folgt nun

$$R^H R = U^H A^H U U^H A U = U^H A^H A U$$

$$= U^H A A^H U = U^H A U U^H A^H U$$

$$= R R^H.$$

Daraus folgt für das $(1, 1)$-Element von $R^H R = R R^H$

$$\bar{\lambda}_1 \cdot \lambda_1 = |\lambda_1|^2 = |\lambda_1|^2 + \sum_{k=2}^{n} |r_{1k}|^2,$$

also $r_{1k} = 0$ für $k = 2, \ldots, n$. Auf dieselbe Weise zeigt man, daß alle Nichtdiagonalelemente von R verschwinden.

Sei jetzt A unitär diagonalisierbar, $U^H A U = \text{diag}(\lambda_1, \ldots, \lambda_n) =: D$, $U^H U = I$. Es ist dann

$$A^H A = U D^H U^H U D U^H = U |D|^2 U^H = U D U^H U D^H U^H = A A^H. \quad \square$$

Für eine beliebige $m \times n$-Matrix A ist die $n \times n$-Matrix $A^H A$ positiv semidefinit, denn für $x \in \mathbb{C}^n$ gilt $x^H (A^H A) x = \|Ax\|_2^2 \geq 0$. Ihre Eigenwerte $\lambda_1 \geq \lambda_2 \cdots \geq \lambda_n \geq 0$ sind nach (6.4.4) nichtnegativ und können deshalb in der Form $\lambda_k = \sigma_k^2$ mit $\sigma_k \geq 0$ geschrieben werden. Die Zahlen $\sigma_1 \geq \cdots \geq \sigma_n \geq 0$ heißen

(6.4.6)   *singuläre Werte von A.*

Ersetzt man in (6.4.3) die Matrix A durch $A^H A$, so erhält man sofort

(6.4.7) $\sigma_1 = \max\limits_{0 \neq x \in \mathbb{C}^n} \dfrac{\|Ax\|_2}{\|x\|_2} = \text{lub}_2(A), \quad \sigma_n = \min\limits_{0 \neq x \in \mathbb{C}^n} \dfrac{\|Ax\|_2}{\|x\|_2} :$

Ist insbesondere $m = n$ und A nichtsingulär, so gilt

$$1/\sigma_n = \max\limits_{x \neq 0} \frac{\|x\|_2}{\|Ax\|_2} = \max\limits_{y \neq 0} \frac{\|A^{-1} y\|_2}{\|y\|_2} = \text{lub}_2(A^{-1}),$$

(6.4.8)

$$\text{cond}_2(A) = \text{lub}_2(A) \, \text{lub}_2(A^{-1}) = \sigma_1/\sigma_n.$$

Der kleinste singuläre Wert σ_n einer quadratischen Matrix A gibt den Abstand von A zur „nächsten" singulären Matrix an:

(6.4.9) **Satz:** *A und E seien beliebige* $n \times n$*-Matrizen und A habe die singulären Werte* $\sigma_1 \geq \sigma_2 \geq \cdots \geq \sigma_n \geq 0$. *Dann gilt*
1) $\mathrm{lub}_2(E) \geq \sigma_n$*, falls* $A + E$ *singulär ist.*
2) *Es gibt eine Matrix E mit* $\mathrm{lub}_2(E) = \sigma_n$*, so daß* $A + E$ *singulär ist.*

Beweis: 1) Sei $A + E$ singulär, also $(A + E)x = 0$ für ein $x \neq 0$. Dann ergibt (6.4.7)

$$\sigma_n \|x\|_2 \leq \|Ax\|_2 = \| - Ex\|_2 \leq \mathrm{lub}_2(E)\|x\|_2,$$

also $\sigma_n \leq \mathrm{lub}_2(E)$.

2) Für $\sigma_n = 0$ ist nichts zu zeigen: denn wegen (6.4.7) ist $0 = \|Ax\|_2$ für ein $x \neq 0$, so daß bereits A singulär ist. Sei deshalb $\sigma_n > 0$. Wegen (6.4.7) gibt es Vektoren u, v mit

$$\|Au\|_2 = \sigma_n, \quad \|u\|_2 = 1,$$

$$v := \frac{1}{\sigma_n} Au, \quad \|v\|_2 = 1.$$

Für die spezielle $n \times n$-Matrix $E := -\sigma_n v u^H$ gilt dann $(A + E)u = 0$, so daß $A + E$ singulär ist, sowie

$$\mathrm{lub}_2(E) = \sigma_n \max_{x \neq 0} \|v\|_2 \frac{|u^H x|}{\|x\|_2} = \sigma_n. \qquad \square$$

Eine beliebige $m \times n$-Matrix A läßt sich unitär auf eine gewisse Normalform transformieren, in der die singulären Werte von A erscheinen:

(6.4.10) **Satz:** *A sei eine beliebige (komplexe)* $m \times n$*-Matrix.*
1) *Dann gibt es eine unitäre* $m \times m$*-Matrix U und eine unitäre* $n \times n$*-Matrix V, so daß* $U^H A V = \Sigma$ *eine* $m \times n$*-„Diagonal-Matrix" der folgenden Form ist*

$$\Sigma = \begin{bmatrix} D & 0 \\ 0 & 0 \end{bmatrix}, \quad D := \mathrm{diag}(\sigma_1, \ldots, \sigma_r), \quad \sigma_1 \geq \sigma_2 \geq \cdots \geq \sigma_r > 0.$$

Dabei sind $\sigma_1, \ldots, \sigma_r$ *gerade die von 0 verschiedenen singulären Werte und r der Rang von A.*
2) *Die von 0 verschiedenen singulären Werte der Matrix* A^H *sind die gleichen Zahlen* $\sigma_1, \ldots, \sigma_r$. *Die Zerlegung* $A = U \Sigma V^H$ *heißt*

(6.4.11)   *Singuläre-Werte-Zerlegung von A.*

Beweis: Wir zeigen 1) durch vollständige Induktion nach m und n. Für $m = 0$ oder $n = 0$ ist nichts zu zeigen. Wir nehmen an, daß der Satz für $(m - 1) \times (n - 1)$-Matrizen richtig ist und A eine $m \times n$-Matrix mit $m \geq 1$, $n \geq 1$ ist. Sei σ_1 der größte singuläre Wert von A. Falls $\sigma_1 = 0$, ist wegen (6.4.7) auch $A = 0$, so daß nichts zu zeigen ist. Sei daher $\sigma_1 > 0$ und $x_1 \neq 0$ Eigenvektor von $A^H A$ zum Eigenwert σ_1^2 mit $\|x_1\|_2 = 1$:

$$(6.4.12) \qquad\qquad A^H A x_1 = \sigma_1^2 x_1.$$

Dann kann man $n - 1$ weitere Vektoren $x_2, \ldots, x_n \in \mathbb{C}^n$ finden, derart daß die $n \times n$-Matrix $X := [x_1, x_2, \ldots, x_n]$ mit den Spalten x_i unitär wird, $X^H X = I_n$. Wegen $\|A x_1\|_2^2 = x_1^H A^H A x_1 = \sigma_1^2 x_1^H x_1 = \sigma_1^2 > 0$ ist der Vektor $y_1 := 1/\sigma_1 A x_1 \in \mathbb{C}^m$ mit $\|y_1\|_2 = 1$ wohldefiniert und man kann $m - 1$ weitere Vektoren $y_2, \ldots, y_m \in \mathbb{C}^m$ finden, so daß die $m \times m$-Matrix $Y := [y_1, y_2, \ldots, y_m]$ ebenfalls unitär wird, $Y^H Y = I_m$. Nun folgt aus (6.4.12) und den Definitionen von y_1, X und Y mit

$$e_1 := (1, 0, \ldots, 0)^T \in \mathbb{C}^n, \ \bar{e}_1 := (1, 0, \ldots, 0)^T \in \mathbb{C}^m$$

die Beziehung

$$Y^H A X e_1 = Y^H A x_1 = \sigma_1 Y^H y_1 = \sigma_1 \bar{e}_1 \in \mathbb{C}^m$$

sowie

$$(Y^H A X)^H \bar{e}_1 = X^H A^H Y \bar{e}_1 = X^H A^H y_1 = \frac{1}{\sigma_1} X^H A^H A x_1$$
$$= \sigma_1 X^H x_1 = \sigma_1 e_1 \in \mathbb{C}^n,$$

so daß die Matrix $Y^H A X$ folgende Gestalt besitzt:

$$Y^H A X = \begin{bmatrix} \sigma_1 & 0 \\ 0 & \tilde{A} \end{bmatrix}.$$

Hier ist $\tilde{A}$ eine $(m - 1) \times (n - 1)$-Matrix.

Nach Induktionsvoraussetzung gibt es eine unitäre $(m - 1)$-reihige Matrix $\tilde{U}$ und eine unitäre $(n - 1)$-reihige Matrix $\tilde{V}$ mit

$$\tilde{U}^H \tilde{A} \tilde{V} = \tilde{\Sigma} = \begin{bmatrix} \tilde{D} & 0 \\ 0 & 0 \end{bmatrix}, \ \tilde{D} := \mathrm{diag}(\sigma_2, \ldots, \sigma_r), \ \sigma_2 \geq \cdots \geq \sigma_r > 0,$$

mit einer $(m - 1) \times (n - 1)$-„Diagonalmatrix" $\tilde{\Sigma}$ der angegebenen Form. Die m-reihige Matrix

$$U := Y \begin{bmatrix} 1 & 0 \\ 0 & \tilde{U} \end{bmatrix}$$

ist unitär, ebenso die n-reihige Matrix

$$V := X \begin{bmatrix} 1 & 0 \\ 0 & \tilde{V} \end{bmatrix}$$

und es gilt

$$U^H A V = \begin{bmatrix} 1 & 0 \\ 0 & \tilde{U}^H \end{bmatrix} Y^H A X \begin{bmatrix} 1 & 0 \\ 0 & \tilde{V} \end{bmatrix} = \begin{bmatrix} 1 & 0 \\ 0 & \tilde{U}^H \end{bmatrix} \begin{bmatrix} \sigma_1 & 0 \\ 0 & \tilde{A} \end{bmatrix} \begin{bmatrix} 1 & 0 \\ 0 & \tilde{V} \end{bmatrix}$$

$$= \begin{bmatrix} \sigma_1 & 0 \\ 0 & \tilde{\Sigma} \end{bmatrix} = \begin{bmatrix} D & 0 \\ 0 & 0 \end{bmatrix} = \Sigma, \quad D := \mathrm{diag}(\sigma_1, \cdots, \sigma_r),$$

und Σ ist eine $m \times n$-reihige Diagonalmatrix mit $\sigma_2 \geq \cdots \geq \sigma_r > 0$, $\sigma_1^2 = \lambda_{\max}(A^H A)$. Offensichtlich ist Rang $A = r$ wegen Rang $A = $ Rang $U^H A V = $ Rang Σ.

Wir müssen noch zeigen, daß $\sigma_1 \geq \sigma_2$ gilt und die σ_i die singulären Werte von A sind: Nun folgt aus $U^H A V = \Sigma$ für die $n \times n$-Diagonalmatrix $\Sigma^H \Sigma$

$$\Sigma^H \Sigma = \mathrm{diag}(\sigma_1^2, \ldots, \sigma_r^2, 0, \ldots, 0) = V^H A^H U U^H A V = V^H (A^H A) V,$$

so daß [s. Satz (6.4.2)] $\sigma_1^2, \ldots, \sigma_r^2$ die von 0 verschiedenen Eigenwerte von $A^H A$ sind, also $\sigma_1, \ldots, \sigma_r$ die von 0 verschiedenen singulären Werte von A. Wegen $\sigma_1^2 = \lambda_{\max}(A^H A)$ gilt dann $\sigma_1 \geq \sigma_2$. $\square$

Die unitären Matrizen U, V in der Zerlegung $U^H A V = \Sigma$ haben folgende Bedeutung: Die Spalten von U geben m orthonormale Eigenvektoren der Hermiteschen $m \times m$-Matrix $A A^H$ an, die Spalten von V n orthonormale Eigenvektoren der Hermiteschen $n \times n$-Matrix $A^H A$. Dies folgt sofort aus $U^H A A^H U = \Sigma \Sigma^H$, $V^H A^H A V = \Sigma^H \Sigma$ und Satz (6.4.2). Schließlich sei noch bemerkt, daß man die *Pseudoinverse* A^+ [s. (4.8.5)] der $m \times n$-Matrix A mit Hilfe der Zerlegung $U^H A V = \Sigma$ sofort angeben kann. Ist

$$\Sigma = \begin{bmatrix} D & 0 \\ 0 & 0 \end{bmatrix}, \quad D = \mathrm{diag}(\sigma_1, \ldots, \sigma_r), \ \sigma_1 \geq \cdots \geq \sigma_r > 0,$$

dann ist die $n \times m$-Diagonalmatrix

$$\Sigma^+ := \begin{bmatrix} D^{-1} & 0 \\ 0 & 0 \end{bmatrix},$$

die Pseudoinverse von Σ und man verifiziert sofort, daß die $n \times m$-Matrix

(6.4.13) $$A^+ := V \Sigma^+ U^H$$

die Bedingungen von (4.8.5.1) für eine Pseudoinverse von A erfüllen. Wegen der Eindeutigkeitsaussagen von Satz (4.8.5.2) muß daher A^+ die Pseudoinverse von A sein.

6.5 Reduktion von Matrizen auf einfachere Gestalt

Die Eigenwerte und Eigenvektoren einer dicht besetzten Matrix A werden bei den gebräuchlichsten Verfahren folgendermaßen bestimmt. Man transformiert die Matrix zunächst mit Hilfe von endlich vielen Ähnlichkeitstransformationen

$$A = A_0 \to A_1 \to \cdots \to A_m,$$

$$A_i = T_i^{-1} A_{i-1} T_i, \qquad i = 1, 2, \ldots, m,$$

in eine einfacher gebaute Matrix B,

$$B := A_m = T^{-1} A T, \qquad T := T_1 T_2 \cdots T_m,$$

und bestimmt anschließend die Eigenwerte λ und Eigenvektoren y von B, $By = \lambda y$. Es gilt dann für $x := Ty = T_1 \cdots T_m y$ wegen $B = T^{-1} A T$

$$Ax = \lambda x,$$

d.h. zum Eigenwert λ von A gehört der Eigenvektor x. Die Matrix B wird dabei so gewählt, daß
1. die anschließende Eigenwert- bzw. Eigenvektor-Bestimmung für B möglichst einfach ist (d.h. möglichst wenig Operationen erfordert) und
2. die Rundungsfehler $\triangle B$, die man bei der Berechnung von B aus A begeht, die Eigenwerte von A nicht stärker verfälschen als relativ kleine Änderungen $\triangle A$ der Matrix A.

Wegen

$$B = T^{-1} A T,$$

$$B + \triangle B = T^{-1}(A + \triangle A)T, \qquad \triangle A := T \triangle B T^{-1},$$

hat man für jede Vektornorm $\| \cdot \|$ und die zugehörige Matrixnorm $\mathrm{lub}(\cdot)$ folgende Abschätzungen

$$\mathrm{lub}(B) \leq \mathrm{cond}(T) \, \mathrm{lub}(A)$$

$$\mathrm{lub}(\triangle A) \leq \mathrm{cond}(T) \, \mathrm{lub}(\triangle B)$$

und daher

$$\frac{\mathrm{lub}(\triangle A)}{\mathrm{lub}(A)} \leq \left(\mathrm{cond}(T)\right)^2 \frac{\mathrm{lub}(\triangle B)}{\mathrm{lub}(B)}.$$

Deshalb kann für großes $\mathrm{cond}(T) \gg 1$ selbst ein relativ kleiner Fehler $\triangle B$ bei der Berechnung von B, $\mathrm{lub}(\triangle B)/\mathrm{lub}(B) \approx \mathrm{eps}$, den gleichen Effekt auf die Eigenwerte haben wie ein relativer Fehler $\triangle A$ in der Matrix A, der folgende Größe haben kann

$$\frac{\text{lub}(\triangle A)}{\text{lub}(A)} \approx \text{cond}(T)^2 \frac{\text{lub}(\triangle B)}{\text{lub}(B)} = \text{cond}(T)^2 \cdot \text{eps}.$$

Das Verfahren, die Eigenwerte von A als die Eigenwerte von B zu bestimmen wird dann nicht gutartig sein [s. Abschnitt 1.3]. Um Gutartigkeit zu garantieren, hat man wegen

$$\text{cond}(T) = \text{cond}(T_1 \cdots T_m) \le \text{cond}(T_1) \cdots \text{cond}(T_m)$$

die Matrizen T_i so zu wählen, daß $\text{cond}(T_i)$ nicht zu groß wird. Dies ist für die Maximumnorm $\|x\|_\infty = \max_i |x_i|$ insbesondere für Eliminationsmatrizen [s. Abschnitt 4.2]

$$T_i = G_j = \begin{bmatrix} 1 & & & & & & 0 \\ & \ddots & & & & & \\ & & 1 & & & & \\ & & l_{j+1,j} & \ddots & & & \\ & & \vdots & & \ddots & & \\ 0 & & l_{nj} & & 0 & & 1 \end{bmatrix}, \quad \text{mit} \quad |l_{kj}| \le 1,$$

(6.5.0.1)

$$G_j^{-1} = \begin{bmatrix} 1 & & & & & & 0 \\ & \ddots & & & & & \\ & & 1 & & & & \\ & & -l_{j+1,j} & \ddots & & & \\ & & \vdots & & \ddots & & \\ 0 & & -l_{nj} & & 0 & & 1 \end{bmatrix},$$

$$\text{cond}_\infty(T_i) \le 4,$$

der Fall und für die euklidische Norm $\|x\|_2 = \sqrt{x^H x}$ für unitäre Matrizen $T_i = U$, z.B. für Householdermatrizen: für sie gilt $\text{cond}_2(T_i) = 1$. Reduktionsalgorithmen, die nur unitäre Matrizen T_i oder Eliminationsmatrizen T_i (6.5.0.1) benutzen, werden in den folgenden Abschnitten beschrieben. Als „einfache" Endmatrix $B = A_m$ kann man mit diesen Hilfsmitteln für allgemeine Matrizen eine obere *Hessenberg-Matrix* erreichen, die von folgender Gestalt ist:

$$B = \begin{bmatrix} * & \cdot & \cdot & \cdot & \cdot & * \\ * & \cdot & & & & \\ 0 & \cdot & \cdot & & & \cdot \\ \cdot & \cdot & \cdot & \cdot & & \cdot \\ \cdot & & \cdot & \cdot & \cdot & \cdot \\ 0 & \cdot & \cdot & 0 & * & * \end{bmatrix}, \quad b_{ik} = 0, \quad \text{für} \quad k \le i - 2.$$

Bei Hermiteschen Matrizen $A = A^H$ benutzt man zur Reduktion nur unitäre Matrizen T_i, $T_i^{-1} = T_i^H$. Mit A_{i-1} ist dann auch $A_i = T_i^{-1} A_{i-1} T_i$ Hermitesch,

$$A_i^H = (T_i^H A_{i-1} T_i)^H = T_i^H A_{i-1}^H T_i = T_i^H A_{i-1} T_i = A_i.$$

Als Endmatrix B erhält man deshalb eine Hermitesche Hessenberg-Matrix, d.h. eine (Hermitesche) Tridiagonalmatrix oder *Jacobimatrix*:

$$B = \begin{bmatrix} \delta_1 & \bar\gamma_2 & & 0 \\ \gamma_2 & \delta_2 & \ddots & \\ & \ddots & \ddots & \bar\gamma_n \\ 0 & & \gamma_n & \delta_n \end{bmatrix}, \qquad \delta_i = \bar\delta_i.$$

6.5.1 Reduktion einer Hermiteschen Matrix auf Tridiagonalgestalt. Das Verfahren von Householder

Bei dem Verfahren von Householder zur Tridiagonalisierung einer Hermiteschen $n \times n$-Matrix $A^H = A =: A_0$ werden zur Transformation

$$A_i = T_i^{-1} A_{i-1} T_i$$

geeignete Householder-Matrizen [s. Abschnitt 4.7] benutzt:

$$T_i^H = T_i^{-1} = T_i = I - \beta_i u_i u_i^H.$$

Wir nehmen an, daß die Matrix $A_{i-1} = (\alpha_{jk})$ bereits die folgende Gestalt besitzt

$$(6.5.1.1) \qquad A_{i-1} = \left[\begin{array}{c|c|c} J_{i-1} & c & 0 \\ \hline c^H & \delta_i & a_i^H \\ \hline 0 & a_i & \tilde A_{i-1} \end{array} \right] = (\alpha_{jk})$$

mit

$$\left[\begin{array}{c|c} J_{i-1} & c \\ \hline c^H & \delta_i \end{array} \right] = \left[\begin{array}{ccccc|c} \delta_1 & \bar\gamma_2 & & 0 & & 0 \\ \gamma_2 & \delta_2 & \ddots & & \vdots & \vdots \\ & \ddots & \ddots & \bar\gamma_{i-1} & & 0 \\ 0 & & \gamma_{i-1} & \delta_{i-1} & \bar\gamma_i \\ \hline 0 & \cdots & 0 & \gamma_i & \delta_i \end{array} \right], \qquad a_i = \begin{bmatrix} \alpha_{i+1,i} \\ \vdots \\ \alpha_{ni} \end{bmatrix}.$$

Nach Abschnitt 4.7 gibt es eine $(n - i)$-reihige Householdermatrix $\tilde{T}_i$ mit

$$(6.5.1.2) \qquad \tilde{T}_i a_i = k \cdot e_1 \in \mathbb{C}^{n-i}.$$

$\tilde{T}_i$ hat die Gestalt $\tilde{T}_i = I - \beta u u^H$, $u \in \mathbb{C}^{n-i}$, und ist gegeben durch

$$\sigma := \|a_i\|_2 = {}_{\oplus}\!\!\sqrt{\sum_{j=i+1}^{n} |\alpha_{ji}|^2}$$

$$\beta = \begin{cases} 1/(\sigma(\sigma + |\alpha_{i+1,i}|)) & \text{für } \sigma \neq 0 \\ 0 & \text{sonst} \end{cases}$$

$$(6.5.1.3) \qquad k := -\sigma \cdot e^{i\varphi} \qquad \text{falls} \quad \alpha_{i+1,i} = e^{i\varphi} |\alpha_{i+1,i}|$$

$$u := \begin{bmatrix} e^{i\varphi}(\sigma + |\alpha_{i+1,i}|) \\ \alpha_{i+2,i} \\ \vdots \\ \alpha_{ni} \end{bmatrix}.$$

Für die unitäre $n \times n$-Matrix T_i, die wie (6.5.1.1) partitioniert ist,

$$T_i := \left[\begin{array}{c|c|c} I & 0 & 0 \\ \hline 0 & 1 & 0 \\ \hline 0 & 0 & \tilde{T}_i \end{array} \right] \Big\} \, i-1$$

gilt dann offensichtlich $T_i^H = T_i^{-1} = T_i$ sowie wegen (6.5.1.2)

$$T_i^{-1} A_{i-1} T_i = T_i A_{i-1} T_i = \left[\begin{array}{c|c|c} J_{i-1} & c & 0 \\ \hline c^H & \delta_i & a_i^H \tilde{T}_i \\ \hline 0 & \tilde{T}_i a_i & \tilde{T}_i \tilde{A}_{i-1} \tilde{T}_i \end{array} \right]$$

$$
=
\begin{bmatrix}
\begin{array}{cccc|cccc}
\delta_1 & \bar{\gamma}_2 & & 0 & 0 & & & \\
\gamma_2 & \delta_2 & \ddots & & \vdots & & 0 & \\
 & \ddots & \ddots & \bar{\gamma}_{i-1} & 0 & & & \\
0 & & \gamma_{i-1} & \delta_{i-1} & \bar{\gamma}_i & & & \\
\hline
0 & \cdots & 0 & \gamma_i & \delta_i & \bar{\gamma}_{i+1} & 0 & \cdots & 0 \\
 & & & & \gamma_{i+1} & & & \\
 & & & & 0 & & & \\
 & 0 & & & \vdots & & \tilde{T}_i \tilde{A}_{i-1} \tilde{T}_i & \\
 & & & & 0 & & & \\
\end{array}
\end{bmatrix}
=: A_i
$$

mit $\gamma_{i+1} := k$.

Wegen $\tilde{T}_i = I - \beta u u^H$ läßt sich $\tilde{T}_i \tilde{A}_{i-1} \tilde{T}_i$ auf folgende Weise berechnen:

$$
\tilde{T}_i \tilde{A}_{i-1} \tilde{T}_i = (I - \beta u u^H)\tilde{A}_{i-1}(I - \beta u u^H)
$$
$$
= \tilde{A}_{i-1} - \beta \tilde{A}_{i-1} u u^H - \beta u u^H \tilde{A}_{i-1} + \beta^2 u u^H \tilde{A}_{i-1} u u^H.
$$

Führt man zur Abkürzung die Vektoren $p, q \in \mathbb{C}^{n-i}$ ein,

$$
p := \beta \tilde{A}_{i-1} u, \quad q := p - \frac{\beta}{2}(p^H u)u,
$$

so folgt wegen $\beta \geq 0$, $p^H u = \beta u^H \tilde{A}_{i-1} u = (p^H u)^H$ sofort

$$
\tilde{T}_i \tilde{A}_{i-1} \tilde{T}_i = \tilde{A}_{i-1} - p u^H - u p^H + \beta u p^H u u^H
$$

$$
(6.5.1.4) \quad = \tilde{A}_{i-1} - u\left[p - \frac{\beta}{2}(p^H u)u\right]^H - \left[p - \frac{\beta}{2}(p^H u)u\right]u^H
$$

$$
= \tilde{A}_{i-1} - u q^H - q u^H.
$$

Mit den Formeln (6.5.1.1)-(6.5.1.4) ist die i-te Transformation

$$
A_i = T_i^{-1} A_{i-1} T_i
$$

beschrieben. Offensichtlich ist

$$
B = A_{n-2} =
\begin{bmatrix}
\delta_1 & \bar{\gamma}_2 & & 0 \\
\gamma_2 & \delta_2 & \ddots & \\
 & \ddots & \ddots & \bar{\gamma}_n \\
0 & & \gamma_n & \delta_n
\end{bmatrix},
\qquad \delta_i = \bar{\delta}_i,
$$

eine Hermitesche Tridiagonalmatrix.

Formale ALGOL-ähnliche Beschreibung der Householdertransformation für eine reelle symmetrische Matrix $A = A^T = (a_{jk})$ mit $n \geq 2$:

> **for** $i := 1$ **step** 1 **until** $n - 2$ **do**
> **begin** $\delta_i := a_{ii}$;
>
> $$s := {}_{\oplus}\sqrt{\sum_{j=i+1}^{n} |\alpha_{ji}|^2} \; ; \text{ if } a_{i+1,i} < 0 \text{ then } s := -s;$$
>
> $\gamma_{i+1} := -s; \qquad e := s + a_{i+1,i};$
>
> **if** $s = 0$ **then begin** $a_{ii} := 0$; **goto** MM **end**;
>
> $\beta := a_{ii} := 1/(s \times e);$
>
> $u_{i+1} := a_{i+1,i} := e;$
>
> **for** $j := i + 2$ **step** 1 **until** n **do** $u_j := a_{ji}$;
>
> **for** $j := i + 1$ **step** 1 **until** n **do**
>
> $$p_j := \left(\sum_{j=i+1}^{i} a_{jk} \times u_k + \sum_{k=j+1}^{n} a_{kj} \times u_k \right) \times \beta;$$
>
> $$sk := \left(\sum_{j=i+1}^{n} p_j \times u_j \right) \times \beta/2;$$
>
> **for** $j := i + 1$ **step** 1 **until** n **do**
>
> $q_j := p_j - sk \times u_j;$
>
> **for** $j := i + 1$ **step** 1 **until** n **do**
>
> **for** $k := i + 1$ **step** 1 **until** j **do**
>
> $a_{jk} := a_{jk} - q_j \times u_k - u_j \times q_k;$
>
> MM :
> **end**;
> $\delta_{n-1} := a_{n-1,n-1}; \qquad \delta_n := a_{n,n}; \qquad \gamma_n := a_{n,n-1};$

Bei diesem Programm wird die Symmetrie von A ausgenutzt: Es müssen nur die Elemente a_{jk} mit $k \leq j$ gegeben sein. Darüber hinaus wird die Matrix A mit den wesentlichen Elementen β_i, u_i der Transformationsmatrizen $\tilde{T}_i = I - \beta_i u_i u_i^H$, $i = 1, 2, \ldots, n - 2$, überschrieben: Nach Verlassen des Programms ist die i-te Spalte von A besetzt mit dem Vektor

$$\begin{bmatrix} \overline{a_{ii}} \\ a_{i+1,i} \\ \vdots \\ a_{ni} \end{bmatrix} := \begin{bmatrix} \beta_i \\ u_i \end{bmatrix}, \qquad i = 1, 2, \ldots, n-2.$$

(Die Matrizen T_i benötigt man zur „Rücktransformation" der Eigenvektoren: Ist y Eigenvektor von A_{n-2} zum Eigenwert λ

$$A_{n-2}y = \lambda y,$$

so ist $x := T_1 T_2 \cdots T_{n-2} y$ Eigenvektor zum Eigenwert λ von A.)

Ausgetestete ALGOL-Programme für die Householder-Reduktion und die Rücktransformation der Eigenvektoren findet man bei Martin, Reinsch, Wilkinson (1971), FORTRAN-Programme in Smith et al. (1976).

Wendet man die oben beschriebenen Transformationen auf eine beliebige nicht Hermitesche n-reihige Matrix A an, so erhält man mit Hilfe der Formeln (6.5.1.2), (6.5.1.3) eine Kette von Matrizen A_i, $i = 0, 1, \ldots, n-2$, der Form

$$A_0 = A,$$

$$A_{i-1} = \begin{bmatrix} * & \cdots & & & * & * & \cdots & \cdot & * \\ * & & \cdot & & & \cdot & & & \cdot \\ & \cdot & & & & \cdot & & & \cdot \\ & & \cdot & & & \cdot & & & \cdot \\ & & & \cdot & & & & & \\ 0 & & & & * & * & * & * & \cdots & \cdot & * \\ 0 & & & & & * & * & * & \cdots & \cdot & * \\ & & & & & & * & * & \cdots & \cdot & * \\ & & & & & & \cdot & \cdot & & & \cdot \\ & & & & & & \cdot & \cdot & & & \cdot \\ & & & & & & \cdot & \cdot & & & \cdot \\ 0 & & & & & & * & * & \cdots & \cdot & * \end{bmatrix}.$$

$$\underbrace{\qquad\qquad\qquad}_{i-1}$$

Die ersten $i-1$ Spalten von A_{i-1} haben bereits dieselbe Form wie bei einer Hessenberg-Matrix. A_{n-2} ist eine Hessenberg-Matrix. Bei dem Übergang von A_{i-1} nach A_i bleiben die Elemente α_{jk} von A_{i-1} mit $j, k \leq i$ unverändert.

ALGOL-Programme für diesen Algorithmus findet man bei Martin, Wilkinson (1971), FORTRAN-Programme in Smith et al. (1976).

In Abschnitt 6.5.4 wird ein weiterer Algorithmus zur Reduktion einer allgemeinen Matrix A auf Hessenberg-Gestalt beschrieben, der nicht mit unitären Ähnlichkeitstransformationen arbeitet.

Die Gutartigkeit des Algorithmus kann man auf folgende Weise zeigen: Mit $\bar{A}_i$ und $\bar{T}_i$ bezeichne man die Matrizen, die man bei der Durchführung des Algorithmus in Gleitpunktarithmetik der relativen Genauigkeit eps erhält, mit U_i diejenige Householdermatrix, die man nach den Regeln des Algorithmus beim Übergang $\bar{A}_{i-1} \to \bar{A}_i$ bei exakter Rechnung zur Transformation zu nehmen hätte. U_i ist also eine exakt unitäre Matrix und $\bar{T}_i$ ist diejenige näherungsweise unitäre Matrix, die man statt U_i bei der Berechnung von U_i in Gleitpunktarithmetik erhält. Es gelten also folgende Beziehungen

$$\bar{T}_i = \text{gl}(U_i), \qquad \bar{A}_i = \text{gl}(\bar{T}_i \bar{A}_{i-1} \bar{T}_i).$$

Mit den in Abschnitt 1.3 beschriebenen Methoden kann man nun zeigen (siehe z.B. Wilkinson (1965)), daß gilt

$$\text{lub}_2(\bar{T}_i - U_i) \le f(n)\,\text{eps},$$
(6.5.1.5) $$\bar{A}_i = \text{gl}(\bar{T}_i \bar{A}_{i-1} \bar{T}_i) = \bar{T}_i \bar{A}_{i-1} \bar{T}_i + G_i,$$
$$\text{lub}_2(G_i) \le f(n)\,\text{eps}\,\text{lub}_2(\bar{A}_{i-1}),$$

mit einer gewissen Funktion $f(n)$ [i. allg. gilt $f(n) = O(n^\alpha)$, $\alpha \approx 1$]. Aus (6.5.1.5) folgt sofort wegen $\text{lub}_2(U_i) = 1$, $U_i^H = U_i^{-1} = U_i$ (U_i ist Householdermatrix!)

$$\text{lub}_2(R_i) \le f(n)\,\text{eps}, \qquad R_i := \bar{T}_i - U_i,$$

$$\bar{A}_i = U_i^{-1}\bar{A}_{i-1}U_i + R_i\bar{A}_{i-1}U_i + U_i\bar{A}_{i-1}R_i + R_i\bar{A}_{i-1}R_i + G_i$$
$$=: U_i^{-1}\bar{A}_{i-1}U_i + F_i$$

mit

$$\text{lub}_2(F_i) \le \text{eps}\,f(n)[3 + \text{eps}\,f(n)]\,\text{lub}_2(\bar{A}_{i-1}),$$

oder wegen eps $f(n) \ll 3$ in erster Näherung:

$$\text{lub}_2(F_i) \lesssim 3\,\text{eps}\,f(n)\,\text{lub}_2(\bar{A}_{i-1}),$$
(6.5.1.6) $$\text{lub}_2(\bar{A}_i) \lesssim (1 + 3\,\text{eps}\,f(n))\,\text{lub}_2(\bar{A}_{i-1})$$
$$\lesssim (1 + 3\,\text{eps}\,f(n))^i\,\text{lub}_2(A).$$

Für die Hessenberg-Matrix $\bar{A}_{n-2}$ folgt daher schließlich wegen $A = \bar{A}_0$

(6.5.1.7) $$\bar{A}_{n-2} = U_{n-2}^{-1}\cdots U_1^{-1}(A + F)U_1 \cdots U_{n-2}$$

mit

$$F := \sum_{i=1}^{n-2} U_1 U_2 \cdots U_i F_i U_i^{-1} \cdots U_1^{-1}.$$

Aus (6.5.1.6) folgt somit

$$\text{lub}_2(F) \doteq \sum_{i=1}^{n-2} \text{lub}_2(F_i)$$

$$\doteq 3 \, \text{eps} \, f(n) \, \text{lub}_2(A) \sum_{i=1}^{n-2} (1 + 3 \, \text{eps} \, f(n))^{i-1}$$

oder in erster Näherung

(6.5.1.8) $\text{lub}_2(F) \doteq 3(n-2) f(n) \, \text{eps} \, \text{lub}_2(A).$

Sofern $n \, f(n)$ nicht zu groß ist, zeigen (6.5.1.7) und (6.5.1.8), daß die Matrix $\bar{A}_{n-2}$ zu einer nur leicht abgeänderten Matrix $A + F$ exakt ähnlich ist, daß also das Verfahren gutartig ist.

6.5.2 Reduktion einer Hermiteschen Matrix auf Tridiagonalgestalt bzw. Diagonalgestalt: Die Verfahren von Givens und Jacobi

Bei dem Verfahren von Givens (1954), einem Vorläufer des Verfahrens von Householder, benutzt man zur Konstruktion der Kette

$$A =: A_0 \to A_1 \to \cdots \to A_m, \qquad A_i = T_i^{-1} A_{i-1} T_i,$$

unitäre Matrizen $T_i = \Omega_{jk}$ der Form (φ, ψ reell)

(6.5.2.1) $\Omega_{jk} = \begin{bmatrix} 1 & & & & & & & & & 0 \\ & \ddots & & & & & & & & \\ & & 1 & & & & & & & \\ & & & \cos\varphi & & & -e^{-i\psi}\sin\varphi & & & \\ & & & & 1 & & & & & \\ & & & & & \ddots & & & & \\ & & & & & & 1 & & & \\ & & & e^{i\psi}\sin\varphi & & & \cos\varphi & & & \\ & & & & & & & 1 & & \\ & & & & & & & & \ddots & \\ 0 & & & & & & & & & 1 \end{bmatrix} \begin{matrix} \\ \\ \\ \leftarrow j \\ \\ \\ \\ \leftarrow k \\ \\ \\ \\ \end{matrix}$, um eine Hermitesche Matrix A auf Tridiagonalgestalt $B = A_m$ zu bringen. Zur Beschreibung dieser Methode nehmen wir der Einfachheit halber an, daß $A = A^H$ reell ist; in diesem Fall kann $\psi = 0$ gewählt werden, Ω_{jk} ist dann orthogonal.

Man beachte, daß sich bei einer Linksmultiplikation $A \to \Omega_{jk}^{-1}A = \Omega_{jk}^H A$ nur die Zeilen j und k von A ändern, bei einer Rechtsmultiplikation $A \to A\Omega_{jk}$ nur die Spalten j und k. Wir beschreiben nur den ersten Transformationsschritt, der aus zwei Teilschritten besteht,

$$A = A_0 \to T_1^{-1}A_0 =: A_0' \to A_0'T_1 = T_1^{-1}A_0T_1 =: A_1.$$

Im ersten Teilschritt $A_0 \to A_0'$ wird die Matrix $T_1 = \Omega_{23}$, $T_1^{-1} = \Omega_{23}^H$ so gewählt [s. Abschnitt (4.9)], daß das Element in Position $(3, 1)$ von $A_0' = \Omega_{23}^H A_0$ annulliert wird; bei der anschließenden Rechtsmultiplikation mit Ω_{23}, $A_0' \to A_1 = A_0'\Omega_{23}$, bleibt die Null in Position $(3, 1)$ erhalten (s. Skizze für eine vierreihige Matrix, sich ändernde Elemente werden mit $*$ bezeichnet)

$$A_0 = \begin{bmatrix} x & x & x & x \\ x & x & x & x \\ x & x & x & x \\ x & x & x & x \end{bmatrix} \to \Omega_{23}^H A_0 = \begin{bmatrix} x & x & x & x \\ * & * & * & * \\ 0 & * & * & * \\ x & x & x & x \end{bmatrix} = A_0'$$

$$\to A_0'\Omega_{23} = \begin{bmatrix} x & * & 0 & x \\ x & * & * & x \\ 0 & * & * & x \\ x & * & * & x \end{bmatrix} =: A_1.$$

Da mit A_0 auch A_1 Hermitesch ist, wird bei der Transformation $A_0' \to A_1$ auch das Element in Position $(1, 3)$ annulliert. Anschließend wird das Element in Position $(4, 1)$ mit einer Givensrotation $T_2 = \Omega_{24}$ zu Null transformiert usw. Allgemein wählt man als T_i der Reihe nach die Matrizen

$$\begin{array}{ccc} \Omega_{23}, & \Omega_{24}, & \dots, & \Omega_{2n}, \\ & \Omega_{34}, & \dots, & \Omega_{3n}, \\ & & \vdots & \\ & & & \Omega_{n-1,n}, \end{array}$$

und zwar so, daß durch Ω_{jk}, $j = 2, 3, \dots, n - 1$, $k = j + 1, j + 2, \dots, n$, das Element in Position $(k, j - 1)$ annulliert wird. Ein Vergleich mit dem Verfahren von Householder ergibt, daß diese Variante des Verfahrens von Givens etwa doppelt so viele Operationen benötigt. Aus diesem Grunde wird das Householder-Verfahren meistens vorgezogen. Es gibt jedoch modernere Varianten („rationale Givenstransformationen"), die dem Householder-Verfahren vergleichbar sind.

Auch das Verfahren von Jacobi benutzt Ähnlichkeitstransformationen mit den speziellen unitären Matrizen Ω_{jk} (6.5.2.1), doch wird jetzt nicht mehr eine endliche, mit einer Tridiagonalmatrix abbrechende Folge, sondern eine *unendliche* Folge von Matrizen $A^{(i)}$, $i = 0, 1, \ldots$, erzeugt, die gegen eine Diagonalmatrix

$$D = \begin{bmatrix} \lambda_1 & & 0 \\ & \ddots & \\ 0 & & \lambda_n \end{bmatrix}$$

konvergieren. Dabei sind die λ_i gerade die Eigenwerte von A. Zur Erläuterung des Verfahrens setzen wir wieder der Einfachheit halber voraus, daß A eine *reelle* symmetrische Matrix ist. Im Transformationsschritt

$$A^{(i)} \to A^{(i+1)} = \Omega_{jk}^H A^{(i)} \Omega_{jk}$$

werden jetzt die Größen $c := \cos\varphi$, $s := \sin\varphi$ der Matrix Ω_{jk}, $j < k$ (6.5.2.1), so bestimmt, daß $a'_{jk} = 0$ gilt (wir bezeichnen die Elemente von $A^{(i)}$ mit a_{rs}, die von $A^{(i+1)}$ mit a'_{rs}):

$$A^{(i+1)} = \begin{bmatrix} a'_{11} & \cdots & a'_{1j} & \cdots & a'_{1k} & \cdots & a'_{1n} \\ \vdots & & \vdots & & \vdots & & \vdots \\ a'_{j1} & \cdots & a'_{jj} & \cdots & 0 & \cdots & a'_{jn} \\ \vdots & & \vdots & & \vdots & & \vdots \\ a'_{k1} & \cdots & 0 & \cdots & a'_{kk} & \cdots & a'_{kn} \\ \vdots & & \vdots & & \vdots & & \vdots \\ a'_{n1} & \cdots & a'_{nj} & \cdots & a'_{nk} & \cdots & a'_{nn} \end{bmatrix}.$$

Nur die eingerahmten Zeilen ändern sich nach den Formeln

$$\left.\begin{aligned} a'_{rj} &= a'_{jr} = c a_{rj} + s a_{rk} \\ a'_{rk} &= a'_{kr} = -s a_{rj} + c a_{rk} \end{aligned}\right\} \quad \text{für} \quad r \neq j, k,$$

(6.5.2.2) $$a'_{jj} = c^2 a_{jj} + s^2 a_{kk} + 2cs a_{jk},$$

$$a'_{jk} = a'_{kj} = -cs(a_{jj} - a_{kk}) + (c^2 - s^2) a_{jk} \overset{!}{=} 0,$$

$$a'_{kk} = s^2 a_{jj} + c^2 a_{kk} - 2cs a_{jk}.$$

Daraus erhält man für den Winkel φ die Bestimmungsgleichung

$$\operatorname{tg} 2\varphi = \frac{2cs}{c^2 - s^2} = \frac{2a_{jk}}{a_{jj} - a_{kk}}, \qquad |\varphi| \leq \frac{\pi}{4}.$$

Mittels trigonometrischer Identitäten kann man daraus die Größen c und s und mit (6.5.2.2) die a'_{rs} berechnen.

Es ist jedoch ratsam, die folgenden numerisch stabileren Formeln zu verwenden [s. Rutishauser (1971), dort findet man auch ein ALGOL-Programm]. Man berechnet zunächst die Größe $\vartheta := \operatorname{ctg} 2\varphi$ aus

$$\vartheta := \frac{a_{jj} - a_{kk}}{2a_{jk}}$$

und dann $t := \operatorname{tg} \varphi$ als die betragskleinste Wurzel der quadratischen Gleichung

$$t^2 + 2t\vartheta - 1 = 0,$$

$$t = \frac{s(\vartheta)}{|\vartheta| + \sqrt{1 + \vartheta^2}} \qquad s(\vartheta) := \begin{cases} 1 & \text{falls } \vartheta \geq 0, \\ -1 & \text{sonst,} \end{cases}$$

bzw. $t := 1/2\vartheta$, falls $|\vartheta|$ so groß ist, daß bei der Berechnung von ϑ^2 Überlauf auftritt. Die Größen c und s erhält man aus

$$c := \frac{1}{\sqrt{1 + t^2}}, \qquad s := t\,c.$$

Schließlich berechnet man die Zahl $\tau := \operatorname{tg}(\varphi/2)$ aus

$$\tau := \frac{s}{(1 + c)}$$

und formt mit Hilfe von s, t und τ die Formeln (6.5.2.2) numerisch stabil um in

$$\left. \begin{aligned} a'_{rj} = a'_{jr} &:= a_{rj} + s \cdot (a_{rk} - \tau\, a_{rj}) \\ a'_{rk} = a'_{kr} &:= a_{rk} - s \cdot (a_{rj} + \tau\, a_{rk}) \end{aligned} \right\} \quad \text{für} \quad r \neq j, k,$$

$$a'_{jj} := a_{jj} + t\, a_{jk},$$

$$a'_{jk} = a'_{kj} := 0,$$

$$a'_{kk} := a_{kk} - t\, a_{jk}.$$

Zum Beweis der Konvergenz betrachtet man die Summe

$$S(A^{(i)}) := \sum_{j \neq k} |a_{jk}|^2, \qquad S(A^{(i+1)}) = \sum_{j \neq k} |a'_{jk}|^2$$

der Quadrate der Nichtdiagonalelemente von $A^{(i)}$ bzw. $A^{(i+1)}$. Für sie findet man wegen (6.5.2.2)

$$0 \leq S\left(A^{(i+1)}\right) = S\left(A^{(i)}\right) - 2\left|a_{jk}\right|^2 < S\left(A^{(i)}\right) \quad \text{falls} \quad a_{jk} \neq 0.$$

Die Folge der nichtnegativen Zahlen $S(A^{(i)})$ nimmt also monoton ab, ist also konvergent. Man kann $\lim_{i\to\infty} S(A^{(i)}) = 0$ zeigen (d.h. die $A^{(i)}$ konvergieren gegen eine Diagonalmatrix), wenn man die Transformationen Ω_{jk} in geeigneter Reihenfolge ausführt, nämlich zeilenweise,

$$\Omega_{12}, \quad \Omega_{13}, \quad \ldots, \quad \Omega_{1n},$$
$$\Omega_{23}, \quad \ldots, \quad \Omega_{2n},$$
$$\vdots$$
$$\Omega_{n-1,n},$$

und diese Reihenfolge zyklisch wiederholt. Unter diesen Bedingungen kann sogar die quadratische Konvergenz des Jacobi-Verfahrens bewiesen werden, wenn A nur einfache Eigenwerte besitzt:

$$S\left(A^{(i+N)}\right) \leq \frac{S\left(A^{(i)}\right)^2}{\delta} \quad \text{mit} \quad N := \frac{n(n-1)}{2},$$

$$\delta := \min_{i\neq j} \left|\lambda_i(A) - \lambda_j(A)\right| > 0.$$

[Beweis s. Wilkinson (1962), weitere Literatur: Rutishauser (1971), Schwarz, Rutishauser, Stiefel (1972), Parlett(1980)].

Trotz dieser schnellen Konvergenz und des weiteren Vorzugs, daß man aus den verwendeten Ω_{jk} leicht zusätzlich ein orthogonales System von Eigenvektoren von A erhält, ist es in praktischen Anwendungen, insbesondere für großes n vorteilhafter, die Matrix A mit dem Householder-Verfahren [s. Abschnitt 6.5.1] auf eine Tridiagonalmatrix J zu reduzieren und deren Eigenwerte und Eigenvektoren mit dem QR-Verfahren zu berechnen, weil dieses Verfahren kubisch konvergent ist. Liegt A bereits als Bandmatrix vor, so gilt dies erst recht: Beim QR-Verfahren bleibt diese Gestalt erhalten, das Jacobi-Verfahren jedoch zerstört sie.

Es sei noch erwähnt, daß P. Eberlein ein dem Jacobi-Verfahren ähnliches Verfahren für nichthermitesche Matrizen entwickelt hat. Ein ALGOL-Programm für diese Methode und nähere Einzelheiten findet man in Eberlein (1971).

6.5.3 Reduktion einer Hermiteschen Matrix auf Tridiagonalgestalt. Das Verfahren von Lanczos

Schon bei der Herleitung der Frobeniusschen Normalform einer allgemeinen $n \times n$-Matrix A in 6.3 spielten bereits Krylovsequenzen q, Aq, A^2q, ... zur Matrix A und einem Startvektor $q \in \mathbb{C}^n$ eine Rolle. Zu ihnen gehören gewisse lineare Teilräume des $\mathbb{C}^n$, die sog. *Krylovräume*

$$K_i(q, A) := \text{span}[q, Aq, \ldots, A^{i-1}q], \quad i \geq 1, \quad K_0(q, A) := \{0\}.$$

$K_i(q, A)$ besteht aus allen Vektoren, die von den ersten i Vektoren der Folge $\{A^j q\}_{j \geq 0}$ aufgespannt werden. Mit m ($\leq n$) bezeichnen wir wie in 6.3 den größten Index i, für den dim $K_i(q, A) = i$ gilt, also die Vektoren q, ..., $A^{i-1}q$ noch linear unabhängig sind. Dann ist $A^m q$ von den m Vektoren q, Aq, ..., $A^{m-1}q$ linear abhängig, die eine Basis von $K_m(q, A)$ bilden, so daß wegen $A^m q \in K_m(q, A)$ auch gilt $A K_m(q, A) \subset K_m(q, A)$: Der Krylovraum $K_m(q, A)$ ist A-invariant, und die lineare Abbildung $x \mapsto \Phi(x) := Ax$ bildet $K_m(q, A)$ in sich ab.

In Abschnitt 6.3 erhielten wir Frobeniusmatrizen (6.3.1), wenn man die Abbildung Φ bezüglich der Basis q, Aq, ..., $A^{m-1}q$ von $K_m(q, A)$ beschreibt. Die Idee des *Lanczos*-Verfahrens [s. Lanczos (1950)] zur Reduktion einer *Hermiteschen* $n \times n$-Matrix A auf Tridiagonalgestalt ist damit eng verwandt: Hier wird die lineare Abbildung Φ bezüglich einer speziellen *orthonormalen* Basis q_1, q_2, ..., q_m von $K_m(q, A)$ beschrieben. Die q_i werden dazu so definiert, daß für alle $i = 1, 2, \ldots, m$ die Vektoren q_1, q_2, ..., q_i gerade eine orthonormale Basis von $K_i(q, A)$ bilden. Eine solche Basis kann man zu einer gegebenen Hermiteschen $n \times n$-Matrix $A = A^H$ und einem Startvektor q leicht konstruieren. Um den trivialen Fall $m = 0$, $K_0(q, A) = \{0\}$, auszuschließen, sei der Startvektor $q \neq 0$ und darüber hinaus normiert, $\|q\| = 1$, wobei $\|.\|$ die euklidische Norm in $\mathbb{C}^n$ bezeichne. Dann genügen die q_i einer dreigliedrigen Rekursionsformel [vgl. Satz (3.6.3)]

(6.5.3.1a)
$$q_1 := q, \quad \gamma_1 q_0 := 0,$$
$$A q_i = \gamma_i q_{i-1} + \delta_i q_i + \gamma_{i+1} q_{i+1} \quad \text{für} \quad i \geq 1,$$

wobei

(6.5.3.1b)
$$\delta_i := q_i^H A q_i,$$
$$\gamma_{i+1} := \|r_i\| \quad \text{mit} \quad r_i := A q_i - \delta_i q_i - \gamma_i q_{i-1},$$
$$q_{i+1} := r_i / \gamma_{i+1}, \quad \text{falls} \quad \gamma_{i+1} \neq 0.$$

Alle Koeffizienten γ_i, δ_i sind reell. Das Verfahren bricht mit dem ersten Index $i =: i_0$ mit $\gamma_{i+1} = 0$ ab, und es gilt dann

$$i_0 = m = \max_i \dim K_i(q, A).$$

Beweis: Wir zeigen (6.5.3.1) durch Induktion nach i. Für $i = 1$ ist $q_1 := q$ wegen $\|q\| = 1$ eine orthonormale Basis von $K_1(q, A)$. Seien nun für ein $j \geq 1$ orthonormale Vektoren $q_1, \ldots, q_j$ gegeben, derart daß für alle $i \leq j$ die Formeln (6.5.3.1) und

$$\mathrm{span}[q_1, \ldots, q_i] = K_i(q, A)$$

gelten und darüber hinaus für $i < j$ die Vektoren $r_i \neq 0$ in (6.5.3.1b) nicht verschwinden. Wir zeigen zunächst, daß dann die gleichen Behauptungen auch für $j + 1$ richtig sind, falls zusätzlich $r_j \neq 0$ gilt. In der Tat sind dann $\gamma_{j+1} \neq 0$, δ_j und q_{j+1} durch (6.5.3.1b) wohlbestimmt und es ist $\|q_{j+1}\| = 1$. Der Vektor q_{j+1} ist orthogonal zu allen q_i mit $i \leq j$: Für $i = j$ folgt dies aus $\gamma_{j+1} \neq 0$,

$$Aq_j = \gamma_j q_{j-1} + \delta_j q_j + \gamma_{j+1} q_{j+1},$$

der Definition von δ_j und der Induktionsvoraussetzung

$$\gamma_{j+1} q_j^H q_{j+1} = q_j^H A q_j - \delta_j q_j^H q_j = 0.$$

Für $i = j - 1$ gilt zunächst aus dem gleichen Grund und weil $A = A^H$

$$\gamma_{j+1} q_{j-1}^H q_{j+1} = q_{j-1}^H A q_j - \gamma_j q_{j-1}^H q_{j-1} = (A q_{j-1})^H q_j - \gamma_j.$$

Wegen $A q_{j-1} = \gamma_{j-1} q_{j-2} + \delta_{j-1} q_{j-1} + \gamma_j q_j$, folgt aus der Orthogonalität der q_i für $i \leq j$ sofort $(A q_{j-1})^H q_j = \bar{\gamma}_j = \gamma_j$ und damit $q_{j-1}^T q_{j+1} = 0$. Ähnlich schließt man für $i < j - 1$ mit Hilfe von $A q_i = \gamma_i q_{i-1} + \delta_i q_i + \gamma_{i+1} q_{i+1}$:

$$\gamma_{j+1} q_i^H q_{j+1} = q_i^H A q_j = (A q_i)^H q_j = 0.$$

Schließlich ist wegen $\mathrm{span}[q_1, \ldots, q_i] = K_i(q, A) \subset K_j(q, A)$ für $i \leq j$ auch

$$A q_j \in K_{j+1}(q, A),$$

sodaß wegen (6.5.3.1b)

$$q_{j+1} \in \mathrm{span}[q_{j-1}, q_j, A q_j] \subset K_{j+1}(q, A),$$

und damit $\mathrm{span}[q_1, \ldots, q_{j+1}] \subset K_{j+1}(q, A)$ gilt. Da die $q_1, \ldots, q_{j+1}$ als orthonormale Vektoren linear unabhängig sind und $\dim K_{j+1}(q, A) \leq j+1$, folgt sofort

$$K_{j+1}(q, A) = \mathrm{span}[q_1, \ldots, q_{j+1}].$$

Dies zeigt auch $j + 1 \leq m = \max_i \dim K_i(q, A)$, und damit $i_0 \leq m$ für den Abbruchindex i_0 von (6.5.3.1). Andererseits ist nach Definition i_0

$$Aq_{i_0} \in \mathrm{span}[q_{i_0-1}, q_{i_0}] \subset \mathrm{span}[q_1, \ldots, q_{i_0}] = K_{i_0}(q, A).$$

Wegen

$$Aq_i \in \mathrm{span}[q_1, \ldots, q_{i+1}] = K_{i+1}(q, A) \subset K_{i_0}(q, A) \quad \text{für} \quad i < i_0$$

folgt daher $AK_{i_0}(q, A) \subset K_{i_0}(q, A)$. Also ist $K_{i_0}(q, A)$ ein A-invarianter Unterraum und es gilt $i_0 \geq m$, weil $K_m(q, A)$ der erste A-invariante Teilraum unter den $K_i(q, A)$ ist. Damit ist $i_0 = m$ gezeigt und (6.5.3.1) vollständig bewiesen.   □

Mit Hilfe der Matrizen

$$Q_i := [q_1, \ldots, q_i], \quad J_i := \begin{bmatrix} \delta_1 & \gamma_2 & & 0 \\ \gamma_2 & \delta_2 & \ddots & \\ & \ddots & \ddots & \gamma_i \\ 0 & & \gamma_i & \delta_i \end{bmatrix}, \quad 1 \leq i \leq m,$$

kann man die Rekursionen (6.5.3.1) als Matrixgleichung schreiben

$$\begin{aligned} AQ_i &= Q_i J_i + [0, \ldots, 0, \gamma_{i+1} q_{i+1}] \\ &= Q_i J_i + \gamma_{i+1} q_{i+1} e_i^T, \quad i = 1, 2, \ldots, m, \end{aligned}$$

(6.5.3.2)

wobei $e_i \in R^i$ der i-te Achsenvektor $e_i := [0, \ldots, 0, 1]^T$ des $\mathbb{R}^i$ ist. Man bestätigt diese Matrixgleichung sofort durch Vergleich der j-ten Spalten, $j = 1, \ldots, i$, auf beiden Seiten der Gleichung. Man beachte, daß die $n \times i$-Matrizen Q_i orthonormale Spalten besitzen, $Q_i^H Q_i = I_i$ (:= i-reihige Einheitsmatrix), und J_i relle symmetrische Tridiagonalmatrizen sind. Für den Abbruchindex $i = m$ ist J_m irreduzibel (d. h. $\gamma_i \neq 0$ für $i \leq m$) und wegen $\gamma_{m+1} = 0$ reduziert sich (6.5.3.2) auf die Gleichung (vgl.(6.3.3))

$$AQ_m = Q_m J_m$$

mit einer Matrix Q_m mit $Q_m^H Q_m = I_m$. Jeder Eigenwert von J_m ist auch Eigenwert von A, denn aus $J_m z = \lambda z$, $z \neq 0$ folgt für $x := Q_m z$ sofort $x \neq 0$ und

$$Ax = AQ_m z = Q_m J_m z = \lambda Q_m z = \lambda x.$$

Falls $m = n$, also das Verfahren nicht vorzeitig mit einem Index $m < n$ abbricht, ist Q_n eine n-reihige unitäre Matrix und die Tridiagonalmatrix $Q_n^H A Q_n$ ist irreduzibel und unitär ähnlich zu A.

Das Verfahren von Lanczos besteht nun darin, zu einem gegebenen Startvektor $q := q_1$ mit $\|q\| = 1$ die Zahlen γ_i, δ_i, $i = 1, 2, \ldots, m$,

($\gamma_1 := 0$) mittels der Rekursionen (6.5.3.1) und damit die Matrix J_m zu bestimmen. Anschließend kann man mit den Methoden von Abschnitt 6.6 die Eigenwerte und -vektoren von J_m (und damit von A) bestimmen.

Zur Praxis des Verfahrens ist folgendes zu bemerken:

1. Man kann den Rechenaufwand pro Schritt reduzieren, wenn man die Hilfsvektoren

$$u_i := Aq_i - \gamma_i q_{i-1}$$

einführt und berücksichtigt, daß $r_i = u_i - \delta_i q_i$ gilt und daß sich

$$\delta_i = q_i^H Aq_i = q_i^H u_i$$

wegen $q_i^H q_{i-1} = 0$ auch mit Hilfe von u_i berechnen läßt.

2. Es ist i. allg. nicht nötig, alle Vektoren q_i zu speichern. Zur Durchführung von (6.5.3.1) benötigt man lediglich zwei Vektoren v, $w \in \mathbb{C}^n$, wobei zu Beginn des Verfahrens $v := q$ der gegebene Startvektor q mit $\|q\| = 1$ ist. Im folgenden Programm [s. Golub und Van Loan (1983)], das den *Lanczos-Algorithmus* für eine Hermitesche $n \times n$-Matrix $A = A^H$ realisiert, bedeuten $v_k, w_k, k = 1, \ldots, n$, die Komponenten dieser Vektoren.

$$w := 0; \ \gamma_1 := 1; \ i := 1;$$

1: **if** $\gamma_i \neq 0$ **then**

    begin if $i \neq 1$ **then**

        for $k := 1$ **step** 1 **until** n **do**

            begin $t := v_k; \ v_k := w_k/\gamma_i; \ w_k := -\gamma_i t$ **end**;

        $w := Av + w; \ \delta_i := v^H w; \ w := w - \delta_i v;$

        $m := i; \ i := i + 1; \ \gamma_i := \sqrt{w^H w};$

        goto 1;

    end;

Pro Schritt $i \rightarrow i + 1$ hat man lediglich ca. $5n$ Multiplikationen durchzuführen und einmal die Matrix A mit einem Vektor zu multiplizieren. Der Aufwand ist deshalb besonders gering, wenn A eine dünn besetzte Matrix ist, so daß das Verfahren mit Vorliebe zur Lösung des Eigenwertproblems für sehr große dünn besetzte Matrizen $A = A^H$ benutzt wird.

3. Theoretisch bricht das Verfahren mit einem Index $i = m \leq n$ ab, wenn erstmals $\gamma_{i+1} = 0$ ist, doch wird man wegen des Einflusses der Rundungsfehler in der Rechenpraxis kaum jemals ein $\gamma_{i+1} = 0$ finden. Es ist aber i.a. nicht nötig, das Verfahren solange fortzusetzen bis γ_{i+1} verschwindet, oder auch nur genügend klein wird. Man kann nämlich unter wenig einschränkenden Bedingungen zeigen, daß für $i \rightarrow \infty$ die größten bzw.

kleinsten Eigenwerte sehr rasch gegen den größten bzw. kleinsten Eigenwert von A konvergieren [Kaniel-Paige-Theorie: s. Kaniel (1966), Paige (1971), Saad (1980)]. Wenn man nur an den extremen Eigenwerten von A interessiert ist (dies kommt in den Anwendungen sehr oft vor), genügen deshalb relativ wenige Iterationen des Verfahrens, um die extremen Eigenwerte von A mit ausreichender Genauigkeit durch die extremen Eigenwerte einer Matrix J_i mit $i \ll n$ zu approximieren.

4. Bei exakter Rechnung würde das Lanczos-Verfahren (6.5.3.1) orthogonale Vektoren q_i liefern. Unter dem Einfluß von Rundungsfehlern verlieren die tatsächlich berechneten Vektoren $\tilde{q}_i$ aber rasch ihre Orthogonalität. Diesen Defekt kann man im Prinzip dadurch beheben, daß man in jedem Schritt den neu berechneten Vektor $\hat{q}_{i+1}$ an *allen* Vektoren $\tilde{q}_i$, $i \le j$, *reorthogonalisiert*, d. h. daß man $\hat{q}_{i+1}$ durch

$$\tilde{q}_{i+1} := \hat{q}_{i+1} - \sum_{j=1}^{i} (\tilde{q}_j^H \hat{q}_{i+1}) \tilde{q}_j$$

ersetzt. Leider ist dies sehr aufwendig, man muß jetzt alle Vektoren $\tilde{q}_i$ speichern und statt $O(n)$ benötigt man $O(i \cdot n)$ Operationen im i-ten Lanczos-Schritt. Es gibt jedoch verschiedene Vorschläge und Untersuchungen in der Literatur [s. etwa Paige (1971), Parlett und Scott (1979), Cullum und Willoughby (1985) (hier findet man auch Programme)], wie man diesen Aufwand verringern und trotz der beschriebenen Schwierigkeiten sehr gute Approximationen für die Eigenwerte von A mittels des Lanczos-Verfahrens bestimmen kann.

6.5.4 Reduktion auf Hessenberg-Gestalt

Es wurde bereits in Abschnitt 6.5.1 bemerkt, daß man eine gegebene $n \times n$-Matrix A mittels $n-2$ Householdermatrizen T_i ähnlich auf Hessenberggestalt B transformieren kann

$$A := A_0 \to A_1 \to \cdots \to A_{n-2} = B, \qquad A_i = T_i^{-1} A_{i-1} T_i.$$

Wir wollen nun einen zweiten Algorithmus dieser Art beschreiben, bei dem als Transformationsmatrizen T_i Produkte von Permutationsmatrizen

$$P_{rs} := [e_1, \dots, e_{r-1}, e_s, e_{r+1}, \dots, e_{s-1}, e_r, e_{s+1}, \dots, e_n],$$

(hier ist e_j der j-te Achsenvektor des $\mathbb{R}^n$) mit $P_{rs}^T = P_{rs} = P_{rs}^{-1}$ und von Eliminationsmatrizen der Form

$$G_j = \begin{bmatrix} 1 & & & & & \\ & \ddots & & & & \\ & & 1 & & & \\ & & l_{j+1,j} & 1 & & \\ & & \vdots & & \ddots & \\ & & l_{nj} & & & 1 \end{bmatrix}, \quad \text{mit } |l_{ij}| \le 1,$$

benutzt werden, die ebenfalls eine einfache Inverse besitzen [s. (6.5.0.1)].

Eine Linksmultiplikation $P_{rs}^{-1}A$ von A mit $P_{rs}^{-1} = P_{rs}$ bewirkt eine Vertauschung der Zeilen r und s von A, eine Rechtsmultiplikation AP_{rs} eine Vertauschung der Spalten r und s von A. Eine Linksmultiplikation $G_j^{-1}A$ von A mit G_j^{-1} bewirkt, daß für $r = j + 1$, $j + 2$, ..., n das l_{rj}-fache der Zeile j von Zeile r der Matrix A abgezogen wird, während eine Rechtsmultiplikation AG_j bewirkt, daß für $r = j + 1$, ..., n das l_{rj}-fache der Spalte r zur Spalte j von A addiert wird.

Das Verfahren geht ähnlich wie bei der Gaußelimination (s. Abschnitt 4.1) und dem Verfahren von Householder (s. 6.5.1) vor: D. h. man erzeugt ausgehend von $A =: A_0$ eine Reihe von weiteren Matrizen A_i, $i = 1$, 2,..., $n - 2$, deren erste i Spalten bereits Hessenberggestalt haben. Im i-ten Schritt des Verfahrens, $A_{i-1} \to A_i := T_i^{-1}A_{i-1}T_i$, verwendet man als T_i ein Produkt der Form $T_i = P_{i+1,s}G_{i+1}$ mit einem geeignet gewählten $s \ge i + 1$. Er zerfällt in zwei Teilschritte

$$A_{i-1} \longrightarrow A' := P_{i+1,s}A_{i-1}P_{i+1,s} \longrightarrow A_i := G_{i+1}^{-1}A'G_{i+1},$$

wobei der erste einer Spaltenpivotsuche und der zweite einer Gaußelimination mit Pivotelement $a'_{i+1,i}$ entspricht, der zur Annullierung der störenden Elemente unterhalb der Subdiagonalen von Spalte i führt.

Da das Verfahren im Prinzip wie in 6.5.1 verläuft, skizzieren wir nur den ersten Schritt $A = A_0 \to A_1 = T_1^{-1}AT_1$, $T_1 = P_{2,s}G_2$ für $n = 4$ (hier bedeuten $*$ wieder Elemente, die sich geändert haben):

Man bestimmt zunächst (Spaltenpivotsuche) das betragsgrößte Element $a_{s,1}$ der ersten Spalte von A unterhalb der Diagonalen, $s \ge 2$ (in der Skizze ⊛) und bringt es mittels der Permutation $P_{2,s}$ an die Position $(2,1)$:

$$A = A_0 = \begin{bmatrix} x & x & x & x \\ x & x & x & x \\ x & x & x & x \\ ⊛ & x & x & x \end{bmatrix} \longrightarrow P_{24}A_0 = \begin{bmatrix} x & x & x & x \\ ⊛ & * & * & * \\ x & x & x & x \\ * & * & * & * \end{bmatrix}$$

$$\longrightarrow A' = (P_{24}A_0)P_{24} = \begin{bmatrix} x & * & x & * \\ ⊛ & * & x & * \\ x & * & x & * \\ x & * & x & * \end{bmatrix}$$

Anschließend subtrahiert man geeignete Vielfache der Zeile 2 von den Zeilen $j > 2$, um die Elemente unterhalb des Pivotelements zu annullieren, $A' \to A'' := G_2^{-1} A'$, und berechnet schließlich $A_1 := A'' G_2$:

$$A' \longrightarrow A'' = \begin{bmatrix} x & x & x & x \\ \circledast & x & x & x \\ 0 & * & * & * \\ 0 & * & * & * \end{bmatrix} \longrightarrow A_1 = \begin{bmatrix} x & * & x & x \\ \circledast & * & x & x \\ 0 & * & x & x \\ 0 & * & x & x \end{bmatrix}.$$

Nach $n-2$ Schritten dieser Art erhält man als Resultat eine Hessenberg-Matrix $B = A_{n-2}$.

ALGOL-Programme für diesen Algorithmus findet man in Martin, Wilkinson (1971), FORTRAN-Programme in Smith et al. (1976).

Die Gutartigkeit dieser Methode kann man auf folgende Weise untersuchen: Seien $\bar{A}_i$ und $\bar{T}_i^{-1}$ diejenigen Matrizen, die man bei Gleitpunktrechnung im Laufe des Algorithmus statt der A_i, T_i tatsächlich erhält. Wegen (6.5.0.1) tritt bei der Berechnung von $\bar{T}_i^{-1}$ aus $\bar{T}_i$ kein zusätzlicher Rundungsfehler auf,

$$\bar{T}_i^{-1} = \text{gl}\,(\bar{T}_i^{-1})$$

und es ist nach Definition von $\bar{A}_i$

$$(6.5.4.1) \qquad \bar{A}_i = \text{gl}\,(\bar{T}_i^{-1} \bar{A}_{i-1} \bar{T}_i) = \bar{T}_i^{-1} \bar{A}_{i-1} \bar{T}_i + R_i.$$

Mit den Methoden von Abschnitt 1.3 kann man Schranken für die Fehlermatrix R_i der folgenden Form herleiten

$$(6.5.4.2) \qquad \text{lub}_\infty(R_i) \leq f(n)\,\text{eps}\,\text{lub}_\infty(\bar{A}_{i-1}),$$

wobei $f(n)$ eine gewisse Funktion von n mit $f(n) = O(n^\alpha)$, $\alpha \approx 1$, ist [vgl. Übungsaufgabe 13]. Aus (6.5.4.1) folgt schließlich wegen $A = \bar{A}_0$

$$(6.5.4.3) \qquad \bar{A}_{n-2} = \bar{T}_{n-2}^{-1} \cdots \bar{T}_1^{-1} (A + F) \bar{T}_1 \cdots \bar{T}_{n-2}$$

mit

$$(6.5.4.4) \qquad F = \sum_{i=1}^{n-2} \bar{T}_1 \bar{T}_2 \cdots \bar{T}_i R_i \bar{T}_i^{-1} \cdots \bar{T}_2^{-1} \bar{T}_1^{-1}.$$

Dies zeigt, daß $\bar{A}_{n-2}$ exakt ähnlich ist zu einer abgeänderten Ausgangsmatrix $A + F$. Je kleiner F gegenüber A ist, desto gutartiger ist das Verfahren. Nun gilt für die Matrizen $\bar{T}_i$ wegen (6.5.0.1)

$$\text{lub}_\infty(\bar{T}_i) \leq 2, \qquad \text{lub}_\infty(\bar{T}_i^{-1}) \leq 2,$$

so daß in Strenge gilt

$$(6.5.4.5) \qquad \text{lub}_\infty(\bar{T}_1 \cdots \bar{T}_i) \leq 2^i.$$

Als Konsequenz hätte man wegen $\bar{A}_i \approx \bar{T}_i^{-1} \cdots \bar{T}_1^{-1} A \bar{T}_1 \cdots \bar{T}_i$, (6.5.4.2)
und (6.5.4.4) die Abschätzungen

$$\text{lub}_\infty(\bar{A}_i) \leq C_i \, \text{lub}_\infty(A), \qquad C_i := 2^{2i},$$

(6.5.4.6)
$$\text{lub}_\infty(F) \leq K f(n) \, \text{eps} \, \text{lub}_\infty(A), \qquad K := \sum_{i=1}^{n-2} 2^{4i-2},$$

mit einem Faktor $K = K(n)$, der mit n rasch anwächst. Glücklicherweise ist die Schranke (6.5.4.5) in den meisten praktischen Fällen viel zu pessimistisch. Es ist bereits recht unwahrscheinlich, daß gilt

$$\text{lub}_\infty(\bar{T}_1 \cdots \bar{T}_i) \geq 2i \quad \text{für} \quad i \geq 2.$$

In allen diesen Fällen kann man die Konstanten C_i und K in (6.5.4.6) durch wesentlich kleinere Konstanten ersetzen, was bedeutet, daß in den meisten Fällen F klein gegenüber A und das Verfahren gutartig ist.

Für nichthermitesche Matrizen benötigt die Householdersche Reduktionsmethode (s. Abschnitt 6.5.1) etwa doppelt so viele Operationen als das hier beschriebene Verfahren. Da in den meisten Fällen die Gutartigkeit dieses Verfahrens nicht wesentlich schlechter ist als die des Householder-Verfahrens, wird es in der Praxis vorgezogen (Tests ergeben sogar, daß das Householder-Verfahren wegen der größeren Zahl der Rechenoperationen häufig etwas ungenauere Resultate liefert).

6.6 Methoden zur Bestimmung der Eigenwerte und Eigenvektoren

In diesem Abschnitt soll zunächst beschrieben werden, wie man einige an und für sich klassische Verfahren der Nullstellenbestimmung von Polynomen [s. Abschnitte 5.5, 5.6] benutzen kann, um die Eigenwerte von Hermiteschen Tridiagonalmatrizen bzw. von Hessenbergmatrizen zu berechnen.

Darüber hinaus werden einige Iterationsverfahren zur Lösung des Eigenwertproblems angegeben. Prototyp dieser Verfahren ist die einfache Vektoriteration, bei der ein bestimmter Eigenwert und ein zugehöriger Eigenvektor einer Matrix iterativ berechnet wird. Eine Verfeinerung dieser Methode ist das Verfahren der inversen Iteration von Wielandt, mit dessen Hilfe man alle Eigenwerte und Eigenvektoren bestimmen kann, sofern genügend gute Näherungswerte für die Eigenwerte bekannt sind. Schließlich gehören zu diesen iterativen Methoden auch das LR- und das QR-Verfahren zur Berechnung aller Eigenwerte. Die beiden letzten Verfahren, insbesondere das QR-Verfahren, sind die besten bekannten Methoden zur Lösung des Eigenwertproblems.

6.6.1 Berechnung der Eigenwerte einer Hermiteschen Tridiagonalmatrix

Um die Eigenwerte einer Hermiteschen Tridiagonalmatrix

$$(6.6.1.1) \qquad J = \begin{bmatrix} \delta_1 & \bar{\gamma}_2 & & 0 \\ \gamma_2 & \delta_2 & \ddots & \\ & \ddots & \ddots & \bar{\gamma}_n \\ 0 & & \gamma_n & \delta_n \end{bmatrix}, \quad \delta_i = \bar{\delta}_i,$$

zu bestimmen, gibt es neben dem wichtigsten Verfahren, dem QR-Verfahren, das in Abschnitt 6.6.6 beschrieben wird, zwei naheliegende Methoden, die nun besprochen werden sollen. Sei o.B.d.A. J eine *unzerlegbare* (*irreduzible*) Tridiagonalmatrix, d.h. $\gamma_i \neq 0$ für alle i. Andernfalls zerfällt J in unzerlegbare Tridiagonalmatrizen $J^{(i)}$, $i = 1, \ldots, k$,

$$J = \begin{bmatrix} J^{(1)} & & & 0 \\ & J^{(2)} & & \\ & & \ddots & \\ 0 & & & J^{(k)} \end{bmatrix};$$

die Eigenwerte von J sind dann die Eigenwerte der $J^{(i)}$, $i = 1, \ldots, k$. Es genügt also, unzerlegbare Matrizen J zu betrachten. Das charakteristische Polynom $\varphi(\mu)$ von J kann leicht rekursiv berechnet werden: Mit

$$p_i(\mu) := \det(J_i - \mu I), \quad J_i := \begin{bmatrix} \delta_1 & \bar{\gamma}_2 & & 0 \\ \gamma_2 & \delta_2 & \ddots & \\ & \ddots & \ddots & \bar{\gamma}_i \\ 0 & & \gamma_i & \delta_i \end{bmatrix},$$

findet man nämlich durch Entwicklung von $\det(J_i - \mu I)$ nach der letzten Spalte die Rekursionsformel

$$(6.6.1.2) \qquad \begin{aligned} & p_0(\mu) := 1, \\ & p_1(\mu) = \delta_1 - \mu, \\ & p_i(\mu) = (\delta_i - \mu)p_{i-1}(\mu) - |\gamma_i|^2 p_{i-2}(\mu), \quad i = 2, 3, \ldots, n, \\ & \varphi(\mu) \equiv p_n(\mu). \end{aligned}$$

Da δ_i und $|\gamma_i|^2$ reell sind, bilden die Polynome $p_i(\mu)$ eine Sturmsche Kette [s. Satz (5.6.5)], falls $|\gamma_i|^2 \neq 0$ für $i = 2, \ldots, n$.
Deshalb kann man mit dem in Abschnitt 5.6 beschriebenen Bisektionsverfahren die Eigenwerte von J bestimmen. Dieses Verfahren ist insbesondere dann zu empfehlen, wenn man nicht alle, sondern nur bestimmte Eigenwerte von J berechnen will. Darüber hinaus ist es wegen seiner Gutartigkeit zu empfehlen, wenn einige Eigenwerte von J sehr dicht beieinander liegen [s. Barth, Martin und Wilkinson (1971) für ein ALGOL-Programm].
Da J nur reelle einfache Eigenwerte besitzt, kann man auch mit dem Newton-Verfahren, etwa in der Variante von Maehly [s. (5.5.13)], die Eigenwerte von J bestimmen, jedenfalls dann, wenn die Eigenwerte nicht zu eng benachbart sind. Die für das Newton-Verfahren benötigten Werte $p_n(\lambda^{(j)})$, $p'_n(\lambda^{(j)})$ des charakteristischen Polynoms und seiner Ableitung können rekursiv berechnet werden: $p_n(\lambda^{(j)})$ mittels (6.6.1.2) und $p'_n(\lambda^{(j)})$ mittels der folgenden Formeln, die man durch Differentiation von (6.6.1.2) erhält:

$$p'_0(\mu) = 0,$$
$$p'_1(\mu) = -1,$$
$$p'_i(\mu) = -p_{i-1}(\mu) + (\delta_i - \mu)p'_{i-1}(\mu) - |\gamma_i|^2 p'_{i-2}(\mu), \qquad i = 2, \ldots, n.$$

Einen Startwert $\lambda^{(0)} \geq \max_i \lambda_i$ für das Newtonverfahren erhält man aus dem

(6.6.1.3) **Satz:** *Für die Eigenwerte λ_j der Matrix J (6.6.1.1) gilt*

$$|\lambda_j| \leq \max_{1 \leq i \leq n} \{|\gamma_i| + |\delta_i| + |\gamma_{i+1}|\}, \qquad \gamma_1 := \gamma_{n+1} := 0.$$

Für die Maximumnorm $\|x\|_\infty = \max |x_i|$ ist nämlich

$$\mathrm{lub}_\infty(J) = \max_{1 \leq i \leq n} \{|\gamma_i| + |\delta_i| + \gamma_{i+1}|\},$$

und aus $Jx = \lambda_j x$, $x \neq 0$ folgt sofort

$$|\lambda_j|\, \|x\|_\infty = \|Jx\|_\infty \leq \mathrm{lub}_\infty(J) \cdot \|x\|_\infty, \qquad \|x\|_\infty \neq 0,$$

und daher $|\lambda_j| \leq \mathrm{lub}_\infty(J)$.

6.6.2 Berechnung der Eigenwerte einer Hessenbergmatrix. Die Methode von Hyman

Neben dem in der Praxis am meisten verwandten QR-Verfahren (s. 6.6.4) kann man im Prinzip alle Methoden von Kapitel 5 verwenden, um die Nullstellen des charakteristischen Polynoms $p(\mu) = \det(B - \mu I)$ einer Hessenbergmatrix $B = (b_{ik})$ zu bestimmen. Dazu muß man, etwa für die Anwendung des Newton-Verfahrens, die Werte $p(\mu)$ und $p'(\mu)$ für gegebenes μ ausrechnen. Hyman hat dazu folgende Methode vorgeschlagen:

Wir setzen voraus, daß B unzerlegbar (irreduzibel) ist, d. h., daß $b_{i,i-1} \neq 0$ für $i = 2, \ldots, n$ gilt. Dann kann man für festes μ Zahlen $\alpha, x_1, \ldots, x_{n-1}$, so bestimmen, daß $x = (x_1, \ldots, x_{n-1}, x_n)$, $x_n := 1$, Lösung des Gleichungssystems

$$(B - \mu I)x = \alpha e_1$$

ist, oder ausgeschrieben

(6.6.2.1)

$$(b_{11} - \mu)x_1 + b_{12}x_2 + \cdots + b_{1n}x_n = \alpha,$$
$$b_{21}x_1 + (b_{22} - \mu)x_2 + \cdots + b_{2n}x_n = 0,$$
$$\vdots$$
$$b_{n,n-1}x_{n-1} + (b_{nn} - \mu)x_n = 0.$$

Ausgehend von $x_n = 1$ kann man nämlich aus der letzten Gleichung x_{n-1} bestimmen, aus der vorletzten $x_{n-2}, \ldots$, aus der 2. Gleichung x_1 und aus der 1. Gleichung schließlich α. Natürlich hängen die Zahlen x_i und α von μ ab. Faßt man (6.6.2.1) als Gleichung für x bei gegebenem α auf, so folgt aus der Cramerschen Regel

$$1 = x_n = \frac{\alpha(-1)^{n-1} b_{21}b_{32} \ldots b_{n,n-1}}{\det(B - \mu I)},$$

oder

(6.6.2.2)
$$\alpha = \alpha(\mu) = \frac{(-1)^{n-1}}{b_{21}b_{32} \ldots b_{n,n-1}} \det(B - \mu I).$$

Bis auf eine multiplikative Konstante ist also $\alpha = \alpha(\mu)$ mit dem charakteristischen Polynom von B identisch. Durch Differentiation nach μ erhält man aus (6.6.2.1) wegen $x_n \equiv 1$, $x_n' \equiv 0$ für $x_i' := x_i'(\mu)$ die Formeln

$$(b_{11} - \mu)x_1' - x_1 + b_{12}x_2' + \cdots + b_{1,n-1}x_{n-1}' = \alpha',$$
$$b_{21}x_1' + (b_{22} - \mu)x_2' - x_2 + \cdots + b_{2,n-1}x_{n-1}' = 0,$$
$$\vdots$$
$$b_{n,n-1}x_{n-1}' - x_n = 0,$$

die man zusammen mit (6.6.2.1) ausgehend von der letzten Gleichung rekursiv nach den x_i, x_i', α und schließlich α' auflösen kann. Man kann so $\alpha = \alpha(\mu)$ und $\alpha'(\mu)$ für jedes μ ausrechnen, und so das Newton-Verfahren anwenden, um die Nullstellen von $\alpha(\mu)$, d.h. wegen (6.6.2.2) die Eigenwerte von B zu berechnen.

6.6.3 Die einfache Vektoriteration und die inverse Iteration von Wielandt

Vorläuferaller iterativen Methoden zur Eigenwert- und Eigenvektorbestimmung für eine Matrix A ist die einfache Vektoriteration: Ausgehend von einem beliebigen Startvektor $t_0 \in \mathbb{C}^n$ bildet man die Folge von Vektoren $\{t_i\}$ mit

$$t_i = At_{i-1}, \qquad i = 1, 2, \ldots .$$

Es ist dann

$$t_i = A^i t_0 .$$

Um die Konvergenz dieser Folge zu untersuchen, nehmen wir zunächst an, daß A eine *diagonalisierbare* $n \times n$-Matrix mit den Eigenwerten λ_i ist,

$$|\lambda_1| \geq |\lambda_2| \geq \cdots \geq |\lambda_n| .$$

Wir nehmen zusätzlich an, daß es keinen von λ_1 verschiedenen Eigenwert λ_j gibt mit $|\lambda_j| = |\lambda_1|$, d.h. es gibt eine Zahl $r > 0$ mit

(6.6.3.1)
$$\lambda_1 = \lambda_2 = \cdots = \lambda_r$$

$$|\lambda_1| = \cdots = |\lambda_r| > |\lambda_{r+1}| \geq \cdots \geq |\lambda_n| .$$

Als diagonalisierbare Matrix besitzt A n linear unabhängige Eigenvektoren x_i, $Ax_i = \lambda_i x_i$, die eine Basis des $\mathbb{C}^n$ bilden. t_0 läßt sich daher in der Form

(6.6.3.2)
$$t_0 = \rho_1 x_1 + \cdots + \rho_n x_n$$

schreiben. Es folgt für t_i die Darstellung

(6.6.3.3)
$$t_i = A^i t_o = \rho_1 \lambda_1^i x_1 + \cdots + \rho_n \lambda_n^i x_n .$$

Nehmen wir nun weiter an, daß für t_0 gilt

$$\rho_1 x_1 + \cdots + \rho_r x_r \neq 0$$

– dies präzisiert die Forderung, daß t_0 „genügend allgemein" gewählt sei – so folgt aus (6.6.3.3) und (6.6.3.1)

(6.6.3.4)
$$\frac{1}{\lambda_1^i} t_i = \rho_1 x_1 + \cdots + \rho_r x_r + \rho_{r+1} \left(\frac{\lambda_{r+1}}{\lambda_1} \right)^i x_{r+1} + \cdots + \rho_n \left(\frac{\lambda_n}{\lambda_1} \right)^i x_n$$

und daher wegen $|\lambda_j / \lambda_1| < 1$ für $j \geq r + 1$

(6.6.3.5)
$$\lim_{i \to \infty} \frac{1}{\lambda_1^i} t_i = \rho_1 x_1 + \cdots + \rho_r x_r .$$

Normiert man die $t_i =: \left(\tau_1^{(i)}, \ldots, \tau_n^{(i)}\right)^T$ auf irgend eine Weise, setzt man etwa

$$z_i := \frac{t_i}{\tau_{j_i}^{(i)}}, \qquad \left|\tau_{j_i}^{(i)}\right| = \max_s \left|\tau_s^{(i)}\right|,$$

so folgt aus (6.6.3.5)

$$(6.6.3.6) \qquad \lim_{i \to \infty} \frac{\tau_{j_i}^{(i+1)}}{\tau_{j_i}^{(i)}} = \lambda_1, \qquad \lim_{i \to \infty} z_i = \alpha(\rho_1 x_1 + \cdots + \rho_r x_r),$$

wobei $\alpha \neq 0$ eine Normierungskonstante ist. Unter den angegenbenen Voraussetzungen liefert das Verfahren also sowohl den betragsgrößten Eigenwert λ_1 von A als auch einen zu λ_1 gehörigen Eigenvektor, nämlich den Vektor $z = \alpha(\rho_1 x_1 + \cdots + \rho_r x_r)$, und wir sagen „die Vektoriteration konvergiert gegen λ_1 und einen zugehörigen Eigenvektor".

Man beachte, daß für $r = 1$ (λ_1 ist einfacher Eigenwert), der Grenzvektor z unabhängig von der Wahl von t_0 ist (sofern nur $\rho_1 \neq 0$ ist). Ist λ_1 ein mehrfacher dominanter Eigenwert, $r > 1$, so hängt der gefundene Eigenvektor z von den Verhältnissen $\rho_1 : \rho_2 : \ldots : \rho_r$, und damit vom Startvektor t_0 ab. Darüber hinaus sieht man aus (6.6.3.4), daß lineare Konvergenz mit dem Konvergenzfaktor $|\lambda_{r+1}/\lambda_1|$ vorliegt: Das Verfahren konvergiert umso besser, je kleiner $|\lambda_{r+1}/\lambda_1|$ ist. Gleichzeitig zeigt der Konvergenzbeweis, daß allgemein das Verfahren nicht gegen λ_1 und einen zu λ_1 gehörigen Eigenvektor, sondern gegen λ_k und einen Eigenvektor zu λ_k konvergiert, sofern in der Zerlegung (6.6.3.2) von t_0 gilt

$$\rho_1 = \cdots = \rho_{k-1} = 0, \qquad \rho_k \neq 0$$

(und es keinen von λ_k verschiedenen Eigenwert gleichen Betrages wie λ_k gibt). Diese Aussage hat jedoch i.a. nur theoretische Bedeutung, denn selbst wenn anfangs für t_0 exakt $\rho_1 = 0$ gilt, wird infolge des Einflusses von Rundungsfehlern für das berechnete $\bar{t}_1 = \mathrm{gl}(At_0)$ i.a. gelten

$$\bar{t}_1 = \varepsilon \lambda_1 x_1 + \bar{\rho}_2 \lambda_2 x_2 + \cdots + \bar{\rho}_n \lambda_n x_n$$

mit einem kleinen $\varepsilon \neq 0$, $\bar{\rho}_i \approx \rho_i$, $i = 2, \ldots, n$, so daß das Verfahren schließlich doch gegen λ_1 konvergiert.

Sei nun A eine *nicht diagonalisierbare* Matrix mit eindeutig bestimmten betragsgrößtem Eigenwert λ_1 (d.h. aus $|\lambda_1| = |\lambda_i|$ folgt $\lambda_1 = \lambda_i$). Ersetzt man (6.6.3.2) durch eine Darstellung von t_0 als Linearkombination von Eigen- und Hauptvektoren von A, so kann man auf dieselbe Weise zeigen, daß für „genügend allgemeines" t_0 die Vektoriteration gegen λ_1 und einen zugehörigen Eigenvektor konvergiert.

Für die praktische Rechnung ist die einfache Vektoriteration nur bedingt brauchbar, weil sie schlecht konvergiert, wenn die Beträge der Eigenwerte nicht genügend gut getrennt sind, und weil sie darüber hinaus nur einen Eigenwert und einen zugehörigen Eigenvektor liefert. Diese Nachteile werden bei der *inversen Iteration* (auch gebrochene Iteration) von Wielandt vermieden. Hier wird vorausgesetzt, daß man bereits einen guten Näherungswert λ für einen der Eigenwerte $\lambda_1, \ldots, \lambda_n$, etwa λ_j, von A kennt: m. a. W. es soll gelten

$$(6.6.3.7) \qquad |\lambda_j - \lambda| \ll |\lambda_k - \lambda| \quad \text{für alle} \quad \lambda_k \neq \lambda_j.$$

Man bildet dann ausgehend von einem „genügend allgemeinen" Startvektor $t_0 \in \mathbb{C}^n$ die Vektoren t_i, $i = 1, 2, \ldots$, gemäß

$$(6.6.3.8) \qquad\qquad (A - \lambda I)t_i = t_{i-1}.$$

Falls $\lambda \neq \lambda_k$, $k = 1, \ldots, n$, existiert $(A - \lambda I)^{-1}$ und (6.6.3.8) ist äquivalent mit

$$t_i = (A - \lambda I)^{-1} t_{i-1},$$

d. h. mit der gewöhnlichen Vektoriteration mit der Matrix $(A - \lambda I)^{-1}$, die die Eigenwerte $1/(\lambda_k - \lambda)$, $k = 1, 2, \ldots, n$, besitzt. Wegen (6.6.3.7) gilt

$$\left| \frac{1}{\lambda_j - \lambda} \right| \gg \left| \frac{1}{\lambda_k - \lambda} \right| \quad \text{für} \quad \lambda_k \neq \lambda_j.$$

Setzen wir A wieder als diagonalisierbar voraus mit den Eigenvektoren x_i, so folgt aus $t_0 = \rho_1 x_1 + \cdots + \rho_n x_n$ (wenn λ_j einfacher Eigenwert ist)

$$t_i = (A - \lambda I)^{-1} t_0 = \sum_{k=1}^{n} \frac{\rho_k}{(\lambda_k - \lambda)^i} x_k,$$

$$(6.6.3.9) \qquad (\lambda_j - \lambda)^i t_i = \rho_j x_j + \sum_{k \neq j} \left(\frac{\lambda_j - \lambda}{\lambda_k - \lambda} \right)^i \rho_k x_k,$$

$$\lim_{i \to \infty} (\lambda_j - \lambda)^i t_i = \rho_j x_j.$$

Die Konvergenz wird umso besser sein, je kleiner $|\lambda_j - \lambda|/|\lambda_k - \lambda|$ für $\lambda_k \neq \lambda_j$ ist, d.h. je besser der Näherungswert λ ist.

Die Beziehungen (6.6.3.9) könnten den Eindruck erwecken, daß ein Startvektor t_0 umso besser für die inverse Iteration geeignet ist, je genauer er mit dem Eigenvektor x_j übereinstimmt, zu dessen Eigenwert λ_j ein guter Näherungswert λ gegeben ist. Außerdem scheinen sie nahezulegen, daß bei der Wahl $t_0 \approx x_j$ die „Genauigkeit" der t_i mit wachsendem i gleichmäßig zunimmt. Dieser Eindruck ist trügerisch und im allgemeinen nur für die gut konditionierten Eigenwerte λ_j einer Matrix A richtig (s. Abschnitt 6.9), d.h. die Eigenwerte λ_j, die sich bei einer kleinen Störung der Matrix A nur wenig ändern:

$$\lambda_j(A + \triangle A) - \lambda_j(A) = O(\text{eps}), \quad \text{falls} \quad \frac{\text{lub}(\triangle A)}{\text{lub}(A)} = O(\text{eps}).$$

Nach Abschnitt 6.9 sind alle Eigenwerte von symmetrischen Matrizen A gut konditioniert. Eine schlechte Kondition für λ_j ist dann zu erwarten, wenn λ_j mehrfache Nullstelle des charakteristischen Polynoms von A ist und zu A nichtlineare Elementarteiler gehören, oder, was in der Praxis häufig vorkommt, wenn λ_j zu einem kleinen *Haufen* („cluster") nur wenig voneinander verschiedener Eigenwerte gehört, deren Eigenvektoren fast linear abhängig sind.

Bevor wir die für schlecht konditioniertes λ_j möglichen Komplikationen für die inverse Iteration an einem Beispiel studieren, wollen wir präzisieren, was wir unter einem (im Rahmen der benutzten Maschinengenauigkeit eps) *numerisch akzeptablen* Eigenwert λ und einem zugehörigen Eigenvektor $x_\lambda \neq 0$ einer Matrix A verstehen:

Die Zahl λ heißt numerisch akzeptabler Eigenwert von A, falls es eine kleine Matrix $\triangle A$ mit

$$\text{lub}(\triangle A) / \text{lub}(A) = O(\text{eps})$$

gibt, so daß λ exakter Eigenwert von $A + \triangle A$ ist.

Solche numerisch akzeptable Eigenwerte λ werden durch jedes numerisch stabile Verfahren zur Eigenwertbestimmung geliefert.

Der Vektor $x_\lambda \neq 0$ heißt *numerisch akzeptabler Eigenvektor* zu einem gegebenen Näherungswert λ für einen Eigenwert der Matrix A, falls es eine kleine Matrix $\triangle_1 A$ gibt mit

$$(6.6.3.10) \qquad (A + \triangle_1 A - \lambda I)x_\lambda = 0, \qquad \frac{\text{lub}(\triangle_1 A)}{\text{lub}(A)} = O(\text{eps}).$$

Beispiel 1: Für die Matrix

$$A = \begin{bmatrix} 1 & 1 \\ 0 & 1 \end{bmatrix}$$

ist die Zahl $\lambda := 1 + \sqrt{\text{eps}}$ numerisch akzeptabler Eigenwert, denn λ ist exakter Eigenwert von

$$A + \triangle A \quad \text{mit} \quad \triangle A := \begin{bmatrix} 0 & 0 \\ \text{eps} & 0 \end{bmatrix}.$$

Obwohl

$$x_\lambda := \begin{bmatrix} 1 \\ 0 \end{bmatrix}$$

exakter Eigenvektor von A ist, ist jedoch im Sinne der obigen Definition x_λ kein numerisch akzeptabler Eigenvektor zur Näherung $\lambda = 1 + \sqrt{\text{eps}}$, denn jede Matrix

$$\Delta_1 A = \begin{bmatrix} \alpha & \beta \\ \gamma & \delta \end{bmatrix}$$

mit

$$(A + \Delta_1 A - \lambda I)x_\lambda = 0$$

hat die Gestalt

$$\Delta_1 A = \begin{bmatrix} \sqrt{\text{eps}} & \beta \\ 0 & \delta \end{bmatrix}, \qquad \beta, \delta \text{ beliebig.}$$

Für alle diese Matrizen gilt $\text{lub}_\infty(\Delta_1 A) \geq \sqrt{\text{eps}} \gg O(\text{eps} \cdot \text{lub}(A))$.

Folgende paradoxe Situation ist also möglich: Sei λ_0 exakter Eigenwert einer Matrix, x_0 zugehöriger exakter Eigenvektor und λ eine numerisch akzeptable Näherung von λ_0. Dann muß x_0 nicht unbedingt numerisch akzeptabler Eigenvektor zur Näherung λ für λ_0 sein.

Hat man einen solchen numerisch akzeptablen Eigenwert λ von A, so versucht man mittels der inversen Iteration lediglich einen zugehörigen numerisch akzeptablen Eigenvektor x_λ zu finden. Ein Vektor t_j, $j \geq 1$, den man zu einem Startvektor t_0 mittels inverser Iteration gefunden hat, kann als ein solches x_λ akzeptiert werden, falls

$$(6.6.3.11) \qquad \frac{\|t_{j-1}\|}{\|t_j\|} = O(\text{eps}) \cdot \text{lub}(A).$$

Denn dann gilt wegen $(A - \lambda I)t_j = t_{j-1}$

$$(A + \Delta A - \lambda I)t_j = 0$$

mit

$$\Delta A := -\frac{t_{j-1} t_j^H}{t_j^H t_j}$$

$$\text{lub}_2(\Delta A) = \frac{\|t_{j-1}\|_2}{\|t_j\|_2} = O(\text{eps} \, \text{lub}_2(A)).$$

Es ist nun überraschend, daß es bei schlecht konditionierten Eigenwerten Iterierte t_j geben kann, die numerisch akzeptabel sind, während ihr Nachfolger t_{j+1} nicht mehr akzeptabel ist:

Beispiel 2: Die Matrix

$$A = \begin{bmatrix} \eta & 1 \\ \eta & \eta \end{bmatrix}, \qquad \eta = O(\text{eps}), \qquad \text{lub}_\infty(A) = 1 + |\eta|,$$

besitzt die Eigenwerte $\lambda_1 = \eta + \sqrt{\eta}$, $\lambda_2 = \eta - \sqrt{\eta}$ mit den zugehörigen Eigenvektoren

$$x_1 = \begin{bmatrix} 1 \\ \sqrt{\eta} \end{bmatrix}, \qquad x_2 = \begin{bmatrix} 1 \\ -\sqrt{\eta} \end{bmatrix}.$$

A ist wegen der Kleinheit von η sehr schlecht konditioniert, λ_1, λ_2 bilden einen Haufen von Eigenwerten, deren zugehörige Eigenvektoren x_1, x_2 fast linear abhängig sind [z. B. besitzt die leicht abgeänderte Matrix

$$\tilde{A} := \begin{bmatrix} 0 & 1 \\ 0 & 0 \end{bmatrix} = A + \triangle A, \qquad \frac{\text{lub}_\infty(\triangle A)}{\text{lub}_\infty(A)} = \frac{|2\eta|}{1 + |\eta|} = O(\text{eps}),$$

den Eigenwert $\lambda(\tilde{A}) = 0$ mit $\min |\lambda(\tilde{A}) - \lambda_i| \geq \sqrt{|\eta|} - |\eta| \gg O(\text{eps})$]. Die Zahl $\lambda = 0$ ist numerisch akzeptabler Eigenwert von A zum Eigenvektor

$$x_\lambda = \begin{bmatrix} 1 \\ 0 \end{bmatrix}.$$

Es ist nämlich

$$(A + \triangle A - 0 \cdot I)x_\lambda = 0 \quad \text{für} \quad \triangle A := \begin{bmatrix} -\eta & 0 \\ -\eta & 0 \end{bmatrix},$$

$$\text{lub}_\infty(\triangle A)/\text{lub}_\infty(A) = \frac{|\eta|}{1 + |\eta|} \approx O(\text{eps}).$$

Nimmt man diesen numerisch akzeptablen Eigenvektor x_λ als Startvektor t_0 für die inverse Iteration und $\lambda = 0$ als näherungsweisen Eigenwert von A, so erhält man nach dem ersten Schritt

$$t_1 := \frac{-1}{1 - \eta} \begin{bmatrix} 1 \\ -1 \end{bmatrix}.$$

Der Vektor t_1 ist aber nicht mehr wie t_0 numerisch akzeptabler Eigenvektor zu $\lambda = 0$, denn jede Matrix $\triangle A$ mit

$$(A + \triangle A - 0 \cdot I)t_1 = 0$$

hat die Gestalt

$$\triangle A = \begin{bmatrix} \alpha & \beta \\ \gamma & \delta \end{bmatrix} \quad \text{mit} \quad \alpha = 1 + \beta - \eta, \quad \gamma = \delta.$$

Für alle diese Matrizen $\triangle A$ ist $\text{lub}_\infty(\triangle A) \geq 1 - |\eta|$, es gibt unter ihnen keine kleine Matrix mit $\text{lub}_\infty(\triangle A) \approx O(\text{eps})$.

Dagegen liefert jeder Startvektor t_0 der Form

$$t_0 = \begin{bmatrix} \tau \\ 1 \end{bmatrix}$$

mit nicht zu großem $|\tau|$ als t_1 einen numerisch akzeptablen Eigenvektor zu $\lambda = 0$. Z. B. ist für

$$t_0 = \begin{bmatrix} 1 \\ 1 \end{bmatrix}$$

der Vektor

$$t_1 = \frac{1}{\eta} \begin{bmatrix} 1 \\ 0 \end{bmatrix}$$

numerisch akzeptabel, wie eben gezeigt wurde.

Ähnliche Verhältnisse wie in diesem Beispiel liegen im allgemeinen vor, wenn zu dem betrachteten Eigenwert nichtlineare Elementarteiler gehören. Sei etwa λ_j ein Eigenwert von A, zu dem es Elementarteiler von höchstens k-tem Grade [$k = \tau_j$, s. (6.2.11)] gibt. Durch ein numerisch stabiles Verfahren kann man dann im allgemeinen [s. (6.9.11)] nur einen Näherungswert λ mit dem Fehler $|\lambda - \lambda_j| = O(\text{eps}^{1/k})$ erhalten [wir setzen hier der Einfachheit halber lub$(A) = 1$ voraus].

Sei nun $x_0, x_1, \ldots, x_{k-1}$ eine Kette von Hauptvektoren (s. Abschnitte 6.2, 6.3) zum Eigenwert λ_j,

$$(A - \lambda_j I)x_i = x_{i-1} \quad \text{für} \quad i = k - 1, \ldots, 0, \quad (x_{-1} := 0).$$

Für $\lambda \neq \lambda_i$, $i = 1, \ldots, n$, folgt dann sofort

$$(A - \lambda I)^{-1}\big[A - \lambda I + (\lambda - \lambda_j)I\big]x_i = (A - \lambda I)^{-1}x_{i-1},$$

$$(A - \lambda I)^{-1}x_i = \frac{1}{\lambda_j - \lambda}x_i + \frac{1}{\lambda - \lambda_j}(A - \lambda I)^{-1}x_{i-1},$$

$$i = k - 1, \ldots, 0,$$

und daraus durch Induktion

$$(A - \lambda I)^{-1}x_{k-1} = \frac{1}{\lambda_j - \lambda}x_{k-1} - \frac{1}{(\lambda_j - \lambda)^2}x_{k-2} + \cdots \pm \frac{1}{(\lambda_j - \lambda)^k}x_0.$$

Für den Startvektor $t_0 := x_{k-1}$ folgt somit für das zugehörige t_1

$$\|t_1\| \approx O\big((\lambda_j - \lambda)^{-k}\big) = O(1/\text{eps})$$

und daher $\|t_0\|/\|t_1\| = O(\text{eps})$, so daß t_1 als Eigenvektor von A akzeptabel ist. Hätte man dagegen als Startvektor $t_0 := x_0$ den exakten Eigenvektor von A genommen, so wäre

$$t_1 = \frac{1}{\lambda_j - \lambda}t_0$$

und damit

$$\frac{\|t_0\|}{\|t_1\|} = O\big(\text{eps}^{1/k}\big).$$

Wegen $\text{eps}^{1/k} \gg \text{eps}$ ist t_1 nicht *numerisch akzeptabler* Eigenvektor für den vorgelegten Näherungswert λ (vgl. Beispiel 1).

Aus diesem Grunde führt man in der Praxis die inverse Iteration nur noch in sehr rudimentärer Form durch: Nachdem man (numerisch akzeptable) Näherungswerte λ für die exakten Eigenwerte von A mittels eines numerisch stabilen Verfahrens berechnet hat, bestimmt man probeweise für einige verschiedene Startvektoren t_0 die zugehörigen t_1 und akzeptiert denjenigen Vektor t_1 als Eigenvektor, für den $\|t_0\|/\|t_1\|$ am besten die Größenordnung $O(\text{eps lub}(A))$ besitzt.

Da man für den Schritt $t_0 \rightarrow t_1$ ein lineares Gleichungssystem (6.6.3.8) zu lösen hat, wendet man in der Praxis die inverse Iteration nur für Tridiagonal- oder Hessenbergmatrizen A an. Um das Gleichungssystem (6.6.3.8) numerisch stabil zu lösen ($A - \lambda I$ ist fast singulär!), muß man die Gauß-Elimination unbedingt mit *Spaltenpivotsuche* durchführen (s. Abschnitt 4.1), d.h. man bestimmt eine Permutationsmatrix P, eine untere Dreiecksmatrix L mit $l_{ii} = 1$, $|l_{ik}| \leq 1$ für $k < i$, und eine obere Dreiecksmatrix R, so dass

$$P(A - \lambda I) = LR, \qquad L = \begin{bmatrix} 1 & & 0 \\ \vdots & \ddots & \\ x & \cdots & 1 \end{bmatrix}, \qquad R = \begin{bmatrix} x & \cdots & x \\ & \ddots & \vdots \\ 0 & & x \end{bmatrix}.$$

Dann erhält man die Lösung t_1 von (6.6.3.8) aus den beiden gestaffelten Gleichungssystemen

$$(6.6.3.12) \qquad \begin{aligned} Lz &= Pt_0, \\ Rt_1 &= z. \end{aligned}$$

Für Tridiagonal- und Hessenbergmatrizen A ist L sehr dünn besetzt: In jeder Spalte von L sind höchstens 2 Elemente von 0 verschieden. Für Hessenbergmatrizen A ist R eine obere Dreiecksmatrix und für Tridiagonalmatrizen A eine Matrix der Form

$$R = \begin{bmatrix} * & * & * & & 0 \\ & \cdot & \cdot & \cdot & \\ & & \cdot & \cdot & \cdot \\ & & & \cdot & \cdot & * \\ & & & & \cdot & * \\ 0 & & & & & * \end{bmatrix},$$

so daß in jedem Fall die Auflösung von (6.6.3.12) nur wenige Operationen erfordert. Überdies ist wegen (6.6.3.12) $\|z\| \approx \|t_0\|$. Man kann sich daher die Arbeit noch weiter vereinfachen, indem man ausgehend von einem Vektor z nur noch t_1 aus $Rt_1 = z$ bestimmt und versucht, z durch Probieren so zu wählen, daß $\|z\|/\|t_1\|$ möglichst klein wird.

Ein ALGOL-Programm für die Berechnung der Eigenvektoren einer symmetrischen Tridiagonalmatrix durch inverse Iteration findet sich bei Peters, Wilkinson (1971a), FORTRAN-Programme in Smith et al. (1976).

6.6.4 Das LR- und das QR-Verfahren

Das LR-Verfahren von Rutishauser (1958) und das QR-Verfahren von Francis (1961/62) und Kublanovskaja (1961) sind ebenfalls Iterationsverfahren zur Bestimmung der Eigenwerte einer $n \times n$-Matrix A. Es soll zunächst das historische frühere LR-Verfahren erklärt werden. Hier bildet man ausgehend von $A_1 := A$ eine Folge von Matrizen A_i nach folgender Vorschrift: Man stellt mit Hilfe des Gaußschen Eliminationsverfahrens (s. Abschnitt 4.1) die Matrix A_i als Produkt einer unteren Dreiecksmatrix $L_i = (l_{jk})$ mit $l_{jj} = 1$ und einer oberen Dreiecksmatrix R_i dar:

$$(6.6.4.1) \quad A_i =: L_i R_i, \qquad L_i = \begin{bmatrix} 1 & & 0 \\ \vdots & \ddots & \\ * & \cdots & 1 \end{bmatrix}, \quad R_i = \begin{bmatrix} * & \cdots & * \\ & \ddots & \vdots \\ 0 & & * \end{bmatrix}.$$

Anschließend bildet man

$$A_{i+1} := R_i L_i =: L_{i+1} R_{i+1}, \qquad i = 1, 2, \ldots .$$

Aus Abschnitt 4.1 wissen wir, daß für eine beliebige Matrix A_i eine solche Zerlegung $A_i = L_i R_i$ nicht immer möglich ist, was die Voraussetzung des folgenden Satzes erklärt:

(6.6.4.2) **Satz:** *Sofern alle Zerlegungen $A_i = L_i R_i$ existieren, gilt*
(a) *A_{i+1} ist ähnlich zu A_i:*

$$A_{i+1} = L_i^{-1} A_i L_i, \qquad i = 1, 2, \ldots$$

(b) $A_{i+1} = (L_1 L_2 \cdots L_i)^{-1} A_1 (L_1 L_2 \cdots L_i), i = 1, 2, \ldots$
(c) *Die untere Dreiecksmatrix $T_i := L_1 \cdots L_i$ und die obere Dreiecksmatrix $U_i := R_i \cdots R_1$ liefern die LR-Zerlegung von A^i,*

$$A^i = A_1^i = T_i U_i, \qquad i = 1, 2, \ldots .$$

Beweis: (a) Wegen $A_i = L_i R_i$ hat man

$$L_i^{-1} A_i L_i = R_i L_i =: A_{i+1}.$$

(b) folgt sofort aus (a). Um (c) zu zeigen, gehen wir aus von

$$L_1 \cdots L_i A_{i+1} = A_1 L_1 \cdots L_i, \qquad i = 1, 2, \ldots ,$$

einer Folge von (b). Es ist also für $i = 1, 2, \ldots$

$$T_i U_i = L_1 \cdots L_{i-1}(L_i R_i) R_{i-1} \cdots R_1$$
$$= L_1 \cdots L_{i-1} A_i R_{i-1} \cdots R_1$$
$$= A_1 L_1 \cdots L_{i-1} R_{i-1} \cdots R_1$$
$$= A_1 T_{i-1} U_{i-1}.$$

Damit ist der Satz bewiesen. □

Man kann zeigen, daß die Matrizen A_i unter bestimmten Bedingungen gegen eine obere Dreiecksmatrix A_∞ konvergieren, deren Diagonalelemente $(A_\infty)_{jj} = \lambda_j$ gerade die Eigenwerte von A sind, daß man also mit dem LR-Verfahren die Eigenwerte von A iterativ bestimmen kann. Wir wollen die Konvergenz jedoch nur für das eng mit dem LR-Verfahren verwandte QR-Verfahren untersuchen, weil das LR-Verfahren einige Nachteile besitzt: Es bricht zusammen, wenn eine der Matrizen A_i keine Dreieckszerlegung besitzt, und, selbst wenn die Zerlegung $A_i = L_i R_i$ existiert, kann das Problem L_i und R_i aus A_i zu berechnen schlecht konditioniert sein.

Um diese Schwierigkeiten zu vermeiden (und um das Verfahren numerisch stabil zu halten, s. Abschnitt 4.5), könnte man daran denken, das Verfahren durch Einführung einer Dreieckszerlegung mit Pivotsuche zu modifizieren:

$$P_i A_i =: L_i R_i, \quad P_i \text{ Permutationsmatrix, } P_i^{-1} = P_i^T,$$
$$A_{i+1} := R_i P_i^T L_i = L_i^{-1}(P_i A_i P_i^T) L_i.$$

Es gibt jedoch Beispiele, bei denen der so modifizierte Prozeß nicht mehr konvergiert:

$$A_1 = \begin{bmatrix} 1 & 3 \\ 2 & 0 \end{bmatrix}, \quad \lambda_1 = 3, \quad \lambda_2 = -2,$$

$$P_1 = \begin{bmatrix} 0 & 1 \\ 1 & 0 \end{bmatrix}, \quad P_1 A_1 = \begin{bmatrix} 2 & 0 \\ 1 & 3 \end{bmatrix} = \begin{bmatrix} 1 & 0 \\ 1/2 & 1 \end{bmatrix} \begin{bmatrix} 2 & 0 \\ 0 & 3 \end{bmatrix} = L_1 R_1,$$

$$A_2 = R_1 P_1^T L_1 = \begin{bmatrix} 1 & 2 \\ 3 & 0 \end{bmatrix},$$

$$P_2 = \begin{bmatrix} 0 & 1 \\ 1 & 0 \end{bmatrix}, \quad P_2 A_2 = \begin{bmatrix} 3 & 0 \\ 1 & 2 \end{bmatrix} = \begin{bmatrix} 1 & 0 \\ 1/3 & 1 \end{bmatrix} \begin{bmatrix} 3 & 0 \\ 0 & 2 \end{bmatrix} = L_2 R_2,$$

$$A_3 = R_2 P_2^T L_2 = \begin{bmatrix} 1 & 3 \\ 2 & 0 \end{bmatrix} \equiv A_1.$$

Das LR-Verfahren ohne Pivotsuche konvergiert hier nach wie vor.

Diese Schwierigkeiten des LR-Verfahrens werden weitgehend im QR-Algorithmus von Francis (1961/62) vermieden, der eine Weiterentwicklung des LR-Verfahrens ist. Formal erhält man dieses Verfahren, wenn man (in

6.6.4.1) die LR-Zerlegungen durch QR-Zerlegungen (s. 4.7) ersetzt. Im QR-Verfahren werden so ausgehend von der $n \times n$-Matrix $A_1 := A$ Matrizen Q_i, R_i, A_i nach folgender Vorschrift gebildet:

$$(6.6.4.3) \qquad A_i =: Q_i R_i, \qquad Q_i^H Q_i = I, \qquad R_i = \begin{bmatrix} * & \cdots & * \\ & \ddots & \vdots \\ 0 & & * \end{bmatrix},$$

$$A_{i+1} := R_i Q_i.$$

Die Matrizen A_i werden also in das Produkt einer *unitären* Matrix Q_i und einer oberen Dreiecksmatrix R_i zerlegt. Man beachte, daß eine QR-Zerlegung für A_i stets existiert und etwa mit den Methoden von Abschnitt 4.7 numerisch stabil berechnet werden kann: Man kann $n-1$ Householdermatrizen $H_j^{(i)}$, $j = 1, \ldots, n-1$, bestimmen, so daß

$$H_{n-1}^{(i)} \cdots H_1^{(i)} A_i = R_i$$

obere Dreiecksgestalt besitzt. Dann ist wegen $\left(H_j^{(i)}\right)^H = \left(H_j^{(i)}\right)^{-1} = H_j^{(i)}$

$$Q_i := H_1^{(i)} \cdots H_{n-1}^{(i)},$$

und A_{i+1} ergibt sich zu

$$A_{i+1} = R_i H_1^{(i)} \cdots H_{n-1}^{(i)}.$$

Man beachte ferner, daß die QR-Zerlegung einer Matrix nicht eindeutig ist: Ist S eine beliebige unitäre Diagonalmatix, d. h. eine *Phasenmatrix* der Form

$$S = \mathrm{diag}(e^{i\phi_1}, e^{i\phi_2}, \ldots, e^{i\phi_n}),$$

so sind $Q_i S$ unitär und $S^H R_i$ eine obere Dreiecksmatrix und es gilt $(Q_i S)(S^H R_i) = Q_i R_i$. Analog zu Satz (6.6.4.2) gilt nun

(6.6.4.4) **Satz:** *Die Matrizen A_i, Q_i, R_i (6.6.4.3) sowie*

$$P_i := Q_1 Q_2 \cdots Q_i, \qquad U_i := R_i R_{i-1} \cdots R_1,$$

haben folgende Eigenschaften:

(a) A_{i+1} *ist unitär ähnlich zu* A_i, $A_{i+1} = Q_i^H A_i Q_i$.
(b) $A_{i+1} = (Q_1 \cdots Q_i)^H A_1 (Q_1 \cdots Q_i) = P_i^H A_1 P_i$.
(c) $A^i = P_i U_i$.

Der Beweis wird wie bei Satz (6.6.4.2) geführt und wird dem Leser überlassen.   □

Um die Konvergenzeigenschaften des QR-Verfahrens (s. (6.6.4.12)) plausibel zu machen, wollen wir zeigen, daß sich dieses Verfahren als eine natürliche Verallgemeinerung der Vektoriteration und der inversen Iteration (s. 6.6.3) auffassen läßt: Aus (6.6.4.4) erhält man nämlich wie im Beweis von (6.6.4.2) die Beziehung ($P_0 := I$)

$$(6.6.4.5) \qquad P_i R_i = A P_{i-1}, \qquad i \geq 1.$$

Partitioniert man die Matrizen P_i und R_i in der folgenden Weise

$$P_i = \left(P_i^r, \hat{P}_i^{(r)} \right), \qquad R_i = \begin{bmatrix} R_i^{(r)} & * \\ 0 & \hat{R}_i^{(r)} \end{bmatrix},$$

wobei $P_i^{(r)}$ eine $n \times r$-Matrix und $R_i^{(r)}$ eine $r \times r$-Matrix ist, so folgt aus (6.6.4.5)

$$(6.6.4.6) \qquad A P_{i-1}^{(r)} = P_i^{(r)} R_i^{(r)} \qquad \text{für } i \geq 1, \quad 1 \leq r \leq n.$$

Für die linearen Teilräume $\mathscr{P}_i^{(r)} := R\left(P_i^{(r)} \right) = \left\{ P_i^{(r)} z \mid z \in \mathbb{C}^r \right\}$, die von den (orthonormalen) Spalten von $P_i^{(r)}$ aufgespannt werden, gilt daher

$$\mathscr{P}_i^{(r)} \supset A \mathscr{P}_{i-1}^{(r)} = R\left(P_i^{(r)} R_i^{(r)} \right) \qquad \text{für } i \geq 1, \, 1 \leq r \leq n,$$

wobei Gleichheit herrscht, falls A und damit auch alle R_i, $R_i^{(r)}$ nichtsingulär sind. Es liegt hier also eine *Iteration von Unterräumen* vor.

Als Spezialfall $r = 1$ von (6.6.4.6) erhält man die normale Vektoriteration (s. 6.6.3) mit dem Startvektor $p_0 := e_1 = P_0^{(1)}$. Für die Vektoren $p_i := P_i^{(1)}$ gilt nämlich wegen $R_i^{(1)} = r_{11}^{(i)}$ und (6.6.4.6) die Rekursion

$$(6.6.4.7) \qquad r_{11}^{(i)} p_i = A p_{i-1}, \qquad \| p_i \| = 1, \qquad i \geq 1.$$

Die Konvergenz der p_i kann man wie in Abschnitt 6.6.3 untersuchen. Wir nehmen dazu der Einfachheit halber an, daß A diagonalisierbar ist, für die Eigenwerte λ_i

$$|\lambda_1| > |\lambda_2| \geq \cdots |\lambda_n|$$

gilt und daß $X = (x_1, \ldots, x_n) = (x_{ik})$, $Y := X^{-1} = (y_1, \ldots, y_n)^T = (y_{ik})$ Matrizen mit

$$(6.6.4.8a) \qquad A = X D Y, \quad D = \begin{bmatrix} \lambda_1 & & 0 \\ & \ddots & \\ 0 & & \lambda_n \end{bmatrix}$$

sind: x_i ist Rechtseigenvektor, y_i^T Linkseigenvektor zu λ_i,

$$(6.6.4.8b) \qquad A x_i = \lambda_i x_i, \quad y_i^T A = \lambda_i y_i^T, \quad y_i^T x_k = \begin{cases} 1 & \text{für } i = k, \\ 0 & \text{sonst.} \end{cases}$$

Falls in der Zerlegung von e_1

$$e_1 = \rho_1 x_1 + \cdots \rho_n x_n, \qquad \rho_i = y_i^T e_1 = y_{i1},$$

$\rho_1 = y_{11} \neq 0$ gilt, konvergiert die Vektoriteration $t_k := A^k e_1$:

(6.6.4.9)
$$\lim_{k \to \infty} \frac{1}{\lambda_1^k} t_k = \rho_1 x_1.$$

Andererseits gilt wegen (6.6.4.7)

$$A^i e_1 = r_{11}^{(1)} r_{11}^{(2)} \cdots r_{11}^{(i)} p_i.$$

Wegen $\|p_i\| = 1$ gibt es Phasenfaktoren $\sigma_k = e^{i\phi_k}$, $|\sigma_k| = 1$, mit

$$\lim_i \sigma_i p_i = \hat{x}_1, \qquad \lim r_{11}^{(i)} \frac{\sigma_{i-1}}{\sigma_i} = \lambda_1, \qquad \text{mit } \hat{x}_1 := x_1 / \|x_1\|.$$

Die $r_{11}^{(i)}$, p_i konvergieren also „im wesentlichen" (d. h. bis auf einen Phasenfaktor) gegen λ_1 bzw. $\hat{x}_1$. Nach Abschnitt 6.6.3 wird die Konvergenzgeschwindigkeit durch den Faktor $|\lambda_2/\lambda_1| < 1$ bestimmt,

(6.6.4.10)
$$\|\sigma_i p_i - \hat{x}_1\| = O\left(\left|\frac{\lambda_2}{\lambda_1}\right|^i\right).$$

Mit Hilfe von (6.6.4.10) überlegt man sich leicht, daß aus $A_{i+1} = P_i^H A P_i$ (Satz (6.6.4.4), (a)) und der wesentlichen Konvergenz der ersten Spalte von P_i gegen einen Eigenvektor $\hat{x}_1$ von A zum Eigenwert λ_1 auch die Konvergenz der ersten Spalte $A_i e_1$ von A_i gegen den Vektor $\lambda_1 e_1 = (\lambda_1, 0. \ldots, 0)^T$ folgt, wobei der Fehler $\|A_i e_1 - \lambda_1 e_1\| = O((|\lambda_2|/|\lambda_1|)^i)$ umso schneller gegen 0 konvergiert, je kleiner $|\lambda_2/\lambda_1|$ ist. Zum Nachweis der Konvergenz haben wir die Bedingung $\rho_1 = y_{11} \neq 0$ verwandt. Für das folgende notieren wir, daß diese Bedingung insbesondere dann erfüllt ist, wenn die Matrix Y eine Dreieckszerlegung $Y = L_Y R_Y$ mit einer unteren Dreiecksmatrix L_Y mit $(L_Y)_{jj} = 1$ und einer oberen Dreiecksmatrix R_Y besitzt.

Es wird sich später als besonders wichtig herausstellen, daß das QR-Verfahren für nichtsinguläres A auch mit der *inversen Vektoriteration* (s. 6.6.3) verwandt ist. Aus (6.6.4.5) folgt nämlich wegen $P_i^H P_i = I$ sofort $P_{i-1}^H A^{-1} = R_i^{-1} P_i^H$ oder

$$A^{-H} P_{i-1} = P_i R_i^{-H}.$$

Bezeichnet man jetzt mit $\hat{P}_i^{(r)}$ die $n \times (n-r+1)$-Matrix, die aus den $n-r+1$ *letzten* Spalten von P_i und mit $\hat{R}_i^{(r)}$ die Dreiecksmatrix, die aus den letzten $n - r + 1$ Zeilen und Spalten von R_i besteht, sowie mit $\hat{\mathscr{P}}_i^{(r)} = R(\hat{P}_i^{(r)})$ den Teilraum, der von den Spalten von $\hat{P}_i^{(r)}$ aufgespannt wird, so folgt wie oben

$$A^{-H}\hat{P}_{i-1}^{(r)} = \hat{P}_i^{(r)}\left(\hat{R}_i^{(r)}\right)^{-H}$$

$$A^{-H}\hat{\mathscr{P}}_{i-1}^{(r)} = \hat{\mathscr{P}}_i^{(r)} \qquad \text{für } i \geq 1,\ 1 \leq r \leq n,$$

also eine Vektorraumiteration mit der Matrix $A^{-H} = (A^{-1})^H$.

Im Spezialfall $r = n$ hat man wieder eine gewöhnliche inverse Iteration für die letzten Spalten $\hat{p}_i := \hat{P}_i^{(n)}$ der Matrizen P_i vor sich

$$A^{-H}\hat{p}_{i-1} = \hat{p}_i \cdot \bar{\rho}_{nn}^{(i)}, \qquad \rho_{nn}^{(i)} := (R_i^{-1})_{nn}, \qquad \|\hat{p}_i\|_2 = 1,$$

mit dem Startvektor $\hat{p}_0 = e_n$. Ihre Konvergenz man wie eben und wie in 6.6.3 untersuchen. Wir nehmen dazu wieder an, daß A diagonalisierbar ist und A^{-H} genau einen betragsgrößten Eigenwert besitzt, d. h. daß $|\lambda_1| \geq |\lambda_2| \geq \cdots \geq |\lambda_{n-1}| > |\lambda_n| > 0$ für die Eigenwerte λ_j von A gilt (man beachte, daß die Matrix A^{-H} die Eigenwerte $\bar{\lambda}_j^{-1}$ hat). Mit x_j bzw. y_j^T bezeichnen wir wieder die Rechts- bzw. Linkseigenvektoren von A zum Eigenwert λ_j mit (6.6.4.8). Wenn nun der Startvektor $\hat{p}_0 = e_n$ genügend allgemein ist, werden die Vektoren $\hat{p}_i$ „im wesentlichen" gegen einen normierten Eigenvektor u von A^{-H} zum Eigenwert $\bar{\lambda}_n^{-1}$ konvergieren, $A^{-H}u = \bar{\lambda}_n^{-1}u$, so daß wegen $u^H A = \lambda_n u^H$ der Vektor u^H normierter Linkseigenvektor von A zum Eigenwert λ_n ist. Es folgt, daß die letzten Zeilen $e_n^T A_i$ der Matrizen A_i gegen $[0, \ldots, 0, \lambda_n]$ konvergieren. Dabei wird die Konvergenzgeschwindigkeit jetzt durch den Quotienten $|\lambda_n/\lambda_{n-1}| < 1$ bestimmt,

$$(6.6.4.11) \qquad \|e_n^T A_i - [0, \ldots, 0, \lambda_n]\| = O\left(\left|\frac{\lambda_n}{\lambda_{n-1}}\right|^i\right),$$

da A^{-H} die Eigenwerte $\bar{\lambda}_j^{-1}$ besitzt und nach Voraussetzung

$$|\lambda_n^{-1}| > |\lambda_{n-1}^{-1}| \geq \cdots \geq |\lambda_1^{-1}|$$

gilt. Für die formale Konvergenzuntersuchung hat man wegen (6.6.4.8) und $A^{-H} = Y^H D^{-H} X^H$ den Startvektor $\hat{p}_0 = e_n$

$$e_n = \rho_1 \bar{y}_1 + \cdots + \rho_n \bar{y}_n$$

als Linearkombination der Spalten $\bar{y}_j$ von Y^H, also der Rechtseigenvektoren $\bar{y}_j$ von A^{-H} zu den Eigenwerten $\bar{\lambda}_j^{-1}$ zu schreiben, $A^{-H}\bar{y}_j = \bar{\lambda}_j^{-1}\bar{y}_j$. Die Konvergenz ist sichergestellt, falls $\rho_n \neq 0$.

Aus $I = X^H Y^H = [x_1, \ldots, x_n]^H[\bar{y}_1, \ldots \bar{y}_n]$ folgt $\rho_n = x_n^H e_n$, so daß $\rho_n \neq 0$ ist, falls das Element $x_{nn} = e_n^T x_n = \bar{\rho}_n$ der Matrix X nicht verschwindet. Letzteres ist der Fall, falls die Matrix $Y = L_Y R_Y$ eine LR-Zerlegung mit $(L_Y)_{ii} = 1$ besitzt; denn wegen $X = Y^{-1}$ gilt dann $X = R_Y^{-1} L_Y^{-1}$, so daß $x_{nn} = e_n^T R_Y^{-1} L_Y^{-1} e_n \neq 0$, weil L_Y^{-1} eine untere und R_Y^{-1}

eine obere Dreiecksmatrix ist. Diese Überlegungen motivieren einen Teil der Aussagen des folgenden Satzes, der die Konvergenz des QR-Verfahrens beschreibt, falls *alle* Eigenwerte verschiedene Beträge haben.

(6.6.4.12) **Satz:** *Die $n\times n$-Matrix $A =: A_1$ erfülle folgende Voraussetzungen:*
(1) *Die Eigenwerte λ_i von A seien betragsgemäß verschieden*

$$|\lambda_1| > |\lambda_2| > \cdots > |\lambda_n|.$$

(2) *Die Matrix Y mit $A = XDY$, $X = Y^{-1}$, $D = \mathrm{diag}(\lambda_1, \ldots, \lambda_n) =$ Jordansche Normalform von A, besitze eine Dreieckszerlegung*

$$Y = L_Y R_Y, \quad L_Y = \begin{bmatrix} 1 & & 0 \\ \vdots & \ddots & \\ x & \cdots & 1 \end{bmatrix}, \quad R_Y = \begin{bmatrix} x & \cdots & x \\ & \ddots & \vdots \\ 0 & & x \end{bmatrix}.$$

Dann haben die Matrizen A_i, Q_i, R_i des QR-Verfahrens (6.6.4.3) folgende Konvergenzeigenschaften: Es gibt Phasenmatrizen

$$S_i = \mathrm{diag}(\sigma_1^{(i)}, \ldots, \sigma_n^{(i)}), \quad |\sigma_k^{(i)}| = 1,$$

so daß gilt $\lim_i S_{i-1}^H Q_i S_i = I$ *sowie*

$$\lim_{i\to\infty} S_i^H R_i S_{i-1} = \lim_{i\to\infty} S_{i-1}^H A_i S_{i-1} = \begin{bmatrix} \lambda_1 & x & \cdots & x \\ & \lambda_2 & \ddots & \vdots \\ & & \ddots & x \\ 0 & & & \lambda_n \end{bmatrix}.$$

Insbesondere gilt $\lim_{i\to\infty} a_{jj}^{(i)} = \lambda_j$, $j = 1, \ldots, n$, *für* $A_i = \left(a_{jk}^{(i)}\right)$.

Beweis (nach Wilkinson (1965)): Wir führen den Beweis unter der zusätzlichen Annahme $\lambda_n \neq 0$ also der Existenz von D^{-1}. Wegen $X^{-1} = Y$ folgt dann aus den Voraussetzungen des Satzes

$$A^i = XD^iY$$

(6.6.4.13)
$$= Q_X R_X D^i L_Y R_Y$$
$$= Q_X R_X (D^i L_Y D^{-i}) D^i R_Y,$$

wenn $Q_X R_X = X$ die QR-Zerlegung der nichtsingulären Matrix X in eine unitäre Matrix Q_X und eine (nichtsinguläre) obere Dreiecksmatrix R_X ist.

Nun ist $D^i L_Y D^{-i} =: \left(l_{jk}^{(i)}\right)$ eine untere Dreiecksmatrix mit

$$l_{jk}^{(i)} = \left(\frac{\lambda_j}{\lambda_k}\right)^i l_{jk}, \quad L_Y =: (l_{jk}), \quad l_{jk} = \begin{cases} 1 & \text{für } j = k, \\ 0 & \text{für } j < k. \end{cases}$$

Wegen $|\lambda_j| < |\lambda_k|$ für $j > k$ folgt $\lim_i l_{jk}^{(i)} = 0$ für $j > k$ und daher

$$D^i L_Y D^{-i} = I + E_i, \qquad \lim_{i \to \infty} E_i = 0.$$

Dabei ist die Konvergenz umso schneller, je besser die Eigenwerte von A betragsmäßig getrennt sind.
Weiter erhält man aus (6.6.4.13)

$$A^i = Q_X R_X (I + E_i) D^i R_Y$$
(6.6.4.14)
$$= Q_X (I + R_X E_i R_X^{-1}) R_X D^i R_Y$$
$$= Q_X (I + F_i) R_X D^i R_Y$$

mit $F_i := R_X E_i R_X^{-1}$, $\lim_i F_i = 0$. Wir betrachten die positiv definite Matrix

$$(I + F_i)^H (I + F_i) = I + H_i, \qquad H_i := F_i^H + F_i + F_i^H F_i$$

mit $\lim_i H_i = 0$, und nutzen aus, daß $I + H_i$ als positiv definite Matrix eine eindeutig bestimmte Choleskyzerlegung (Satz (4.3.3))

$$I + H_i = \tilde{R}_i^H \tilde{R}_i$$

besitzt, wobei $\tilde{R}_i$ eine obere Dreiecksmatrix mit positiven Diagonalelementen ist. Dabei hängt der Choleskyfaktor $\tilde{R}_i$ stetig von der Matrix $I + H_i$ ab, wie das Cholesky-Verfahren zeigt. Es folgt daher aus $\lim_i H_i = 0$ sofort $\lim_i \tilde{R}_i = I$. Ferner ist die Matrix

$$\tilde{Q}_i := (I + F_i) \tilde{R}_i^{-1}$$

unitär wegen

$$\tilde{Q}_i^H \tilde{Q}_i = \tilde{R}_i^{-H} (I + F_i)^H (I + F_i) \tilde{R}_i^{-1} = \tilde{R}_i^{-H} (I + H_i) \tilde{R}_i^{-1}$$
$$= \tilde{R}_i^{-H} (\tilde{R}_i^H \tilde{R}_i) \tilde{R}_i^{-1} = I.$$

Die Matrix $I + F_i$ besitzt daher die QR-Zerlegung $I + F_i = \tilde{Q}_i \tilde{R}_i$, und es gilt $\lim_i \tilde{Q}_i = \lim_i (I + F_i) \tilde{R}_i^{-1} = I$, $\lim_i \tilde{R}_i = I$. Damit folgt aus (6.6.4.14)

$$A^i = (Q_X \tilde{Q}_i)(\tilde{R}_i R_X D^i R_Y)$$

mit einer unitären Matrix $Q_X \tilde{Q}_i$ und einer oberen Dreiecksmatrix $\tilde{R}_i R_X D^i R_Y$.

Andererseits besitzt wegen Satz (6.6.4.4) (c) die Matrix A^i auch die QR-Zerlegung

$$A^i = P_i U_i, \qquad P_i := Q_1 \cdots Q_i, \qquad U_i := R_i \cdots R_1.$$

Da die QR-Zerlegung von Matrizen nur bis auf eine Umskalierung der Spalten (Zeilen) von Q (bzw. von R) durch Phasenfaktoren $\sigma = e^{i\phi}$ eindeutig ist, gibt es Phasenmatrizen

$$S_i = \text{diag}(\sigma_1^{(i)}, \ldots, \sigma_n^{(i)}), \qquad |\sigma_k^{(i)}| = 1,$$

mit

$$P_i = Q_X \tilde{Q}_i S_i^H, \qquad U_i = S_i \tilde{R}_i R_X D^i R_Y, \qquad i \geq 1,$$

und es folgt

$$\lim_i P_i S_i = \lim_i Q_X \tilde{Q}_i = Q_X,$$

$$Q_i = P_{i-1}^{-1} P_i = S_{i-1} \tilde{Q}_{i-1}^H \tilde{Q}_i S_i^H,$$

$$\lim_i S_{i-1}^H Q_i S_i = I,$$

$$R_i = U_i U_{i-1}^{-1} = S_i \tilde{R}_i R_X D^i R_Y \cdot R_Y^{-1} D^{-i+1} R_X^{-1} \tilde{R}_{i-1}^{-1} S_{i-1}^H$$
$$= S_i \tilde{R}_i R_X D R_X^{-1} \tilde{R}_{i-1}^{-1} S_{i-1}^H,$$

$$S_i^H R_i S_{i-1} = \tilde{R}_i R_X D R_X^{-1} \tilde{R}_{i-1}^{-1}, \qquad \lim_i S_i^H R_i S_{i-1} = R_X D R_X^{-1},$$

und schließlich wegen $A_i = Q_i R_i$

$$\lim_i S_{i-1}^H A_i S_{i-1} = \lim_i S_{i-1}^H Q_i S_i S_i^H R_i S_{i-1} = R_X D R_X^{-1}.$$

Die Matrix $R_X D R_X^{-1}$ ist eine obere Dreiecksmatrix mit Diagonale D,

$$R_X D R_X^{-1} = \begin{bmatrix} \lambda_1 & * & \cdots & * \\ & \lambda_2 & \ddots & \vdots \\ & & \ddots & * \\ 0 & & & \lambda_n \end{bmatrix}.$$

Damit ist Satz (6.6.4.12) bewiesen. □

Aus dem Beweis folgt, daß unter den Voraussetzungen des Satzes die (wesentliche) Konvergenz der Q_i, R_i und A_i linear und umso besser ist, je kleiner die „Konvergenzfaktoren" $|\lambda_j/\lambda_k|$, $j > k$, sind, d.h. je besser die Eigenwerte von A betragsmäßig getrennt sind. Die Voraussetzungen lassen sich aber abschwächen. So zeigen bereits die Überlegungen, die zu den Abschätzungen (6.6.4.10) und (6.6.4.11) führten, daß die ersten Spalten bzw. letzten Zeilen der A_i auch unter schwächeren Voraussetzugen als der betragsmäßigen Trennung aller Eigenwerte konvergieren. Diese Bedingung ist insbesondere in dem praktischen wichtigen Fall verletzt, wenn A eine reelle Matrix mit einem Paar λ_r, $\lambda_{r+1} = \bar{\lambda}_r$ konjugiert komplexer Eigenwerte ist. Nehmen wir etwa an, daß

$$|\lambda_1| > \cdots > |\lambda_r| = |\lambda_{r+1}| > \cdots > |\lambda_n|$$

gilt und die übrigen Voraussetzungen von Satz (6.6.4.12) erfüllt sind, so kann man für die Matrizen $A_i = (a_{jk}^{(i)})$ noch zeigen

(6.6.4.15) (a) $\lim_i a_{jk}^{(i)} = 0$ *für alle* $(j, k) \neq (r + 1, r)$ *mit* $j > k$.

(b) $\lim_i a_{jj}^{(i)} = \lambda_j$ *für* $j \neq r, r + 1$.

(c) *Obwohl die* 2×2-*Matrizen*

$$\begin{bmatrix} a_{rr}^{(i)} & a_{r,r+1}^{(i)} \\ a_{r+1,r}^{(i)} & a_{r+1,r+1}^{(i)} \end{bmatrix}$$

i. a. für $i \to \infty$ *divergieren, konvergieren ihre Eigenwerte gegen* λ_r *und* λ_{r+1}.

Es liegt also Konvergenz der Matrizen A_i an den mit λ_j und 0 bezeichneten Stellen der folgenden Figur vor, während die Eigenwerte der mit $*$ bezeichneten 2×2-Matrix gegen λ_r und λ_{r+1} konvergieren

$$A_i \underset{i \to \infty}{\longrightarrow} \begin{bmatrix} \lambda_1 & x & \cdots & x & x & x & x & \cdots & x \\ 0 & \lambda_2 & \ddots & & & & & & \vdots \\ & & \ddots & \ddots & x & & & & \vdots \\ & & & 0 & \lambda_{r-1} & x & x & & \vdots \\ & & & & 0 & * & * & & \vdots \\ & & & & & * & * & x & \vdots \\ & & & & & & 0 & \lambda_{r+2} & \ddots & \vdots \\ & & & & & & & & \ddots & \ddots & x \\ 0 & & & & & & & & & 0 & \lambda_n \end{bmatrix}.$$

Ebenso kann man die Voraussetzung (2) von Satz (6.6.4.12) abschwächen: Wenn z. B. A zwar diagonalisierbar ist, $A = XDY$, $Y = X^{-1}$, $D = \text{diag}(\lambda_1, \ldots, \lambda_n)$, aber die Matrix Y keine Dreieckszerlegung $Y = L_Y R_Y$ besitzt, so konvergiert das QR-Verfahren nach wie vor, nur erscheinen die Eigenwerte von A in der Diagonale der Grenzmatrix nicht mehr notwendig dem Betrag nach geordnet.

Für eine eingehende Untersuchung der Konvergenz des QR-Verfahrens sei auf folgende Literatur verwiesen: Parlett (1967), Parlett und Poole (1973), Golub und Van Loan (1983).

6.6.5 Die praktische Durchführung des QR-Verfahrens

Das QR-Verfahren besitzt in seiner ursprünglichen Form (6.6.4.3) noch folgende Nachteile, die es zunächst als wenig attraktiv erscheinen lassen.

a) Das Verfahren ist sehr aufwendig. Pro Schritt $A_i \to A_{i+1}$ benötigt man bei vollbesetzten $n \times n$-Matrizen $O(n^3)$ Operationen.

b) Die Konvergenz ist sehr langsam, wenn einige Eigenwerte λ_j, mit $|\lambda_1| > \cdots > |\lambda_n|$, von A betragsmäßig nur schlecht getrennt sind, $|\lambda_j/\lambda_k| \approx 1$ für $j > k$.

Beide Nachteile lassen sich jedoch beheben.

a) Um den Aufwand des Verfahrens zu vermindern, wendet man das QR-Verfahren nur auf *reduzierte* Matrizen A an, nämlich Matrizen von Hessenbergform oder bei Hermiteschen Matrizen A, auf Hermitesche Tridiagonalmatrizen (d. h. Hermitesche Hessenberg-Matrizen). Eine allgemeine Matrix A hat man daher zunächst mit den in 6.5 beschriebenen Methoden auf eine dieser Formen zu reduzieren. Dies ist nicht sinnlos, weil diese speziellen Matrixformen gegenüber der QR-Transformation invariant sind: Ist A_i eine (ggf. Hermitesche) Hessenbergmatrix, so auch A_{i+1}. Wegen Satz (6.6.4.4) (a) ist nämlich $A_{i+1} = Q_i^H A_i Q_i$ unitär zu A_i ähnlich, so daß für eine Hermitesche Matrix A_i auch A_{i+1} wieder Hermitesch ist. Für eine $n \times n$-Hessenberg-Matrix A_i kann man A_{i+1} auf die folgende Weise berechnen. Man reduziert zunächst die Subdiagonalelemente von A_i mittels geeigneter Givensrotationen vom Typ $\Omega_{12}, \ldots, \Omega_{n-1,n}$ der Reihe nach zu 0 (s. 4.9)

$$\Omega_{n-1,n} \cdots \Omega_{23}\Omega_{12}A_i = R_i = \begin{bmatrix} * & \cdots & * \\ & \ddots & \vdots \\ 0 & & * \end{bmatrix},$$

$$A_i = Q_i R_i, \quad Q_i := \Omega_{12}^H \Omega_{23}^H \cdots \Omega_{n-1,n}^H,$$

und berechnet A_{i+1} aus

$$A_{i+1} = R_i Q_i = R_i \Omega_{12}^H \Omega_{23}^H \cdots \Omega_{n-1,n}^H.$$

Wegen der Struktur der $\Omega_{j,j+1}$ sieht man sofort, daß bei der Rechtsmultiplikation mit den $\Omega_{j,j+1}^H$ die obere Dreiecksmatrix R_i in eine Hessenberg-Matrix A_{i+1} transformiert wird. Im übrigen kann man A_{i+1} aus A_i „in einem Zug" berechnen, wenn man die einzelnen Matrixmultiplikationen in der folgenden durch die Klammerung angedeuteten Reihenfolge ausführt

$$A_{i+1} = \left(\Omega_{n-1,n} \cdots \left(\Omega_{23}\left((\Omega_{12}A_i)\Omega_{12}^H \right) \right)\Omega_{23}^H \cdots \right)\Omega_{n-1,n}^H.$$

Man bestätigt leicht, daß man so für eine $n \times n$-Hessenbergmatrix A_i die Matrix A_{i+1} mittels $O(n^2)$ Operationen berechnen kann. Im Hermiteschen Fall, A_i eine Hermitesche Tridiagonalmatrix, benötigt man für den QR-Schritt $A_i \to A_{i+1}$ sogar nur $O(n)$ Operationen.

Wir nehmen deshalb für das folgende an, daß A und damit alle A_i (ggf. Hermitesche) Hessenbergmatrizen sind. Wir können weiter annehmen, daß die Hessenbergmatrizen A_i *unzerlegbar* sind, d. h., daß ihre Subdiagonalelemente $a^{(i)}_{j,j-1}$, $j = 2, \ldots, n$, von Null verschieden sind: denn sonst hat die Hessenbergmatrix A_i die Form

$$A_i = \begin{bmatrix} A'_i & * \\ 0 & A''_i \end{bmatrix},$$

wobei A'_i, A''_i Hessenbergmatrizen kleinerer Reihenzahl als n sind. Da die Eigenwerte von A_i gerade die Eigenwerte von A'_i und die von A''_i sind, genügt es die Eigenwerte der kleineren Matrizen A'_i, A''_i zu bestimmen. Das Eigenwertproblem für A_i ist damit auf kleinere Probleme der gleichen Art reduziert.

Im Prinzip läuft das QR-Verfahren für Hessenbergmatrizen A dann so ab, daß man nacheinander die A_i nach (6.6.4.3) berechnet und die Elemente $a^{(i)}_{n,n-1}$ und $a^{(i)}_{n-1,n-2}$ der letzten beiden Zeilen von A_i beobachtet, die i.a. (s. (6.6.4.12), (6.6.4.15)) für $i \to \infty$ gegen 0 konvergieren. Sobald eines von ihnen genügend klein ist,

$$\min\{|a^{(i)}_{n,n-1}|, \ |a^{(i)}_{n-1,n-2}|\} \le \text{eps}(|a^{(i)}_{nn}| + |a^{(i)}_{n-1,n-1}|),$$

wobei eps etwa die relative Maschinengenauigkeit ist, kann man sofort numerisch akzeptable Näherungen für einige Eigenwerte von A_i angeben.

Ist z. B. $|a^{(i)}_{n,n-1}|$ klein, dann ist $a^{(i)}_{nn}$ eine solche Näherung, denn dieses Element ist exakter Eigenwert der zerfallenden Hessenbergmatrix $\tilde{A}_i$, die man aus A_i erhält, wenn man dort $a^{(i)}_{n,n-1}$ durch 0 ersetzt: $\tilde{A}_i$ stimmt mit A_i im Rahmen der Rechengenauigkeit überein, $\|\tilde{A}_i - A_i\| \le \text{eps}\,\|A_i\|$. Man setzt dann das QR-Verfahren mit der $(n-1)$-reihigen Hessenbergmatrix A'_i fort, die man durch Streichen der letzten Zeile und Spalte von A_i bzw. $\tilde{A}_i$ erhält.

Ist dagegen $|a^{(i)}_{n-1,n-2}|$ klein, so sind die beiden leicht berechenbaren Eigenwerte der 2×2-Matrix

$$\begin{bmatrix} a^{(i)}_{n-1,n-1} & a^{(i)}_{n-1,n} \\ a^{(i)}_{n,n-1} & a^{(i)}_{nn} \end{bmatrix}$$

numerisch akzeptable Näherungen für zwei Eigenwerte von A_i, denn diese Näherungen sind ebenfalls exakte Eigenwerte einer zerfallenden Hessenbergmatirx $\tilde{A}_i$ nahe bei A_i: Man erhält $\tilde{A}_i$, indem man jetzt in A_i das kleine Element $a^{(i)}_{n-1,n-2}$ durch 0 ersetzt. Das QR-Verfahren wird nun mit der $(n-2)$-reihigen Hessenbergmatrix A'_i fortgesetzt, die man durch Streichen der beiden letzten Zeilen und Spalten aus A_i erhält.

Nach (6.6.4.4) erzeugt das QR-Verfahren Matrizen, die untereinander unitär ähnlich sind. Für unitär ähnliche „fast" unzerlegbare Hessenbergmatrizen gilt der folgende interessante Satz, der später für die sog. impliziten Shifttechniken wichtig sein wird:

(6.6.5.1) **Satz:** *Seien* $Q = [q_1, \ldots, q_n]$ *und* $U = [u_1, \ldots, u_n]$ *zwei unitäre Matrizen mit den Spalten* q_i *bzw.* u_i *derart, daß die Matrizen* $H = (h_{i,j}) :=$ $Q^H A Q$ *und* $K := U^H A U$ *beide Hessenbergmatrizen sind, die vermöge* Q *und* U *einer gemeinsamen Matrix* A *unitär ähnlich sind. Sei ferner* $h_{i,i-1} \neq$ 0 *für* $i \leq n - 1$, $u_1 = \sigma_1 q_1$, $|\sigma_1| = 1$. *Dann gibt es eine Phasenmatrix* $S = \mathrm{diag}(\sigma_1, \ldots, \sigma_n)$, $|\sigma_k| = 1$, *so daß* $U = QS$, $K = S^H H S$.

Mit anderen Worten, wenn Q und U „im wesentlichen" die gleiche erste Spalte haben und H fast irreduzibel ist, sind auch die beiden Hessenbergmatrizen K und H „im wesentlichen", d.h. bis auf Phasenfaktoren, gleich, $K = S^H H S$. Insbesondere ist dann auch K fast irreduzibel.

Beweis: Für die unitäre Matrix $V = [v_1, \ldots, v_n] := U^H Q$ gilt wegen $H = V^H K V$

$$KV = VH.$$

Ein Vergleich der $(i - 1)$-ten Spalten ergibt

$$h_{i,i-1} v_i = K v_{i-1} - \sum_{j=1}^{i-1} h_{j,i-1} v_j, \qquad 2 \leq i \leq n.$$

Dies erlaubt die rekursive Berechnung der v_i, $i \leq n - 1$ aus $v_1 = U^H q_1 =$ $\sigma_1 U^H u_1 = \sigma_1 e_1$ (man beachte $h_{i,i-1} \neq 0$ für $2 \leq i \leq n - 1$)) und man sieht wegen $v_1 = \sigma_1 e_1$ sofort, daß $V = (v_1, \ldots, v_n)$ eine obere Dreiecksmatrix ist. Wegen der Unitarität von V, $V V^H = I$ muß $V^H = S$ eine Phasenmatrix S sein, und der Satz ist wegen $V = U^H Q$, $K = V H V^H$ bewiesen. □

b) Die langsame Konvergenz des QR-Verfahrens läßt sich entscheidend durch sogenannte *Shift-Techniken* verbessern. Wir wissen aufgrund der engen Beziehung des QR-Verfahrens zur inversen Iteration (s. (6.6.4.11)), daß für nichtsinguläres A die letzten Zeilen $e_n^T A_i$ der Matrizen A_i unter sehr allgemeinen Voraussetzungen für $i \to \infty$ gegen $\lambda_n e_n^T$ konvergieren, wenn A Eigenwerte λ_i mit

$$|\lambda_1| \geq |\lambda_2| \geq \cdots \geq |\lambda_{n-1}| > |\lambda_n| > 0$$

besitzt, wobei der Fehler $\|e_n^T A_i - \lambda_n e_n^T\| = O(|\lambda_n/\lambda_{n-1}|^i)$ umso schneller gegen 0 konvergiert, je kleiner $|\lambda_n/\lambda_{n-1}|$ ist. Es liegt deshalb nahe, die Konvergenz ähnlich wie bei der gebrochenen Iteration von Wielandt (s. 6.6.3) dadurch zu beschleunigen, daß man das QR-Verfahren nicht auf die Matrix A sondern auf die Matrix

$$\tilde{A} := A - kI$$

anwendet. Den *Verschiebungsparameter (Shiftparameter)* k wählt man als einen guten Näherungswert für einen der Eigenwerte von A, so daß nach einer eventuellen Umordnung der Eigenwerte λ_j gilt

$$|\lambda_1 - k| \geq |\lambda_2 - k| \geq \cdots \geq |\lambda_{n-1} - k| \gg |\lambda_n - k| > 0.$$

Dann wird das Element $\tilde{a}^{(i)}_{n,n-1}$ der Matrix $\tilde{A}_i$ für $i \to \infty$ sehr viel rascher gegen 0 konvergieren, nämlich wie

$$\left| \frac{\lambda_n - k}{\lambda_{n-1} - k} \right|^i \ll 1.$$

Man beachte, daß mit A auch $\tilde{A} = A - kI$ und alle $\tilde{A}_i$ Hessenbergmatrizen sind, deren letzte Zeilen die Form

$$e_n^T \tilde{A}_i = [0, \ldots, 0, \tilde{a}^{(i)}_{n,n-1}, \tilde{a}^{(i)}_{nn}]$$

besitzen. Wählt man allgemeiner in jedem Iterationsschritt einen neuen Shiftparameter, so erhält man das *QR-Verfahren mit Shifts*

$$
\begin{aligned}
A_1 &:= A, \\
(6.6.5.2) \qquad A_i - k_i I &=: Q_i R_i \qquad (QR\text{-Zerlegung}), \\
A_{i+1} &:= R_i Q_i + k_i I.
\end{aligned}
$$

Die Matrizen A_i sind wegen

$$A_{i+1} = Q_i^H (A_i - k_i I) Q_i + k_i I = Q_i^H A_i Q_i,$$

nach wie vor untereinander unitär ähnlich. Darüber hinaus zeigt man wie in Satz (6.6.4.4) (s. Aufgabe 19)

$$
\begin{aligned}
(6.6.5.3) \qquad A_{i+1} &= P_i^H A P_i, \\
(A - k_1 I) \cdots (A - k_i I) &= P_i U_i,
\end{aligned}
$$

wobei wieder $P_i := Q_1 Q_2 \cdots Q_i$ und $U_i := R_i R_{i-1} \cdots R_1$ gesetzt ist. Falls darüber hinaus die R_i nichtsingulär sind, gilt auch

$$
\begin{aligned}
(6.6.5.4) \qquad A_{i+1} &= R_i A_i R_i^{-1} \\
&= U_i A U_i^{-1}.
\end{aligned}
$$

Ebenso ist A_{i+1} mit A_i wieder eine Hesssenbergmatrix. Dieser Sachverhalt läßt sich aber verschärfen

(6.6.5.5) **Satz:** *Sei A_i eine unzerlegbare $n \times n$-Hessenbergmatrix. Wenn der Shiftparameter k_i kein Eigenwert von A_i ist, ist auch A_{i+1} eine unzerlegbare Hessenbergmatrix. Andernfalls besitzt A_{i+1} die Form*

$$A_{i+1} = \begin{bmatrix} \tilde{A}_{i+1} & * \\ 0 & k_i \end{bmatrix},$$

wobei $\tilde{A}_{i+1}$ eine $(n-1)$-reihige Hessenbergmatrix ist.

Mit anderen Worten, wenn A_i irreduzibel ist, dann ist A_{i+1} mindestens fast irreduzibel (vgl. Satz (6.6.5.1)) in der Regel sogar irreduzibel.

Beweis: Aus (6.6.5.2) folgt

(6.6.5.6) $$R_i = Q_i^H (A_i - k_i I).$$

Falls k_i kein Eigenwert von A_i ist, muß R_i nichtsingulär sein, und es folgt aus (6.6.5.4)

$$a_{j+1,j}^{(i+1)} = e_{j+1}^T A_{i+1} e_j = e_{j+1}^T R_i A_i R_i^{-1} e_j = r_{j+1,j+1}^{(i)} a_{j+1,j}^{(i)} \left(r_{jj}^{(i)} \right)^{-1} \neq 0,$$

so daß auch A_{i+1} nicht zerfällt.

Sei nun k_i Eigenwert von A_i, es ist dann R_i singulär. Nun sind die ersten $n-1$ Spalten von $A_i - k_i I$ linear unabhängig, weil A_i eine unzerlegbare Hessenbergmatrix ist, also sind wegen (6.6.5.6) auch die ersten $n-1$ Spalten von R_i linear unabhängig. Wegen der Singularität von R_i muß daher die letzte Zeile von

$$R_i = \begin{bmatrix} \tilde{R}_i & * \\ 0 & 0 \end{bmatrix},$$

verschwinden und $\tilde{R}_i$ eine nichtsinguläre $(n-1)$-reihige obere Dreiecksmatrix sein. Da wegen

$$A_i - k_i I = Q_i R_i = Q_i \begin{bmatrix} \tilde{R}_i & * \\ 0 & 0 \end{bmatrix}$$

mit A_i auch Q_i eine unzerlegbare Hessenbergmatrix ist, hat

$$A_{i+1} = \begin{bmatrix} \tilde{R}_i & * \\ 0 & 0 \end{bmatrix} Q_i + k_i I = \begin{bmatrix} \tilde{A}_{i+1} & * \\ 0 & k_i \end{bmatrix}$$

mit einer $(n-1)$-reihigen unzerlegbaren Hessenbergmatrix $\tilde{A}_{i+1}$ die im Satz behauptete Struktur.   □

Wir wenden uns nun dem Problem zu, wie man die Shiftparameter wählen soll. Der Einfachheit halber betrachten wir nur den Fall reeller Matrizen, der für die Praxis am wichtigsten ist, überdies sei A eine unzerlegbare Hessenbergmatrix. Nach den obigen Überlegungen sollte man als Shiftparameter möglichst gute Näherungswerte für einen Eigenwert von A wählen, und es stellt sich die Frage, wie man diese findet. Hier geben die Sätze (6.6.4.12) und (6.6.4.15) Antwort: Existiert z. B. nur ein betragskleinster Eigenwert λ_n von A, so gilt unter schwachen Voraussetzungen $\lim_i a_{nn}^{(i)} = \lambda_n$. Das letzte Diagonalelement $a_{nn}^{(i)}$ von A_i wird also für genügend großes i ein guter Näherungswert für λ_n sein. Es empfiehlt sich daher

(6.6.5.7a) $$k_i := a_{nn}^{(i)}$$

zu wählen, sobald die Konvergenz der $a_{n,n}^{(i)}$ fortgeschritten ist, also etwa

$$\left| 1 - \frac{a_{n,n}^{(i-1)}}{a_{n,n}^{(i)}} \right| \leq \eta < 1$$

für ein kleines η gilt (bereits die Wahl $\eta = 1/3$ führt zu guten Ergebnissen). Man kann für Hessenbergmatrizen zeigen, daß bei der Wahl (6.6.5.7a) unter schwachen Bedingungen

$$|a_{n,n-1}^{(i+1)}| \leq C\varepsilon^2$$

gilt, falls $|a_{n,n-1}^{(i)}| \leq \varepsilon$ und ε genügend klein ist, so daß das QR-Verfahren lokal quadratisch konvergiert. Man bestätigt dies sofort durch elementare Rechnung für reelle 2×2-Matrizen

$$A = \begin{bmatrix} a & b \\ \varepsilon & 0 \end{bmatrix}$$

mit $a \neq 0$, $|\varepsilon|$ klein: bei der Wahl des Shiftparameters $k_1 := a_{n,n} = 0$ findet man als QR-Nachfolger von A eine Matrix

$$\tilde{A} = \begin{bmatrix} \tilde{a} & \tilde{b} \\ \tilde{c} & \tilde{d} \end{bmatrix} \quad \text{mit} \quad |\tilde{c}| = \frac{|b|\,\varepsilon^2}{a^2 + \varepsilon^2},$$

so daß in der Tat $|\tilde{c}| = O(\varepsilon^2)$ für kleines $|\varepsilon|$ gilt. Das gleiche Beispiel läßt für den Fall symmetrischer Matrizen, $b = \varepsilon$, wegen

$$|\tilde{c}| = \frac{|\varepsilon^3|}{a^2 + \varepsilon^2}$$

sogar lokal kubische Konvergenz erwarten. Dieses Resultat für die Shiftstrategie (6.6.5.7a) wurde von Wilkinson (1965), S. 548 (s. auch Aufgabe 23) unter gewissen Voraussetzungen allgemein für den Fall Hermitescher Matrizen gezeigt.

Eine allgemeinere Shiftstrategie, die (6.6.4.12) *und* (6.6.4.15) berücksichtigt, ist die folgende:

(6.6.5.7b) *Wähle k_i als denjenigen Eigenwert λ der 2×2-Matrix*

$$\begin{bmatrix} a^{(i)}_{n-1,n-1} & a^{(i)}_{n-1,n} \\ a^{(i)}_{n,n-1} & a^{(i)}_{n,n} \end{bmatrix},$$

für den $|a^{(i)}_{n,n} - \lambda|$ am kleinsten ist.

Man beachte, daß diese Strategie die Möglichkeit berücksichtigt, daß A_i mehrere betragsgleiche Eigenwerte besitzen kann. Es kann aber k_i auch für reelles A_i komplex sein, wenn A_i nichtsymmetrisch ist. Wir betrachten den nichtsymmetrischen Fall später. Für relle symmetrische Matrizen konnte Wilkinson (1968) für diese Shiftstrategie sogar die globale Konvergenz zeigen:

(6.6.5.8) **Satz:** *Sei $A =: A_1$ eine reelle, unzerlegbare und symmetrische $n \times n$-Tridiagonalmatrix A. Wendet man die Strategie (6.6.5.7b) in jedem Iterationsschritt des QR-Verfahrens an, so findet man Matrizen A_i, für die die Elemente $a^{(i)}_{n,n-1}$ und $a^{(i)}_{n,n}$ für $i \to \infty$ mindestens quadratisch gegen 0 bzw. gegen einen Eigenwert von A konvergieren. Von Ausnahmen abgesehen, ist die Konvergenzrate sogar kubisch.* $\square$

Numerisches Beispiel: Das Spektrum der Matrix

(6.6.5.9)
$$A = \begin{bmatrix} 12 & 1 & & & \\ 1 & 9 & 1 & & \\ & 1 & 6 & 1 & \\ & & 1 & 3 & 1 \\ & & & 1 & 0 \end{bmatrix}$$

liegt symmetrisch zu 6, insbesondere ist also 6 Eigenwert von A. Wir geben im folgenden für das QR-Verfahren mit Shiftstrategie (6.6.5.7b) die Elemente $a^{(i)}_{n,n-1}$, $a^{(i)}_{n,n}$ sowie die Shiftparameter k_i an.

i	$a^{(i)}_{5,4}$	$a^{(i)}_{5,5}$	k_i
1	1	0	$-.302\,775\,637\,732_{10}0$
2	$-.454\,544\,295\,102_{10}-2$	$-.316\,869\,782\,391_{10}0$	$-.316\,875\,874\,226_{10}0$
3	$+.106\,774\,452\,090_{10}-9$	$-.316\,875\,952\,616_{10}0$	$-.316\,875\,952\,619_{10}0$
4	$+.918\,983\,519\,419_{10}-22$	$\boxed{-.316\,875\,952\,617_{10}0 = \lambda_5}$	

Weiterbehandlung der 4×4-Matrix:

i	$a_{4,3}^{(i)}$	$a_{4,4}^{(i)}$	k_i
4	$+.143\,723\,850\,633_{10}0$	$+.299\,069\,135\,875_{10}1$	$+.298\,389\,967\,722_{10}1$
5	$-.171\,156\,231\,712_{10}-5$	$+.298\,386\,369\,683_{10}1$	$+.298\,386\,369\,682_{10}1$
6	$-.111\,277\,687\,663_{10}-17$	$\boxed{+.298\,386\,369\,682_{10}1 = \lambda_4}$	

Weiterbehandlung der 3×3-Matrix:

i	$a_{3,2}^{(i)}$	$a_{3,3}^{(i)}$	k_i
6	$+.780\,088\,052\,879_{10}-1$	$+.600\,201\,597\,254_{10}1$	$+.600\,000\,324\,468_{10}1$
7	$-.838\,854\,980\,961_{10}-7$	$+.599\,999\,999\,996_{10}1$	$+.599\,999\,999\,995_{10}1$
8	$+.127\,181\,135\,623_{10}-19$	$\boxed{+.599\,999\,999\,995_{10}1 = \lambda_3}$	

Die verbleibende 2×2-Matrix hat die Eigenwerte

$$\boxed{+.901\,613\,630\,314_{10}1 = \lambda_2}$$
$$\boxed{+.123\,168\,759\,526_{10}2 = \lambda_1}$$

Man vergleiche damit das Resultat von 11 *QR*-Schritten *ohne* Shift:

k	$a_{k,k-1}^{(12)}$	$a_{k,k}^{(12)}$
1		$+.123\,165\,309\,125_{10}2$
2	$+.337\,457\,586\,637_{10}-1$	$+.901\,643\,819\,611_{10}1$
3	$+.114\,079\,951\,421_{10}-1$	$+.600\,004\,307\,566_{10}1$
4	$+.463\,086\,759\,853_{10}-3$	$+.298\,386\,376\,789_{10}1$
5	$-.202\,188\,244\,733_{10}-10$	$-.316\,875\,952\,617_{10}0$

Dieses Konvergenzverhalten ist zu erwarten, da

$$a_{5,4}^{(i)} = O\left((\lambda_5/\lambda_4)^i\right), \qquad |\lambda_5/\lambda_4| \approx 0.1.$$

Bei der Weiterbehandlung der 4×4-Matrix sind sogar 23 Iterationen erforderlich, um

$$a_{4,3}^{(35)} = +.487\,637\,464\,425_{10}-10$$

zu erreichen!

Daß die Eigenwerte in dem Beispiel der Größe nach geordnet erscheinen, ist Zufall: Bei Verwendung von Shifts ist dies i.a. nicht zu erwarten. Bei der praktischen Realisierung des QR-Schritts (6.6.5.2) mit Shifts für symmetrische Tridiagonalmatrizen A_i besteht für großes $|k_i|$ die Gefahr des Genauigkeitsverlusts bei der Subtraktion bzw. Addition von $k_i I$ in (6.6.5.2). Man kann jedoch mit Hilfe von Satz (6.6.5.1) A_{i+1} direkt aus A_i berechnen, ohne in jedem Schritt die Matrix $k_i I$ explizit zu subtrahieren und zu addieren. Dazu wird ausgenutzt, daß man bei gegebenem A_i und k_i die erste Spalte q_1 der Matrix $Q_i := [q_1, \ldots, q_n]$ allein aus der ersten Spalte von $A_i - k_i I$ berechnen kann: Wir sahen zu Beginn dieses Abschnitts, daß sich

$$Q_i = \Omega_{1,2}^H \Omega_{2,3}^H \cdots \Omega_{n-1,n}^H$$

als Produkt von Givensmatrizen $\Omega_{j,j+1}$ schreiben läßt: Aufgrund der Struktur der $\Omega_{j,j+1}$ gilt $\Omega_{j,j+1} e_1 = e_1$ für $j > 1$, so daß q_1 wegen $q_1 = Q_i e_1 = \Omega_{1,2}^H e_1$ auch gleich der ersten Spalte von $\Omega_{1,2}^H$ ist. Dabei ist $\Omega_{1,2}$ gerade die Givensmatrix, die das erste Subdiagonalelement von $A_i - k_i I$ annulliert, zur Bestimmung von $\Omega_{1,2}$ genügt daher die Kenntnis der ersten Spalte von $A_i - k_i I$. Man berechnet dann die Matrix $B = \Omega_{1,2}^H A_i \Omega_{1,2}$ mit der Struktur

$$B = \begin{bmatrix} x & x & x & & & 0 \\ x & x & x & & & \\ x & x & x & x & & \\ & & x & x & \ddots & \\ & & & \ddots & \ddots & x \\ 0 & & & & x & x \end{bmatrix}.$$

Die Matrix B, die symmetrisch und bis auf die Elemente $b_{1,3} = b_{3,1}$ fast eine Tridiagonalmatrix ist, transformiert man wie in Abschnitt 6.5.1 mit einer Serie von geeigneten Givensmatrizen des Typs $\tilde{\Omega}_{2,3}, \tilde{\Omega}_{3,4}, \ldots, \tilde{\Omega}_{n,n-1}$ in eine symmetrische Tridiagonalmatrix C, die zu B unitär ähnlich ist:

$$B \to \tilde{\Omega}_{2,3}^H B \tilde{\Omega}_{2,3} \to \cdots \to \tilde{\Omega}_{n-1,n}^H \cdots \tilde{\Omega}_{2,3}^H B \tilde{\Omega}_{2,3} \cdots \tilde{\Omega}_{n-1,n} = C.$$

$\tilde{\Omega}_{2,3}$ wird dabei so gewählt, daß das Element $b_{3,1}$ von B annulliert wird, wobei i.a. in $\tilde{\Omega}_{2,3}^H B \tilde{\Omega}_{2,3}$ ein Element $\neq 0$ an der Position $(4, 2)$ (und $(2,4)$) erzeugt wird, dieses wird durch passende Wahl von $\tilde{\Omega}_{3,4}$ annulliert usw.

Für $n = 5$ haben die Matrizen $B \to \cdots \to C$ folgende Struktur, wobei 0 frisch annullierte Elemente und $*$ neue Elemente $\neq 0$ bezeichnen:

$$
B = \begin{bmatrix} x & x & x & & \\ x & x & x & & \\ x & x & x & x & \\ & x & x & x & \\ & & x & x & \end{bmatrix} \xrightarrow{\tilde{\Omega}_{2,3}} \begin{bmatrix} x & x & 0 & & \\ x & x & x & * & \\ 0 & x & x & x & \\ & * & x & x & x \\ & & & x & x \end{bmatrix}
$$

$$
\xrightarrow{\tilde{\Omega}_{3,4}} \begin{bmatrix} x & x & & & \\ x & x & x & 0 & \\ & x & x & x & * \\ & 0 & x & x & x \\ & & * & x & x \end{bmatrix} \xrightarrow{\tilde{\Omega}_{4,5}} \begin{bmatrix} x & x & & & \\ x & x & x & & \\ & x & x & x & 0 \\ & & x & x & x \\ & & 0 & x & x \end{bmatrix} = C.
$$

Setzt man $U := \Omega_{1,2}\tilde{\Omega}_{2,3}\cdots\tilde{\Omega}_{n-1,n}$, so gilt $C = U^H A_i U$ wegen $B = \Omega_{1,2}^H A_i \Omega_{1,2}$. Die unitäre Matrix U besitzt die gleiche erste Spalte wie die unitäre Matrix Q_i (nämlich $q_1 = \Omega_{1,2}e_1$), die die Matrix A_i entsprechend (6.6.5.2) in $A_{i+1} = Q_i^H A_i Q_i$ transformiert. Falls A_i irreduzibel ist, ist nach Satz (6.6.5.5) A_{i+1} fast irreduzibel, also müssen nach Satz (6.6.5.1) die Matrizen C und A_{i+1} im wesentlichen gleich sein, $A_{i+1} = SCS^H$, $S := \mathrm{diag}(\pm1,\ldots,\pm1)$, $U = QS$. Da auch im expliziten QR-Schritt (6.6.5.2) die Matrix Q_i nur bis auf eine Umnormierung $Q_i \to Q_i S$ durch eine beliebige Phasenmatrix S eindeutig ist, haben wir einen neuen Algorithmus zur Berechnung von A_{i+1} mittels C gefunden. Man nennt diese Technik die *implizite Shifttechnik* zur Bestimmung von A_{i+1}.

Ist A eine reelle *nichtsymmetrische* Matrix, so kann A auch konjugiert komplexe Eigenwerte besitzen. Bei der Shiftstrategie (6.6.5.7b) erhält man so u.U. komplexe Shiftparameter k_i, wenn die 2×2-Matrix in (6.6.5.7b) zwei konjugiert komplexe Eigenwerte k_i und $\bar{k}_i$ besitzt. Man kann jedoch die komplexe Rechnung vermeiden, wenn man je zwei QR-Schritte $A_i \to A_{i+1} \to A_{i+2}$ zusammenfaßt, wobei man im ersten Teilschritt den Shiftparameter k_i nach (6.6.5.7b) bestimmt und im nächsten Schritt den Shift $k_{i+1} := \bar{k}_i$ wählt. Wie man leicht bestätigt, ist dann für reelles A_i auch A_{i+2} wieder reell, selbst wenn A_{i+1} komplex ist. Francis (1961/62) hat eine elegante Methode angegeben (*implizite Shifttechnik*), wie man ohne komplexe Rechnung die reelle Matrix A_{i+2} direkt aus A_i bestimmt, wenn A_i eine reelle unzerlegbare Hessenbergmatrix ist: Sein Verfahren liefert deshalb für solche Matrizen $A =: A_1$ unmittelbar die Teilfolge

$$
A = A_1 \to A_3 \to A_5 \to \cdots
$$

der Matrizen des QR-Verfahrens mit Shifts.

Wir wollen hier nur die Grundidee der Techniken von Francis beschreiben, explizite Formeln findet man z. B. in Wilkinson (1965). Wir lassen der Einfachheit halber den Iterationsindex fort und schreiben $A = (a_{j,k})$ für die reelle unzerlegbare Hessenbergmatrix A_i, k für k_i sowie $\tilde{A}$ für A_{i+2}.

Nach (6.6.5.2), (6.6.5.3) gibt es eine unitäre Matrix Q und eine obere Dreiecksmatrix R, so daß $\tilde{A} = Q^H A Q$, $(A - kI)(A - \bar{k}I) = QR$, wobei $\tilde{A}$ wieder eine reelle Hessenbergmatrix ist. Wir versuchen nun, eine reelle unitäre Matrix U, die im wesentlichen die gleiche erste Spalte wie Q besitzt ($Qe_1 = \pm Ue_1$), so zu bestimmen, daß $U^H A U = K$ ebenfalls eine Hessenbergmatrix ist. Falls k kein Eigenwert von A ist, zeigen die Sätze (6.6.5.1) und (6.6.5.5) wieder, daß die Matrix K im wesentlichen gleich $\tilde{A}$ ist, $K = S^H \tilde{A} S$ für eine Phasenmatrix S.

Man geht dazu folgendermaßen vor: Die Matrix

$$B := (A - kI)(A - \bar{k}I) = A^2 - (k + \bar{k})A + k\bar{k}I$$

ist reell, und ihre erste Spalte $b = Be_1$, die sich leicht aus A und k explizit berechnen läßt, hat die Form $b = [x, x, x, 0, \ldots, 0]^T$, weil A eine Hessenbergmatrix ist. Man bestimmt nun eine (reelle) Householdermatrix P (s. 4.7), die b in ein Vielfaches von e_1 transformiert, $Pb = \mu_1 e_1$. Dabei hat die erste Spalte von P wegen $P^2 b = b = \mu_1 P e_1$ die gleiche Struktur wie b, $Pe_1 = [x, x, x, 0, \ldots, 0]^T$. Andererseits besitzt P wegen $B = QR$, $B = P^2 B = P[\mu_1 e_1, *, \ldots, *]$ bis auf einen Faktor ± 1 die gleiche erste Spalte wie Q. Als nächstes berechnet man die Matrix $P^H A P = P A P$, die wegen der Struktur von P (es ist $Pe_k = e_k$ für $k \geq 4$) und A eine reelle Matrix folgender Form

$$PAP = \begin{bmatrix} x & \cdot & \cdot & \cdot & \cdot & x \\ x & x & & & & \cdot \\ * & x & x & & & \\ * & * & x & x & & \\ & & x & x & & \cdot \\ & & & \cdot & \cdot & \\ & & & & x & x \end{bmatrix}$$

ist und bis auf wenige zusätzliche Subdiagonalelemente in den Positionen (3, 1), (4, 1), (4, 2) wieder eine Hessenbergmatrix ist. Hit Hilfe des Householder-Verfahrens, das am Ende von Abschnitt 6.5.4 beschrieben wurde, reduziert man anschließend PAP wieder in eine zu PAP unitär ähnliche Hessenbergmatrix K:

$$PAP \to T_1 PAP T_1 \to \cdots \to T_{n-2} \cdots T_1 PAP T_1 \cdots T_{n-2} =: K.$$

Zur Transformation benutzt man Householdermatrizen T_k, $k = 1, \ldots, n-2$, die nach Abschnitt 6.5.1 nur in wenigen Spalten von der Einheitsmatrix verschieden sind, $T_k e_i = e_i$ für $i \notin \{k + 1, k + 2, k + 3\}$.

Für $n = 6$ erhält man so eine Folge von Matrizen der Form (0 bedeuten wieder frisch annullierte Elemente, $*$ neue Elemente $\neq 0$):

$$
PAP = \begin{bmatrix} x & \cdot & \cdot & \cdot & \cdot & x \\ x & x & & & & \cdot \\ x & x & x & & & \cdot \\ x & x & x & x & & \cdot \\ & & x & x & & \cdot \\ & & & x & x & \end{bmatrix} \xrightarrow{T_1} \begin{bmatrix} x & \cdot & \cdot & \cdot & \cdot & x \\ x & x & & & & \cdot \\ 0 & x & x & & & \cdot \\ 0 & x & x & x & & \cdot \\ & & * & * & x & x & \cdot \\ & & & & x & x \end{bmatrix} \xrightarrow{T_2}
$$

$$
\xrightarrow{T_2} \begin{bmatrix} x & \cdot & \cdot & \cdot & \cdot & x \\ x & x & & & & \cdot \\ & x & x & & & \cdot \\ & 0 & x & x & & \cdot \\ & 0 & x & x & x & \cdot \\ & & * & * & x & x \end{bmatrix} \xrightarrow{T_3} \begin{bmatrix} x & \cdot & \cdot & \cdot & \cdot & x \\ x & x & & & & \cdot \\ & x & x & & & \cdot \\ & & x & x & & \cdot \\ & & 0 & x & x & \cdot \\ & & 0 & x & x & x \end{bmatrix} \xrightarrow{T_4}
$$

$$
\xrightarrow{T_4} \begin{bmatrix} x & \cdot & \cdot & \cdot & \cdot & x \\ x & x & & & & \cdot \\ & x & x & & & \cdot \\ & & x & x & & \cdot \\ & & & x & x & \cdot \\ & & & 0 & x & x \end{bmatrix} = K.
$$

Die unitäre Matrix $U := PT_1 \ldots T_{n-2}$ mit $U^H AU = K$ besitzt wegen $T_k e_1 = e_1$ für alle k die gleiche erste Spalte wie P, $Ue_1 = PT_1 \cdots T_{n-2}e_1 = Pe_1$, so daß nach Satz (6.6.5.1) K (im wesentlichen) gleich $\tilde{A}$ ist.

Für die praktische Durchführung des QR-Verfahrens bemerken wir weiter, daß es nicht nötig ist, die Produktmatrix $P_i := Q_1 \ldots Q_i$ zu berechnen und zu speichern, wenn man nur die Eigenwerte der Matrix A bestimmen will. Dies gilt nicht im Hermiteschen Fall, wenn man an orthogonalen Vektoren als Näherungen für die Eigenvektoren interessiert ist. Es gilt dann nämlich

$$
\lim_i P_i^H AP_i = D = \mathrm{diag}(\lambda_1, \ldots, \lambda_n),
$$

so daß für großes i die j-te Spalte $p_j^{(i)} = P_i e_j$, $j = 1, \ldots, n$, eine sehr gute Näherung an einen Eigenvektor von A zum Eigenwert λ_j ist: Diese Näherungsvektoren sind orthogonal zueinander, weil sie Spalten der unitären Matrix P_i sind. Im nichthermiteschen Fall bestimmt man die Eigenvektoren besser mit Hilfe der inversen Iteration von Wielandt (s. 6.6.3), wobei man die exzellenten Näherungen für die Eigenwerte benutzt, die man mittels des QR-Verfahrens gefunden hat.

Das QR-Verfahren konvergiert außerordentlich schnell, wie auch das obige Beispiel zeigt: Für symmetrische Matrizen ist es erfahrungsgemäß ungefähr 4 mal so schnell wie das verbreitete Jacobi-Verfahren, wenn Eigenwerte und Eigenvektoren zu berechnen sind, und meist 10 mal so schnell, wenn man nur die Eigenwerte bestimmen will.

Es gibt zahlreiche Programme für das QR-Verfahren: ALGOL-Programme findet man in Wilkinson und Reinsch (1971) (insbesondere die Beiträge von Bowdler, Martin, Peters, Reinsch und Wilkinson), FORTRAN-Programme in Smith et al. (1976).

6.7 Berechnung der singulären Werte einer Matrix

Die singulären Werte (6.4.6) und die singuläre-Werte-Zerlegung (6.4.11) einer $m \times n$-Matrix A können schnell und numerisch stabil mit einem Verfahren berechnet werden, das von Golub und Reinsch (1971) stammt und eng mit dem QR-Verfahren verwandt ist. Wir nehmen o.B.d.A. $m \geq n$ an (andernfalls ersetze man A durch A^H), die Zerlegung (6.4.11) läßt sich dann in der Form

(6.7.1)

$$A = U \begin{bmatrix} D \\ 0 \end{bmatrix} V^H, \quad D := \mathrm{diag}(\sigma_1, \ldots, \sigma_n), \quad \sigma_1 \geq \sigma_2 \geq \cdots \geq \sigma_n \geq 0,$$

schreiben, wobei U eine unitäre $m \times m$-Matrix, V eine unitäre $n \times n$-Matrix und $\sigma_1, \ldots, \sigma_n$ die singulären Werte von A, d.h. die Eigenwerte von $A^H A$ sind. Im Prinzip könnte man deshalb die singulären Werte durch Lösen des Eigenwertproblems für die Hermitesche Matrix $A^H A$ bestimmen, aber dieses Vorgehen kann mit einem Verlust an Genauigkeit verbunden sein: z.B. ist für die Matrix

$$A := \begin{bmatrix} 1 & 1 \\ \varepsilon & 0 \\ 0 & \varepsilon \end{bmatrix}, \quad |\varepsilon| < \sqrt{\mathrm{eps}}, \quad \mathrm{eps} = \text{Maschinengenauigkeit},$$

die Matrix $A^H A$ gegeben durch

$$A^H A = \begin{bmatrix} 1 + \varepsilon^2 & 1 \\ 1 & 1 + \varepsilon^2 \end{bmatrix}$$

und A besitzt die singulären Werte $\sigma_1(A) = \sqrt{2 + \varepsilon^2}$, $\sigma_2(A) = |\varepsilon|$. Bei Gleitpunktrechnung der Genauigkeit eps erhält man statt $A^H A$ die Matrix

$$\mathrm{gl}(A^H A) =: B = \begin{bmatrix} 1 & 1 \\ 1 & 1 \end{bmatrix}$$

mit den Eigenwerten $\tilde{\lambda}_1 = 2$ und $\tilde{\lambda}_2 = 0$; $\sigma_2(A) = |\varepsilon|$ stimmt *nicht* bis auf Maschinengenauigkeit mit $\sqrt{\tilde{\lambda}_2} = 0$ überein!

Bei dem Verfahren von Golub und Reinsch reduziert man als erstes in einem Vorbereitungsschritt A unitär auf *Bidiagonalform*: Mit Hilfe des

Householderverfahrens (s. Abschnitt 4.7) bestimmt man zunächst eine $m \times m$-Householder-Matrix P_1, die die Subdiagonalelemente der ersten Spalte von A annulliert: Man erhält so eine Matrix $A' = P_1 A$ der Form (Skizze für $m = 5$, $n = 4$, sich ändernde Elemente werden mit $*$ bezeichnet):

$$A = \begin{bmatrix} x & x & x & x \\ x & x & x & x \\ x & x & x & x \\ x & x & x & x \\ x & x & x & x \end{bmatrix} \rightarrow P_1 A = A' = \begin{bmatrix} * & * & * & * \\ 0 & * & * & * \\ 0 & * & * & * \\ 0 & * & * & * \\ 0 & * & * & * \end{bmatrix}.$$

Dann bestimmt man wie in 4.7 eine $n \times n$-Householdermatrix Q_1 der Form

$$Q_1 = \begin{bmatrix} 1 & 0 \\ 0 & \tilde{Q}_1 \end{bmatrix}$$

so, daß die Elemente auf den Positionen $(1, 3), \ldots, (1, n)$ der ersten Zeile von $A'' := A' Q_1$ verschwinden

$$A' = \begin{bmatrix} x & x & x & x \\ 0 & x & x & x \\ 0 & x & x & x \\ 0 & x & x & x \\ 0 & x & x & x \end{bmatrix} \rightarrow A' Q_1 = A'' = \begin{bmatrix} x & * & 0 & 0 \\ 0 & * & * & * \\ 0 & * & * & * \\ 0 & * & * & * \\ 0 & * & * & * \end{bmatrix}.$$

Allgemein erhält man im ersten Schritt eine Matrix A'' der Form

$$A'' = \left[\begin{array}{c|c} q_1 & a_1 \\ \hline 0 & \tilde{A} \end{array} \right], \qquad a_1 := [e_2, 0, \ldots, 0] \in \mathbb{C}^{n-1},$$

mit einer $(m-1) \times (n-1)$-Matrix $\tilde{A}$. Man behandelt nun die Matrix $\tilde{A}$ auf die gleiche Weise wie A usw. und erhält auf diese Weise nach n Reduktionsschritten eine $m \times n$-Bidiagonalmatrix $J^{(0)}$ der Form

$$J^{(0)} = \begin{bmatrix} J_0 \\ 0 \end{bmatrix}, \qquad J_0 = \begin{bmatrix} q_1^{(0)} & e_2^{(0)} & & 0 \\ & q_2^{(0)} & \ddots & \\ & & \ddots & e_n^{(0)} \\ 0 & & & q_n^{(0)} \end{bmatrix},$$

wobei $J^{(0)} = P_n \cdots P_2 P_1 A Q_1 Q_2 \cdots Q_{n-2}$ und P_i, Q_i gewisse Householdermatrizen sind.

Da $Q := Q_1 Q_2 \cdots Q_{n-2}$ unitär ist und $J^{(0)H} J^{(0)} = J_0^H J_0 = Q^H A^H A Q$ gilt, besitzen J_0 und A die gleichen singulären Werte; ebenso ist mit $P := P_1 P_2 \cdots P_n$ die Zerlegung

$$A = \left(P \cdot \begin{bmatrix} G & 0 \\ 0 & I_{n-m} \end{bmatrix} \right) \begin{bmatrix} D \\ 0 \end{bmatrix} (H^H Q^H)$$

die singuläre-Werte-Zerlegung (6.7.1) von A, falls $J_0 = GDH^H$ die singuläre-Werte-Zerlegung von J_0 ist. Es genügt also das Problem für $n \times n$-Bidiagonalmatrizen J zu behandeln.

Im ersten Schritt wird J von rechts mit einer gewissen Givensreflexion des Typs $T_{1,2}$ multipliziert, deren Wahl wir im Augenblick noch offen lassen. Dabei geht J in eine Matrix $J^{(1)} = JT_{1,2}$ der folgenden Form über (Skizze für $n = 4$):

$$J = \begin{bmatrix} x & x & & \\ & x & x & \\ & & x & x \\ & & & x \end{bmatrix} \rightarrow JT_{1,2} = \begin{bmatrix} * & * & & \\ \circledast & * & x & \\ & & x & x \\ & & & x \end{bmatrix} = J^{(1)}.$$

Das dabei erzeugte Subdiagonalelement in Position $(2, 1)$ von $J^{(1)}$ wird durch Multiplikaktion von links mittels einer passenden Givensreflexion des Typs $S_{1,2}$ wieder annulliert. Man erhält so die Matrix $J^{(2)} = S_{1,2}J^{(1)}$:

$$J^{(1)} = \begin{bmatrix} x & x & & \\ x & x & x & \\ & & x & x \\ & & & x \end{bmatrix} \rightarrow S_{1,2}J^{(1)} = \begin{bmatrix} * & * & \circledast & \\ 0 & * & * & \\ & & x & x \\ & & & x \end{bmatrix} = J^{(2)}.$$

Das Element in Position $(1, 3)$ von $J^{(2)}$ wird annulliert durch Multiplikation von rechts mit einer Givensreflektion des Typs $T_{2,3}$,

$$J^{(2)} = \begin{bmatrix} x & x & x & \\ & x & x & \\ & & x & x \\ & & & x \end{bmatrix} \rightarrow J^{(2)}T_{2,3} = \begin{bmatrix} x & * & 0 & \\ & * & * & \\ & \circledast & * & x \\ & & & x \end{bmatrix} = J^{(3)}.$$

Das Subdiagonalelement in Position $(3, 2)$ annulliert man durch Linksmultiplikation mit einer Givensreflektion $S_{2,3}$, wodurch jetzt ein Element in Position $(2, 4)$ erzeugt wird usw. Alles in allem kann man so zu jeder Givensreflektion $T_{1,2}$ eine Folge von weiteren Givensreflektionen $S_{i,i+1}$, $T_{i,i+1}$, $i = 1, 2, \ldots, n - 1$, angeben so daß die Matrix

$$\hat{J} := S_{n-1,n}S_{n-2,n-1} \cdots S_{1,2}JT_{1,2}T_{2,3} \cdots T_{n-1,n}$$

wieder bidiagonal wird. Die Matrizen $S := S_{1,2}S_{2,3} \cdots S_{n-1,n}$ und $T := T_{1,2}T_{2,3} \cdots T_{n-1,n}$ sind unitär, so daß wegen $\hat{J} = S^H J T$ die Matrix $\hat{M} := \hat{J}^H\hat{J} = T^H J^H SS^H J T = T^H MT$ eine Tridiagonalmatrix ist, die unitär ähnlich zur Tridiagonalmatrix $M := J^H J$ ist.

Die Wahl von $T_{1,2}$ war bislang offen. Wir zeigen, daß man $T_{1,2}$ so wählen kann, daß $\hat{M}$ gerade die Matrix wird, die das QR-Verfahren mit Shift k aus der Tridiagonalmatrix M erzeugt. Wir nehmen o.B.d.A. an, daß $M = J^H J$ unzerlegbar ist, denn sonst kann man das Eigenwertproblem für M auf das Eigenproblem für kleinere unzerlegbare Tridiagonalmatrizen reduzieren. Mit einer unitären von k abhängigen Matrix $\tilde{T} = \tilde{T}(k)$ gilt für das QR-Verfahren (s. (6.6.5.2))

$$(6.7.2) \quad M - kI =: \tilde{T} R, \quad \tilde{M} := R\tilde{T} + kI, \quad R \text{ obere Dreiecksmatrix,}$$

so daß sowohl $\tilde{M} = \tilde{T}^H M \tilde{T}$ wie $\hat{M} = T^H M T$ zu M unitär ähnliche Tridiagonalmatrizen sind. Damit liegt wieder die Situation der Sätze (6.6.5.5) und (6.6.5.1) vor, und es wird $\tilde{M}$ „im wesentlichen" gleich $\hat{M}$ sein, wenn die Matrizen T und $\tilde{T} = \tilde{T}(k)$ die gleiche erste Spalte besitzen. Bei passender Wahl von $T_{1,2}$ kann man dies aber erreichen:

Wegen $T_{i,i+1}e_1 = e_1$ für $i > 1$, $e_1 := [1, 0, \ldots,]^T \in \mathbb{C}^n$, ist die erste Spalte $t_1 = Te_1$ von $T = T_{1,2}T_{2,3} \cdots T_{n-1,n}$ auch die erste Spalte $T_{1,2}e_1$ von $T_{1,2}$

$$t_1 = Te_1 = T_{1,2} \cdots T_{n-1,n}e_1 = T_{1,2} \cdots T_{n-2,n-1}e_1 = \cdots = T_{1,2}e_1$$

und hat die Form $t_1 = [c, s, 0, \ldots, 0]^T \in \mathbb{R}^n$, $c^2 + s^2 = 1$. Andererseits hat die Tridiagonalmatrix $M - kI$ wegen $M = J^H J$ die Form

$$(6.7.3) \quad M - kI = \begin{bmatrix} \delta_1 & \bar{\gamma}_2 & & 0 \\ \gamma_2 & \delta_2 & \ddots & \\ & \ddots & \ddots & \bar{\gamma}_n \\ 0 & & \gamma_n & \delta_n \end{bmatrix}, \quad \delta_1 = |q_1|^2 - k, \quad \gamma_2 = \bar{e}_2 q_1,$$

falls

$$J = \begin{bmatrix} q_1 & e_2 & & 0 \\ & q_2 & \ddots & \\ & & \ddots & e_n \\ 0 & & & q_n \end{bmatrix}.$$

Eine unitäre Matrix $\tilde{T}$ mit (6.7.2), $\tilde{T}^H(M - kI) = R =$ obere Dreiecksmatrix, läßt sich als Produkt von $n - 1$ Givensreflexionen des Typs $\tilde{T}_{i,i+1}$ (s. 4.9) angeben, die die $n - 1$ Subdiagonalelemente von $M - kI$ der Reihe nach annullieren, $\tilde{T} = \tilde{T}_{1,2}\tilde{T}_{2,3} \cdots \tilde{T}_{n-1,n}$. Dabei besitzt insbesondere $\tilde{T}_{1,2}$ folgende Form

$$(6.7.4) \quad \tilde{T}_{1,2} = \begin{bmatrix} \tilde{c} & \tilde{s} & & & 0 \\ \tilde{s} & -\tilde{c} & & & \\ & & 1 & & \\ & & & \ddots & \\ 0 & & & & 1 \end{bmatrix},$$

$$\begin{bmatrix} \tilde{c} \\ \tilde{s} \end{bmatrix} := \alpha \begin{bmatrix} \delta_1 \\ \gamma_2 \end{bmatrix} = \alpha \begin{bmatrix} |q_1|^2 - k \\ \bar{e}_2 q_1 \end{bmatrix}, \quad \tilde{c}^2 + \tilde{s}^2 = 1,$$

wobei $\tilde{s} \neq 0$ gilt, wenn M nicht zerfällt.

Die erste Spalte $\tilde{t}_1$ von $\tilde{T}$ stimmt mit der ersten Spalte von $\tilde{T}_{1,2}$ überein, die durch $\tilde{c}$, $\tilde{s}$ (6.7.4) gegeben ist. Da $\tilde{M} = \tilde{T}^H M \tilde{T}$ eine Tridiagonalmatrix ist, folgt aus dem Francis'schen Resultat, daß $\hat{M}$ mit $\tilde{M}$ im wesentlichen (bis auf Skalierungsfaktoren) übereinstimmt, falls als erste Spalte t_1 von $T_{1,2}$ (dadurch ist $T_{1,2}$ bestimmt) gerade die erste Spalte von $\tilde{T}_{1,2}$ gewählt wird (sofern die Tridiagonalmatrix M unzerlegbar ist).

Dementsprechend besteht ein typischer Schritt $J \to \hat{J}$ des Verfahrens von Golub und Reinsch darin, daß man zunächst einen reellen Shiftparameter k bestimmt, etwa mittels einer der Strategien aus Abschnitt (6.6.5), dann $T_{1,2} := \tilde{T}_{1,2}$ mit Hilfe der Formeln (6.7.4) wählt, und wie oben beschrieben, weitere Givensmatrizen $T_{i,i+1}$, $S_{i,i+1}$ so bestimmt, daß

$$\hat{J} = S_{n-1,n} \cdots S_{2,3} S_{1,2} J T_{1,2} T_{2,3} \cdots T_{n-1,n}$$

wieder eine Bidiagonalmatrix wird. Durch diese *implizite* Berücksichtigung der Shifts wird insbesondere der Genauigkeitsverlust vermieden, der in (6.7.2) bei einer expliziten Ausführung der Subtraktion $M \to M - kI$ und der Addition $R\tilde{T} \to R\tilde{T} + kI$ für großes k auftreten würde. Die Konvergenzeigenschaften des Verfahrens sind natürlich die gleichen wie bei dem QR-Verfahren: insbesondere liegt bei Verwendung geeigneter Shiftstrategien (s. Satz (6.6.5.8)) in der Regel kubische Konvergenz vor.

Ein ALGOL-Programm für dieses Verfahren findet man bei Golub und Reinsch (1971), FORTRAN-Programme in Garbow et al. (1977).

6.8 Allgemeine Eigenwertprobleme

In den Anwendungen treten häufig Eigenwertprobleme der folgenden Form auf: Für gegebene $n \times n$-Matrizen A, B bestimme man Zahlen λ, so daß es einen Vektor $x \neq 0$ gibt mit

$$(6.8.1) \qquad\qquad Ax = \lambda Bx.$$

Für nichtsinguläre Matrizen B ist dies mit dem klassischen Eigenwertproblem

$$(6.8.2) \qquad B^{-1}Ax = \lambda x$$

für die Matrix $B^{-1}A$ äquivalent (ähnliches gilt, falls A^{-1} existiert). Gewöhnlich sind nun in den Anwendungen die Matrizen A und B reell symmetrisch und B darüber hinaus positiv definit. Obwohl dann i. a. $B^{-1}A$ nicht symmetrisch ist, kann man trotzdem (6.8.1) auf ein klassisches Eigenwertproblem für symmetrische Matrizen reduzieren: Ist etwa

$$B = LL^T$$

die Cholesky-Zerlegung der positiv definiten Matrix B, so ist L nichtsingulär und $B^{-1}A$ ähnlich zu der Matrix $G := L^{-1}A(L^{-1})^T$

$$L^T(B^{-1}A)(L^T)^{-1} = L^T(L^T)^{-1}L^{-1}A(L^{-1})^T = L^{-1}A(L^{-1})^T = G.$$

Nun ist aber mit A auch die Matrix G symmetrisch. Die Eigenwerte λ von (6.8.1) sind also die Eigenwerte der symmetrischen Matrix G.

Die Berechnung von G kann man auf folgende Weise vereinfachen: Man berechnet zunächst

$$F := A(L^{-1})^T$$

durch Auflösung von $FL^T = A$, und danach

$$G = L^{-1}F$$

aus der Gleichung $LG = F$. Wegen der Symmetrie von G genügt es, die Elemente unterhalb der Diagonale von G zu bestimmen. Dazu ist die Kenntnis des unteren Dreiecks von F ($f_{i,k}$ mit $k \le i$) ausreichend. Deshalb genügt es, nur diese Elemente von F aus der Gleichung $FL^T = A$ zu berechnen.

Zusammen mit der Cholesky-Zerlegung $B = LL^T$, die etwa $\frac{1}{6}n^3$ wesentliche Operationen erfordert, kostet die Berechnung von $G = L^{-1}A(L^{-1})^T$ aus A, B also etwa $\frac{2}{3}n^3$ wesentliche Operationen (Multiplikationen).

Für weitere Methoden siehe Martin, Wilkinson (1971) und Peters, Wilkinson (1970). Ein Analogon des QR-Verfahrens zur Lösung des allgemeinen Eigenwertproblems (6.8.1) für beliebige Matrizen A und B ist das QZ-Verfahren von Moler und Stewart (1973), ALGOL-Programme findet man in Martin, Wilkinson (1971), FORTRAN-Programme in Garbow et al. (1977).

6.9 Eigenwertabschätzungen

Mit Hilfe der in Abschnitt 4.4 entwickelten Begriffe der Vektor- und Matrixnormen wollen wir nun einige einfache Abschätzungen für die Eigenwerte einer Matrix geben. Dazu sei im folgenden $\|x\|$ eine für $x \in \mathbb{C}^n$ gegebene Vektornorm und

$$\text{lub}(A) = \max_{x \neq 0} \frac{\|Ax\|}{\|x\|}$$

die zugehörige Matrixnorm. Insbesondere verwenden wir die Maximumnorm

$$\|x\|_\infty = \max_i |x_i|, \qquad \text{lub}_\infty(A) = \max_i \sum_k |a_{i,k}|.$$

Wir unterscheiden zwei Typen von Eigenwertabschätzungen:

(1) Ausschließungssätze,
(2) Einschließungssätze.

Bei Ausschließungssätzen werden Gebiete der komplexen Ebene angegeben, in denen *kein* Eigenwert liegt (bzw. in deren Komplement *alle* Eigenwerte liegen); bei Einschließungssätzen werden Gebiete angegeben, in denen *mindestens* ein Eigenwert liegt.

Ein Ausschließungssatz vom einfachsten Typ ist der

(6.9.1) **Satz** (Hirsch): *Für alle Eigenwerte λ von A gilt*

$$|\lambda| \leq \text{lub}(A).$$

Beweis: Ist x Eigenvektor zum Eigenwert λ, so folgt aus

$$Ax = \lambda x, \qquad x \neq 0,$$

die Beziehung

$$\|\lambda x\| = |\lambda| \cdot \|x\| \leq \text{lub}(A) \cdot \|x\|,$$
$$|\lambda| \leq \text{lub}(A). \qquad \square$$

Sind λ_i die Eigenwerte von A, so nennt man

$$\rho(A) := \max_{1 \leq i \leq n} |\lambda_i|$$

den *Spektralradius* von A. Nach (6.9.1) gilt $\rho(A) \leq \text{lub}(A)$ für jede Vektornorm.

(6.9.2) **Satz:** (a) *Zu jeder Matrix A und jedem $\varepsilon > 0$ existiert eine Vektornorm mit*

$$\text{lub}(A) \le \rho(A) + \varepsilon.$$

(b) *Gehören zu jedem Eigenwert λ von A mit $|\lambda| = \rho(A)$ nur lineare Elementarteiler, so existiert sogar eine Vektornorm mit*

$$\text{lub}(A) = \rho(A).$$

Beweis: (a) Zu A existiert eine nichtsinguläre Matrix T, so daß

$$T A T^{-1} = J$$

die Jordansche Normalform von A ist (s. (6.2.5)), d.h. J besteht aus Diagonalblöcken der Gestalt

$$C_\nu(\lambda_i) = \begin{bmatrix} \lambda_i & 1 & & 0 \\ & \lambda_i & \ddots & \\ & & \ddots & 1 \\ 0 & & & \lambda_i \end{bmatrix}.$$

Durch die Transformation $J \to D_\varepsilon^{-1} J D_\varepsilon$ mit der Diagonalmatrix

$$D_\varepsilon := \text{diag}(1, \varepsilon, \varepsilon^2, \dots, \varepsilon^{n-1}), \qquad \varepsilon > 0,$$

erreicht man, daß die $C_\nu(\lambda_i)$ übergehen in

$$\begin{bmatrix} \lambda_i & \varepsilon & & 0 \\ & \lambda_i & \ddots & \\ & & \ddots & \varepsilon \\ 0 & & & \lambda_i \end{bmatrix}.$$

Daraus folgt sofort

$$\text{lub}_\infty(D_\varepsilon^{-1} J D_\varepsilon) = \text{lub}_\infty(D_\varepsilon^{-1} T A T^{-1} D_\varepsilon) \le \rho(A) + \varepsilon.$$

Nun gilt allgemein: Ist S eine nichtsinguläre Matrix, $\|\cdot\|$ eine Vektornorm, so ist auch $p(x) := \|Sx\|$ eine Vektornorm und es ist $\text{lub}_p(A) = \text{lub}(SAS^{-1})$. Für die Norm $p(x) := \|D_\varepsilon^{-1} T x\|_\infty$ folgt daraus

$$\text{lub}_p(A) = \text{lub}_\infty(D_\varepsilon^{-1} T A T^{-1} D_\varepsilon) \le \rho(A) + \varepsilon.$$

(b) Die Eigenwerte λ_i von A seien wie folgt geordnet

$$\rho(A) = |\lambda_1| = \cdots = |\lambda_s| > |\lambda_{s+1}| \ge \cdots \ge |\lambda_n|.$$

Dann hat nach Voraussetzung für $1 \le i \le s$ jedes Jordankästchen $C_\nu(\lambda_i)$ in J die Dimension 1, d.h. $C_\nu(\lambda_i) = [\lambda_i]$. Wählt man

$$\varepsilon = \rho(A) - |\lambda_{s+1}|,$$

so gilt deshalb

$$\mathrm{lub}_\infty(D_\varepsilon^{-1}TAT^{-1}D_\varepsilon) = \rho(A).$$

Für die Norm $p(x) := \|D_\varepsilon^{-1}Tx\|_\infty$ folgt wie in (a)

$$\mathrm{lub}_p(A) = \rho(A). \qquad \square$$

Eine bessere Abschätzung als (6.9.1) wird durch folgenden Satz gegeben [s. Bauer, Fike (1960)]:

(6.9.3) **Satz:** *Ist B eine beliebige $n \times n$-Matrix, so gilt für alle Eigenwerte λ von A*

$$1 \le \mathrm{lub}((\lambda I - B)^{-1}(A - B)) \le \mathrm{lub}((\lambda I - B)^{-1}) \cdot \mathrm{lub}(A - B),$$

es sei denn, daß λ auch Eigenwert von B ist.

Beweis: Ist x Eigenvektor zum Eigenwert λ von A, so folgt aus der Identität

$$(A - B)x = (\lambda I - B)x,$$

wenn λ kein Eigenwert von B ist, sofort

$$(\lambda I - B)^{-1}(A - B)x = x$$

und daraus

$$\mathrm{lub}\big[(\lambda I - B)^{-1}(A - B)\big] \ge 1. \qquad \square$$

Wählt man insbesondere

$$B = A_D := \begin{bmatrix} a_{1,1} & & 0 \\ & \ddots & \\ 0 & & a_{n,n} \end{bmatrix},$$

die Diagonale von A, und nimmt man die Maximumnorm, so folgt

$$\mathrm{lub}_\infty\big[(\lambda I - A_D)^{-1}(A - A_D)\big] = \max_{1 \le i \le n} \frac{1}{|\lambda - a_{i,i}|} \sum_{\substack{k=1 \\ k \ne i}}^{n} |a_{i,k}|.$$

Aus Satz (6.9.3) folgt nun

(6.9.4) **Satz** (Gerschgorin): *Die Vereinigung aller Kreisscheiben*

$$K_i := \left\{ \mu \in \mathbb{C} \mid |\mu - a_{i,i}| \le \sum_{\substack{k=1 \\ k \ne i}}^{n} |a_{i,k}| \right\}$$

enthält alle Eigenwerte der $n \times n$-Matrix $A = (a_{i,k})$.

Da der Kreis K_i den Mittelpunkt $a_{i,i}$ und den Radius $\sum_{k=1, k \neq i}^{n} |a_{i,k}|$ besitzt, ist diese Abschätzung umso schärfer, je weniger sich A von einer Diagonalmatrix unterscheidet.

Beispiel:

$$A = \begin{bmatrix} 1 & 0.1 & -0.1 \\ 0 & 2 & 0.4 \\ -0.2 & 0 & 3 \end{bmatrix}, \qquad \begin{array}{l} K_1 = \{\mu \mid |\mu - 1| \leq 0.2\} \\ K_2 = \{\mu \mid |\mu - 2| \leq 0.4\} \\ K_3 = \{\mu \mid |\mu - 3| \leq 0.2\} \end{array}$$

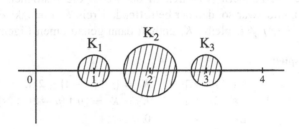

Fig. 1. Gerschgorinkreise

Insbesondere kann man den letzten Satz verschärfen:

(6.9.5) **Korollar:** *Ist die Vereinigung* $M_1 = \bigcup_{j=1}^{k} K_{i_j}$ *von k Kreisen* K_{i_j}, *j = 1, ..., k, disjunkt von der Vereinigung* M_2 *der übrigen* $n - k$ *Kreise, so enthält* M_1 *genau k und* M_2 *genau* $n - k$ *Eigenwerte von A.*

Beweis: Ist $A = A_D + R$, so setze man für $t \in [0, 1]$

$$A_t := A_D + t R.$$

Dann ist

$$A_0 = A_D, \qquad A_1 = A.$$

Die Eigenwerte von A_t sind stetige Funktionen von t. Wendet man den Gerschgorinschen Satz auf A_t an, so findet man, daß für $t = 0$ genau k Eigenwerte von A_0 in M_1 liegen und $n - k$ in M_2 (mehrfache Eigenwerte entsprechend ihrer algebraischen Vielfachheit gezählt). Da für $0 \leq t \leq 1$ alle Eigenwerte von A_t ebenfalls in diesen Kreisen liegen müssen, folgt aus Stetigkeitsgründen, daß auch k Eigenwerte von $A_1 = A$ in M_1 liegen und die restlichen $n - k$ in M_2. □

Da die Eigenwerte der Matrizen A und A^T identisch sind, kann man (6.9.4), (6.9.5) auf A und auf A^T anwenden und damit u.U. mehr Information über die Lage der Eigenwerte erhalten.

Häufig kann man die Abschätzungen des Gerschgorinschen Satzes verbessern, wenn man die Matrix A vorher mit Hilfe einer Diagonalmatrix $D = \text{diag}(d_1, \ldots, d_n)$ ähnlich transformiert, $A \to D^{-1}AD$. Man erhält so für die Eigenwerte von $D^{-1}AD$ und damit von A die Kreise

$$K_i = \left\{ \mu \mid |\mu - a_{i,i}| \leq \sum_{\substack{k=1 \\ k \neq i}}^{n} \left| \frac{a_{i,k}d_k}{d_i} \right| =: \rho_i \right\}$$

Durch geeignete Wahl von D kann man oft den Radius ρ_i eines Kreises erheblich verkleinern (wodurch in der Regel die restlichen Kreise größer werden), und zwar so, daß der betreffende Kreis K_i disjunkt zu den übrigen Kreisen K_j, $j \neq i$, bleibt. K_i enthält dann genau einen Eigenwert von A.

Beispiel:

$$A = \begin{bmatrix} 1 & \varepsilon & \varepsilon \\ \varepsilon & 2 & \varepsilon \\ \varepsilon & \varepsilon & 2 \end{bmatrix}, \qquad \begin{array}{l} K_1 = \{\mu \mid |\mu - 1| \leq 2\varepsilon\}, \\ K_2 = K_3 = \{\mu \mid |\mu - 2| \leq 2\varepsilon\}, \\ 0 < \varepsilon \ll 1. \end{array}$$

Die Transformation mit $D = \text{diag}(1, k\varepsilon, k\varepsilon)$, $k > 0$, ergibt

$$A' = D^{-1}AD = \begin{bmatrix} 1 & k\varepsilon^2 & k\varepsilon^2 \\ 1/k & 2 & \varepsilon \\ 1/k & \varepsilon & 2 \end{bmatrix}.$$

Für A' ist

$$\rho_1 = 2k\varepsilon^2, \qquad \rho_2 = \rho_3 = \frac{1}{k} + \varepsilon.$$

Die Kreise K_1 und $K_2 = K_3$ sind für A' disjunkt, wenn

$$\rho_1 + \rho_2 = 2k\varepsilon^2 + \frac{1}{k} + \varepsilon < 1$$

gilt. Dazu muß offenbar $k > 1$ sein. Der optimale Wert $\tilde{k}$, für den sich K_1 und K_2 berühren, ergibt sich aus $\rho_1 + \rho_2 = 1$. Man erhält

$$\tilde{k} = \frac{2}{1 - \varepsilon + \sqrt{(1 - \varepsilon)^2 - 8\varepsilon^2}} = 1 + \varepsilon + O(\varepsilon^2)$$

und damit

$$\rho_1 = 2\tilde{k}\varepsilon^2 = 2\varepsilon^2 + O(\varepsilon^3).$$

Durch die Transformation $A \to A'$ kann also der Radius ρ_1 von K_1 von anfangs 2ε bis auf etwa $2\varepsilon^2$ verkleinert werden.

Die Abschätzung von Satz (6.9.3) läßt sich auch als Störungssatz auffassen, der angibt, wie weit sich die Eigenwerte von A von den Eigenwerten von B entfernen können. Um das zu zeigen, nehmen wir an, daß B normalisierbar ist:

$$B = P\Lambda_B P^{-1}, \qquad \Lambda_B = \text{diag}(\lambda_1(B), \ldots, \lambda_n(B)).$$

Dann folgt, wenn λ kein Eigenwert von B ist,

$$\begin{aligned}
\text{lub}\big((\lambda I - B)^{-1}\big) &= \text{lub}\big((P(\lambda I - \Lambda_B)^{-1}P^{-1}\big) \\
&\leq \text{lub}\big((\lambda I - \Lambda_B)^{-1}\big)\,\text{lub}\big(P\big)\,\text{lub}\big(P^{-1}\big) \\
&= \max_{1 \leq i \leq n} \frac{1}{|\lambda - \lambda_i(B)|}\,\text{cond}(P) \\
&= \frac{1}{\min\limits_{1 \leq i \leq n} |\lambda - \lambda_i(B)|}\,\text{cond}(P).
\end{aligned}$$

Diese Abschätzung ist für alle Normen $\|\cdot\|$ richtig, für die wie bei der Maximumnorm und der euklidischen Norm für alle Diagonalmatrizen $D = \text{diag}(d_1, \ldots, d_n)$ gilt

$$\text{lub}(D) = \max_{1 \leq i \leq n} |d_i|.$$

Solche Normen heißen *absolut*, sie sind auch dadurch gekennzeichnet, daß für sie $\|\,|x|\,\| = \|x\|$ für alle $x \in \mathbb{C}^n$ gilt [s. Bauer, Stoer, Witzgall (1961)]. Aus (6.9.3) folgt damit [vgl. Bauer, Fike (1960), Householder (1964)]

(6.9.6) **Satz:** *Ist B eine diagonalisierbare $n \times n$-Matrix, $B = P\Lambda_B P^{-1}$, $\Lambda_B = \text{diag}(\lambda_1(B), \ldots, \lambda_n(B))$, und A eine beliebige $n \times n$-Matrix, so gibt es zu jedem Eigenwert $\lambda(A)$ einen Eigenwert $\lambda_i(B)$, so daß gilt*

$$|\lambda(A) - \lambda_i(B)| \leq \text{cond}(P)\,\text{lub}(A - B).$$

Dabei beziehen sich cond, lub *auf eine absolute Norm* $\|\cdot\|$.

Diese Abschätzung besagt, daß für die Störempfindlichkeit der Eigenwerte einer Matrix B die Kondition

$$\text{cond}(P)$$

der Matrix P und nicht die der Matrix B maßgeblich ist. Die Spalten von P sind aber gerade die (Rechts-) Eigenvektoren von B. Für Hermitesche Matrizen B, allgemeiner für normale Matrizen B, kann P als eine unitäre Matrix gewählt werden (Satz (6.4.5)). Bezüglich der euklidischen Norm $\|x\|_2$ gilt daher $\text{cond}_2(P) = 1$ und damit der

(6.9.7) **Satz:** *Ist B eine normale $n \times n$-Matrix, A eine beliebige $n \times n$-Matrix, so gibt es zu jedem Eigenwert $\lambda(A)$ von A einen Eigenwert $\lambda(B)$ von B mit*

$$|\lambda(A) - \lambda(B)| \leq \mathrm{lub}_2(A - B).$$

Das Eigenwertproblem für Hermitesche Matrizen ist also in jedem Fall gut konditioniert.

Die Abschätzungen von (6.9.6), (6.9.7) sind globaler Natur. Wir wollen nun die Störempfindlichkeit eines bestimmten Eigenwertes λ von A bei kleinen Störungen $A \rightarrow A + \varepsilon C$, $\varepsilon \rightarrow 0$, in erster Näherung untersuchen. Wir beschränken uns auf den Fall, daß der Eigenwert λ einfache Nullstelle des charakteristischen Polynoms von A ist. Zu λ gehören dann bis auf Vielfache eindeutig bestimmte Rechts- und Linkseigenvektoren x bzw. y^H:

$$Ax = \lambda x, \quad y^H A = \lambda y^H, \quad x \neq 0, \quad y \neq 0.$$

Für sie gilt $y^H x \neq 0$, wie man mit Hilfe der Jordanschen Normalform von A, die nur einen Jordanblock zum Eigenwert λ enthält, der zudem 1-reihig ist, leicht zeigen kann.

(6.9.8) **Satz:** *Sei λ eine einfache Nullstelle des charakteristischen Polynoms der $n \times n$-Matrix A, x und y^H ein zugehöriger Rechts- bzw. Linkseigenvektor von A*

$$Ax = \lambda x, \quad y^H A = \lambda y^H, \quad x, \ y \neq 0,$$

und C eine beliebige $n \times n$-Matrix. Dann gibt es eine für genügend kleines ε, $|\varepsilon| \leq \varepsilon_0$, $\varepsilon_0 > 0$, analytische Funktion $\lambda(\varepsilon)$, so daß

$$\lambda(0) = \lambda, \quad \lambda'(0) = \frac{y^H C x}{y^H x}$$

gilt und $\lambda(\varepsilon)$ einfache Nullstelle des charakteristischen Polynoms von $A + \varepsilon C$ ist. In erster Näherung hat man also

$$\lambda(\varepsilon) \doteq \lambda + \varepsilon \frac{y^H C x}{y^H x}.$$

Beweis: Das charakteristische Polynom der Matrix $A + \varepsilon C$

$$\varphi_\varepsilon(\mu) = \det(A + \varepsilon C - \mu I)$$

ist eine analytische Funktion von ε und μ. Sei K eine Kreisscheibe

$$K = \{\mu \mid |\mu - \lambda| \leq r\}, \quad r > 0,$$

die außer λ keinen weiteren Eigenwert von A enthält. Es ist dann

$$\inf_{\mu \in S}|\varphi_0(\mu)| =: m > 0, \quad \text{mit } S := \{\mu \mid |\mu - \lambda| = r\}.$$

Da $\varphi_\varepsilon(\mu)$ stetig von ε abhängt, gibt es ein $\varepsilon_0 > 0$, so daß auch

(6.9.9) $\inf\limits_{\mu \in S}|\varphi_\varepsilon(\mu)| > 0$ für alle $|\varepsilon| \leq \varepsilon_0$

gilt. Nach einem bekannten Satz der Funktionentheorie gibt

$$\nu(\varepsilon) := \frac{1}{2\pi i} \oint_S \frac{\varphi_\varepsilon'(\mu)}{\varphi_\varepsilon(\mu)} d\mu$$

die Zahl der Nullstellen von $\varphi_\varepsilon(\mu)$ in K an. Wegen (6.9.9) ist $\nu(\varepsilon)$ für $|\varepsilon| \leq \varepsilon_0$ stetig, also ist $1 = \nu(0) = \nu(\varepsilon)$ für $|\varepsilon| \leq \varepsilon_0$ wegen der Ganzzahligkeit von ν. Für diese einfache Nullstelle $\lambda(\varepsilon)$ von $\varphi_\varepsilon(\mu)$ in K gilt nach einem weiteren funktionentheoretischen Satz die Darstellung

$$(6.9.10) \qquad \lambda(\varepsilon) = \frac{1}{2\pi i} \oint_S \frac{\mu \varphi_\varepsilon'(\mu)}{\varphi_\varepsilon(\mu)} d\mu.$$

Für $|\varepsilon| \leq \varepsilon_0$ ist der Integrand von (6.9.10) eine analytische Funktion von ε, also auch $\lambda(\varepsilon)$ nach einem bekannten Satz über die Vertauschbarkeit von Differentiation und Integration. Zum einfachen Eigenwert $\lambda(\varepsilon)$ von $A + \varepsilon C$ können Rechts- und Linkseigenvektoren $x(\varepsilon)$ und $y(\varepsilon)^H$

$$(A + \varepsilon C)x(\varepsilon) = \lambda(\varepsilon)x(\varepsilon), \quad y(\varepsilon)^H(A + \varepsilon C) = \lambda(\varepsilon)y(\varepsilon)^H$$

so gewählt werden, daß $x(\varepsilon)$ und $y(\varepsilon)^H$ für $|\varepsilon| \leq \varepsilon_0$ analytische Funktionen von ε sind. Man setze etwa $x(\varepsilon) = (\xi_1(\varepsilon), \ldots, \xi_n(\varepsilon))^T$ mit

$$\xi_i(\varepsilon) = (-1)^i \det(B_{1,i}),$$

wobei $B_{1,i}$ diejenige $(n-1)$-reihige Matrix ist, die man durch Streichen von Zeile 1 und Spalte i aus der Matrix $A + \varepsilon C - \lambda(\varepsilon)I$ erhält. Aus

$$\big(A + \varepsilon C - \lambda(\varepsilon)I\big)x(\varepsilon) = 0$$

erhält man durch Differentiation nach ε für $\varepsilon = 0$

$$\big(C - \lambda'(0)I\big)x(0) + \big(A - \lambda(0)I\big)x'(0) = 0$$

und daraus, wegen $y(0)^H(A - \lambda(0)I) = 0$,

$$y(0)^H\big(C - \lambda'(0)I\big)x(0) = 0,$$

also wegen $y(0)^H x(0) \neq 0$

$$\lambda'(0) = \frac{y^H C x}{y^H x}, \quad y = y(0), \quad x = x(0),$$

was zu zeigen war. □

Bezeichnet man für die euklidische Norm $\|\cdot\|_2$ mit

$$\cos(x, y) := \frac{y^H x}{\|x\|_2 \|y\|_2}$$

den Kosinus des Winkels zwischen x und y, so folgt aus dem letzten Resultat die Abschätzung

$$\left|\lambda'(0)\right| = \frac{|y^H C x|}{\|y\|_2 \|x\|_2 |\cos(x, y)|} \leq \frac{\text{lub}_2(C)}{|\cos(x, y)|}.$$

Die Empfindlichkeit von λ wird also umso größer sein, je kleiner $|\cos(x, y)|$ ist. Für Hermitesche Matrizen ist (bis auf Vielfache) stets $x = y$, und daher $|\cos(x, y)| = 1$: Dies steht im Einklang mit Satz (6.9.7), nach dem die Eigenwerte Hermitescher Matrizen relativ störunempfindlich sind.

Dieser Satz besagt, daß ein Eigenwert λ von A, der nur einfache Nullstelle des charakteristischen Polynoms ist, in dem Sinne unempfindlich gegen Störungen $A \to A + \varepsilon C$ ist, als es für den entsprechenden Eigenwert $\lambda(\varepsilon)$ von $A + \varepsilon C$ eine Konstante K und ein $\varepsilon_0 > 0$ gibt mit

$$\left|\lambda(\varepsilon) - \lambda\right| \leq K |\varepsilon| \quad \text{für} \quad |\varepsilon| \leq \varepsilon_0.$$

Für schlecht konditionierte Eigenwerte λ, d.h. falls die zugehörigen Links- und Rechseigenvektoren fast orthogonal sind, ist K jedoch sehr groß.

Diese Aussage bleibt noch richtig, falls der Eigenwert λ zwar mehrfache Nullstelle des charakteristischen Polynoms von A ist, aber nur lineare Elementarteiler zu λ gehören. Falls jedoch nichtlineare Elementarteiler zu λ gehören, wird diese Aussage falsch. Man kann für diesen Fall folgendes zeigen [vgl. Aufgabe 29]:

Seien $(\mu - \lambda)^{\nu_1}$, $(\mu - \lambda)^{\nu_2}$, $\ldots$, $(\mu - \lambda)^{\nu_\rho}$, $\nu_1 \geq \nu_2 \geq \cdots \geq \nu_\rho$, die zum Eigenwert λ von A gehörigen Elementarteiler. Dann besitzt die Matrix $A + \varepsilon C$ für genügend kleines ε Eigenwerte $\lambda_i(\varepsilon)$, $i = 1, \ldots, \sigma$, $\sigma := \nu_1 + \cdots + \nu_\rho$, für die mit einer Konstanten K gilt

$$(6.9.11) \qquad \left|\lambda_i(\varepsilon) - \lambda\right| \leq K |\varepsilon|^{1/\nu_1} \quad \text{für} \quad i = 1, \ldots, \sigma, \quad |\varepsilon| \leq \varepsilon_0.$$

Dies hat folgende numerische Konsequenz: Wendet man für die praktische Berechnung der Eigenwerte einer Matrix A (mit $\text{lub}(A) = 1$) ein gutartiges Verfahren an, so lassen sich die verfahrensbedingten Rundungsfehler so interpretieren, als habe man statt mit A mit einer abgeänderten Ausgangsmatrix $A + \Delta A$, $\text{lub}(\Delta A) = O(\text{eps})$, *exakt* gerechnet. Gehören zum Eigenwert λ_i von A nur lineare Elementarteiler, so stimmt der berechnete Näherungswert $\tilde{\lambda}_i$ für λ_i bis auf einen Fehler der Ordnung eps mit λ_i überein. Gehören dagegen zu λ_i Elementarteiler höchstens ν-ten Grades, muß man mit einem Fehler der Größenordnung $\text{eps}^{1/\nu}$ für $\tilde{\lambda}_i$ rechnen.

Zur Herleitung eines typischen *Einschließungssatzes* beschränken wir uns auf den Fall der euklidischen Norm

$$\|x\|_2 = \sqrt{x^H x} = \sqrt{\sum_i |x_i|^2}$$

und beweisen zunächst für eine Diagonalmatrix $D = \text{diag}(d_1, \ldots, d_n)$ die Formel

$$\min_{x \neq 0} \frac{\|Dx\|_2}{\|x\|_2} = \min_i |d_i|.$$

In der Tat ist für alle $x \neq 0$

$$\frac{\|Dx\|_2^2}{\|x\|_2^2} = \frac{\sum_i |x_i|^2 |d_i|^2}{\sum_i |x_i|^2} \geq \min_i |d_i|^2.$$

Ist $|d_j| = \min_i |d_i|$, so wird diese untere Schranke erreicht für $x = e_j$ ($= j$-ter Einheitsvektor). Ist weiter A eine normale Matrix, d.h. eine Matrix, die sich mit einer unitären Matrix U auf Diagonalform transformieren läßt,

$$A = U^H D U, \qquad D = \text{diag}(d_1, \ldots, d_n), \qquad d_i = \lambda_i(A),$$

und ist $f(\lambda)$ ein beliebiges Polynom, so ist

$$f(A) = U^H f(D) U$$

und aus der unitären Invarianz von $\|x\|_2 = \|Ux\|_2$ folgt sofort für alle $x \neq 0$

$$\frac{\|f(A)x\|_2}{\|x\|_2} = \frac{\|U^H f(D) U x\|_2}{\|x\|_2} = \frac{\|f(D) U x\|_2}{\|Ux\|_2} \geq \min_{1 \leq i \leq n} |f(d_i)|$$

$$= \min_{1 \leq i \leq n} |f(\lambda_i(A))|.$$

Es folgt somit [vgl. z. B. Householder (1964)]

(6.9.12) **Satz:** *Sei A eine normale Matrix, $f(\lambda)$ ein beliebiges Polynom und $x \neq 0$ ein beliebiger Vektor. Dann gibt es einen Eigenwert $\lambda(A)$ von A mit*

$$|f(\lambda(A))| \leq \frac{\|f(A)x\|_2}{\|x\|_2}.$$

Wählt man insbesondere für f das lineare Polynom

$$f(\lambda) \equiv \lambda - \frac{x^H A x}{x^H x} \equiv \lambda - \frac{\mu_{0,1}}{\mu_{0,0}},$$

wobei

$$\mu_{i,k} := x^H (A^H)^i A^k x, \qquad i, k = 0, 1, 2, \ldots,$$

so folgt wegen

$$\mu_{i,k} = \bar{\mu}_{k,i}$$

sofort

$$\| f(A)x \|_2^2 = x^H \left(A^H - \frac{\bar{\mu}_{0,1}}{\mu_{0,0}} I \right) \left(A - \frac{\mu_{0,1}}{\mu_{0,0}} I \right) x$$

$$= \mu_{1,1} - \frac{\mu_{1,0}\mu_{0,1}}{\mu_{0,0}} - \frac{\mu_{1,0}\mu_{0,1}}{\mu_{0,0}} + \frac{\mu_{0,1}\mu_{1,0}}{\mu_{0,0}^2} \cdot \mu_{0,0}$$

$$= \mu_{1,1} - \frac{\mu_{0,1}\mu_{1,0}}{\mu_{0,0}}.$$

Also gilt der

(6.9.13) **Satz** (Weinstein): *Ist A normal und x $\neq$ 0 ein beliebiger Vektor, so liegt in dem Kreis*

$$\left\{ y \; \bigg| \; \left| \lambda - \frac{\mu_{0,1}}{\mu_{0,0}} \right| \leq \sqrt{\frac{\mu_{1,1} - \mu_{1,0}\mu_{0,1}/\mu_{0,0}}{\mu_{0,0}}} \right\}$$

mindestens ein Eigenwert von A.

Der Quotient $\mu_{0,1}/\mu_{0,0} = x^H A x / x^H x$ heißt übrigens der zu x gehörige

Rayleigh-Quotient

von A. Der letzte Satz wird insbesondere im Zusammenhang mit der Vektoriteration benutzt: Ist x näherungsweise gleich x_1, einem Eigenvektor zum Eigenwert λ_1,

$$x \approx x_1, \quad A x_1 = \lambda_1 x_1,$$

so ist der zu x gehörige Rayleigh-Quotient $x^H A x / x^H x$ i.a. ein sehr guter Näherungswert für λ_1. Satz (6.9.13) gibt dann an, wie weit dieser Näherungswert $x^H A x / x^H x$ von einem Eigenwert von A höchstens entfernt ist.

Die Menge

$$G[A] = \left\{ \frac{x^H A x}{x^H x} \; \bigg| \; x \neq 0 \right\}$$

aller Rayleigh-Quotienten heißt der *Wertebereich* der Matrix A. Wählt man x als Eigenvektor von A, so folgt sofort, daß $G[A]$ die Eigenwerte von A enthält. Hausdorff hat darüber hinaus gezeigt, daß $G[A]$ stets konvex ist. Für normale Matrizen

$$A = U^H \Lambda U, \quad \Lambda = \begin{bmatrix} \lambda_1 & & 0 \\ & \ddots & \\ 0 & & \lambda_n \end{bmatrix}, \quad U^H U = I,$$

gilt sogar

$$G[A] = \left\{ \frac{x^H U^H \Lambda U x}{x^H U^H U x} \,\bigg|\, x \neq 0 \right\} = \left\{ \frac{y^H \Lambda y}{y^H y} \,\bigg|\, y \neq 0 \right\}$$

$$= \left\{ \mu \,\bigg|\, \mu = \sum_{i=1}^{n} \tau_i \lambda_i, \quad \tau_i \geq 0, \quad \sum_{i=1}^{n} \tau_i = 1 \right\}.$$

Das heißt, für normale Matrizen ist $G[A]$ gleich der *konvexen Hülle* der Eigenwerte von A.

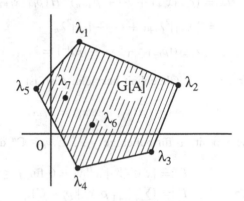

Fig. 2. Wertebereich einer normalen Matrix

Für eine Hermitesche Matrix $H = H^H = U^H \Lambda U$ mit den Eigenwerten $\lambda_1 \geq \lambda_2 \geq \cdots \geq \lambda_n$ erhalten wir so das Resultat (6.4.3) zurück, das λ_1 und λ_n durch Extremaleigenschaften charakterisiert. Eine ähnliche Charakterisierung auch der übrigen Eigenwerte von H wird durch folgenden Satz gegeben:

(6.9.14) **Satz** (Courant, Weyl): *Für die Eigenwerte $\lambda_1 \geq \lambda_2 \geq \cdots \geq \lambda_n$ einer n-reihigen Hermiteschen Matrix H gilt für $i = 0, 1, \ldots, n-1$*

$$\lambda_{i+1} = \min_{y_1, \ldots, y_i \in \mathbb{C}^n} \; \max_{0 \neq x \in \mathbb{C}^n : \, x^H[y_1, \ldots, y_i] = 0} \frac{x^H H x}{x^H x}.$$

Beweis: Für beliebige $y_1, \ldots, y_i \in \mathbb{C}^n$ definiere man $\mu(y_1, \ldots, y_i)$ durch

$$\mu(y_1, \ldots, y_i) := \max\{x^H H x \mid x \in \mathbb{C}^n : \, x^H y_j = 0 \text{ für } j \leq i, \, x^H x = 1\}$$

Sei ferner $x_1, \ldots, x_n$ ein Satz von n orthonormalen Eigenvektoren von H zu den Eigenwerten λ_j [s. Satz (6.4.2)]: $Hx_j = \lambda_j x_j$, $x_j^H x_k = \delta_{j,k}$ für j, $k = 1, 2, \ldots, n$. Für $y_j := x_j$, $j = 1, \ldots, i$ lassen sich dann alle $x \in \mathbb{C}^n$ mit $x^H y_j = 0$, $j = 1, \ldots, i$, $x^H x = 1$, in der Form

$$x = \rho_{i+1} x_{i+1} + \cdots + \rho_n x_n, \qquad \sum_{k>i} |\rho_k|^2 = 1$$

darstellen, so daß für diese x wegen $\lambda_k \leq \lambda_{i+1}$ für $k \geq i + 1$ gilt

$$\begin{aligned}
x^H H x &= (\rho_{i+1} x_{i+1} + \cdots + \rho_n x_n)^H H (\rho_{i+1} x_{i+1} + \cdots + \rho_n x_n) \\
&= |\rho_{i+1}|^2 \lambda_{i+1} + \cdots + |\rho_n|^2 \lambda_n \\
&\leq \lambda_{i+1} (|\rho_{i+1}|^2 + \cdots + |\rho_n|^2) = \lambda_{i+1},
\end{aligned}$$

wobei für $x := x_{i+1}$ Gleichheit herrscht. Also ist

$$\mu(x_1, \ldots, x_i) = \lambda_{i+1}.$$

Andererseits besitzen für beliebige $y_1, \ldots, y_i \in \mathbb{C}^n$ die Teilräume

$$\begin{aligned}
E &:= \{x \in \mathbb{C}^n \mid x^H y_j = 0 \text{ für } j \leq i\}, \\
F &:= \{\textstyle\sum_{j \leq i+1} \rho_j x_j \mid \rho_j \in \mathbb{C}\},
\end{aligned}$$

die Dimensionen $\dim E \geq n - i$, $\dim F = i + 1$, so daß $\dim F \cap E \geq 1$ ist und es einen Vektor $x_0 \in F \cap E$ mit $x_0^H x_0 = 1$ gibt. Also ist wegen $x_0 = \rho_1 x_1 + \cdots + \rho_{i+1} x_{i+1} \in F$

$$\begin{aligned}
\mu(y_1, \ldots, y_i) &\geq x_0^H H x_0 = |\rho_1|^2 \lambda_1 + \cdots + |\rho_{i+1}|^2 \lambda_{i+1} \\
&\geq (|\rho_1|^2 + \cdots + |\rho_{i+1}|^2) \lambda_{i+1} = \lambda_{i+1}. \qquad \square
\end{aligned}$$

Definiert man für eine beliebige Matrix A

$$H_1 := \frac{1}{2}(A + A^H), \quad H_2 := \frac{1}{2i}(A - A^H),$$

so sind H_1, H_2 Hermitesch und es gilt

$$A = H_1 + i H_2.$$

(H_1, H_2 werden auch mit $\operatorname{Re} A$ bzw. $\operatorname{Im} A$ bezeichnet; man beachte aber, daß die Elemente von $\operatorname{Re} A$ i. a. nicht reell sind.)

Für jeden Eigenwert λ von A gilt wegen $\lambda \in G[A]$ und (6.4.3)

$$\operatorname{Re}\lambda \leq \max_{x\neq 0} \operatorname{Re} \frac{x^H A x}{x^H x} = \max_{x\neq 0} \frac{1}{x^H x} \frac{x^H A x + x^H A^H x}{2}$$

$$= \max_{x\neq 0} \frac{x^H H_1 x}{x^H x} = \lambda_{\max}(H_1),$$

$$\operatorname{Im}\lambda \leq \max_{x\neq 0} \operatorname{Im} \frac{x^H A x}{x^H x} = \lambda_{\max}(H_2).$$

Schätzt man $\operatorname{Re}\lambda$, $\operatorname{Im}\lambda$ analog nach unten ab, so folgt der

(6.9.15) **Satz** (Bendixson): *Zerlegt man eine beliebige Matrix A in $A = H_1 + i H_2$, wo H_1 und H_2 Hermitesch sind, so gilt für jeden Eigenwert λ von A*

$$\lambda_{\min}(H_1) \leq \operatorname{Re}\lambda \leq \lambda_{\max}(H_1),$$

$$\lambda_{\min}(H_2) \leq \operatorname{Im}\lambda \leq \lambda_{\max}(H_2).$$

Alle diese Abschätzungen führen sofort zu Abschätzungen für die Nullstellen eines Polynoms

$$p(\lambda) = a_n \lambda^n + \cdots + a_0, \qquad a_n \neq 0.$$

Zu p gehört ja die Frobeniusmatrix

$$F = \begin{bmatrix} 0 & & & -\gamma_0 \\ 1 & 0 & & -\gamma_1 \\ & \ddots & \ddots & \vdots \\ 0 & & 1 & -\gamma_{n-1} \end{bmatrix}, \quad \text{mit} \quad \gamma_i = \frac{a_i}{a_n},$$

die $(1/a_n)(-1)^n p(\lambda)$ als charakteristisches Polynom besitzt. Insbesondere erhält man aus dem Satz (6.9.1) von Hirsch mit $\operatorname{lub}_\infty(A) = \max_i \sum_k |a_{i,k}|$ angewandt auf F bzw. F^T die folgenden Abschätzungen für alle Nullstellen λ_k von $p(\lambda)$:

(a) $|\lambda_k| \leq \max\left\{ \left| \frac{a_0}{a_n} \right|, \max_{1\leq i \leq n-1} \left(1 + \left| \frac{a_i}{a_n} \right| \right) \right\},$

(b) $|\lambda_k| \leq \max\left\{ 1, \sum_{i=0}^{n-1} \left| \frac{a_i}{a_n} \right| \right\}.$

Beispiel: Für $p(\lambda) = \lambda^3 - 2\lambda^2 + \lambda - 1$ erhält man

(a) $|\lambda_i| \leq \max\{1, 2, 3\} = 3$,

(b) $|\lambda_i| \leq \max\{1, 1 + 1 + 2\} = 4$.

In diesem Fall ergibt (a) eine bessere Abschätzung.

Übungsaufgaben zu Kapitel 6

1. Man gebe für die Matrix

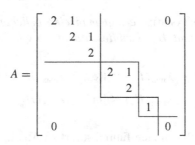

das char. Polynom, das Minimalpolynom, ein System von Eigen- und Hauptvektoren und die Frobeniussche Normalform an.

2. Wie viele paarweise nicht ähnliche 6×6-Matrizen mit dem folgenden char. Polynom gibt es:

$$p(\lambda) = (3 - \lambda)^4 (1 - \lambda)^3$$

3. Welche Eigenschaften haben die Eigenwerte von

> positiv definiten/semidefiniten,
> orthogonalen/unitären,
> reell schiefsymmetrischen $(A^T = -A)$

Matrizen? Man gebe das Minimalpolynom einer Projektionsmatrix $A = A^2$ an.

4. Man bestimme für die Matrizen

   a) $A = uv^T$, $u, v \in \mathbb{R}^n$,

   b) $H = I - 2ww^H$, $w^H w = 1$, $w \in \mathbb{C}^n$,

   c) $P = \begin{bmatrix} 0 & 0 & 0 & 1 \\ 1 & 0 & 0 & 0 \\ 0 & 1 & 0 & 0 \\ 0 & 0 & 1 & 0 \end{bmatrix}$

die Eigenwerte λ_i, die Vielfachheiten σ_i und ρ_i, das char. Polynom $\varphi(\mu)$, das Minimalpolynom $\psi(\mu)$, ein System von Eigen- bzw. Hauptvektoren und eine Jordansche Normalform J.

5. Für $u, v, w, z \in \mathbb{R}^n$, $n > 2$, sei

$$A := uv^T + wz^T.$$

a) λ_1, λ_2 seien die Eigenwerte von

$$\tilde{A} := \begin{bmatrix} v^T u & v^T w \\ z^T u & z^T w \end{bmatrix}.$$

Man zeige: A hat die Eigenwerte λ_1, λ_2 und 0.

b) Wie viele (linear unabhängige) Eigen- und Hauptvektoren kann A haben? Welche Typen der Jordanschen Normalform J von A sind möglich? Man gebe J speziell für $\tilde{A} = 0$ an!

6. a) Man zeige: λ ist Eigenwert von A genau dann wenn $-\lambda$ Eigenwert von B ist, wenn

$$A := \begin{bmatrix} \delta_1 & \gamma_2 & & 0 \\ \beta_2 & \delta_2 & \ddots & \\ & \ddots & \ddots & \gamma_n \\ 0 & & \beta_n & \delta_n \end{bmatrix}, \quad B := \begin{bmatrix} -\delta_1 & \gamma_2 & & 0 \\ \beta_2 & -\delta_2 & \ddots & \\ & \ddots & \ddots & \gamma_n \\ 0 & & \beta_n & -\delta_n \end{bmatrix}.$$

b) Für die relle symmetrische Tridiagonalmatrix

$$A = \begin{bmatrix} \delta_1 & \gamma_2 & & 0 \\ \gamma_2 & \delta_2 & \ddots & \\ & \ddots & \ddots & \gamma_n \\ 0 & & \gamma_n & \delta_n \end{bmatrix}$$

gelte

$$\delta_i = -\delta_{n+1-i}, \quad i = 1, \ldots, n,$$
$$\gamma_i = \gamma_{n+2-i}, \quad i = 2, \ldots, n.$$

Man zeige: Mit λ ist auch $-\lambda$ Eigenwert von A. Was folgt daraus für die Eigenwerte von Matrix (6.6.5.9))?

c) Man zeige, daß die Eigenwerte der Matrix

$$A = \begin{bmatrix} 0 & \bar{\gamma}_2 & & 0 \\ \gamma_2 & 0 & \ddots & \\ & \ddots & \ddots & \bar{\gamma}_n \\ 0 & & \gamma_n & 0 \end{bmatrix}$$

symmetrisch zu 0 liegen und daß

$$\det(A) = \begin{cases} (-1)^k |\gamma_2|^2 |\gamma_4|^2 \cdots |\gamma_n|^2 & \text{falls } n \text{ gerade}, \quad n = 2k, \\ 0 & \text{sonst.} \end{cases}$$

7. C sei eine reelle $n \times n$-Matrix und

$$f(x) := \frac{x^T C x}{x^T x} \quad \text{für} \quad x \in \mathbb{R}^n, \quad x \neq 0.$$

Man zeige: f ist stationär an der Stelle $\tilde{x} \neq 0$ genau dann, wenn $\tilde{x}$ Eigenvektor von $\frac{1}{2}(C + C^T)$ mit $f(\tilde{x})$ als zugehörigem Eigenwert ist.

8. Man zeige:

a) Ist A normal mit den Eigenwerten λ_i, $|\lambda_1| \geq \cdots \geq |\lambda_n|$, und den singulären Werten σ_i so gilt

$$\sigma_i = |\lambda_i|, \quad i = 1, \ldots, n,$$

$$\text{lub}_2(A) = |\lambda_1| = \rho(A),$$

$$\text{cond}_2(A) = \frac{|\lambda_1|}{|\lambda_n|} = \rho(A)\rho(A^{-1}) \quad \text{(falls } A^{-1} \text{ existiert).}$$

b) Für jede $n \times n$-Matrix A gilt

$$\left(\text{lub}_2(A) \right)^2 = \text{lub}_2(A^H A).$$

9. Man zeige: Ist A eine normale $n \times n$-Matrix mit den Eigenwerten λ_i,

$$|\lambda_1| \geq \cdots \geq |\lambda_n|,$$

und sind U, V unitär, so gilt für die Eigenwerte μ_i von UAV

$$|\lambda_1| \geq |\mu_i| \geq |\lambda_n|.$$

10. B sei eine $n \times m$-Matrix. Man beweise:

$$M = \left[\begin{array}{c|c} I_n & B \\ \hline B^H & I_m \end{array} \right] \quad \text{positiv definit} \iff \rho(B^H B) < 1$$

(I_n, I_m Einheitsmatrizen, $\rho(B^H B)$ = Spektralradius von $B^H B$).

11. Man zeige für $n \times n$-Matrizen A, B:

a) $|A| \leq |B| \implies \text{lub}_2(|A|) \leq \text{lub}_2(|B|)$,

b) $\text{lub}_2(A) \leq \text{lub}_2(|A|) \leq \sqrt{n} \cdot \text{lub}_2(A)$.

12. Inhalt der folgenden Aufgabe ist die Behauptung in Abschnitt 6.3, daß eine Matrix dann schlecht konditioniert ist, wenn 2 Spaltenvektoren „fast linear abhängig" sind. Für die Matrix $A = (a_1, \ldots, a_n)$, $a_i \in \mathbb{R}^n$, $i = 1, \ldots, n$, gelte

$$|a_1^T a_2| \geq \|a_1\|_2 \|a_2\|_2 (1 - \varepsilon), \quad 0 < \varepsilon < 1,$$

(d.h. a_1 und a_2 schließen einen Winkel α mit $1 - \varepsilon \leq |\cos\alpha| \leq 1$ ein). Man zeige: A ist singulär oder es gilt $\text{cond}_2(A) \geq 1/\sqrt{\varepsilon}$.

13. Abschätzung der Funktion $f(n)$ in Formel (6.5.4.4) für Gleitpunktarithmetik der relativen Genauigkeit eps: A sei eine $n \times n$- Matrix in Gleitpunktdarstellung, G_j eine Eliminationsmatrix vom Typ (6.5.4.1) mit den wesentlichen Elementen $l_{i,j}$. Die $l_{i,j}$ entstehen durch Division von Elementen aus A, sind also mit einem relativen Fehler von maximal eps behaftet. Man leite mit den Methoden von Abschnitt 1.3 die folgenden Abschätzugen her (höhere Potenzen eps^i, $i \geq 2$, sind zu vernachlässigen):

a) $\operatorname{lub}_\infty[\operatorname{gl}(G_j^{-1}A) - G_j^{-1}A] \dot{\leq} 4\,\operatorname{eps}\operatorname{lub}_\infty(A)$,

b) $\operatorname{lub}_\infty[\operatorname{gl}(AG_j) - AG_j] \dot{\leq} (n - j + 2)\,\operatorname{eps}\operatorname{lub}_\infty(A)$,

c) $\operatorname{lub}_\infty[\operatorname{gl}(G_j^{-1}AG_j) - G_j^{-1}AG_j] \dot{\leq} 2(n - j + 6)\,\operatorname{eps}\operatorname{lub}_\infty(A)$.

14. Konvergenzverhalten der Vektoriteration: A sei eine reelle symmetrische $n \times n$-Matrix mit den Eigenwerten λ_i mit $|\lambda_1| > |\lambda_2| \geq \cdots \geq |\lambda_n|$ und den zugehörigen Eigenvektoren $x_1, \ldots, x_n$ mit $x_i^T x_k = \delta_{i,k}$. Ausgehend von einem Startvektor y_0 mit $x_1^T y_0 \neq 0$ werde berechnet

$$y_{k+1} := \frac{Ay_k}{\|Ay_k\|}, \quad \text{für} \quad k = 0, 1, 2, \ldots$$

mit einer beliebigen Vektornorm $\|\cdot\|$, parallel dazu die Größen

$$q_{k,i} := \frac{(Ay_k)_i}{(y_k)_i}, \quad 1 \leq i \leq n, \quad \text{falls} \quad (y_k)_i \neq 0,$$

und der Rayleigh-Quotient

$$r_k := \frac{y_k^T Ay_k}{y_k^T y_k}.$$

Man beweise:

a) $q_{k,i} = \lambda_1\left[1 + O\left(\left(\frac{\lambda_2}{\lambda_1}\right)^k\right)\right]$ für alle i mit $(x_1)_i \neq 0$,

b) $r_k = \lambda_1\left[1 + O\left(\left(\frac{\lambda_2}{\lambda_1}\right)^{2k}\right)\right]$.

15. In der reellen Matrix

$$A = A^T = \begin{bmatrix} -9 & * & * & * & * \\ * & 0 & * & * & * \\ * & * & 1 & * & * \\ * & * & * & 4 & * \\ * & * & * & * & 21 \end{bmatrix}$$

stellen die Sterne Elemente vom Betrag $\leq 1/4$ dar. Die Vektoriteration werde mit A und dem Startvektor $y_0 = e_5$ durchgeführt.

a) Man zeige, daß e_5 als Startvektor „geeignet" ist, d.h. daß die Folge y_k in Aufg. 14 tatsächlich gegen den Eigenvektor zum betragsgrößten Eigenwert von A konvergiert.

b) Man schätze ab, wieviel richtige Dezimalstellen r_{k+5} gegenüber r_k gewinnt.

16. Man beweise: $\mathrm{lub}_\infty(F) < 1 \Longrightarrow A := I + F$ besitzt eine Dreieckszerlegung $A = L \cdot R$.

17. Die Matrix A sei nichtsingulär und besitze eine Dreieckszerlegung $A = L \cdot R (l_{i,i} = 1)$. Man zeige:

   a) L und R sind eindeutig bestimmt.

   b) Für eine obere Hessenbergmatrix A hat L die Form

$$L = \begin{bmatrix} 1 & & & 0 \\ * & 1 & & \\ & \ddots & \ddots & \\ 0 & & * & 1 \end{bmatrix},$$

   und RL ist eine obere Hessenbergmatrix.

   c) Wenn A Tridiagonalmatrix ist, besitzt L die Form wie in b),

$$R = \begin{bmatrix} * & * & & 0 \\ & \ddots & \ddots & \\ & & \ddots & * \\ 0 & & & * \end{bmatrix},$$

   und RL ist eine Tridiagonalmatrix.

18. a) Welche Matrizen von oberer Dreiecksgestalt sind zugleich unitär, welche reell-orthogonal?

   b) Wie unterscheiden sich verschiedene QR-Zerlegungen einer nichtsingulären Matrix voneinander? Gilt das Resultat auch für singuläre Matrizen?

19. Man beweise die Formeln (6.6.5.3) für das QR-Verfahren mit Shifts.

20. a) Gegeben sei eine obere Dreiecksmatrix

$$R = \begin{bmatrix} \lambda_1 & * \\ 0 & \lambda_2 \end{bmatrix} \quad \text{mit} \quad \lambda_1 \neq \lambda_2.$$

   Man bestimme eine Givensrotation Ω, so daß

$$\Omega^T R \Omega = \begin{bmatrix} \lambda_2 & * \\ 0 & \lambda_1 \end{bmatrix}.$$

   Hinweis: Ωe_1 muß Eigenvektor von R zum Eigenwert λ_2 sein.

   b) Wie kann man eine obere Dreiecksmatrix R mit $r_{k,k} = \lambda_k$, $k = 1, \ldots,$ n, unitär in eine obere Dreiecksmatrix $\tilde{R} = U^H R U$, $U^H U = I$, mit der Diagonalen $\mathrm{diag}(\lambda_i, \lambda_1, \ldots, \lambda_{i-1}, \lambda_{i+1}, \ldots, \lambda_n)$ transformieren?

21. A sei eine normale $n \times n$-Matrix mit den Eigenwerten $\lambda_1, \ldots, \lambda_n$, $A = QR$, $Q^H Q = I$, $R = (r_{i,k})$ obere Dreiecksmatrix. Man beweise:

$$\min_i |\lambda_i| \leq |r_{j,j}| \leq \max_i |\lambda_i|, \qquad j = 1, \ldots, n.$$

22. Man führe einen QR-Schritt mit der Matrix $A = \begin{bmatrix} 2 & \varepsilon \\ \varepsilon & 1 \end{bmatrix}$ aus,

    a) ohne Shift,

    b) mit Shift $k = 1$, d.h. nach Strategie (6.6.5.7a).

23. Effekt eines QR-Schrittes mit Shift bei Tridiagonalmatrizen:

$$A = \begin{bmatrix} \delta_1 & \gamma_2 & & 0 \\ \gamma_2 & \delta_2 & \ddots & \\ & \ddots & \ddots & \gamma_n \\ 0 & & \gamma_n & \delta_n \end{bmatrix} = \left[\begin{array}{ccc|c} & & & 0 \\ & B & & \vdots \\ & & & \gamma_n \\ \hline 0 & \cdots & \gamma_n & \delta_n \end{array} \right]$$

$$\gamma_i \neq 0, \quad i = 2, \ldots, n.$$

Mit A werde ein QR-Schritt mit dem Shiftparameter $k = \delta_n$ ausgeführt,

$$A - \delta_n I = QR \rightarrow RQ + \delta_n I =: A' = \begin{bmatrix} \delta_1' & \gamma_2' & & 0 \\ \gamma_2' & \delta_2' & \ddots & \\ & \ddots & \ddots & \gamma_n' \\ 0 & & \gamma_n' & \delta_n' \end{bmatrix}.$$

Man zeige: Wenn $d := \min_i |\lambda_i(B) - \delta_n| > 0$ ist, gilt

$$|\gamma_n'| \leq \frac{|\gamma_n|^3}{d^2}, \qquad |\delta_n' - \delta_n| \leq \frac{|\gamma_n|^2}{d}.$$

Hinweis: $Q = $ Produkt geeigneter Givens-Rotationen, Anwendung von Aufg. 21.

Beispiel: Was erhält man für

$$A = \begin{bmatrix} 5 & 1 & & & \\ 1 & 5 & 1 & & \\ & 1 & 5 & 1 & \\ & & 1 & 5 & 0.1 \\ & & & 0.1 & 1 \end{bmatrix}?$$

24. Ist die Shiftstrategie (6.6.5.7a) beim QR-Verfahren für reelle Tridiagonalmatrizen des Typs

$$\begin{bmatrix} \delta & \gamma_2 & & 0 \\ \gamma_2 & \delta & \ddots & \\ & \ddots & \ddots & \gamma_n \\ 0 & & \gamma_n & \delta \end{bmatrix}$$

sinnvoll? Man beantworte diese Frage mit Hilfe von Aufg. 6.c) und der folgenden Tatsache: Ist A reell symmetrisch, tridiagonal und sind alle Diagonalelemente 0, so gilt dies auch nach einem QR-Schritt.

25. Man berechne durch Abschätzung (Gerschgorin) der Eigenwerte für die Matrix

$$A = \begin{bmatrix} 5.2 & 0.6 & 2.2 \\ 0.6 & 6.4 & 0.5 \\ 2.2 & 0.5 & 4.7 \end{bmatrix}$$

eine obere Schranke für $\text{cond}_2(A)$.

26. Man schätze die Eigenwerte folgender Matrizen möglichst genau ab:

a) die Matrix A in Aufg. 15.

b)
$$\begin{bmatrix} 1 & 10^{-3} & 10^{-4} \\ 10^{-3} & 2 & 10^{-3} \\ 10^{-4} & 10^{-3} & 3 \end{bmatrix}.$$

Hinweis: Satz von Gerschgorin in Verbindung mit der Transformation $A \to D^{-1}AD$, D eine geeignete Diagonalmatrix.

27. a) A, B seien quadratische Hermitesche Matrizen und

$$H = \begin{bmatrix} A & C \\ C^H & B \end{bmatrix}.$$

Man zeige: Zu jedem Eigenwert $\lambda(B)$ von B gibt es einen Eigenwert $\lambda(H)$ von H mit

$$\left| \lambda(H) - \lambda(B) \right| \leq \sqrt{\text{lub}_2(C^H C)}.$$

b) Man wende a) auf den praktisch wichtigen Fall an, daß H eine Hermitesche, „fast zerfallende" Tridiagonalmatrix der Gestalt

ist . Wie lassen sich die Eigenwerte von H durch die von A und B abschätzen?

28. Man zeige: Ist $A = (a_{i,k})$ Hermitesch, so gibt es zu jedem Diagonalelement $a_{i,i}$ einen Eigenwert $\lambda(A)$ von A mit

$$\left| \lambda(A) - a_{i,i} \right| \leq \sqrt{\sum_{j \neq i} |a_{i,j}|^2}.$$

29. a) Man beweise für die $\nu \times \nu$-Matrix

$$C_\nu(\lambda) = \begin{bmatrix} \lambda & 1 & & 0 \\ & \lambda & \ddots & \\ & & \ddots & 1 \\ 0 & & & \lambda \end{bmatrix}$$

mit Hilfe des Satzes von Gerschgorin und geeigneter Skalierung mit Diagonalmatrizen: Für die Eigenwerte $\lambda_i(\varepsilon)$ der abgeänderten Matrix $C_\nu(\lambda) + \varepsilon F$ und genügend kleines ε gilt

$$\left| \lambda_i(\varepsilon) - \lambda \right| \leq K \left| \varepsilon^{1/\nu} \right|$$

mit einer Konstanten K. Man zeige durch spezielle Wahl der Matrix F, daß der Fall $\lambda_i(\varepsilon) - \lambda = O(\varepsilon^{1/\nu})$ möglich ist.

b) Man beweise das Resultat (6.9.11) (Transformation von A auf Jordannormalform).

30. Man gebe den Wertebereich $G[A] = \{x^H A x \mid x^H x = 1\}$ an für

$$A := \begin{bmatrix} 1 & 1 & 0 & 0 \\ 1 & 1 & 0 & 0 \\ 0 & 0 & -1 & 1 \\ 0 & 0 & -1 & -1 \end{bmatrix}.$$

31. Man zerlege die Matrizen

$$A := \begin{bmatrix} 2 & 0 \\ 2 & 2 \end{bmatrix}, \quad B := \begin{bmatrix} i & i \\ -i & i \end{bmatrix}, \quad C := \begin{bmatrix} 2 & 5+i & 1-2i \\ 5+i & 1+4i & 3 \\ 1+2i & 1 & -i \end{bmatrix}$$

in $H_1 + i H_2$ mit Hermiteschem H_1, H_2 ($i^2 = -1$).

32. Man bestimme mit den Sätzen von Gerschgorin und Bendixson möglichst kleine Einschließungsgebiete für die Eigenwerte von

$$A = \begin{bmatrix} 3. & 1.1 & -0.1 \\ 0.9 & 15.0 & -2.1 \\ 0.1 & -1.9 & 19.5 \end{bmatrix}.$$

Literatur zu Kapitel 6

Barth, W., Martin, R. S., Wilkinson, J. H. (1971): Calculation of the eigenvalues of a symmetric tridiagonal matrix by the method of bisection. Contribution II/5 in Wilkinson and Reinsch (1971).

Bauer, F. L., Fike, C. T. (1960): Norms and exclusion theorems. *Numer. Math.* **2**, 137–141.

————, Stoer, J., Witzgall, C. (1961): Absolute and monotonic norms. *Numer. Math.* **3**, 257–264.

Bowdler, H., Martin, R. S., Wilkinson, J. H. (1971): The QR and QL algorithms for symmetric matrices. Contribution II/3 in: Wilkinson and Reinsch (1971).

Bunse, W., Bunse-Gerstner, A. (1985): *Numerische Lineare Algebra*. Stuttgart: Teubner.

Cullum, J., Willoughby, R. A. (1985): *Lanczos Algorithms for Large Symmetric Eigenvalue Computations. Vol. I: Theory, Vol. II: Programs. Progress in Scientific Computing*, Vol. 3, 4. Basel: Birkhäuser.

Eberlein, P. J. (1971): Solution to the complex eigenproblem by a norm reducing Jacobi type method. Contribution II/17 in: Wilkinson and Reinsch (1971).

Francis, J. F. G. (1961/62): The QR transformation. A unitary analogue to the LR transformation. I. *Computer J.* **4**, 265–271. The QR transformation. II. *ibid.*, 332–345.

Garbow, B. S., et al. (1977): *Matrix Eigensystem Computer Routines* – EISPACK *Guide Extension*. Lecture Notes in Computer Science 51. Berlin, Heidelberg, New York: Springer-Verlag.

Givens, J. W. (1954): Numerical computation of the characteristic values of a real symmetric matrix. Oak Ridge National Laboratory Report ORNL-1574.

Golub, G. H., Reinsch, C. (1971): Singular value decomposition and least squares solution. Contribution I/10 in: Wilkinson and Reinsch (1971).

————, Van Loan, C. F. (1983): *Matrix Computations*. Baltimore: The Johns-Hopkins University Press.

————, Wilkinson, J. H. (1976): Ill-conditioned eigensystems and the computation of the Jordan canonical form. *SIAM Review* **18**, 578–619.

Householder, A. S. (1964): *The Theory of Matrices in Numerical Analysis*. New York: Blaisdell.

Kaniel, S. (1966): Estimates for some computational techniques in linear algebra. *Math. Comp.* **20**, 369–378.

Kie lbasinski, A., Schwetlick, H. (1988): *Numerische Lineare Algebra*. Thun, Frankfurt/M.: Deutsch.

Kublanovskaya, V. N. (1961): On some algorithms for the solution of the complete eigenvalue problem. *Ž. Vyčisl. Mat. i Mat. Fiz.* **1**, 555–570.

Lanczos, C. (1950): An iteration method for the solution of the eigenvalue problem of linear differential and integral operators. *J. Res. Nat. Bur. Stand.* **45**, 255–282.

Martin, R. S., Peters, G., Wilkinson, J. H. (1971): The QR algorithm for real Hessenberg matrices. Contribution II/14 in: Wilkinson and Reinsch (1971).

————, Reinsch, C., Wilkinson. J. H. (1971): Householder's tridiagonalization of a symmetric matrix. Contribution II/2 in: Wilkinson and Reinsch (1971).

————, Wilkinson, J. H. (1971): Reduction of the symmetric eigenproblem $Ax = \lambda Bx$ and related problems to standard form. Contribution II/10 in: Wilkinson and Reinsch (1971).

————, Wilkinson, J. H. (1971): Similarity reduction of a general matrix to Hessenberg form. Contribution II/13 in: Wilkinson and Reinsch (1971).

Moler, C. B., Stewart, G. W. (1973): An algorithm for generalized matrix eigenvalue problems. *SIAM J. Numer. Anal.* **10**, 241–256.

Paige, C. C. (1971): The computation of eigenvalues and eigenvectors of very large sparse matrices. Ph.D. thesis, London University.

Parlett, B. N. (1965): Convergence of the QR algorithm. *Numer. Math.* **7**, 187–193 (korr. in **10**, 163–164 (1967)).

Parlett, B. N. (1980): *The Symmetric Eigenvalue Problem.* Englewood Cliffs, N.J.: Prentice-Hall.

——, Poole, W. G. (1973): A geometric theory for the QR, LU and power iterations. *SIAM J. Numer. Anal.* **10**, 389–412.

——, Scott, D. S. (1979): The Lanczos algorithm with selective orthogonalization. *Math Comp.* **33**, 217–238.

Peters, G., Wilkinson J. H. (1970): $Ax = \lambda Bx$ and the generalized eigenproblem. *SIAM J. Numer. Anal.* **7**, 479–492.

——, ——(1971): Eigenvectors of real and complex matrices by LR and QR triangularizations. Contribution II/15 in: Wilkinson and Reinsch (1971).

——, ——(1971): The calculation of specified eigenvectors by inverse iteration. Contribution II/18 in: Wilkinson and Reinsch (1971).

Rutishauser, H. (1958): Solution of eigenvalue problems with the LR-transformation. *Nat. Bur. Standards Appl. Math. Ser.* **49**, 47–81.

——(1971): The Jacobi method for real symmetric matrices. Contribution II/1 in: Wilkinson and Reinsch (1971).

Saad, Y. (1980): On the rates of convergence of the Lanczos and the block Lanczos methods. *SIAM J. Num. Anal.* **17**, 687–706.

Schwarz, H. R., Rutishauser, H., Stiefel, E. (1972): *Numerik symmetrischer Matrizen.* 2d ed. Stuttgart: Teubner. (Englische Übersetzung: Englewood Cliffs, N.J.: Prentice-Hall (1973).)

Smith, B. T., et al. (1976): *Matrix eigensystems routines – EISPACK Guide.* Lecture Notes in Computer Science 6, 2d ed. Berlin, Heidelberg, New York: Springer-Verlag.

Stewart, G. W. (1973): *Introduction to Matrix Computations.* New York, London: Academic Press.

Wilkinson, J. H. (1962): Note on the quadratic convergence of the cyclic Jacobi process. *Numer. Math.* **4**, 296–300.

——(1965): *The Algebraic Eigenvalue Problem.* Oxford: Clarendon Press.

——(1968): Global convergence of tridiagonal QR algorithm with origin shifts. *Linear Algebra and Appl.* **1**, 409–420.

——, Reinsch, C. (1971): *Linear Algebra, Handbook for Automatic Computation,* Vol. II. Berlin, Heidelberg, New York: Springer-Verlag.

7 Gewöhnliche Differentialgleichungen

7.0 Einleitung

Sehr viele Probleme aus den Anwendungsgebieten der Mathematik führen auf gewöhnliche Differentialgleichungen. Im einfachsten Fall ist dabei eine differenzierbare Funktion $y = y(x)$ einer reellen Veränderlichen x gesucht, deren Ableitung $y'(x)$ einer Gleichung der Form $y'(x) = f(x, y(x))$ oder kürzer

(7.0.1) $$y' = f(x, y)$$

genügt; man spricht dann von *einer gewöhnlichen Differentialgleichung*. Im allg. besitzt (7.0.1) unendlich viele verschiedene Funktionen y als Lösungen. Durch zusätzliche Forderungen kann man einzelne Lösungen auszeichnen. So sucht man bei einem *Anfangswertproblem* eine Lösung y von (7.0.1), die für gegebenes x_0, y_0 eine *Anfangsbedingung* der Form

(7.0.2) $$y(x_0) = y_0$$

erfüllt.

Allgemeiner betrachtet man auch *Systeme von n gewöhnlichen Differentialgleichungen*

$$y_1'(x) = f_1(x, y_1(x), \ldots, y_n(x)),$$
$$y_2'(x) = f_2(x, y_1(x), \ldots, y_n(x)),$$
$$\vdots$$
$$y_n'(x) = f_n(x, y_1(x), \ldots, y_n(x)),$$

für n gesuchte reelle Funktionen $y_i(x)$, $i = 1, \ldots, n$, einer reellen Variablen. Solche Systeme schreibt man analog zu (7.0.1) vektoriell in der Form
(7.0.3)

$$y' = f(x, y), \quad y' := \begin{bmatrix} y_1' \\ \vdots \\ y_n' \end{bmatrix}, \quad f(x, y) := \begin{bmatrix} f_1(x, y_1, \ldots, y_n) \\ \vdots \\ f_n(x, y_1, \ldots, y_n) \end{bmatrix}.$$

Der Anfangsbedingung (7.0.2) entspricht dabei eine Bedingung der Form

$$(7.0.4) \qquad y(x_0) = y_0 = \begin{bmatrix} y_{10} \\ \vdots \\ y_{n0} \end{bmatrix}.$$

Neben *gewöhnlichen Differentialgleichungen erster Ordnung* (7.0.1), (7.0.3), in denen nur Ableitungen erster Ordnung der unbekannten Funktion $y(x)$ vorkommen, gibt es *gewöhnliche Differentialgleichugen m-ter Ordnung* der Form

$$(7.0.5) \qquad y^{(m)}(x) = f(x, y(x), y^{(1)}(x), \ldots, y^{(m-1)}(x)).$$

Man kann diese jedoch stets durch Einführung von Hilfsfunktionen

$$z_1(x) := y(x),$$
$$z_2(x) := y^{(1)}(x),$$
$$\vdots$$
$$z_m(x) := y^{(m-1)}(x),$$

in ein äquivalentes System von Differentialgleichungen erster Ordnung transformieren:

$$(7.0.6) \qquad z' = \begin{bmatrix} z'_1 \\ \vdots \\ z'_{m-1} \\ z'_m \end{bmatrix} = \begin{bmatrix} z_2 \\ \vdots \\ z_m \\ f(x, z_1, z_2, \ldots, z_m) \end{bmatrix}.$$

Unter einem Anfangswertproblem für die Differentialgleichung m-ter Ordnung (7.0.5) versteht man die Aufgabe, eine m-mal differenzierbare Funktion $y(x)$ zu finden, die (7.0.5) und Anfangsbedingungen der Form

$$y^{(i)}(x_0) = y_{i0}, \quad i = 0, 1, \ldots, m - 1.$$

erfüllt.

Anfangswertprobleme werden in 7.2 behandelt.

Neben Anfangswertproblemen für Systeme von gewöhnlichen Differentialgleichungen kommen in der Praxis häufig auch *Randwertprobleme* vor. Hier soll die gesuchte Lösung $y(x)$ der Differentialgleichung (7.0.3) eine *Randbedingung* der Form

$$(7.0.7) \qquad r(y(a), y(b)) = 0$$

erfüllen, wobei $a \neq b$ zwei *verschiedene* Zahlen sind und

$$r(u, v) := \begin{bmatrix} r_1(u_1, \ldots, u_n, v_1, \ldots, v_n) \\ \vdots \\ r_n(u_1, \ldots, u_n, v_1, \ldots, v_n) \end{bmatrix}$$

ein Vektor von n gegebenen Funktionen r_i von $2n$ Variablen $u_1, \ldots, u_n$, $v_1, \ldots, v_n$ ist. In den Abschnitten 7.3, 7.4, 7.5 werden Probleme dieser Art betrachtet.

Bei den Verfahren, die wir im folgenden beschreiben, wird nicht ein formelmäßiger Ausdruck für die gesuchte Lösung $y(x)$ konstruiert – dies ist i. allg. gar nicht möglich – sondern es werden an gewissen ausgezeichneten Abszissen x_i, $i = 0, 1, \ldots$, Näherungswerte $\eta_i := \eta(x_i)$ für die exakten Werte $y_i := y(x_i)$ bestimmt. Häufig sind diese Abszissen äquidistant, $x_i = x_0 + ih$. Für die Näherungswerte η_i schreiben wir dann auch präziser $\eta(x_i; h)$, da die η_i wie die x_i von der benutzten *Schrittweite* h abhängen. Ein wichtiges Problem wird es sein, zu prüfen, ob und wie schnell bei einem Verfahren $\eta(x; h_n)/n)$ für die Nullfolge $h_n := (x - x_0)/n$, $n \to \infty$, gegen $y(x)$ konvergiert.

Für eine detaillierte Behandlung von numerischen Methoden zur Lösung von Anfangs- und Randwertproblemen wird auf die Spezialliteratur verwiesen: Neben dem klassischen grundlegenden Buch von Henrici (1963) seien die Bücher von Butcher (1987), Gear (1971), Grigorieff (1972, 1977), Keller (1968), Shampine und Gordon (1975) und Stetter (1973) genannt. Eine umfassende Darstellung auch der neueren Resultate findet man in der zweibändigen Monographie von Hairer et al. (1993, 1991).

7.1 Einige Sätze aus der Theorie der gewöhnlichen Differentialgleichungen

Für später seien einige Resultate aus der Theorie der gewöhnlichen Differentialgleichungen – zum Teil ohne Beweis – zusammengestellt. Sei dazu im folgenden [s. (7.0.3)]

$$y' = f(x, y)$$

stets ein System von n gewöhnlichen Differentialgleichungen, $\| \cdot \|$ eine Norm auf dem $\mathbb{R}^n$ und $\|A\|$ eine damit verträgliche multiplikative Matrixnorm mit $\|I\| = 1$ [s. (4.4.8)]. Es läßt sich dann zeigen [s. z. B. Coddington und Levinson (1955)], daß das Anfangswertproblem (7.0.3), (7.0.4) – und damit speziell (7.0.1), (7.0.2) – genau eine Lösung besitzt, falls f einigen einfachen Regularitätsbedingungen genügt:

(7.1.1) **Satz:** *Die Funktion f sei auf dem Streifen $S := \{(x, y) | a \leq x \leq b, y \in \mathbb{R}^n\}$, a, b endlich, stetig und es gebe eine Konstante L, so daß*

(7.1.2) $\|f(x, y_1) - f(x, y_2)\| \leq L\|y_1 - y_2\|$

für alle $x \in [a, b]$ *und alle* $y_1, y_2 \in \mathbb{R}^n$ *(„Lipschitzbedingung").* *Dann existiert zu jedem* $x_0 \in [a, b]$ *und jedem* $y_0 \in \mathbb{R}^n$ *genau eine für* $x \in [a, b]$ *definierte Funktion* $y(x)$ *mit:*

1) $y(x)$ *ist stetig und stetig differenzierbar für* $x \in [a, b]$;
2) $y'(x) = f(x, y(x))$ *für* $x \in [a, b]$;
3) $y(x_0) = y_0$.

Aus dem Mittelwertsatz folgt leicht, daß die Lipschitzbedingung insbesondere dann erfüllt ist, wenn die partiellen Ableitungen $\partial f_i / \partial y_j$, $i, j = 1, \ldots, n$, auf dem Streifen S stetig und beschränkt sind. Für später bezeichnen wir mit

(7.1.3) $F_N(a, b)$

die Menge der Funktionen f, für die die partiellen Ableitungen bis zur Ordnung N auf dem Streifen S existieren und dort stetig und beschränkt sind. Die Funktionen $f \in F_1(a, b)$ erfüllen somit die Voraussetzung von (7.1.1).

In den Anwendungen ist f meistens auf S stetig differenzierbar, aber häufig sind die Ableitungen $\partial f_i / \partial y_j$ auf S unbeschränkt. Dann besitzt das Anfangswertproblem (7.0.3), (7.0.4) zwar noch eine Lösung, doch braucht diese nur noch in einer gewissen Umgebung $U(x_0)$ des Startpunktes x_0, die von den Startwerten (x_0, y_0) abhängen kann, definiert zu sein und nicht auf ganz $[a, b]$ [s. Coddington, Levinson (1962)].

Beispiel: Das Anfangswertproblem

$$y' = y^2, \quad y(0) = y_0 > 0$$

besitzt die Lösung $y(x) = y_0/(1 - y_0 x)$, die nur für $x < 1/y_0$ erklärt ist.

Satz (7.1.1) ist der grundlegende Existenz- und Eindeutigkeitssatz für das Anfangswertproblem (7.0.3), (7.0.4). Wir wollen nun zeigen, daß die Lösung eines Anfangswertproblems stetig von dem Anfangswert abhängt:
(7.1.4) **Satz:** *Auf dem Streifen* $S = \{(x, y) | a \leq x \leq b, \ y \in \mathbb{R}^n\}$ *sei die Funktion* $f : S \to \mathbb{R}^n$ *stetig und genüge dort der Lipschitzbedingung*

$$\|f(x, y_1) - f(x, y_2)\| \leq L\|y_1 - y_2\|$$

für alle $(x, y_i) \in S$, $i = 1, 2$. *Ferner sei* $a \leq x_0 \leq b$. *Dann gilt für die Lösung* $y(x; s)$ *des Anfangswertproblems*

$$y' = f(x, y), \quad y(x_0; s) = s$$

für $a \leq x \leq b$ *die Abschätzung*

$$\|y(x; s_1) - y(x; s_2)\| \leq e^{L|x - x_0|}\|s_1 - s_2\|.$$

Beweis: Nach Definition von $y(x; s)$ ist

$$y(x; s) = s + \int_{x_0}^{x} f(t, y(t; s)) dt.$$

Es folgt daher für $a \leq x \leq b$

$$y(x; s_1) - y(x; s_2) = s_1 - s_2 + \int_{x_0}^{x} [f(t, y(t; s_1)) - f(t, y(t; s_2))] dt$$

und damit

(7.1.5) $\quad \|y(x; s_1) - y(x; s_2)\| \leq \|s_1 - s_2\| + L \left| \int_{x_0}^{x} \|y(t; s_1) - y(t; s_2)\| dt \right|.$

Für die Funktion

$$\Phi(x) := \int_{x_0}^{x} \|y(t; s_1) - y(t; s_2)\| dt$$

gilt $\Phi'(x) = \|y(x; s_1) - y(x; s_2)\|$ und daher wegen (7.1.5) für $x \geq x_0$

$$\alpha(x) \leq \|s_1 - s_2\| \quad \text{mit} \quad \alpha(x) := \Phi'(x) - L\Phi(x).$$

Das Anfangswertproblem

(7.1.6) $\qquad \Phi'(x) = \alpha(x) + L\Phi(x), \quad \Phi(x_0) = 0,$

hat für $x \geq x_0$ die Lösung

(7.1.7) $\qquad \Phi(x) = e^{L(x-x_0)} \int_{x_0}^{x} \alpha(t) e^{-L(t-x_0)} dt.$

Wegen $\alpha(x) \leq \|s_1 - s_2\|$ folgt so die Abschätzung

$$0 \leq \Phi(x) \leq e^{L(x-x_0)} \|s_1 - s_2\| \int_{x_0}^{x} e^{-L(t-x_0)} dt$$

$$= \frac{1}{L} \|s_1 - s_2\| [e^{L(x-x_0)} - 1] \quad \text{für} \quad x \geq x_0$$

und damit das verlangte Resultat für $x \geq x_0$,

$$\|y(x; s_1) - y(x; s_2)\| = \Phi'(x) = \alpha(x) + L\Phi(x) \leq \|s_1 - s_2\| e^{L|x-x_0|}.$$

Ähnlich geht man für $x < x_0$ vor. $\qquad\qquad\qquad\qquad\qquad\qquad \square$

Den letzten Satz kann man verschärfen: Die Lösung des Anfangswertproblems hängt unter zusätzlichen Voraussetzungen sogar stetig differenzierbar von dem Anfangswert ab. Es gilt

(7.1.8) **Satz:** *Falls zusätzlich zu den Voraussetzungen von Satz* (7.1.4) *die Funktionalmatrix* $D_y f(x, y) = [\partial f_i / \partial y_j]$ *auf S existiert und dort stetig und beschränkt ist,*

$$\|D_y f(x, y)\| \le L \quad \textit{für} \quad (x, y) \in S,$$

dann ist die Lösung $y(x; s)$ *von* $y' = f(x, y)$, $y(x_0; s) = s$, *für alle* $x \in [a, b]$ *und alle* $s \in \mathbb{R}^n$ *stetig differenzierbar. Die Ableitung*

$$Z(x; s) := D_s y(x; s) = \left[\frac{\partial y(x; s)}{\partial \sigma_1}, \dots, \frac{\partial y(x; s)}{\partial \sigma_n} \right], \quad s = [\sigma_1, \dots, \sigma_n]^T,$$

ist Lösung des Anfangswertproblems $(Z' = D_x Z)$

(7.1.9) $Z' = D_y f(x, y(x; s))Z, \quad Z(x_0; s) = I.$

Man beachte, daß Z', Z und $D_y f(x, y(x; s))$ $n \times n$-Matrizen sind. (7.1.9) beschreibt somit ein Anfangswertproblem für ein System von n^2 Differentialgleichungen, die linear in Z sind. Formal kann man (7.1.9) durch Differentiation der Identitäten

$$y'(x; s) \equiv f(x, y(x; s)), \quad y(x_0; s) \equiv s,$$

nach s erhalten.

Einen Beweis von Satz (7.1.8) findet man z. B. in Coddington, Levinson (1955).

Für manche Zwecke ist es wichtig, das Wachstum der Lösung $Z(x)$ von (7.1.9) mit x abzuschätzen. Sei dazu allgemeiner $T(x)$ eine $n \times n$-Matrix und die $n \times n$-Matrix $Y(x)$ Lösung des linearen (in Y) Anfangswertproblems

(7.1.10) $Y' = T(x)Y, \quad Y(a) = I.$

Dann kann man zeigen:

(7.1.11) **Satz:** *Falls* $T(x)$ *stetig auf* $[a, b]$ *ist, so gilt mit* $k(x) := \|T(x)\|$ *für die Lösung* $Y(x)$ *von* (7.1.10)

$$\|Y(x) - I\| \le \exp\left(\int_a^x k(t)dt \right) - 1, \quad x \ge a.$$

Beweis: Nach Definition von $Y(x)$ gilt

$$Y(x) = I + \int_a^x T(t)Y(t)dt.$$

Mit

$$\phi(x) := \|Y(x) - I\|$$

folgt wegen $\|Y(x)\| \le \phi(x) + \|I\| = \phi(x) + 1$ für $x \ge a$ die Abschätzung

(7.1.12)
$$\phi(x) \leq \int_a^x k(t)(\phi(t) + 1)dt.$$

Wir definieren nun eine Funktion $c(x)$ durch die Forderung

(7.1.13)
$$\int_a^x k(t)(\phi(t) + 1)dt = c(x) \exp\left(\int_a^x k(t)dt\right) - 1, \quad c(a) = 1.$$

Durch Differentiation von (7.1.13) erhält man [$c(x)$ ist offensichtlich differenzierbar]

$$k(x)(\phi(x) + 1) = c'(x) \exp\left(\int_a^x k(t)dt\right) + k(x)c(x) \exp\left(\int_a^x k(t)dt\right)$$

$$= c'(x) \exp\left(\int_a^x k(t)dt\right) + k(x)\left[1 + \int_a^x k(t)(\phi(t) + 1)dt\right],$$

woraus wegen $k(x) \geq 0$ und (7.1.12) folgt

$$c'(x) \exp\left(\int_a^x k(t)dt\right) + k(x) \int_a^x k(t)(\phi(t) + 1)dt = k(x)\phi(x)$$

$$\leq k(x) \int_a^x k(t)(\phi(t) + 1)dt.$$

Man erhält so schließlich $c'(x) \leq 0$ und daher

(7.1.14)
$$c(x) \leq c(a) = 1 \quad \text{für} \quad x \geq a.$$

Die Behauptung des Satzes folgt nun sofort aus (7.1.12)–(7.1.14).   □

7.2 Anfangswertprobleme

7.2.1 Einschrittverfahren. Grundbegriffe

Wie schon 7.1 vermuten läßt, sind die Methoden und Resultate für Anfangswertprobleme für Systeme von gewöhnlichen Differentialgleichungen erster Ordnung im wesentlichen von der Zahl n der unbekannten Funktionen unabhängig. Wir beschränken uns daher im folgenden auf den Fall nur *einer* gewöhnlichen Differentialgleichung erster Ordnung für nur *eine* unbekannte Funktion (d. h. $n=1$). In der Regel gelten die ergebnisse jedoch auch für Systeme ($n > 1$), sofern man Größen wie y, $f(x, y)$ als Vektoren und $|\cdot|$ als Norm $\|\cdot\|$ interpretiert. Für das folgende setzen wir voraus, daß das betrachtete Anfangswertproblem stets eindeutig lösbar ist.

Eine erste numerische Methode zur Lösung des Anfangwertproblems

(7.2.1.1) $$y' = f(x, y), \quad y(x_0) = y_0,$$

erhält man durch eine einfache Überlegung: Da $f(x, y(x))$ gerade die Steigung $y'(x)$ der gesuchten exakten Lösung $y(x)$ von (7.2.1.1) ist, gilt näherungsweise für $h \neq 0$

$$\frac{y(x + h) - y(x)}{h} \approx f(x, y(x))$$

oder

(7.2.1.2) $$y(x + h) \approx y(x) + hf(x, y(x)).$$

Nach Wahl einer Schrittweite $h \neq 0$ erhält man so ausgehend von den gegebenen Anfangswerten x_0, $y_0 = y(x_0)$ an den äquidistanten Stellen $x_i = x_0 + ih$, $i = 1, 2, \ldots$, Näherungswerte η_i für die Werte $y_i := y(x)$ der exakten Lösung $y(x_i)$:

(7.2.1.3)
$$\eta_0 := y_0,$$
$$\text{für } i = 0, 1, 2, \ldots,$$
$$\eta_{i+1} := \eta_i + hf(x_i, \eta_i),$$
$$x_{i+1} := x_i + h.$$

Dies ist das *Polygonzug-Verfahren* von Euler [s. Fig. 3].

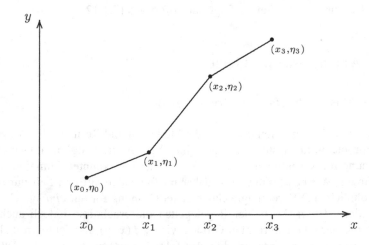

Fig. 3. Polygonzug-Verfahren von Euler

Offensichtlich hängen die Näherungswerte η_i von der Schrittweite h ab: Wir schreiben deshalb auch präziser $\eta(x_i; h)$ statt η_i. Die Funktion $\eta(x; h)$ ist also nur für

$$x \in \mathbb{R}_h := \{x_0 + ih \mid i = 0, 1, 2, \ldots\}$$

bzw. für

$$h \in \mathbb{H}_x := \left\{ \frac{x - x_0}{n} \; \middle| \; n = 1, 2, \ldots \right\}$$

definiert und zwar rekursiv durch [vgl. (7.2.1.3)]

$$\eta(x_0; h) := y_0,$$
$$\eta(x + h; h) := \eta(x; h) + h\, f(x, \eta(x; h)).$$

Das Eulersche Verfahren ist ein typisches *Einschrittverfahren*. Allgemein sind solche Verfahren durch eine Funktion

$$\Phi(x, y; h; f)$$

gegeben und sie erzeugen ausgehend von den Startwerten x_0, y_0 Näherungen η_i für die Werte $y_i := y(x_i)$ der exakten Lösung $y(x)$ auf analoge Weise [vgl. (7.2.1.3)]:

$$
\begin{aligned}
&\eta_0 := y_0, \\
&\text{für } i = 0, 1, 2, \ldots, \\
&\eta_{i+1} := \eta_i + h\Phi(x_i, \eta_i; h; f), \\
&x_{i+1} := x_i + h.
\end{aligned}
$$

(7.2.1.4)

Bei dem Verfahren von Euler ist beispielsweise $\Phi(x, y; h; f) := f(x, y)$; hier ist Φ von h unabhängig.

Im weiteren wollen wir der Einfachheit halber bei der Funktion Φ das Argument f fortlassen. Wie bei dem Eulerschen Verfahren (s. oben) schreiben wir auch präziser $\eta(x_i; h)$ statt η_i, um die Abhängigkeit der Näherungswerte von der Schrittweite h anzudeuten.

Seien nun x und y beliebig aber fest gewählt und sei $z(t)$ die exakte Lösung des Anfangswertproblems

(7.2.1.5) $$z'(t) = f(t, z(t)), \quad z(x) = y,$$

mit den Anfangswerten x, y.

Dann gibt die Funktion

(7.2.1.6) $$\Delta(x, y; h; f) := \begin{cases} \dfrac{z(x+h) - y}{h} & \text{für } h \neq 0, \\[2mm] f(x, y) & \text{für } h = 0, \end{cases}$$

den Differenzenquotienten der exakten Lösung $z(t)$ von (7.2.1.5) zur Schrittweite h an, während

$$\Phi(x, y; h) = \frac{\eta(x + h; h) - \eta(x; h)}{h}$$

der Differenzenquotient der durch Φ gelieferten Näherungslösung $\eta(x; h)$ von (7.2.1.5) ist. Wie bei Φ wollen wir auch bei Δ im folgenden das Argument f fortlassen.

Die Größe der Differenz $\tau(x, y; h) := \Delta(x, y; h) - \Phi(x, y; h)$ gibt an, wie gut die exakte Lösung der Differentialgleichung (7.2.1.5) die Gleichung des Einschrittverfahrens erfüllt: Sie ist ein Maß für die Güte des Näherungsverfahrens. $\tau(x, y; h)$ wird *lokaler Diskretisierungsfehler* an der Stelle (x, y) des betreffenden Verfahrens genannt. Für eine vernünftige Einschrittmethode wird man

$$\lim_{h \to 0} \tau(x, y; h) = 0$$

verlangen. Wegen $\lim_{h \to 0} \Delta(x, y; h) = f(x, y)$ ist dies äquivalent mit

(7.2.1.7) $$\lim_{h \to 0} \Phi(x, y; h) = f(x, y),$$

Man nennt Φ bzw. das zugehörige Einschrittverfahren *konsistent*, wenn (7.2.1.7) für alle $x \in [a, b]$, $y \in \mathbb{R}$ und alle $f \in F_1(a, b)$ [s. (7.1.3)] erfüllt ist.

Beispiel: Das Eulersche Verfahren, $\Phi(x, y; h) := f(x, y)$, ist offensichtlich konsistent. Dieses Resultat läßt sich verschärfen: Wenn f genügend oft stetig partiell differenzierbar ist, läßt sich abschätzen, wie schnell $\tau(x, y; h)$ mit h gegen 0 geht. Dazu entwickle man die Lösung $z(t)$ von (7.2.1.5) in eine Taylorreihe um den Punkt $t = x$:

$$z(x + h) = z(x) + hz'(x) + \frac{h^2}{2}z''(x) + \cdots + \frac{h^p}{p!}z^{(p)}(x + \theta h), \quad 0 < \theta < 1.$$

Nun ist wegen $z(x) = y$, $z'(t) \equiv f(t, z(t))$,

$$z''(x) = \frac{d}{dt} f(t, z(t))\,|_{t=x} = f_x(t, z(t))\,|_{t=x} + f_y(t, z(t))z'(t)\,|_{t=x}$$

$$= f_x(x, y) + f_y(x, y)f(x, y),$$

$$z'''(x) = f_{xx}(x, y) + 2f_{xy}(x, y)f(x, y) + f_{yy}(x, y)f(x, y)^2 + f_y(x, y)z''(x)$$

usw. und daher

(7.2.1.8)
$$\Delta(x, y; h) = z'(x) + \frac{h}{2!}z''(x) + \cdots + \frac{h^{p-1}}{p!}z^{(p)}(x + \theta h)$$

$$= f(x, y) + \frac{h}{2}[f_x(x, y) + f_y(x, y)f(x, y)] + \cdots.$$

Für das Eulersche Verfahren, $\Phi(x, y; h) := f(x, y)$, folgt

$$\tau(x, y; h) = \Delta(x, y; h) - \Phi(x, y; h) = \frac{h}{2}[f_x(x, y) + f_y(x, y)f(x, y)] + \cdots$$
$$= O(h).$$

Allgemein spricht man von einem *Verfahren der Ordnung p*, falls

(7.2.1.9) $\qquad\qquad \tau(x, y; h) = O(h^p)$

für alle $x \in [a, b]$, $y \in \mathbb{R}$ und alle $f \in F_p(a, b)$ gilt.
Das Eulersche Verfahren ist also ein Verfahren erster Ordnung.
Das letzte Beispiel zeigt, wie man einfach Verfahren höherer Ordnung gewinnen kann: Man nehme dazu als $\Phi(x, y; h)$ Abschnitte der Taylorreihe (7.2.1.8) von $\Delta(x, y; h)$. Z. B. wird durch

7.2.1.10 $\qquad \Phi(x, y; h) := f(x, y) + \frac{h}{2}[f_x(x, y) + f_y(x, y)f(x, y)]$

ein Verfahren zweiter Ordnung geliefert. Die so gewonnenen Methoden höherer Ordnung sind aber kaum brauchbar, da man in jedem Schritt $(x_i, \eta_i) \rightarrow (x_{i+1}, \eta_{i+1})$ zusätzlich zu f auch noch partielle Ableitungen f_x, f_y etc. von f berechnen muß.
Einfachere Verfahren höherer Ordnung erhält man z. B. mit Hilfe des Ansatzes

(7.2.1.11) $\qquad \Phi(x, y; h) := a_1 f(x, y) + a_2 f(x + p_1 h, y + p_2 h f(x, y)),$

wenn man die Konstanten a_1, a_2, p_1, p_2 so bestimmt, daß die Taylorentwicklung von $\Delta(x, y; h) - \Phi(x, y; h)$ nach h mit einer möglichst hohen Potenz anfängt. Für $\Phi(x, y; h)$ (7.2.1.11) hat man folgende Taylorentwicklung

$$\Phi(x, y; h) = (a_1 + a_2)f(x, y) + a_2 h[p_1 f_x(x, y)$$
$$+ p_2 f_y(x, y)f(x, y)] + O(h^2).$$

Ein Vergleich mit (7.2.1.8) ergibt die Bedingungen

$$a_1 + a_2 = 1, \quad a_2 p_1 = \tfrac{1}{2}, \quad a_2 p_2 = \tfrac{1}{2}$$

für Verfahren zweiter Ordnung. Eine Lösung dieser Gleichungen ist

$$a_1 = \tfrac{1}{2}, \quad a_2 = \tfrac{1}{2}, \quad p_1 = 1, \quad p_2 = 1$$

und man erhält das Verfahren von Heun (1900),

(7.2.1.12) $\qquad \Phi(x, y; h) = \tfrac{1}{2}[f(x, y) + f(x + h, y + hf(x, y))],$

das pro Schritt lediglich die zweimalige Auswertung von f erfordert. Eine andere Lösung ist

$$a_1 = 0, \quad a_2 = 1, \quad p_1 = \tfrac{1}{2}, \quad p_2 = \tfrac{1}{2},$$

die auf ein *modifiziertes Euler-Verfahren* (Collatz (1969)) führt

(7.2.1.13) $\Phi(x, y; h) := f\left(x + \tfrac{h}{2}, y + \tfrac{h}{2} f(x, y)\right),$

das wiederum von zweiter Ordnung ist und pro Schritt zwei Auswertungen von f erfordert.

Das klassische *Verfahren von Runge-Kutta* (1895) erhält man aus einem etwas allgemeineren Ansatz für Φ als (7.2.1.11). Es hat die Form

(7.2.1.14) $\Phi(x, y; h) := \tfrac{1}{6}[k_1 + 2k_2 + 2k_3 + k_4]$

mit

$$k_1 := f(x, y),$$
$$k_2 := f\left(x + \tfrac{1}{2}h, y + \tfrac{1}{2}hk_1\right),$$
$$k_3 := f\left(x + \tfrac{1}{2}h, y + \tfrac{1}{2}hk_2\right),$$
$$k_4 := f(x + h, y + hk_3).$$

Durch (mühsame) Taylorentwicklung nach h findet man für $f \in F_4(a, b)$

$$\Phi(x, y; h) - \Delta(x, y; h) = O(h^4).$$

Damit ist das Verfahren von Runge-Kutta ein Verfahren vierter Ordnung. Pro Schritt sind bei ihm vier Auswertungen von f erforderlich.

Hängt $f(x, y)$ nicht von y ab, so ist die Lösung des Anfangwertproblems

$$y' = f(x), \quad y(x_0) = y_0$$

gerade das Integral $y(x) = y_0 + \int_{x_0}^{x} f(t)dt$. Das Verfahren von Heun entspricht dann der Approximation von $y(x)$ mittels Trapezsummen, das modifizierte Euler-Verfahren der midpoint-rule und das Verfahren von Runge-Kutta der Simpson-Regel [s. 3.1].

Alle Verfahren dieses Abschnitts sind Beispiele von *mehrstufigen Runge-Kutta-Verfahren*:

(7.2.1.15) **Definition:** *Ein s-stufiges (explizites) Runge-Kutta-Verfahren ist ein Einschrittverfahren, dessen erzeugende Funktion $\Phi(x, y; h; f)$ durch endlich viele reelle Zahlen $\beta_{i,j}$ mit $2 \le i \le s$ und $1 \le j \le i - 1$, sowie c_1, $c_2, \ldots, c_s$, $\alpha_2, \alpha_3, \ldots, \alpha_s$ folgendermaßen definiert ist:*

$$\Phi(x, y; h; f) := c_1 k_1 + \cdots + c_s k_s,$$

wobei

$$k_1 := f(x, y),$$
$$k_2 := f(x + \alpha_2 h, y + h\beta_{21}k_1),$$
$$k_3 := f(x + \alpha_3 h, y + h(\beta_{31}k_1 + \beta_{32}k_2)),$$
$$\vdots$$
$$k_s := f(x + \alpha_s h, y + h(\beta_{s1}k_1 + \cdots + \beta_{s,s-1}k_{s-1})).$$

Man symbolisiert diese Verfahren mit Butcher (1964) anhand des Tableaus

(7.2.1.16)

0				
α_2	β_{21}			
α_3	β_{31}	β_{32}		
$\vdots$	$\vdots$		$\ddots$	
α_s	β_{s1}	β_{2s}	$\cdots$	$\beta_{s,s-1}$
	c_1	c_2	$\cdots$ c_{s-1}	c_s

In Abschnitt 7.2.5 werden weitere solche Verfahren beschrieben.

Butcher (1964) hat diese Verfahren systematisch analysiert; von ihm, Fehlberg (1964, 1966, 1969), Shanks (1966) und vielen anderen sind Verfahren von höherer als vierter Ordnung angegeben worden; zusammenfassende Darstellungen findet man bei Grigorieff (1972) und Stetter (1973), insbesondere aber bei Hairer, Nørsett und Wanner (1993).

7.2.2 Die Konvergenz von Einschrittverfahren

In diesem Abschnitt wollen wir das Konvergenzverhalten der von einem Einschrittverfahren gelieferten Näherungslösung $\eta(x; h)$ für $h \to 0$ untersuchen. Dazu sei $f \in F_1(a, b)$, $y(x)$ die exakte Lösung des Anfangswertproblems (7.2.1.1), $y' = f(x, y)$, $y(x_0) = y_0$, und das Einschrittverfahren durch die Funktion $\Phi(x, y; h)$ gegeben,

$$\eta_0 := y_0,$$
$$\text{für} \quad i = 0, 1, \ldots :$$
$$\eta_{i+1} := \eta_i + h\Phi(x_i, \eta_i; h),$$
$$x_{i+1} := x_i + h.$$

Für $x \in \mathbb{R}_h := \{x_0 + ih \mid i = 0, 1, 2, \ldots\}$ liefert es die Näherungslösung $\eta(x; h)$, $\eta(x; h) := \eta_i$, falls $x = x_0 + ih$. Wir interessieren uns für das Verhalten des *globalen Diskretisierungsfehlers*

$$e(x; h) := \eta(x; h) - y(x)$$

bei festem x für $h \to 0$, $h \in H_x := \{(x - x_0)/n \mid n = 1, 2, \ldots\}$. Da $e(x; h)$ wie $\eta(x; h)$ nur für $h \in H_x$ definiert ist, bedeutet dies die Untersuchung der Konvergenz von $e(x; h_n)$ für die spezielle Schrittweitenfolge $h_n := (x - x_0)/n$, $n = 1, 2, \ldots$. Wir nennen das Einschrittverfahren *konvergent*, falls

$$(7.2.2.1) \qquad \lim_{n \to \infty} e(x; h_n) = 0$$

für alle $x \in [a, b]$ und für alle $f \in F_1(a, b)$.

Wir werden sehen, daß für $f \in F_p(a, b)$ Verfahren der Ordnung $p > 0$ (7.2.1.9) konvergent sind und für sie sogar gilt

$$e(x; h_n) = O(h_n^p).$$

Die Ordnung des globalen Diskretisierungsfehlers ist also gleich der Ordnung des lokalen Diskretisierungsfehlers.

Wir zeigen zunächst den

(7.2.2.2) Hilfssatz: *Genügen die Zahlen ξ_i einer Abschätzung der Form*

$$|\xi_{i+1}| \le (1 + \delta)|\xi_i| + B, \qquad \delta > 0, \qquad B \ge 0, \qquad i = 0, 1, 2, \ldots,$$

so gilt

$$|\xi_n| \le e^{n\delta}|\xi_0| + \frac{e^{n\delta} - 1}{\delta} B.$$

Beweis: Aus den Voraussetzungen folgt sofort

$$|\xi_1| \le (1 + \delta)|\xi_0| + B,$$

$$|\xi_2| \le (1 + \delta)^2|\xi_0| + B(1 + \delta) + B,$$

$$\vdots$$

$$|\xi_n| \le (1 + \delta)^n|\xi_0| + B[1 + (1 + \delta) + (1 + \delta)^2 + \cdots + (1 + \delta)^{n-1}]$$

$$= (1 + \delta)^n|\xi_0| + B\frac{(1 + \delta)^n - 1}{\delta}$$

$$\le e^{n\delta}|\xi_0| + B\frac{e^{n\delta} - 1}{\delta}$$

wegen $0 < 1 + \delta \le e^\delta$ für $\delta > -1$. $\qquad \square$

Damit können wir folgenden Hauptsatz beweisen:

(7.2.2.3) Satz: *Gegeben sei für $x_0 \in [a, b]$, $y_0 \in \mathbb{R}$ das Anfangswertproblem*

$$y' = f(x, y), \qquad y(x_0) = y_0,$$

mit der exakten Lösung $y(x)$. Die Funktion Φ sei stetig auf

$$G := \{(x, y, h) \mid a \le x \le b, \; |y - y(x)| \le \gamma, \; 0 \le |h| \le h_0\},$$

wobei $h_0, \gamma > 0$, und es gebe positive Konstanten M, N und p, so daß

(7.2.2.4) $|\Phi(x, y_1; h) - \Phi(x, y_2; h)| \le M|y_1 - y_2|$

für alle $(x, y_i, h) \in G$, $i = 1, 2$, und

(7.2.2.5) $|\tau(x, y(x); h)| = |\Delta(x, y(x); h) - \Phi(x, y(x); h)| \le N|h|^p$

für alle $x \in [a, b]$, $|h| \le h_0$. Dann gibt es ein $\bar{h}$, $0 < \bar{h} \le h_0$, so daß für den globalen Diskretisierungsfehler $e(x; h) = \eta(x; h) - y(x)$ gilt

$$|e(x; h_n)| \le |h_n|^p N \frac{e^{M|x-x_0|} - 1}{M}$$

für alle $x \in [a, b]$ und alle $h_n = (x - x_0)/n$, $n = 1, 2, \ldots$, mit $|h_n| \le \bar{h}$. Für $\gamma = \infty$ ist $\bar{h} = h_0$.

Beweis: Die Funktion

$$\tilde{\Phi}(x, y; h) := \begin{cases} \Phi(x, y; h) & \text{für } (x, y, h) \in G, \\ \Phi(x, y(x) + \gamma; h) & \text{für } x \in [a, b], \; |h| \le h_0, \\ & \qquad\qquad y \ge y(x) + \gamma, \\ \Phi(x, y(x) - \gamma; h) & \text{für } x \in [a, b], \; |h| \le h_0, \\ & \qquad\qquad y \le y(x) - \gamma, \end{cases}$$

ist offensichtlich auf $\tilde{G} := \{(x, y, h) \mid x \in [a, b], y \in \mathbb{R}, |h| \ge h_0\}$ stetig und genügt der Bedingung

(7.2.2.6) $|\tilde{\Phi}(x, y_1; h) - \tilde{\Phi}(x, y_2; h)| \le M|y_1 - y_2|$

für alle $(x, y_i, h) \in \tilde{G}$, $i = 1, 2$, und wegen $\tilde{\Phi}(x, y(x); h) = \Phi(x, y(x); h)$ auch der Bedingung
(7.2.2.7)

$\quad |\Delta(x, y(x); h) - \tilde{\Phi}(x, y(x); h)| \le N|h|^p$ für $x \in [a, b]$, $|h| \le h_0$.

Das durch $\tilde{\Phi}$ erzeugte Einschrittverfahren liefere die Näherungswerte $\tilde{\eta}_i := \tilde{\eta}(x_i; h)$ für $y_i := y(x_i)$, $x_i := x_0 + ih$:

$$\tilde{\eta}_{i+1} = \tilde{\eta}_i + h\tilde{\Phi}(x_i, \tilde{\eta}_i; h).$$

Wegen

$$y_{i+1} = y_i + h\Delta(x_i, y_i; h)$$

erhält man durch Subtraktion für den Fehler $\tilde{e}_i := \tilde{\eta}_i - y_i$ die Rekursionsformel
(7.2.2.8)
$$\tilde{e}_{i+1} = \tilde{e}_i + h[\tilde{\Phi}(x_i, \tilde{\eta}_i; h) - \tilde{\Phi}(x_i, y_i; h)] + h[\tilde{\Phi}(x_i, y_i; h) - \Delta(x_i, y_i; h)].$$

Nun folgt aus (7.2.2.6), (7.2.2.7)

$$|\tilde{\Phi}(x_i, \tilde{\eta}_i; h) - \tilde{\Phi}(x_i, y_i; h)| \le M|\tilde{\eta}_i - y_i| = M|\tilde{e}_i|,$$

$$|\Delta(x_i, y_i; h) - \tilde{\Phi}(x_i, y_i; h)| \le N|h|^p,$$

und damit aus (7.2.2.8) die rekursive Abschätzung

$$|\tilde{e}_{i+1}| \le (1 + |h|M)|\tilde{e}_i| + N|h|^{p+1}.$$

Hilfssatz (7.2.2.2) ergibt wegen $\tilde{e}_0 = \tilde{\eta}_0 - y_0 = 0$

$$(7.2.2.9) \qquad |\tilde{e}_k| \le N|h|^p \frac{e^{k|h|M} - 1}{M}.$$

Sei nun $x \in [a, b]$, $x \ne x_0$, fest gewählt und $h := h_n = (x - x_0)/n$, $n > 0$ ganz. Dann ist $x_n = x_0 + nh = x$ und es folgt aus (7.2.2.9) für $k = n$ wegen $\tilde{e}(x; h_n) = \tilde{e}_n$ sofort

$$(7.2.2.10) \qquad |\tilde{e}(x; h_n)| \le N|h_n|^p \frac{e^{M|x-x_0|} - 1}{M}$$

für alle $x \in [a, b]$ und h_n mit $|h_n| \le h_0$. Wegen $|x - x_0| \le |b - a|$ und $\gamma > 0$ gibt es daher ein $\bar{h}$, $0 < \bar{h} \le h_0$, mit $|\tilde{e}(x; h_n)| \le \gamma$ für alle $x \in [a, b]$, $|h_n| \le \bar{h}$, d.h. es ist für $|h| \le \bar{h}$ nach Definition von $\tilde{\Phi}$

$$\tilde{\Phi}(x_i, \tilde{\eta}_i; h) = \Phi(x_i, \eta_i; h),$$

so daß das von Φ erzeugte Einschrittverfahren

$$\eta_0 = y_0,$$
$$\eta_{i+1} = \eta_i + \Phi(x_i, \eta_i; h),$$

die gleichen Näherungen liefert wie $\tilde{\Phi}$, $\tilde{\eta}_i = \eta_i$, $\tilde{e}_i = e_i$. So folgt aus (7.2.2.10) die Behauptung des Satzes

$$|e(x; h_n)| \le N|h_n|^p \frac{e^{M|x-x_0|} - 1}{M}$$

für alle $x \in [a, b]$ und alle $h_n = (x - x_0)/n$ mit $|h_n| \le \bar{h}$.   □

Aus dem letzten Satz folgt insbesondere, daß Verfahren der Ordnung $p > 0$, die in einer Umgebung der exakten Lösung eine Lipschitzbedingung der Form (7.2.2.4) erfüllen, konvergent (7.2.2.1) sind. Man beachte, daß (7.2.2.4) erfüllt ist, wenn z. B. $\partial \Phi(x, y; h)/\partial y$ in einem Gebiet G der im Satz angegebenen Form existiert und stetig ist.

Der Satz liefert auch eine obere Schranke für den Diskretisierungsfehler, die man im Prinzip ausrechnen kann, wenn man M und N kennt. Man könnte sie z. B. dazu benutzen, um zu gegebenem x und $\varepsilon > 0$ die Schrittweite h

zu ermitteln, die man verwenden müßte, um $y(x)$ bis auf einen Fehler ε zu berechnen. Leider scheitert dies in der Praxis daran, daß die Konstanten M und N nur schwer zugänglich sind, da ihre Abschätzung die Abschätzung höherer Ableitungen von f erfordert. Schon im einfachen Euler-Verfahren, $\Phi(x, y; h) := f(x, y)$, ist z. B. [s. (7.2.1.8) f.]

$$N \approx \tfrac{1}{2}|f_x(x, y(x)) + f_y(x, y(x))f(x, y(x))|,$$
$$M \approx |\partial\Phi/\partial y| = |f_y(x, y)|.$$

Für das Verfahren von Runge und Kutta müßte man bereits Ableitungen vierter Ordnung von f abschätzen!

7.2.3 Asymptotische Entwicklungen für den globalen Diskretisierungsfehler bei Einschrittverfahren

Satz (7.2.2.3) legt die Vermutung nahe, daß die Näherungslösung $\eta(x; h)$, die von einem Verfahren p-ter Ordnung geliefert wird, eine asymptotische Entwicklung nach Potenzen von h der Form

$$(7.2.3.1) \qquad \eta(x; h) = y(x) + e_p(x)h^p + e_{p+1}(x)h^{p+1} + \cdots$$

für alle $h = h_n = (x - x_0)/n$, $n = 1, 2, \ldots$, mit gewissen von h unabhängigen Koeffizientenfunktionen $e_k(x)$, $k = p, p + 1, \ldots$, besitzt. Dies ist in der Tat für allgemeine Einschrittverfahren p-ter Ordnung richtig, wenn nur $\Phi(x, y; h)$ und f gewisse zusätzliche Regularitätsbedingungen erfüllen. Es gilt folgendes wichtige Resultat von Gragg (1963):

(7.2.3.2) **Satz:** *Es sei $f \in F_{N+1}(a, b)$ [s. (7.1.3)] und $\eta(x; h)$ die von einem Einschrittverfahren der Ordnung p, $p \le N$, gelieferte Näherung für die Lösung $y(x)$ des Anfangwertproblems*

$$y' = f(x, y), \quad y(x_0) = y_0, \quad x_0 \in [a, b].$$

Dann besitzt $\eta(x; h)$ eine asymptotische Entwicklung der Form

$$(7.2.3.3) \qquad \begin{aligned} \eta(x; h) =&\, y(x) + e_p(x)h^p + e_{p+1}(x)h^{p+1} + \cdots + e_N(x)h^N \\ &+ E_{N+1}(x; h)h^{N+1} \quad \text{mit } e_k(x_0) = 0 \text{ für } k \ge p, \end{aligned}$$

die für alle $x \in [a, b]$ und alle $h = h_n = (x - x_0)/n$, $n = 1, 2, \ldots$, gilt. Dabei sind die Funktionen $e_k(x)$ von h unabhängig und differenzierbar und das Restglied $E_{N+1}(x; h)$ ist für festes x in $h = h_n = (x - x_0)/n$ beschränkt,
$\sup_n |E_{N+1}(x; h_n)| < \infty.$

Z. B. gehört zum Euler-Verfahren (7.1.2.3) wegen $p = 1$ eine Entwicklung

$$\eta(x; h) \doteq y(x) + e_1(x)h + e_2(x)h^2 + \cdots,$$

die sämtliche h-Potenzen enthält.

Der folgende elegante Beweis stammt von Hairer und Lubich (1984). Das Einschrittverfahren sei durch die Funktion $\Phi(x, y; h)$ gegeben. Da es die Ordnung p besitzt und $f \in F_{N+1}(a, b)$ gilt, hat man [s. 7.2.1]

$$y(x + h) - y(x) - h\Phi(x, y; h)$$
$$= d_{p+1}(x)h^{p+1} + \cdots + d_{N+1}(x)h^{N+1} + O(h^{N+2}).$$

Wir nutzen zunächst nur

$$y(x + h) - y(x) - h\Phi(x, y; h) = d_{p+1}(x)h^{p+1} + O(h^{p+2})$$

aus und zeigen, daß es eine differenzierbare Funktion $e_p(x)$ gibt mit

$$\eta(x; h) - y(x) = e_p(x)h^p + O(h^{p+1}), \quad e_p(x_0) = 0.$$

Wir betrachten dazu die Funktion

$$\hat{\eta}(x; h) := \eta(x; h) - e_p(x)h^p,$$

wobei die Wahl von e_p noch offen ist. Man zeigt leicht, daß $\hat{\eta}$ als Resultat eines anderen Einschrittverfahrens aufgefaßt werden kann,

$$\hat{\eta}(x + h; h) = \hat{\eta}(x; h) + h\hat{\Phi}(x, \hat{\eta}(x; h); h),$$

wenn man $\hat{\Phi}$ durch

$$\hat{\Phi}(x, y; h) := \Phi(x, y + e_p(x)h^p; h) - (e_p(x + h) - e_p(x))h^{p-1}$$

definiert. Durch Taylorentwicklung nach h findet man

$$y(x + h) - y(x) - h\hat{\Phi}(x, y; h)$$
$$= [d_{p+1}(x) - f_y(x, y(x))e_p(x) - e_p'(x)]h^{p+1} + O(h^{p+2}).$$

Das zu $\hat{\Phi}$ gehörige Einschrittverfahren besitzt also die Ordnung $p+1$, wenn man e_p als Lösung des Anfangswertproblems

$$e_p'(x) = d_{p+1}(x) - f_y(x, y(x))e_p(x), \quad e_p(x_0) = 0,$$

wählt. Bei dieser Wahl von e_p liefert Satz (7.2.2.3) angewandt auf $\hat{\phi}$ sofort

$$\hat{\eta}(x; h) - y(x) = \eta(x; h) - y(x) - e_p(x)h^p = O(h^{p+1}).$$

Eine Wiederholung der Argumentation mit $\hat{\phi}$ statt ϕ usw. liefert schließlich die Behauptung des Satzes.   □

Asymptotische Entwicklungen der Form (7.2.3.3) sind aus zwei Gründen wichtig. Man kann sie einmal dazu benutzen, den globalen Diskretisierungsfehler $e(x; h)$ abzuschätzen: Das Verfahren p-ter Ordnung habe z. B. die Entwicklung (7.2.3.3). Es gilt dann

$$e(x; h) = \eta(x; h) - y(x) = e_p(x)h^p + O(h^{p+1}).$$

Hat man zur Schrittweite h den Näherungswert $\eta(x; h)$ gefunden, so berechne man anschließend mit einer anderen Schrittweite, etwa mit $h/2$, für dasselbe x den neuen Näherungswert $\eta(x; h/2)$. Für kleines h [und $e_p(x) \neq 0$] ist dann in erster Näherung

$$(7.2.3.4) \qquad \eta(x; h) - y(x) \doteq e_p(x)h^p,$$

$$(7.2.3.5) \qquad \eta\left(x; \frac{h}{2}\right) - y(x) \doteq e_p(x)\left(\frac{h}{2}\right)^p.$$

Die Subtraktion dieser Gleichungen ergibt

$$\eta(x; h) - \eta\left(x; \frac{h}{2}\right) \doteq e_p(x)\left(\frac{h}{2}\right)^p (2^p - 1),$$

$$e_p(x)\left(\frac{h}{2}\right)^p \doteq \frac{\eta(x; h) - \eta(x; h/2)}{2^p - 1},$$

und man erhält durch Einsetzen in (7.2.3.5)

$$(7.2.3.6) \qquad \eta\left(x; \frac{h}{2}\right) - y(x) \doteq \frac{\eta(x; h) - \eta(x; h/2)}{2^p - 1}.$$

Für das klassische Runge-Kutta-Verfahren (7.2.1.14) ist z. B. $p = 4$, man bekommt so die häufig benutzte Formel

$$\eta\left(x; \frac{h}{2}\right) - y(x) \doteq \frac{\eta(x; h) - \eta(x; h/2)}{15}.$$

Die andere, wichtigere Bedeutung asymptotischer Entwicklungen liegt darin, daß sie die Anwendung von *Extrapolationsverfahren* [s. 3.4] rechtfertigen. Wir werden später [s.(7.2.12.7) f.] ein Verfahren kennenlernen, dessen asymptotische Entwicklung für $\eta(x; h)$ nur *gerade* Potenzen von h enthält, das daher für Extrapolationsalgorithmen besser geeignet ist [s. 3.4] als das Euler-Verfahren. Wir verschieben deshalb die Beschreibung von Extrapolationsverfahren bis zum Abschnitt 7.2.14.

7.2.4 Rundungsfehlereinfluß bei Einschrittverfahren

Bei der praktischen Durchführung eines Einschrittverfahrens

$$\eta_0 := y_0,$$

(7.2.4.1) $\quad$ für $\quad i = 0, 1, \dots :$

$$\eta_{i+1} := \eta_i + h\Phi(x_i, \eta_i; h),$$

$$x_{i+1} := x_i + h,$$

erhält man bei der Benutzung von Gleitpunktarithmetik (t Dezimalstellen) der relativen Genauigkeit eps $= 5 \cdot 10^{-t}$ statt der η_i andere Zahlen $\tilde{\eta}_i$, die einer Rekursionsformel der Form

$$\tilde{\eta}_0 := y_0,$$

für $\quad i = 0, 1, \dots :$

(7.2.4.2) $\quad c_i := \mathrm{gl}(\Phi(x_i, \tilde{\eta}_i; h)),$

$$d_i := \mathrm{gl}(h \cdot c_i),$$

$$\tilde{\eta}_{i+1} := \mathrm{gl}(\tilde{\eta}_i + d_i) = \tilde{\eta}_i + h\Phi(x_i, \tilde{\eta}_i; h) + \varepsilon_{i+1},$$

genügen, wobei sich der gesamte Rundungsfehler ε_{i+1} in erster Näherung aus drei Anteilen zusammensetzt

$$\varepsilon_{i+1} \doteq h\Phi(x_i, \tilde{\eta}_i; h)(\alpha_{i+1} + \mu_{i+1}) + \tilde{\eta}_{i+1}\sigma_{i+1}.$$

Dabei ist

$$\alpha_{i+1} = [\mathrm{gl}(\Phi(x_i, \tilde{\eta}_i; h)) - \Phi(x_i, \tilde{\eta}_i; h)]/\Phi(x_i, \tilde{\eta}_i; h)$$

der relative Rundungsfehler, der bei der Berechnung von Φ in Gleitpunktarithmetik entsteht, μ_{i+1} der Fehler bei der Berechnung des Produktes $h \cdot c_i$ und σ_{i+1} der Fehler bei der Addition $\tilde{\eta}_i + d_i$. Gewöhnlich ist in der Praxis h eine kleine Schrittweite mit $|h\Phi(x_i, \tilde{\eta}_i; h)| \ll |\tilde{\eta}_i|$: es ist dann $\varepsilon_{i+1} \doteq \tilde{\eta}_{i+1}\sigma_{i+1}$ (sofern $|\alpha_{i+1}| \leq$ eps und $|\mu_{i+1}| \leq$ eps), d. h. der Rundungsfehlereinfluß wird in erster Linie durch die Additionsfehler σ_{i+1} bestimmt.

Anmerkung: Es liegt daher nahe, die Addition mit doppelter Genauigkeit ($2t$ Dezimalstellen) auszuführen. Bezeichnet $\mathrm{gl}_2(a+b)$ die doppelt genaue Addition, $\tilde{\eta}_i$ eine doppelt genaue Zahl ($2t$ Dezimalstellen) und $\bar{\eta}_i := \mathrm{rd}_1(\tilde{\eta}_i)$ die auf t Dezimalstellen gerundete Zahl, so lautet der Algorithmus statt (7.2.4.2) nun

$$\tilde{\eta}_0 := y_0,$$

für $\quad i = 0, 1, \dots :$

(7.2.4.3) $\quad \bar{\eta}_i := \mathrm{rd}_1(\tilde{\eta}_i),$

$$c_i = \mathrm{gl}(\Phi(x_i, \bar{\eta}_i; h)),$$

$$d_i = \mathrm{gl}(h \cdot c_i),$$

$$\tilde{\eta}_{i+1} := \mathrm{gl}_2(\tilde{\eta}_i + d_i).$$

Wir wollen nun den gesamten Einfluß aller Rundungsfehler ε_i abschätzen. Dazu seien $y_i = y(x_i)$ die Werte der exakten Lösung des Anfangswertproblems, $\eta_i = \eta(x_i; h)$ die bei exakter Rechnung von dem Einschrittverfahren (7.2.4.1) gelieferte diskretisierte Lösung und schließlich $\tilde{\eta}_i$ die bei t-stelliger Gleitpunktarithmetik tatsächlich berechneten Näherungswerte für die $\tilde{\eta}_i$, die einer Beziehung der Form

$$\tilde{\eta}_0 := y_0,$$

(7.2.4.4)   für $i = 0, 1, \ldots$:

$$\tilde{\eta}_{i+1} = \tilde{\eta}_i + h\Phi(x_i, \tilde{\eta}_i; h) + \varepsilon_{i+1},$$

genügen. Der Einfachheit halber setzen wir außerdem

$$|\varepsilon_{i+1}| \le \varepsilon \quad \text{für alle} \quad i \ge 0$$

voraus. Für Φ gelte weiter eine Lipschitzbedingung der Form (7.2.2.4)

$$|\Phi(x, y_1; h) - \Phi(x, y_2; h)| \le M|y_1 - y_2|.$$

Dann folgt für den Fehler $r(x_i; h) := r_i := \tilde{\eta}_i - \eta_i$ durch Subtraktion von (7.2.4.1) und (7.2.4.4)

$$r_{i+1} = r_i + h(\Phi(x_i, \tilde{\eta}_i; h) - \Phi(x_i, \eta_i; h)) + \varepsilon_{l+1}$$

und daher

(7.2.4.5) $$|r_{i+1}| \le (1 + |h|M)|r_i| + \varepsilon.$$

Hilfssatz (7.2.2.2) ergibt wegen $r_0 = 0$

$$|r(x; h)| \le \frac{\varepsilon}{|h|} \cdot \frac{e^{M|x-x_0|} - 1}{M}$$

für alle $x \in [a, b]$ und $h = h_n = (x - x_0)/n, n = 1, 2, \ldots$. Der Gesamtfehler

$$v(x_i; h) := v_i := \tilde{\eta}_i - y_i = (\tilde{\eta}_i - \eta_i) + (\eta_i - y_i) = r(x_i; h) + e(x_i; h)$$

eines Verfahrens der Ordnung p läßt sich deshalb unter den Voraussetzungen des Satzes (7.2.2.3) so abschätzen:

(7.2.4.6) $$|v(x; h)| \le \left[N|h|^p + \frac{\varepsilon}{|h|} \right] \frac{e^{M|x-x_0|} - 1}{M}$$

für alle $x \in [a, b]$ und alle hinreichend kleinen $h := h_n = (x - x_0)/n$.

Diese Formel zeigt, daß der Gesamtfehler $v(x; h)$ für großes $|h|$ zunächst mit $|h|$ kleiner wird, dann aber wegen der größeren Zahl der Rundungsfehler wieder anwächst, wenn man $|h|$ zu klein wählt.

Die folgende Tabelle illustriert dieses Verhalten anhand des Anfangswertproblems

$$y' = -200x\, y^2, \quad y(-1) = \frac{1}{101}, \quad \text{exakte Lösung:} \quad y(x) = \frac{1}{1 + 100x^2}.$$

Das Runge-Kutta-Verfahren (7.2.1.14) liefert bei 12-stelliger Rechnung Näherungswerte $\eta(0; h)$ für $y(0) = 1$ mit folgenden Fehlern:

h	10^{-2}	$0.5 \cdot 10^{-2}$	10^{-3}	$0.5 \cdot 10^{-3}$
$v(0; h)$	$-0.276 \cdot 10^{-4}$	$-0.178 \cdot 10^{-5}$	$-0.229 \cdot 10^{-7}$	$-0.192 \cdot 10^{-7}$

h	10^{-4}	$0.5 \cdot 10^{-4}$	10^{-5}
$v(0; h)$	$-0.478 \cdot 10^{-6}$	$-0.711 \cdot 10^{-6}$	$-0.227 \cdot 10^{-5}$

Der Term $\varepsilon/|h|$ in (7.2.4.6) wird plausibel, wenn man bedenkt, daß man $(x - x_0)/h$ Einzelschritte der Schrittweite h benötigt, um von x_0 nach x zu gelangen, und daß alle an und für sich unabhängigen Rundungsfehler ε_i durch ε abgeschätzt wurden. Die Abschätzung ist deshalb i. allg. viel zu grob, um praktisch bedeutsam zu sein.

7.2.5 Einschrittverfahren in der Praxis

In der Praxis stellen sich Anfangswertprobleme meist in folgender Form: Gesucht ist der Wert, den die exakte Lösung $y(x)$ für ein bestimmtes $x \neq x_0$ annimmt. Es liegt nahe, diese Lösung näherungsweise mittels eines Einschrittverfahrens *in einem Schritt*, d. h. durch Wahl der Schrittweite $\bar{h} = x - x_0$, zu berechnen. Für großes $x - x_0$ führt dies natürlich zu einem großen Diskretisierungsfehler $e(x; \bar{h})$, so daß diese Wahl von $\bar{h}$ i. allg. völlig unzureichend ist. Gewöhnlich wird man daher passende *Zwischenpunkte* x_i, $i = 1, \ldots, k - 1$, $x_0 < x_1 < \cdots < x_k = x$, einführen und ausgehend von x_0, $y_0 = y(x_0)$ die Werte $y(x_i)$ näherungsweise berechnen. Nachdem man einen Näherungswert $\bar{y}(x_i)$ für $y(x_i)$ bestimmt hat, berechne man $\bar{y}(x_{i+1})$ durch einen Schritt des Verfahrens mit der Schrittweite $h_i := x_{i+1} - x_i$,

$$\bar{y}(x_{i+1}) = \bar{y}(x_i) + h_i\, \Phi(x_i, \bar{y}(x_i); h_i), \quad x_{i+1} = x_i + h_i.$$

Damit stellt sich jedoch wieder das Problem, wie die Schrittweiten h_i gewählt werden sollen. Da der Rechenaufwand des Verfahrens proportional der Zahl der Einzelschritte ist, wird man versuchen, die Schrittweiten h_i möglichst groß zu wählen, aber nicht zu groß, um den Diskretisierungsfehler klein zu halten. Im Prinzip läuft dies auf folgendes Problem der *Schrittweitensteuerung* hinaus: Bestimme zu gegebenen x_0, y_0 eine möglichst große Schrittweite h, so daß der Diskretisierungsfehler $e(x_0 + h; h)$

nach einem Schritt mit dieser Schrittweite noch unterhalb einer Schranke ε bleibt. Diese Schranke ε sollte man nicht kleiner als K eps wählen, wobei eps die relative Maschinengenauigkeit und K eine Schranke für die Lösung $y(x)$ in dem interessierenden Bereich ist

$$K \approx \max\{|y(x)| \mid x \in [x_0, x_0 + h]\}.$$

Eine $\varepsilon = K$ eps entsprechende Wahl von h garantiert dann, daß die gefundene Näherungslösung $\eta(x_0 + h; h)$ im Rahmen der Maschinengenauigkeit mit der exakten Lösung $y(x_0 + h)$ übereinstimmt. Eine Schrittweite $h = h(\varepsilon)$ mit

$$|e(x_0 + h; h)| \approx \varepsilon, \quad \varepsilon \geq K \text{ eps},$$

kann man näherungsweise mit den Methoden von Abschnitt 7.2.3 bestimmen: Bei einem Verfahren der Ordnung p gilt in erster Näherung

$$(7.2.5.1) \qquad\qquad e(x; h) \doteq e_p(x)h^p.$$

Nun ist $e_p(x)$ differenzierbar und $e_p(x_0) = 0$ [Satz (7.2.3.2)], also in erster Näherung

$$(7.2.5.2) \qquad\qquad e_p(x) \doteq (x - x_0)e_p'(x_0).$$

Es ist damit $|e(x_0 + h; h)| \doteq \varepsilon$ falls

$$(7.2.5.3) \qquad\qquad \varepsilon \doteq |e_p(x_0 + h)h^p| \doteq |h^{p+1}e_p'(x_0)|.$$

Daraus kann man h berechnen, wenn man $e_p'(x_0)$ kennt. Einen Näherungswert für $e_p'(x_0)$ kann man aber mittels (7.2.3.6) bestimmen. Benutzt man zunächst die Schrittweite H um $\eta(x_0 + H; H)$ und $\eta(x_0 + H; H/2)$ zu berechnen, so gilt nach (7.2.3.6)

$$(7.2.5.4) \qquad e(x_0 + H; H/2) \doteq \frac{\eta(x_0 + H; H) - \eta(x_0 + H; H/2)}{2^p - 1}.$$

Andererseits ist wegen (7.2.5.1), (7.2.5.2)

$$e(x_0 + H; H/2) \doteq e_p(x_0 + H) \left(\frac{H}{2}\right)^p \doteq e_p'(x_0)H \left(\frac{H}{2}\right)^p.$$

Also folgt aus (7.2.5.4) der Schätzwert

$$e_p'(x_0) \doteq \frac{1}{H^{p+1}} \frac{2^p}{2^p - 1} \left[\eta(x_0 + H; H) - \eta\left(x_0 + H; \frac{H}{2}\right) \right]$$

und (7.2.5.3) liefert so für h die Formel

$$(7.2.5.5) \qquad \frac{H}{h} \doteq \left(\frac{2^p}{2^p - 1} \frac{|\eta(x_0 + H; H) - \eta(x_0 + H; H/2)|}{\varepsilon} \right)^{1/(p+1)},$$

die man folgendermaßen benutzen kann: Man wähle eine Schrittweite H, berechne $\eta(x_0+H; H)$, $\eta(x_0+H; H/2)$ und h aus (7.2.5.5). Falls $H/h \gg 2$ ist wegen (7.2.5.4) der Fehler $e(x_0 + H; H/2)$ viel größer als das vorgeschriebene ε. Man sollte daher H reduzieren. Dazu ersetzt man H durch $2h$, berechnet mit dem neuen H wieder $\eta(x_0 + H; H)$, $\eta(x_0 + H; H/2)$ und aus (7.2.5.5) das zugehörige h, bis schließlich $H/h \le 2$ wird. Sobald dies der Fall ist, akzeptiert man $\eta(x_0 + H; H/2)$ als Näherungslösung für $y(x_0 + H)$ und geht zu dem nächsten Integrationsschritt über, indem man x_0, y_0 und H durch die neuen Startwerte $x_0 + H$, $\eta(x_0 + H; H/2)$ und $2h$ ersetzt [s. Fig. 4].

Beispiel: Betrachtet wurde das Anfangswertproblem

$$y' = -200xy^2, \quad y(-3) = \frac{1}{901},$$

mit der exakten Lösung $y(x) = 1/(1 + 100x^2)$. Das Runge-Kutta-Verfahren liefert dann bei 12-stelliger Rechnung mit der angegebenen Schrittweitensteuerung folgenden Näherungswert η für $y(0) = 1$. Dabei wurde in (7.2.5.6) das Kriterium $H/h \gg 2$ durch die Abfrage $H/h \ge 3$ ersetzt:

$\eta - y(0)$	Anzahl Runge-Kutta-Schritte	kleinste Schrittweite H
-0.13585×10^{-6}	1476	$0.1226 \cdots \times 10^{-2}$

Für *konstante* Schrittweiten h liefert das Verfahren folgende Ergebnisse:

h	$\eta(0; h) - y(0)$	Anzahl Runge-Kutta-Schritte
$\frac{3}{1476} = 0.2032 \cdots \times 10^{-2}$	-0.5594×10^{-6}	1476
$0.1226 \cdots \times 10^{-2}$	-0.4052×10^{-6}	$\frac{3}{0.1226 \cdots \times 10^{-2}} = 2446$

Eine feste Schrittweitenwahl führt bei gleichem bzw. größeren Rechenaufwand zu schlechteren Resultaten! Im ersten Fall dürfte die Schrittweite $h = 0.2032 \cdots \times 10^{-2}$ in dem „kritischen" Bereich nahe 0 zu groß sein; der Diskretisierungsfehler wird zu groß. Die Schrittweite $h = 0.1226 \cdots \times 10^{-2}$ wird dagegen in dem „harmlosen" Bereich von -3 bis nahe 0 zu klein sein; man macht unnötig viele Schritte, so daß zu viele Rundungsfehler anfallen.

Diese Methode der Schrittweitensteuerung erfordert die Berechnung der beiden Näherungswerte $\eta(x_0 + H; H)$ und $\eta(x_0 + H; H/2)$ für $y(x_0 + H)$, also drei Schritte des Grundverfahrens, um eine optimale Schrittweite in x_0 zu bestimmen. Effizienter sind Methoden, die auf einer Idee von Fehlberg beruhen (Runge-Kutta-Fehlberg-Methoden): Anstatt zwei Näherungen aus demselben Einschrittverfahren zu vergleichen, werden hier zwei Näherungen

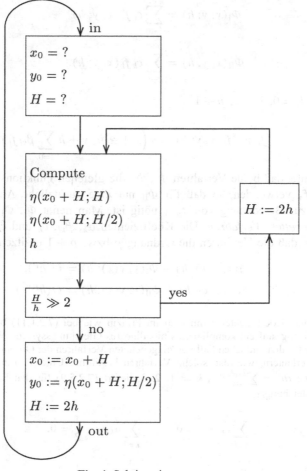

Fig. 4. Schrittweitensteuerung

für $y(x_0 + H)$ genommen, die von einem Paar *verschiedener* Einschrittverfahren Φ_I, Φ_{II} vom Runge-Kutta-Typus (7.2.1.15) der Ordnungen p und
$p + 1$ stammen,

$$(7.2.5.6) \quad \begin{aligned} \hat{y}_{i+1} &= \bar{y}_i + h\Phi_I(x_i, \bar{y}_i; h), \\ \bar{y}_{i+1} &= \bar{y}_i + h\Phi_{II}(x_i, \bar{y}_i; h), \end{aligned}$$

mit

$$\Phi_{\mathrm{I}}(x, y; h) = \sum_{k=0}^{p} c_k f_k(x, y; h)$$

(7.2.5.7)

$$\Phi_{\mathrm{II}}(x, y; h) = \sum_{k=0}^{p+1} \hat{c}_k f_k(x, y; h),$$

wobei für $k = 0, 1, \ldots, p + 1$

(7.2.5.8) $$f_k := f_k(x, y; h) = f\left(x + \alpha_k h, y + h \sum_{l=0}^{k-1} \beta_{kl} f_l\right).$$

Man beachte, daß beide Verfahren Φ_{I}, Φ_{II} die gleichen Funktionswerte f_0, $f_1, \ldots, f_p$ verwenden, so daß für Φ_{II} nur eine zusätzliche Auswertung von $f(.)$ zur Berechnung von f_{p+1} nötig ist. Man nennt Φ_{I}, Φ_{II} deshalb auch *eingebettete Verfahren*. Die Koeffizienten α_k, β_{kl}, c_k und $\hat{c}_k$ sind so zu wählen, daß die Verfahren die Ordnung p bzw. $p + 1$ besitzen,

(7.2.5.9)
$$\Delta(x, y(x); h) - \Phi_{\mathrm{I}}(x, y(x); h) = O(h^p),$$
$$\Delta(x, y(x); h) - \Phi_{\mathrm{II}}(x, y(x); h) = O(h^{p+1}).$$

Geeignete Koeffizienten kann man im Prinzip wie bei (7.2.1.11) bestimmen. Dies führt i. allg. auf ein kompliziertes nichtlineares Gleichungssystem. Wir wollen deshalb nur für den einfachen Fall von eingebetteten Verfahren der Ordnungen 2 und 3, $p = 2$, erläutern, wie man solche Verfahren bestimmt. Unter den zusätzlichen Bedingungen $\alpha_k = \sum_{j=0}^{k-1} \beta_{kj}$, $k = 1, 2, 3$, liefert (7.2.5.9) für den Fall $p = 2$ folgende Gleichungen

$$\sum_{k=0}^{2} c_k - 1 = 0, \qquad \sum_{k=1}^{2} \alpha_k c_k - \frac{1}{2} = 0,$$

$$\sum_{k=0}^{3} \hat{c}_k - 1 = 0, \qquad \sum_{k=1}^{3} \alpha_k \hat{c}_k - \frac{1}{2} = 0,$$

$$\sum_{k=1}^{3} \alpha_k^2 \hat{c}_k - \frac{1}{3} = 0, \qquad \sum_{k=2}^{3} P_{k1} \hat{c}_k - \frac{1}{6} = 0,$$

$$P_{21} := \alpha_1 \beta_{21}, \qquad P_{31} := \alpha_1 \beta_{31} + \alpha_2 \beta_{32}.$$

Dieses System besitzt noch unendlich viele Lösungen. Man kann deshalb zusätzliche Forderungen stellen und erfüllen, um die Effizienz der Methode zu steigern, etwa daß der Wert von f_3 aus dem i-ten Schritt als neues f_0 im $(i + 1)$-ten Schritt verwendet wird. Wegen

$$f_3 = f(x + \alpha_3 h, y + h(\beta_{30} f_0 + \beta_{31} f_1 + \beta_{32} f_2))$$

und

$$\text{„neues"}\quad f_0 = f(x + h, y + h\Phi_I(x, y; h))$$

erhält man so

$$\alpha_3 = 1, \quad \beta_{30} = c_0, \quad \beta_{31} = c_1, \quad \beta_{32} = c_2.$$

Weitere Forderungen lassen sich an die Größe der Koeffizienten der Fehlerterme $\Delta - \Phi_I$, $\Delta - \Phi_{II}$ stellen. Wir wollen dies aber nicht mehr ausführen und stattdessen auf die Arbeiten von Fehlberg (1964, 1966, 1969) verweisen.

Man findet auf diese Weise schließlich folgenden Koeffizientensatz

k	α_k	β_{k0}	β_{k1}	β_{k2}	c_k	$\hat{c}_k$
0	0	—	—	—	$\frac{214}{891}$	$\frac{533}{2106}$
1	$\frac{1}{4}$	$\frac{1}{4}$	—	—	$\frac{1}{33}$	0
2	$\frac{27}{40}$	$-\frac{189}{800}$	$\frac{729}{800}$	—	$\frac{650}{891}$	$\frac{800}{1053}$
3	1	$\frac{214}{891}$	$\frac{1}{33}$	$\frac{650}{891}$	—	$-\frac{1}{78}$

Für die Anwendungen sind jedoch Verfahren höherer Ordnung interessanter. Von Dormand und Prince (1980) wurden folgende Koeffizienten für eingebettete Verfahren der Ordnungen 4 und 5 (DOPRI 5(4)) angegeben:

k	α_k	β_{k0}	β_{k1}	β_{k2}	β_{k3}	β_{k4}	β_{k5}	c_k	$\hat{c}_k$
0	0							$\frac{35}{384}$	$\frac{5179}{57600}$
1	$\frac{1}{5}$	$\frac{1}{5}$						0	0
2	$\frac{3}{10}$	$\frac{3}{40}$	$\frac{9}{40}$					$\frac{500}{1113}$	$\frac{7571}{16695}$
3	$\frac{4}{5}$	$\frac{44}{45}$	$-\frac{56}{15}$	$\frac{32}{9}$				$\frac{125}{192}$	$\frac{393}{640}$
4	$\frac{8}{9}$	$\frac{19372}{6561}$	$-\frac{25360}{2187}$	$\frac{64448}{6561}$	$-\frac{212}{729}$			$-\frac{2187}{6784}$	$-\frac{92097}{339200}$
5	1	$\frac{9017}{3168}$	$-\frac{355}{33}$	$\frac{46732}{5247}$	$\frac{49}{176}$	$-\frac{5103}{18656}$		$\frac{11}{84}$	$\frac{187}{2100}$
6	1	$\frac{35}{384}$	0	$\frac{500}{1113}$	$\frac{125}{192}$	$-\frac{2187}{6784}$	$\frac{11}{84}$	0	$\frac{1}{40}$

Der Koeffizentsatz ist so gebaut, daß die Fehlerterme des Verfahrens 5. Ordnung minimal sind.

Wir wollen nun zeigen, wie man mit Hilfe eines Paars von eingebetteten Verfahren der Ordnungen p und $p + 1$, (7.2.5.7)–(7.2.5.9), die Schrittweiten steuern kann. Man betrachte dazu die Differenz $\hat{y}_{i+1} - \bar{y}_{i+1}$ der Werte, die diese Verfahren liefern. Aus (7.2.5.6) folgt

$$(7.2.5.10) \qquad \hat{y}_{i+1} - \bar{y}_{i+1} = h[\Phi_I(x_i, \bar{y}_i; h) - \Phi_{II}(x_i, \bar{y}_i; h)].$$

Wegen (7.2.5.9) gilt in erster Näherung

$$(7.2.5.11) \qquad \begin{aligned} \Phi_I(x, y(x); h) - \Delta(x, y(x); h) &\doteq h^p C_I(x), \\ \Phi_{II}(x, y(x); h) - \Delta(x, y(x); h) &\doteq h^{p+1} C_{II}(x). \end{aligned}$$

Daraus ergibt sich

$$(7.2.5.12) \qquad \hat{y}_{i+1} - \bar{y}_{i+1} \doteq h^{p+1} C_{\mathrm{I}}(x_i).$$

Die Integration von $x_i \rightarrow x_{i+1}$ sei erfolgreich gewesen, d.h. zu vorgegebener Fehlerschranke $\varepsilon > 0$ sei

$$|\hat{y}_{i+1} - \bar{y}_{i+1}| \le \varepsilon$$

erreicht worden. In erster Näherung ist dann auch

$$|C_{\mathrm{I}}(x_i) h^{p+1}| \le \varepsilon.$$

Soll die „neue" Schrittweite $h_{\mathrm{neu}} = x_{i+2} - x_{i+1}$ erfolgreich sein, muß gelten

$$|C_{\mathrm{I}}(x_{i+1}) h_{\mathrm{neu}}^{p+1}| \le \varepsilon.$$

Nun ist in erster Näherung $C_{\mathrm{I}}(x_i) \doteq C_{\mathrm{I}}(x_{i+1})$ und für $C_{\mathrm{I}}(x_i)$ hat man wegen (7.2.5.12) die Approximation

$$|C_{\mathrm{I}}(x_i)| \doteq \frac{|\hat{y}_{i+1} - \bar{y}_{i+1}|}{|h|^{p+1}}.$$

Dies liefert die Forderung

$$|\hat{y}_{i+1} - \bar{y}_{i+1}| \left| \frac{h_{\mathrm{neu}}}{h} \right|^{p+1} \le \varepsilon$$

an die neue Schrittweite h_{neu}, die zu folgendem Rezept führt:

$$(7.2.5.13) \qquad h_{\mathrm{neu}} := h \left(\frac{\varepsilon}{|\hat{y}_{i+1} - \bar{y}_{i+1}|} \right)^{1/(p+1)}.$$

Die Schrittweitensteuerung wird so sehr einfach: Die Berechnung von $\hat{y}_{i+1}$ und $\bar{y}_{i+1}$ erfordert nur $p + 1$ Auswertungen der rechten Seite $f(x, y)$ der Differentialgleichung: Ein Vergleich mit (7.2.5.5) zeigt, daß dort die Berechnung von $\eta(x_0 + h; H/2)$ zusätzliche Auswertungen von f erfordert (insgesamt drei mal so viele), so daß die Schrittweitensteuerung mittels (7.2.5.13) effizienter ist als die mit (7.2.5.5).

Manche Autoren empfehlen aufgrund ausgedehnter numerischer Experimente eine Modifikation von (7.2.5.13), nämlich

$$(7.2.5.14) \qquad h_{\mathrm{neu}} \doteq \alpha h \left(\frac{\varepsilon |h|}{|\hat{y}_{i+1} - \bar{y}_{i+1}|} \right)^{1/p},$$

wobei α ein geeigneter Anpassungsfaktor ist, $\alpha \approx 0.9$.

Im Zusammenhang mit der graphischen Ausgabe und der Beurteilung der Lösung eines Anfangswertproblems steht man häufig vor folgendem Problem: Zunächst liefert ein Runge-Kutta Verfahren Näherungswerte y_i für die Löung nur an den diskreten Stellen x_i, $i = 0, 1, \ldots$, deren Lage durch die Schrittweitensteuerung festgelegt wird. Für die graphische Ausgabe oder für die Bestimmung von Irregularitäten im Lösungsverlauf ist die Lage der x_i zu grob. Eine Einschränkung der Schrittweitensteuerung $|h| \leq h_{max}$ wäre zu ineffizient. Als Ausweg bietet sich an, aus den Näherungswerten der Lösung y_i an den x_i eine „dichte Ausgabe" für alle Zwischenpunkte $\hat{x}(\vartheta) := x_i + \vartheta h$, $0 \leq \vartheta \leq 1$, zwischen x_i und x_{i+1}, zu konstruieren. Hier ist natürlich $h := x_{i+1} - x_i$. Man spricht dann von einem *kontinuierlichen Runge-Kutta Verfahren*. .

Für das oben eingeführte DOPRI 5(4)-Verfahren leistet dies die Darstellung (wir benutzen die Abkürzungen $x := x_i$, $y := y_i$)

$$y(x + \vartheta h) := y + h \sum_{k=0}^{5} c_k(\vartheta) f_k,$$

wobei die f_k wie in DOPRI 5(4) bestimmt werden. Folgende ϑ-abhängige Gewichte $c_k(\vartheta)$ garantieren ein Verfahren 4. Ordnung:

$c_0(\vartheta) := \vartheta(1 + \vartheta(-1337/480 + \vartheta(1039/360 + \vartheta(-1163/1152))))$,

$c_1(\vartheta) := 0$,

$c_2(\vartheta) := 100\,\vartheta^2(1054/9275 + \vartheta(-4682/27825 + \vartheta(379/5565)))/3$,

$c_3(\vartheta) := -5\,\vartheta^2(27/40 + \vartheta(-9/5 + \vartheta(83/96)))/2$,

$c_4(\vartheta) := 18225\,\vartheta^2(-3/250 + \vartheta(22/375 + \vartheta(-37/600)))/848$,

$c_5(\vartheta) := -22\,\vartheta^2(-3/10 + \vartheta(29/30 + \vartheta(-17/24)))/7$.

Natürlich stimmen die $c_k(\vartheta)$ für $\vartheta = 1$ mit den Konstanten c_k von DOPRI 5(4) überein.

7.2.6 Beispiele für Mehrschrittverfahren

In einem Mehrschrittverfahren zur Lösung des Anfangswertproblems

$$y' = f(x, y), \quad y(x_0) = y_0,$$

genauer einem r-Schrittverfahren mit $r > 1$, benötigt man für die Berechnung eines Näherungswerts η_{j+r} für $y(x_{j+r})$ nicht nur η_{j+r-1} sondern r Näherungswerte $\eta_k \approx y(x_k)$ für die Lösung an den r Stellen x_k, $k = j$, $j + 1, \ldots, j + r - 1$ (wobei in der Regel diese Stellen äquidistant gewählt sind, $x_k := x_0 + k h$):

(7.2.6.1)

für $j = 0, 1, 2, \ldots$:

$$\eta_j, \eta_{j+r}, \ldots, \eta_{j+r-1} \implies \eta_{j+r}.$$

Der Start solcher Verfahren erfordert r Startwerte $\eta_0, \eta_1, \ldots, \eta_{r-1}$, die man sich für $r > 1$ auf andere Weise beschaffen muß, z.B. mit Hilfe eines Einschrittverfahrens.

Wir wollen zunächst einige Beispiele klassischer Mehrschrittverfahren kennenlernen. Dazu gehen wir von der Formel

$$(7.2.6.2) \qquad y(x_{p+k}) - y(x_{p-j}) = \int_{x_{p-j}}^{x_{p+k}} f(t, y(t))dt$$

aus, die man durch Integration von $y'(x) = f(x, y(x))$ erhält, und ersetzen ähnlich wie bei den Newton-Cotes-Formeln [s. 3.1] in (7.2.6.2) den Integranden durch ein interpolierendes Polynom $P_q(x)$ mit

1) Grad $P_q(x) \le q$,
2) $P_q(x_k) = f(x_k, y(x_k))$, $k = p, p-1, \ldots, p-q$, $x_k := x_0 + k\,h$.

Mit Hilfe der Lagrangeschen Interpolationsformel (2.1.1.3) und mit den Abkürzungen $y_k := y(x_k)$

$$P_q(x) = \sum_{i=0}^{q} f(x_{p-i}, y_{p-i}) L_i(x), \qquad L_i(x) := \prod_{\substack{l=0 \\ l \ne i}}^{q} \frac{x - x_{p-l}}{x_{p-i} - x_{p-l}},$$

erhält man die Näherungsformel

$$(7.2.6.3) \qquad \begin{aligned} y_{p+k} - y_{p-j} &\approx \sum_{i=0}^{q} f(x_{p-i}, y_{p-i}) \int_{x_{p-j}}^{x_{p+k}} L_i(x)dx \\ &= h \sum_{i=0}^{q} \beta_{qi} f(x_{p-i}, y_{p-i}) \end{aligned}$$

mit

$$(7.2.6.4) \qquad \beta_{qi} := \frac{1}{h} \int_{x_{p-j}}^{x_{p+k}} L_i(x)dx = \int_{-j}^{k} \prod_{\substack{l=0 \\ l \ne i}}^{q} \frac{s+l}{-i+l}ds, \quad i = 0, 1, \ldots, q.$$

Ersetzt man in (7.2.6.3) die y_i durch Näherungswerte η_i und $\approx$ durch das Gleichheitszeichen, so erhält man den Ansatz

$$\eta_{p+k} = \eta_{p-j} + h \sum_{i=0}^{q} \beta_{qi} f_{p-i}, \quad \text{mit } f_l := f(x_l, \eta_l),\ x_l := x_0 + l\,h.$$

Je nach Wahl von k, j und q bekommt man verschiedene Mehrschrittverfahren.

Für $k = 1$, $j = 0$ und $q = 0, 1, 2, \ldots$ erhält man die *Verfahren von Adams-Bashforth*:

$$\eta_{p+1} = \eta_p + h[\beta_{q0} f_p + \beta_{q1} f_{p-1} + \cdots + \beta_{qq} f_{p-q}]$$

(7.2.6.5)   mit $\beta_{qi} := \displaystyle\int_0^1 \prod_{\substack{l=0 \\ l \neq i}}^q \frac{s+l}{-i+l} ds$, $i = 0, 1, \ldots, q$.

Ein Vergleich mit (7.2.6.1) zeigt, daß hier $r = q+1$ ist. Einige Zahlenwerte:

β_{qi}	$i = 0$	1	2	3	4
β_{0i}	1				
$2\beta_{1i}$	3	-1			
$12\beta_{2i}$	23	-16	5		
$24\beta_{3i}$	55	-59	37	-9	
$720\beta_{4i}$	1901	-2774	2616	-1274	251

Für $k = 0$, $j = 1$ und $q = 0, 1, 2, \ldots$, erhält man die Formeln von *Adams-Moulton*:

$$\eta_p = \eta_{p-1} + h[\beta_{q0} f_p + \beta_{q1} f_{p-1} + \cdots + \beta_{qq} f_{p-q}],$$

oder, wenn man p durch $p + 1$ ersetzt,

$$\eta_{p+1} = \eta_p + h[\beta_{q0} f(x_{p+1}, \eta_{p+1}) + \beta_{q1} f_p + \cdots + \beta_{qq} f_{p+1-q}]$$

(7.2.6.6)   mit $\beta_{qi} := \displaystyle\int_{-1}^0 \prod_{\substack{l=0 \\ l \neq i}}^q \frac{s+l}{-i+l} ds$.

Auf den ersten Blick scheint es, daß (7.2.6.6) nicht die Form (7.2.6.1) besitzt, weil η_{p+1} auf beiden Seiten der Gleichung in (7.2.6.6) vorkommt: (7.2.6.6) stellt bei gegebenen η_p, $\eta_{p-1}, \ldots, \eta_{p+1-q}$ eine i.a. nichtlineare Gleichung für η_{p+1} dar, das Verfahren von Adams-Moulton ist ein *implizites Verfahren*. Folgendes Iterationsverfahren zur Bestimmung von η_{p+1} liegt nahe:

(7.2.6.7) $\eta_{p+1}^{(i+1)} = \eta_p + h[\beta_{q0} f(x_{p+1}, \eta_{p+1}^{(i)}) + \beta_{q1} f_p + \cdots + \beta_{qq} f_{p+1-q}]$,

$$i = 0, 1, 2, \ldots$$

Die Iteration hat die Form $\eta_{p+1}^{(i+1)} = \Psi(\eta_{p+1}^{(i)})$ einer Fixpunktiteration: Mit den Methoden von Abschnitt 5.2 kann man leicht zeigen, daß für genügend kleines $|h|$ die Abbildung $z \to \Psi(z)$ kontrahierend ist [s. Übungsaufgabe 10] und daher einen Fixpunkt $\eta_{p+1} = \Psi(\eta_{p+1})$ besitzt, der (7.2.6.6) löst. Diese Lösung η_{p+1} hängt natürlich von x_p, η_p, $\eta_{p-1}, \ldots \eta_{p+1-q}$ und h ab und damit ist auch das Verfahren von Adams-Moulton ein Mehrschrittverfahren des Typs (7.2.6.1) (hier mit $r = q$).

Zu gegebenen η_p, η_{p-1}, ..., η_{p+1-q} kann man sich einen guten Startwert $\eta_{p+1}^{(0)}$ für die Iteration (7.2.6.7) z. B. mit Hilfe des Verfahrens von Adams-Bashforth (7.2.6.5) verschaffen. Aus diesem Grunde bezeichnet man Verfahren wie das Verfahren von Adams-Bashforth auch als *Prädiktor-Verfahren* (*explizite Verfahren*) und Verfahren wie das von Adams-Moulton als *implizite Verfahren* oder *Korrektor-Verfahren* ($\eta_{p+1}^{(i)}$ wird durch die Iteration (7.2.6.7) „korrigiert").

Einige Zahlenwerte für die in (7.2.6.6) auftretenden Koeffizienten:

β_{qi}	$i = 0$	1	2	3	4
β_{0i}	1				
$2\beta_{1i}$	1	1			
$12\beta_{2i}$	5	8	-1		
$24\beta_{3i}$	9	19	-5	1	
$720\beta_{4i}$	251	646	-264	106	-19

Bei dem *Verfahren von Nyström* wählt man in (7.2.6.2) $k = 1$, $j = 1$ und erhält so

$$\eta_{p+1} = \eta_{p-1} + h[\beta_{q0}f_p + \beta_{q1}f_{p-1} + \cdots + \beta_{qq}f_{p-q}]$$

(7.2.6.8)   mit $\quad \beta_{qi} := \int_{-1}^{1} \prod_{\substack{l=0 \\ l \neq i}}^{q} \frac{s+1}{-i+l} ds, \quad i = 0, 1, \ldots, q.$

Man hat es wieder mit einem Prädiktor-Verfahren zu tun, das offensichtlich die Gestalt (7.2.6.1) mit $r = q + 1$ hat.

Bemerkenswert ist der Spezialfall $q = 0$. Hier ist $\beta_{00} = \int_{-1}^{1} 1 ds = 2$ und aus (7.2.6.8) wird

(7.2.6.9) $\qquad \eta_{p+1} = \eta_{p-1} + 2hf_p.$

Dies ist die sog. *Mittelpunktsregel* (midpoint-rule), die der Approximation eines Integrals durch „Rechtecks-Summen" entspricht.

Die *Verfahren von Milne* sind wieder Korrektor-Verfahren. Man erhält sie für $k = 0$, $j = 2$ aus (7.2.6.2), wenn man p durch $p + 1$ ersetzt:

$$\eta_{p+1} = \eta_{p-1} + h[\beta_{q0}f(x_{p+1}, \eta_{p+1}) + \beta_{q1}f_p + \cdots + \beta_{qq}f_{p+1-q}]$$
(7.2.6.10)

mit $\quad \beta_{qi} := \int_{-2}^{0} \prod_{\substack{l=0 \\ l \neq i}}^{q} \frac{s+l}{-i+l} ds, \quad i = 0, 1, \ldots, q.$

Wie (7.2.6.7) löst man auch (7.2.6.10) iterativ.

7.2.7 Allgemeine Mehrschrittverfahren

Alle in 7.2.6 besprochenen Mehrschrittverfahren und alle Einschrittverfahren aus Abschnitt 7.2.1 haben die folgende Form:
(7.2.7.1)
$$\eta_{j+r} + a_{r-1}\eta_{j+r-1} + \cdots + a_0\eta_j = h F(x_j; \eta_{j+r}, \eta_{j+r-1}, \ldots, \eta_j; h; f).$$

Allgemein nennt man solche Verfahren r-*Schrittverfahren*. Bei den in 7.2.6 betrachteten Methoden hängt die Funktion F darüber hinaus linear von f in der folgenden Weise ab:

$$F(x_j; \eta_{j+r}, \eta_{j+r-1}, \ldots, \eta_j; h; f) \equiv b_r f(x_{j+r}, \eta_{j+r}) + \cdots + b_0 f(x_j, \eta_j).$$

Dabei sind die b_i, $i = 0, \ldots, r$, gewisse Konstanten. Man spricht dann von *linearen r-Schrittverfahren*; diese Verfahren werden in 7.2.11 weiter behandelt.

Beim Verfahren von Adams-Bashforth (7.2.6.5) ($r = q + 1$) ist z. B.

$$a_{r-1} \equiv a_q = -1, \quad a_{q-1} = \cdots = a_0 = 0, \quad b_r \equiv b_{q+1} = 0,$$

$$b_{q-i} = \beta_{qi} = \int_0^1 \prod_{\substack{l=0 \\ l \neq i}}^{q} \frac{s+l}{-i+l} ds, \quad i = 0, 1, \ldots, q.$$

Zu je r Startwerten $\eta_0, \ldots, \eta_{r-1}$ wird durch (7.2.7.1) eine Folge η_j, $j \geq 0$, definiert. Als Startwerte η_i wählt man möglichst gute Näherungswerte für die exakte Lösung $y_i = y(x_i)$ von (7.2.1.1) an den Stellen $x_i = x_0 + ih$, $i = 0, 1, \ldots, r - 1$. Solche Näherungswerte erhält man z. B. mittels guter Einschrittverfahren. Mit

$$\varepsilon_i := \eta_i - y(x_i), \quad i = 0, 1, \ldots, r - 1,$$

wollen wir die Fehler in den Startwerten bezeichnen. Weitere Fehler, z. B. Rundungsfehler bei der Berechnung von F, treten bei der Auswertung von (7.2.7.1) auf. Wir wollen den Einfluß auch dieser Fehler studieren und betrachten deshalb allgemeiner als (7.2.7.1) folgende Rekursionsformeln:

$$\eta_0 := y_0 + \varepsilon_0,$$

$$\vdots$$

(7.2.7.2)
$$\eta_{r-1} := y_{r-1} + \varepsilon_{r-1};$$
$$\text{für } j = 0, 1, 2, \ldots:$$
$$\eta_{j+r} + a_{r-1}\eta_{j+r-1} + \cdots + a_0\eta_j :=$$
$$h F(x_j; \eta_{j+r}, \eta_{j+r-1}, \ldots, \eta_j; h; f) + h\varepsilon_{j+r}.$$

Die Lösungen η_i von (7.2.7.2) hängen von h und den ε_j ab und definieren eine Funktion

$$\eta(x; \varepsilon; h),$$

die wie die Fehlerfunktion $\varepsilon = \varepsilon(x; h)$ nur für $x \in \mathbb{R}_h = \{x_0 + ih \mid i = 0, 1, \ldots\}$ bzw. für $h \in H_x = \{(x - x_0)/n \mid n = 1, 2, \ldots\}$ erklärt ist durch

$$\eta(x_i; \varepsilon; h) := \eta_i, \quad \varepsilon(x_i; h) := \varepsilon_i, \quad x_i := x_0 + ih.$$

Wie bei Einzelschrittverfahren kann man den *lokalen Diskretisierungsfehler* $\tau(x, y; h)$ eines Mehrschrittverfahrens (7.2.7.1) an der Stelle x, y definieren. Dazu sei $f \in F_1(a, b)$, $x \in [a, b]$, $y \in \mathbb{R}$ und $z(t)$ die Lösung des Anfangswertproblems

$$z'(t) = f(t, z(t)), \quad z(x) = y.$$

Als lokalen Diskretisierungsfehler bezeichnet man dann die Größe (7.2.7.3)

$$\tau(x, y; h) := \frac{1}{h}\Big[z(x + rh) + \sum_{i=0}^{r-1} a_i z(x + ih)$$

$$- hF(x; z(x + rh), z(x + (r-1)h), \ldots, z(x); h; f)\Big].$$

Sie gibt an, wie gut die exakte Lösung einer Differentialgleichung die Rekursionsformel (7.2.7.1) erfüllt. Von einem vernünftigen Verfahren wird man erwarten, daß dieser Fehler für kleines $|h|$ klein wird. In Verallgemeinerung von (7.2.1.7) definiert man daher die *Konsistenz* von Mehrschrittverfahren durch:

(7.2.7.4) **Def:** *Das Mehrschrittverfahren heißt* konsistent, *falls es für jedes $f \in F_1(a, b)$ eine Funktion $\sigma(h)$ mit $\lim_{h \to 0} \sigma(h) = 0$ gibt, so daß*

(7.2.7.5) $\qquad |\tau(x, y; h)| \le \sigma(h)$ *für alle $x \in [a, b]$, $y \in \mathbb{R}$.*

Es besitzt die Konsistenzordnung *p, falls für $f \in F_p(a, b)$*

$$\sigma(h) = O(h^p).$$

Beispiel: Für die Mittelpunktsregel (7.2.6.9) gilt wegen $z'(t) = f(t, z(t))$, $z(x) = y$

$$\tau(x, y; h) := \frac{1}{h}\Big[z(x + 2h) - z(x) - 2hf(x + h, z(x + h))\Big]$$

$$= \frac{1}{h}[z(x + 2h) - z(x) - 2hz'(x + h)].$$

Durch Taylorentwicklung nach h findet man

$$\tau(x, y; h) = \frac{1}{h}\left[z(x) + 2hz'(x) + 2h^2z''(x) + \frac{8h^3}{6}z'''(x)\right.$$

$$\left. - z(x) - 2h\left(z'(x) + hz''(x) + \frac{h^2}{2}z'''(x)\right)\right] + O(h^3)$$

$$= \frac{h^2}{3}z'''(x) + O(h^3).$$

Das Verfahren ist also konsistent und von zweiter Ordnung.

Leichter bestimmt man die Ordnung der Verfahren aus 7.2.6 mittels der Fehlerabschätzungen für interpolierende Polynome [s. (2.1.4.1)] bzw. für die Newton-Cotes-Formeln (3.1.4).

Für $f(x, y) :\equiv 0$, und $z(x) :\equiv y$ hat man bei einem konsistenten Verfahren

$$\tau(x, y; h) = \frac{1}{h}[y(1 + a_{r-1} + \cdots + a_0) - hF(x; y, y, \ldots, y; h; 0)],$$

$$|\tau(x, y; h)| \leq \sigma(h), \quad \lim_{h \to 0} \sigma(h) = 0.$$

Für stetiges $F(x; y, y, \ldots, y; .; 0)$ folgt daraus, da y beliebig ist,

(7.2.7.6) $\qquad 1 + a_{r-1} + \cdots + a_0 = 0.$

Wir werden im weiteren an F häufig die Bedingung stellen

(7.2.7.7) $\qquad F(x; u_r, u_{r-1}, \ldots, u_0; h; 0) \equiv 0$

für alle $x \in [a, b]$, alle h und alle u_i. Für lineare Mehrschrittverfahren ist (7.2.7.7) sicher immer erfüllt. Zusammen mit (7.2.7.6) garantiert (7.2.7.7), daß die exakte Lösung $y(x) \equiv y_0$ der trivialen Differentialgleichung $y' = 0$, $y(x_0) = y_0$, auch exakte Lösung von (7.2.7.2) ist, falls $\varepsilon_i = 0$ für alle i.

Da die von einem Mehrschrittverfahren (7.2.7.2) gelieferte Näherungslösung $\eta(x; \varepsilon; h)$ auch von den Fehlern ε_i abhängt, ist die Definition der Konvergenz komplizierter als bei Einschrittverfahren. Man kann natürlich nur erwarten, daß der *globale Diskretisierungsfehler*

$$e(x; \varepsilon; h) := \eta(x; \varepsilon, h) - y(x)$$

bei festem x mit $h = h_n = (x - x_0)/n$, $n = 1, 2, \ldots$, gegen 0 konvergiert, wenn auch die Fehler $\varepsilon(x; h)$ mit $h \to 0$ beliebig klein werden. Man definiert deshalb:

(7.2.7.8) **Def:** *Das durch* (7.2.7.2) *gegebene Mehrschrittverfahren heißt* konvergent, *falls*

$$\lim_{n \to \infty} \eta(x; \varepsilon; h_n) = y(x), \quad h_n := \frac{x - x_0}{n}, \quad n = 1, 2, \ldots,$$

für alle $x \in [a, b]$, *alle* $f \in F_1(a, b)$ *und alle Funktionen* $\varepsilon(z; h)$, *für die es ein* $\rho(h)$ *gibt mit*

$$|\varepsilon(z; h)| \leq \rho(h) \quad \text{für alle } z \in \mathbb{R}_h,$$

(7.2.7.9)

$$\lim_{h \to 0} \rho(h) = 0.$$

7.2.8 Ein Beispiel

Die Resultate von Abschnitt 7.2.2, insbesondere Satz (7.2.2.3), legen die Vermutung nahe, daß auch Mehrschrittverfahren umso besser konvergieren, je höher die Ordnung p des lokalen Diskretisierungsfehlers ist [s. (7.2.7.4)]. Daß dies falsch ist, soll das folgende Beispiel zeigen, in dem auch eine Methode zur Konstruktion von Mehrschrittverfahren möglichst hoher Ordnung beschrieben wird.

Wir wollen ein lineares 2-Schrittverfahren des Typs (7.2.7.1), also ein Verfahren der folgenden Form konstruieren

$$\eta_{j+2} + a_1\eta_{j+1} + a_0\eta_j = h[b_1 f(x_{j+1}, \eta_{j+1}) + b_0 f(x_j, \eta_j)].$$

Die Konstanten a_0, a_1, b_0, b_1 wollen wir so bestimmen, daß ein Verfahren möglichst hoher Ordnung entsteht. Ist $z'(t) = f(t, z(t))$, $z(x) = y$, so gilt für den lokalen Diskretisierungsfehler $\tau(x, y; h)$ (7.2.7.3)

$$h\tau(x, y; h) = z(x + 2h) + a_1 z(x + h) + a_0 z(x) - h[b_1 z'(x + h) + b_0 z'(x)].$$

Wir entwickeln die rechte Seite in eine Taylorreihe nach h

$$h\tau(x, y; h) = z(x)[1 + a_1 + a_0] + hz'(x)[2 + a_1 - b_1 - b_0]$$
$$+ h^2 z''(x)[2 + \tfrac{1}{2}a_1 - b_1] + h^3 z'''(x)[\tfrac{4}{3} + \tfrac{1}{6}a_1 - \tfrac{1}{2}b_1] + O(h^4)$$

und bestimmen die Koeffizienten a_0, a_1, b_0, b_1 so, daß möglichst viele h-Potenzen verschwinden. Dies führt zu den Gleichungen

$$
\begin{array}{llll}
1 + & a_1 & + a_0 & = 0, \\
2 + & a_1 & -b_1 - b_0 & = 0, \\
2 + & \tfrac{1}{2}a_1 & -b_1 & = 0, \\
\tfrac{4}{3} + & \tfrac{1}{6}a_1 & -\tfrac{1}{2}b_1 & = 0,
\end{array}
$$

mit der Lösung $a_1 = 4$, $a_0 = -5$, $b_1 = 4$, $b_0 = 2$, die zu dem Verfahren

$$\eta_{j+2} + 4\eta_{j+1} - 5\eta_j = h[4 f(x_{j+1}, \eta_{j+1}) + 2 f(x_j, \eta_j)]$$

der Ordnung 3 [wegen $h\tau(x, y; h) = O(h^4)$, d. h. $\tau(x, y; h) = O(h^3)$] führen. Löst man mit dieser Methode das Anfangswertproblem

$$y' = -y, \quad y(0) = 1,$$

mit der exakten Lösung $y(x) = e^{-x}$, so findet man bei 10-stelliger Rechnung für $h = 10^{-2}$, selbst wenn man die (bis auf die Maschinengenauigkeit) exakten Startwerte $\eta_0 := 1$, $\eta_1 := e^{-h}$ benutzt, folgendes Resultat:

j	$\eta_j - y_j$	$-\frac{x_j^4}{216} \cdot \frac{(-5)^j}{j^4} e^{3x_j/5}$ [vgl. (7.2.8.3)]
2	-0.164×10^{-8}	-0.753×10^{-9}
3	$+0.501 \times 10^{-8}$	$+0.378 \times 10^{-8}$
4	-0.300×10^{-7}	-0.190×10^{-7}
5	$+0.144 \times 10^{-6}$	$+0.958 \times 10^{-7}$
$\vdots$	$\vdots$	$\vdots$
96	-0.101×10^{58}	-0.668×10^{57}
97	$+0.512 \times 10^{58}$	$+0.336 \times 10^{58}$
98	-0.257×10^{59}	-0.169×10^{59}
99	$+0.129 \times 10^{60}$	$+0.850 \times 10^{59}$
100	-0.652×10^{60}	-0.427×10^{60}

Wie erklärt sich dieses oszillierende Verhalten der η_j ? Wenn wir voraussetzen, daß als Startwerte die exakten Werte $\eta_0 := 1$, $\eta_1 := e^{-h}$ benutzt werden und bei der Ausführung des Verfahrens keine Rundungsfehler auftreten ($\varepsilon_j = 0$ für alle j), erhaltenen wir eine Folge von Zahlen η_j mit

$$\eta_0 = 1,$$
$$\eta_1 = e^{-h},$$
$$\eta_{j+2} + 4\eta_{j+1} - 5\eta_j = h[-4\eta_{j+1} - 2\eta_j] \quad \text{für} \quad j = 0, 1, \ldots,$$

oder

(7.2.8.1) $\eta_{j+2} + 4(1 + h)\eta_{j+1} + (-5 + 2h)\eta_j = 0$ für $j = 0, 1, \ldots.$

Solche *Differenzengleichungen* haben spezielle Lösungen der Gestalt $\eta_j = \lambda^j$. Geht man mit diesem Ansatz in (7.2.8.1) ein, so findet man für λ die Gleichung

$$\lambda^j[\lambda^2 + 4(1 + h)\lambda + (-5 + 2h)] = 0,$$

die neben der trivialen Lösung $\lambda = 0$ die Lösungen

$$\lambda_1 = -2 - 2h + 3\sqrt{1 + \tfrac{2}{3}h + \tfrac{4}{9}h^2},$$

$$\lambda_2 = -2 - 2h - 3\sqrt{1 + \tfrac{2}{3}h + \tfrac{4}{9}h^2}$$

besitzt. Für kleines h ist

$$\sqrt{1 + \tfrac{2}{3}h + \tfrac{4}{9}h^2} = 1 + \tfrac{1}{3}h + \tfrac{1}{6}h^2 - \tfrac{1}{18}h^3 + \tfrac{1}{216}h^4 + O(h^5)$$

und daher

(7.2.8.2)
$$\lambda_1 = 1 - h + \tfrac{1}{2}h^2 - \tfrac{1}{6}h^3 + \tfrac{1}{72}h^4 + O(h^5)$$
$$\lambda_2 = -5 - 3h + O(h^2).$$

Man kann nun zeigen, daß sich jede Lösung η_j von (7.2.8.1) als Linearkombination

$$\eta_j = \alpha\lambda_1^j + \beta\lambda_2^j$$

der beiden partikulären Lösungen λ_1^j, λ_2^j schreiben läßt [s. (7.2.9.9)]. Dabei sind die Konstanten α und β durch die Anfangsbedingungen $\eta_0 = 1$, $\eta_1 = e^{-h}$ bestimmt, die auf folgendes Gleichungssystem für α, β führen

$$\eta_0 = \alpha + \beta = 1,$$
$$\eta_1 = \alpha\lambda_1 + \beta\lambda_2 = e^{-h}.$$

Seine Lösung läßt sich angeben:

$$\alpha = \frac{\lambda_2 - e^{-h}}{\lambda_2 - \lambda_1}, \quad \beta = \frac{e^{-h} - \lambda_1}{\lambda_2 - \lambda_1}.$$

Wegen (7.2.8.2) bestätigt man leicht

$$\alpha = 1 + O(h^2), \quad \beta = -\tfrac{1}{216}h^4 + O(h^5).$$

Also gilt für festes $x \neq 0$, $h = h_n = x/n$, $n = 1, 2, \ldots$, für die Näherungslösung $\eta_n = \eta(x; h_n)$:

$$\eta(x; h_n) = \alpha\lambda_1^n + \beta\lambda_2^n$$

$$= \left[1 + O\left(\frac{x}{n}\right)^2\right]\left[1 - \frac{x}{n} + O\left(\frac{x}{n}\right)^2\right]^n$$

$$- \frac{1}{216}\frac{x^4}{n^4}\left[1 + O\left(\frac{x}{n}\right)\right]\left[-5 - 3\frac{x}{n} + O\left(\frac{x}{n}\right)^2\right]^n$$

Der erste Term strebt für $n \to \infty$ gegen die Lösung des Anfangswertproblems $y(x) = e^{-x}$. Der zweite Term verhält sich für $n \to \infty$ wie

(7.2.8.3)
$$-\frac{x^4}{216}\frac{(-5)^n}{n^4}e^{3x/5}.$$

Wegen $\lim_{n\to\infty} 5^n/n^4 = \infty$ oszilliert dieser Term für $n \to \infty$ immer heftiger. Dies erklärt das oszillatorische Verhalten und die Divergenz des Verfahrens. Wie man leicht sieht, liegt dies daran, daß -5 Wurzel der quadratischen Gleichung $\mu^2 + 4\mu - 5 = 0$ ist. Es steht zu erwarten, daß auch im allgemeinen

Fall (7.2.7.2) die Nullstellen des Polynoms $\Psi(\mu) = \mu^r + a_{r-1}\mu^{r-1} + \cdots + a_0$ eine für die Konvergenz des Verfahrens wichtige Rolle spielen.

7.2.9 Lineare Differenzengleichungen

Für den folgenden Abschnitt benötigen wir einige einfache Resultate über lineare Differenzengleichungen. Unter einer *linearen homogenen Differenzengleichung r-ter Ordnung* versteht man eine Gleichung der Form

$$(7.2.9.1) \quad u_{j+r} + a_{r-1}u_{j+r-1} + a_{r-2}u_{j+r-2} + \cdots + a_0 u_j = 0, \quad j = 0, 1, 2, \ldots$$

Zu jedem Satz von komplexen Startwerten $u_0, u_1, \ldots, u_{r-1}$ gibt es offensichtlich genau eine Folge von Zahlen u_n, $n = 0, 1, \ldots$, die (7.2.9.1) löst.

In den Anwendungen auf Mehrschrittverfahren interessiert das Wachstumsverhalten der u_n für $n \to \infty$ in Abhängigkeit von den Startwerten u_0, $u_1, \ldots, u_{r-1}$. Insbesondere möchte man Bedingungen dafür haben, daß

$$(7.2.9.2) \quad \lim_{n \to \infty} \frac{u_n}{n} = 0 \quad \text{für } alle \text{ Startwerte } u_0, u_1, \ldots, u_{r-1} \in \mathbb{C}.$$

Zu der Differenzengleichung (7.2.9.1) gehört das Polynom

$$(7.2.9.3) \quad \psi(\mu) := \mu^r + a_{r-1}\mu^{r-1} + \cdots + a_0.$$

Man sagt nun, daß (7.2.9.1) die

$(7.2.9.4)$ \qquad\qquad\qquad *Stabilitätsbedingung*

erfüllt, falls für jede Nullstelle λ von $\psi(\mu)$ gilt $|\lambda| \leq 1$ und weiter aus $\psi(\lambda) = 0$ und $|\lambda| = 1$ folgt, daß λ nur einfache Nullstelle von ψ ist.

(7.2.9.5) Satz: *Die Stabilitätsbedingung* (7.2.9.4) *ist notwendig und hinreichend für* (7.2.9.2).

Beweis: 1) Sei (7.2.9.2) erfüllt und λ Nullstelle von ψ (7.2.9.3). Dann ist die Folge $u_n := \lambda^n$, $n = 0, 1, \ldots$, eine Lösung von (7.2.9.1). Für $|\lambda| > 1$ divergiert die Folge $u_n/n = \lambda^n/n$, so daß aus (7.2.9.2) sofort $|\lambda| \leq 1$ folgt. Sei nun λ eine mehrfache Nullstelle von ψ mit $|\lambda| = 1$. Dann gilt

$$\psi'(\lambda) = r\lambda^{r-1} + (r-1)a_{r-1}\lambda^{r-2} + \cdots + 1 \cdot a_1 = 0.$$

Die Folge $u_n := n\lambda^n$, $n \geq 0$, ist daher eine Lösung von (7.2.9.1),

$$u_{j+r} + a_{r-1}u_{j+r-1} + \cdots + a_0 u_j$$
$$= j\lambda^j(\lambda^r + a_{r-1}\lambda^{r-1} + \cdots + a_0)$$
$$\quad + \lambda^{j+1}(r\lambda^{r-1} + (r-1)a_{r-1}\lambda^{r-2} + \cdots + a_1)$$
$$= 0.$$

Da $u_n/n = \lambda^n$ für $n \to \infty$ nicht gegen 0 konvergiert, muß λ einfache Nullstelle sein.

2) Sei nun umgekehrt die Stabilitätsbedingung (7.2.9.4) erfüllt. Mit den Abkürzungen

$$U_j := \begin{bmatrix} u_j \\ u_{j+1} \\ \vdots \\ u_{j+r-1} \end{bmatrix} \in \mathbb{C}^r, \quad A := \begin{bmatrix} 0 & 1 & & 0 \\ & \ddots & \ddots & \\ 0 & & 0 & 1 \\ -a_0 & \cdots & & -a_{r-1} \end{bmatrix},$$

ist die Differenzengleichung (7.2.9.1) in Matrixschreibweise zur Rekursionsformel

$$(7.2.9.6) \qquad U_{j+1} = A U_j, \quad j = 0, 1, \ldots,$$

äquivalent, so daß $U_n = A^n U_0$. Dabei ist $U_0 = [u_0, u_1, \ldots, u_{r-1}]^T$ gerade der Vektor der Startwerte und A eine Frobeniusmatrix mit dem charakteristischen Polynom $\psi(\mu)$ (7.2.9.3) [Satz (6.3.4)]. Weil die Stabilitätsbedingung (7.2.9.4) erfüllt ist, gibt es nach Satz (6.9.2) eine Norm $\| \; \|$ auf dem $\mathbb{C}^r$ mit $\text{lub}(A) = 1$ für die zugehörige Matrixnorm. Es folgt daher für alle $U_0 \in \mathbb{C}^r$

$$(7.2.9.7) \qquad \|U_n\| = \|A^n U_0\| \leq \|U_0\| \quad \text{für alle } n = 0, 1, \ldots .$$

Da auf dem $\mathbb{C}^r$ alle Normen äquivalent sind [Satz (6.9.2)], gibt es ein $k > 0$ mit $(1/k)\|U\| \leq \|U\|_\infty \leq k\|U\|$. Es folgt daher für alle $U_0 \in \mathbb{C}^r$

$$\|U_n\|_\infty \leq k^2 \|U_0\|_\infty, \quad n = 0, 1, \ldots,$$

d.h. es gilt $\lim_{n \to \infty} (1/n)\|U_n\|_\infty = 0$ und daher (7.2.9.2). $\qquad \square$

Der Beweis des letzten Satzes beruht darauf, daß die Nullstellen λ_i von ψ spezielle Lösungen der Form $u_n := \lambda_i^n$, $n \geq 0$, von (7.2.9.1) liefern. Der folgende Satz zeigt, daß man *alle* Lösungen von (7.2.9.1) in ähnlicher Weise darstellen kann:

(7.2.9.8) **Satz:** *Das Polynom*

$$\psi(\mu) := \mu^r + a_{r-1}\mu^{r-1} + \cdots + a_0$$

habe die k verschiedenen Nullstellen λ_i, $i = 1, 2, \ldots, k$ mit den Vielfachheiten σ_i, $i = 1, 2, \ldots, k$, und es sei $a_0 \neq 0$. Dann ist für beliebige Polynome $p_i(t)$ mit Grad $p_i < \sigma_i$, $i = 1, 2, \ldots, k$, die Folge

$$(7.2.9.9) \qquad u_n := p_1(n)\lambda_1^n + p_2(n)\lambda_2^n + \cdots + p_k(n)\lambda_k^n, \quad n = 0, 1, \ldots$$

eine Lösung der Differenzengleichung (7.2.9.1). Umgekehrt läßt sich jede Lösung von (7.2.9.1) eindeutig in der Form (7.2.9.9) darstellen.

Beweis: Wir zeigen den ersten Teil des Satzes. Da mit $\{u_n\}$, $\{v_n\}$ auch $\{\alpha u_j + \beta v_j\}$ Lösung von (7.2.9.1) ist, genügt es zu zeigen, daß zu einer σ-fachen Nullstelle λ von ψ die Folge

$$u_n := p(n)\lambda^n, \quad n = 0, 1, \ldots,$$

eine Lösung von (7.2.9.1) ist, wenn $p(t)$ ein beliebiges Polynom mit Grad $p < \sigma$ ist. Für festes $j \geq 0$ läßt sich nun $p(j+t)$ mit Hilfe der Newton'schen Interpolationsformel (2.1.3.1) in folgender Form darstellen

$$p(j + t) = \alpha_0 + \alpha_1 t + \alpha_2 t(t - 1) + \cdots + \alpha_r t(t - 1) \cdots (t - r + 1)$$

mit $\alpha_\sigma = \alpha_{\sigma+1} = \cdots = \alpha_r = 0$ wegen Grad $p < \sigma$. Mit der Abkürzung $a_r := 1$ gilt daher

$$
\begin{aligned}
u_{j+r} + a_{r-1}u_{j+r-1} + \cdots + a_0 u_j &= \lambda^j \sum_{\rho=0}^{r} a_\rho \lambda^\rho p(j + \rho) \\
&= \lambda^j \sum_{\rho=0}^{r} a_\rho \lambda^\rho \Big[\alpha_0 + \sum_{\tau=1}^{r} \alpha_\tau \rho(\rho - 1) \cdots (\rho - \tau + 1)\Big] \\
&= \lambda^j [\alpha_0 \psi(\lambda) + \alpha_1 \lambda \psi'(\lambda) + \cdots + \alpha_{\sigma-1} \lambda^{\sigma-1} \psi^{(\sigma-1)}(\lambda)] \\
&= 0,
\end{aligned}
$$

weil λ eine σ-fache Nullstelle von ψ ist und deshalb $\psi^{(\tau)}(\lambda) = 0$ für $0 \leq \tau \leq \sigma - 1$ gilt. Dies zeigt den ersten Teil des Satzes.

Nun ist ein Polynom $p(t) = c_0 + c_1 t + \cdots + c_{\sigma-1}t^{\sigma-1}$ vom Grad $< \sigma$ gerade durch seine σ Koeffizienten c_m bestimmt, so daß wegen $\sigma_1 + \sigma_2 + \cdots + \sigma_k = r$ in der Darstellung (7.2.9.9) insgesamt r frei wählbare Parameter, nämlich die Koeffizienten der $p_i(t)$, enthalten sind. Der zweite Teil des Satzes besagt deshalb, daß man durch passende Wahl dieser r Parameter jede Lösung von (7.2.9.1) erhalten kann, d. h. , daß zu jeder Wahl von r Anfangswerten $u_0, u_1, \ldots, u_{r-1}$ folgendes lineare Gleichungssystem aus r Gleichungen für die r unbekannten Koeffizienten der $p_i(t)$, $i = 1, \ldots, k$, eindeutig lösbar ist:

$$p_1(j)\lambda_1^j + p_2(j)\lambda_2^j + \cdots + p_k(j)\lambda_k^j = u_j \quad \text{für } j = 0, 1, \ldots, r - 1.$$

Der Beweis dafür ist zwar elementar aber mühselig. Wir lassen ihn deshalb fort. $\square$

7.2.10 Die Konvergenz von Mehrschrittverfahren

Wir wollen nun die Resultate des letzten Abschnitts benutzen, um das Konvergenzverhalten des Mehrschrittverfahrens (7.2.7.2) zu untersuchen, das durch eine Funktion

$$F(x; \mathbf{u}; h; f), \quad \mathbf{u} := [u_r, u_{r-1}, \ldots, u_0]^T \in \mathbb{R}^{r+1},$$

gegeben ist. Es wird sich zeigen, daß bei einem konsistenten Verfahren [s. (7.2.7.4)] die Stabilitätsbedingung (7.2.9.4) *notwendig und hinreichend für die Konvergenz* [s. (7.2.7.8)] des Verfahrens ist, wenn F gewissen zusätzlichen Regularitätsbedingungen genügt [s. (7.2.10.3)].

Wir notieren im Zusammenhang mit der Stabilitätsbedingung, daß für ein konsistentes Verfahren wegen (7.2.7.6) $\lambda = 1$ Nullstelle von $\psi(\mu) = \mu^r + a_{r-1}\mu^{r-1} + \cdots + a_0$ ist.

Wir zeigen zunächst, daß die Stabilitätsbedingung notwendig für die Konvergenz ist:

(7.2.10.1) **Satz:** *Wenn das Mehrschrittverfahren (7.2.7.2) konvergent ist* [s. (7.2.7.8)] *und F der Bedingung (7.2.7.7), $F(x; \mathbf{u}; h; 0) \equiv 0$, genügt, so ist die Stabilitätsbedingung (7.2.9.4) erfüllt.*

Beweis: Wenn das Verfahren (7.2.7.2) im Sinne von (7.2.7.8) konvergent ist, liefert es bei der Integration der Differentialgleichung $y' \equiv 0$, $y(x_0) = 0$, mit der exakten Lösung $y(x) \equiv 0$ eine Näherungslösung $\eta(x; \varepsilon; h)$ mit

$$\lim_{h \to 0} \eta(x; \varepsilon; h) = 0$$

für alle $x \in [a, b]$ und alle ε mit $|\varepsilon(z; h)| \leq \rho(h)$, $\rho(h) \to 0$ für $h \to 0$. Man wähle nun ein festes $x \neq x_0$, $x \in [a, b]$. Für $h = h_n = (x - x_0)/n$, $n = 1, 2, \ldots$, folgt $x_n = x$ und $\eta(x; \varepsilon; h_n) = \eta_n$, wobei η_n wegen $F(x; \mathbf{u}; h; 0) \equiv 0$ durch die Rekursionsformel

$$\eta_i = \varepsilon_i, \quad i = 0, 1, \ldots, r - 1,$$

$$\eta_{j+r} + a_{r-1}\eta_{j+r-1} + \cdots + a_0\eta_j = h_n\varepsilon_{j+r}, \quad j = 0, 1, \ldots, n - r,$$

mit $\varepsilon_j := \varepsilon(x_0 + jh_n; h_n)$ bestimmt ist. Wir wählen $\varepsilon_{j+r} := 0$, $j = 0, 1, \ldots, n - r$ und $\varepsilon_i := h_n u_i$, $i = 0, 1, \ldots, r - 1$, mit beliebigen Konstanten $u_0, u_1, \ldots, u_{r-1}$. Es gelten dann mit

$$\rho(h) := |h| \max_{0 \leq i \leq r-1} |u_i|$$

die Ungleichungen

$$|\varepsilon_i| \leq \rho(h_n), \quad i = 0, 1, \ldots, n.$$

sowie

$$\lim_{h \to 0} \rho(h) = 0.$$

Nun ist $\eta_n = h_n u_n$, wenn man u_n rekursiv aus $u_0, u_1, \ldots, u_{r-1}$ mittels der folgenden Differenzengleichung bestimmt

$$u_{j+r} + a_{r-1}u_{j+r-1} + \cdots + a_0u_j = 0, \quad j = 0, 1, \ldots, n - r.$$

Da das Verfahren nach Voraussetzung konvergent ist, gilt

$$\lim_{n\to\infty} \eta_n = (x - x_0) \lim_{n\to\infty} \frac{u_n}{n} = 0,$$

d. h. es folgt (7.2.9.2), denn $u_0, u_1, \ldots, u_{r-1}$ waren beliebig gewählt. Aus Satz (7.2.9.5) folgt dann die Behauptung. ☐

Wir verlangen jetzt von F zusätzlich die Lipschitz-Stetigkeit in folgendem Sinne:

Zu jeder Funktion $f \in F_1(a, b)$ gebe es Konstanten $h_0 > 0$ und M, so daß
(7.2.10.2)
$$|F(x; u_r, u_{r-1}, \ldots, u_0; h; f) - F(x; v_r, v_{r-1}, \ldots, v_0; h; f)| \le$$

$$\le M \sum_{i=0}^{r} |u_i - v_i|$$

für alle $x \in [a, b]$, $|h| \le h_0$, u_j, $v_j \in \mathbb{R}$ [vgl. die analoge Bedingung (7.2.2.4)].

Wir zeigen nun, daß für konsistente Verfahren die Stabilitätsbedingung auch hinreichend für die Konvergenz ist:

(7.2.10.3) **Satz:** *Das Verfahren* (7.2.7.2) *sei konsistent* [s. (7.2.7.4)] *und F genüge den Bedingungen* (7.2.7.7) *und* (7.2.10.2). *Dann ist das Verfahren für alle* $f \in F_1(a, b)$ *konvergent* [s. (7.2.7.8)] *genau dann, wenn es die Stabilitätsbedingung* (7.2.9.4) *erfüllt.*

Beweis: Die Notwendigkeit der Stabilitätsbedingung für die Konvergenz folgt aus Satz (7.2.10.1). Um zu zeigen, daß sie unter den angegebenen Voraussetzungen auch hinreichend ist, geht man wie im Beweis von Satz (7.2.2.3) vor: Sei $y(x)$ die exakte Lösung von $y' = f(x, y)$, $y(x_0) = y_0$, $y_j := y(x_j)$, $x_j = x_0 + jh$, und η_j Lösung von (7.2.7.2),

$$\eta_i = y_i + \varepsilon_i, \quad i = 0, \ldots, r - 1,$$

$$\eta_{j+r} + a_{r-1}\eta_{j+r-1} + \cdots + a_0\eta_j = hF(x_j; \eta_{j+r}, \ldots, \eta_j; h; f) + h\varepsilon_{j+r},$$

für $j = 0, 1, \ldots$, wobei $|\varepsilon_j| \le \rho(h)$, $\lim_{h\to 0} \rho(h) = 0$. Für den Fehler $e_j := \eta_j - y_j$ gilt dann

(7.2.10.4)
$$e_i = \varepsilon_i, \quad i = 0, \ldots, r - 1,$$
$$e_{j+r} + a_{r-1}e_{j+r-1} + \cdots + a_0e_j = c_{j+r}, \quad j = 0, 1, \ldots,$$

mit

$$c_{j+r} := h[F(x_j; \eta_{j+r}, \ldots, \eta_j; h; f) - F(x_j; y_{j+r}, \ldots, y_j; h; f)]$$
$$+ h(\varepsilon_{j+r} - \tau(x_j, y_j; h)),$$

wobei $\tau(x_j, y_j; h)$ der lokale Diskretisierungsfehler (7.2.7.3) ist. Wegen der Konsistenz (7.2.7.4) gibt es eine Funktion $\sigma(h)$ mit

$$|\tau(x_j, y_j; h)| \leq \sigma(h), \quad \lim_{h \to 0} \sigma(h) = 0,$$

so daß wegen (7.2.10.2)

(7.2.10.5) $$|c_{j+r}| \leq |h| M \sum_{i=0}^{r} |e_{j+i}| + |h| [\rho(h) + \sigma(h)].$$

Mit Hilfe der Vektoren

$$E_j := \begin{bmatrix} e_j \\ e_{j+1} \\ \vdots \\ e_{j+r-1} \end{bmatrix}, \quad B := \begin{bmatrix} 0 \\ \vdots \\ 0 \\ 1 \end{bmatrix} \in \mathbb{R}^r$$

und der Matrix

$$A := \begin{bmatrix} 0 & 1 & & 0 \\ & & \cdot & \cdot \\ & & \cdot & \cdot \\ 0 & & 0 & 1 \\ -a_0 & \cdot & \cdot & -a_{r-1} \end{bmatrix},$$

läßt sich (7.2.10.4) äquivalent formulieren

(7.2.10.6) $$E_{j+1} = A E_j + c_{j+r} B, \quad E_0 := \begin{bmatrix} \varepsilon_0 \\ \vdots \\ \varepsilon_{r-1} \end{bmatrix}.$$

Wegen der Stabilitätsbedingung (7.2.9.4) gibt es nach Satz (6.9.2) eine Norm $\| \cdot \|$ auf dem $\mathbb{C}^r$ mit $\text{lub}(A) \leq 1$. Nun sind auf dem $\mathbb{C}^r$ alle Normen äquivalent [s. Satz (4.4.6)], d. h. es gibt eine Konstante $k > 0$ mit

$$\frac{1}{k} \| E_j \| \leq \sum_{i=0}^{r-1} |e_{j+i}| \leq k \| E_j \|.$$

Wegen

$$\sum_{i=0}^{r-1} |e_{j+i}| \leq k \| E_j \|, \quad \sum_{i=0}^{r} |e_{j+i}| \leq k \| E_{j+1} \|$$

erhält man aus (7.2.10.5)

$$|c_{j+r}| \le |h|Mk(\|E_j\| + \|E_{j+1}\|) + |h|\,[\rho(h) + \sigma(h)]$$

und aus (7.2.10.6)

$$\|E_{j+1}\| \le \|E_j\| + |c_{j+r}|\,\|B\|,$$

wobei $\|B\| \le k$. Dies zeigt für $j = 0, 1, \dots$

(7.2.10.7) $(1 - |h|Mk^2)\|E_{j+1}\| \le (1 + |h|Mk^2)\|E_j\| + k|h|\,[\rho(h) + \sigma(h)]$.

Für $|h| \le 1/(2Mk^2)$ ist nun $(1 - |h|Mk^2) \ge \tfrac{1}{2}$ und

$$\frac{1 + |h|Mk^2}{1 - |h|Mk^2} \le 1 + 4|h|Mk^2.$$

(7.2.10.7) ergibt somit für $|h| \le 1/(2Mk^2)$ und alle $j = 0, 1, \dots$

$$\|E_{j+1}\| \le (1 + 4|h|Mk^2)\|E_j\| + 2k|h|[\rho(h) + \sigma(h)].$$

Wegen $\|E_0\| \le kr\rho(h)$ liefert Hilfssatz (7.2.2.2) schließlich

$$\|E_n\| \le e^{4n|h|Mk^2}kr\rho(h) + [\rho(h) + \sigma(h)]\frac{e^{4n|h|Mk^2} - 1}{2Mk},$$

d.h. man hat für $x \ne x_0$, $h = h_n = (x - x_0)/n$, $|h_n| \le 1/(2Mk^2)$

$$\|E_n\| \le e^{4Mk^2|x-x_0|}kr\rho(h_n) + [\rho(h_n) + \sigma(h_n)]\frac{e^{4Mk^2|x-x_0|} - 1}{2Mk}.$$

Es gibt also von h_n unabhängige Konstanten C_1 und C_2 mit

(7.2.10.8) $|e_n| = |\eta(x; \varepsilon; h_n) - y(x)| \le C_1\rho(h_n) + C_2\sigma(h_n)$

für alle genügend großen n. Wegen $\lim_{h\to 0}\rho(h) = \lim_{h\to 0}\sigma(h) = 0$ folgt die Konvergenz des Verfahrens. □

Aus (7.2.10.8) erhält man sofort das

(7.2.10.9) **Korollar:** *Ist zusätzlich zu den Voraussetzungen von Satz (7.2.10.3) das Mehrschrittverfahren ein Verfahren der Konsistenzordnung p [s. (7.2.7.4)], $\sigma(h) = O(h^p)$, ist $f \in F_p(a, b)$ und gilt auch für die Fehler*

$$\varepsilon_i = \varepsilon(x_0 + ih_n; h_n), \quad i = 0, 1, \dots, n,$$

eine Abschätzung der Form

$$|\varepsilon_i| \le \rho(h_n), \quad i = 0, 1, \dots, n,$$

mit einer Funktion $\rho(h) = O(h^p)$, dann gilt auch für den globalen Diskretisierungsfehler

$$|\eta(x; \varepsilon; h_n) - y(x)| = O(h_n^p)$$

für alle $h_n = (x - x_0)/n$, n genügend groß.

7.2.11 Lineare Mehrschrittverfahren

In den folgenden Abschnitten setzen wir voraus, daß in (7.2.7.2) außer den Startfehlern ε_i, $0 \le i \le r - 1$, keine weiteren Fehler auftreten, $\varepsilon_j = 0$ für $j \ge r$. Da aus dem Zusammenhang stets hervorgehen wird, welche Startwerte benutzt werden, und damit die Startfehler feststehen, soll außerdem einfacher $\eta(x; h)$ statt $\eta(x; \varepsilon; h)$ für die durch das Mehrschrittverfahren (7.2.7.2) gelieferte Näherungslösung geschrieben werden.

Die gebräuchlichsten Mehrschrittverfahren sind *lineare Mehrschritt-verfahren*. Bei ihnen hat in (7.2.7.1) die Funktion $F(x; \mathbf{u}; h; f)$, $\mathbf{u} = [u_r, \dots, u_0] \in \mathbb{R}^{r+1}$, die Form

(7.2.11.1)

$$F(x; u_r, u_{r-1}, \dots, u_0; h; f)$$

$$\equiv b_r f(x + r h, u_r) + b_{r-1} f(x + (r - 1)h, u_{r-1}) + \cdots + b_0 f(x, u_0).$$

Ein lineares Mehrschrittverfahren ist damit durch die Koeffizienten $a_0, \dots,$ a_{r-1}, $b_0, \dots, b_r$ bestimmt. Es liefert mittels der Rekursionsformel [vgl. (7.2.7.2)]

$$\eta_{j+r} + a_{r-1}\eta_{j+r-1} + \cdots + a_0\eta_j = h[b_r f(x_{j+r}, \eta_{j+r}) + \cdots + b_0 f(x_j, \eta_j)],$$

$$x_i := x_0 + i h,$$

zu jedem Satz von Startwerten η_0, η_1, $\dots$, η_{r-1} und zu jeder (genügend kleinen) Schrittweite $h \ne 0$ Näherungswerte η_i für die Werte $y(x_i)$, $i \ge 0$, der exakten Lösung $y(x)$ eines Anfangswertproblems $y' = f(x, y)$, $y(x_0) = y_0$.

Für $b_r \ne 0$ liegt ein *Korrektor-Verfahren* vor, für $b_r = 0$ ein *Prädiktor-Verfahren*.

Jedes lineare Mehrschrittverfahren erfüllt offensichtlich für $f \in F_1(a, b)$ die Bedingungen (7.2.10.2) und (7.2.7.7). Deshalb ist nach Satz (7.2.10.1) die Stabilitätsbedingung (7.2.9.4) für das Polynom

$$\psi(\mu) := \mu^r + a_{r-1}\mu^{r-1} + \cdots + a_0$$

notwendig für die Konvergenz (7.2.7.8) dieser Verfahren. Nach Satz (7.2.10.3) ist die Stabilitätsbedingung für ψ zusammen mit der Konsistenz (7.2.7.4) auch hinreichend für die Konvergenz.

Zur Prüfung der Konsistenz hat man nach Definition (7.2.7.4) das Verhalten des Ausdrucks [hier ist $a_r := 1$]

$$L[z(x); h] : = \sum_{i=0}^{r} a_i z(x + ih) - h \sum_{i=0}^{r} b_i f(x + ih, z(x + ih))$$

(7.2.11.2)
$$\equiv \sum_{i=0}^{r} a_i z(x + ih) - h \sum_{i=0}^{r} b_i z'(x + ih)$$

$$\equiv h \overset{*}{\cdot} \tau(x, y; h)$$

für die Lösung $z(t)$ von $z'(t) = f(t, z(t))$, $z(x) = y$, $x \in [a, b]$, $y \in \mathbb{R}$ zu untersuchen. Nimmt man an, daß $z(t)$ genügend oft differenzierbar ist (dies ist der Fall, wenn f genügend oft stetig partiell differenzierbar ist), dann findet man durch Taylorentwicklung von $L[z(x); h]$ nach h

$$L[z(x); h] = C_0 z(x) + C_1 h z'(x) + \cdots + C_q h^q z^{(q)}(x)(1 + O(h))$$
$$= h\tau(x, y; h).$$

Hier hängen die C_i nur von den a_j, b_j ab, und zwar linear; z. B. ist

$$C_0 = a_0 + a_1 + \cdots + a_{r-1} + 1$$
$$C_1 = a_1 + 2a_2 + \cdots + (r - 1)a_{r-1} + r \cdot 1 - (b_0 + b_1 + \cdots + b_r).$$

Mit Hilfe des Polynoms $\psi(\mu)$ und des weiteren Polynoms

(7.2.11.3) $$\chi(\mu) := b_0 + b_1 \mu + \cdots + b_r \mu^r, \quad \mu \in \mathbb{C},$$

lassen sich C_0 und C_1 in der Form

$$C_0 = \psi(1), \quad C_1 = \psi'(1) - \chi(1)$$

schreiben. Nun ist

$$\tau(x, y; h) = \frac{1}{h} L[z(x); h] = \frac{C_0}{h} z(x) + C_1 z'(x) + O(h).$$

Also gilt $C_0 = C_1 = 0$ nach Definition (7.2.7.5) für konsistente Mehrschrittverfahren, d. h. ein konsistentes lineares Mehrschrittverfahren hat mindestens die Konsistenzordnung 1.

Allgemein hat es für $f \in F_p(a, b)$ (mindestens) die Ordnung p [s. Def. (7.2.7.4)], falls

$$C_0 = C_1 = \cdots = C_p = 0.$$

Über die Sätze (7.2.10.1) und (7.2.10.3) hinaus gilt für lineare Mehrschrittverfahren

(7.2.11.4) **Satz:** *Ein konvergentes lineares Mehrschrittverfahren ist auch konsistent.*

Beweis: Man betrachte das Anfangswertproblem

$$y' = 0, \quad y(0) = 1,$$

mit der exakten Lösung $y(x) \equiv 1$. Zu den Startwerten $\eta_i := 1$, $i = 0, 1,$ $\ldots, r - 1$, liefert das Verfahren Werte η_{j+r}, $j = 0, 1, \ldots$, mit

(7.2.11.5) $\eta_{j+r} + a_{r-1}\eta_{j+r-1} + \cdots + a_0\eta_j = 0.$

Setzt man $h_n := x/n$, so gilt $\eta(x; h_n) = \eta_n$ und wegen der Konvergenz des Verfahrens

$$\lim_{n\to\infty} \eta(x; h_n) = \lim_{n\to\infty} \eta_n = y(x) = 1.$$

Für $j \to \infty$ folgt daher aus (7.2.11.5) sofort

$$C_0 = 1 + a_{r-1} + \cdots + a_0 = 0.$$

Um $C_1 = 0$ zu zeigen, wird ausgenutzt, daß das Verfahren auch für das Anfangswertproblem

$$y' = 1, \quad y(0) = 0,$$

mit der exakten Lösung $y(x) \equiv x$ konvergiert. Wir wissen bereits $C_0 = \psi(1) = 0$. Nach Satz (7.2.10.1) ist die Stabilitätsbedingung (7.2.9.4) erfüllt, also $\lambda = 1$ nur einfache Nullstelle von ψ, d. h. $\psi'(1) \neq 0$; deshalb ist die Konstante

$$K := \frac{\chi(1)}{\psi'(1)}$$

wohldefiniert. Wir wählen weiter die Startwerte

$$\eta_j := j \cdot h \cdot K, \quad j = 0, 1, \ldots, r - 1,$$

zu denen wegen $y(x_j) = x_j = jh$ die Startfehler

$$\varepsilon_j = \eta_j - y(x_j) = jh(K - 1) = O(h), \quad j = 0, 1, \ldots, r - 1,$$

gehören, die für $h \to 0$ gegen 0 konvergieren [vgl.(7.2.7.9)]. Das Verfahren liefert zu diesen Startwerten eine Folge η_j mit

(7.2.11.6) $\eta_{j+r} + a_{r-1}\eta_{j+r-1} + \cdots + a_0\eta_j = h(b_0 + b_1 + \cdots + b_r) = h\,\chi(1).$

Durch Einsetzen in (7.2.11.6)) sieht man unter Beachtung von $C_0 = 0$ leicht, daß für *alle* j gilt

$$\eta_j = j \cdot h \cdot K.$$

Nun hat man $\eta_n = \eta(x; h_n)$, $h_n := x/n$. Wegen der Konvergenz des Verfahrens gilt daher

$$x = y(x) = \lim_{n\to\infty} \eta(x; h_n) = \lim_{n\to\infty} \eta_n = \lim_{n\to\infty} n\,h_n K = x \cdot K.$$

Es folgt $K = 1$ und damit $C_1 = \psi'(1) - \chi(1) = 0$.   □

Zusammen mit den Sätzen (7.2.10.1), (7.2.10.3) ergibt dies

(7.2.11.7) **Satz:** *Ein lineares Mehrschrittverfahren ist genau dann für $f \in F_1(a, b)$ konvergent, wenn es die Stabilitätsbedingung* (7.2.9.4) *für ψ erfüllt und konsistent ist (d. h. $\psi(1) = 0$, $\psi'(1) - \chi(1) = 0$).*

Mit Hilfe des folgenden Satzes kann man die Konsistenzordnung eines linearen Mehrschrittverfahrens bestimmen:

(7.2.11.8) **Satz:** *Ein lineares Mehrschrittverfahren ist genau dann ein Verfahren der Konsistenzordnung p, wenn $\mu = 1$ p-fache Nullstelle der Funktion $\varphi(\mu) := \psi(\mu)/\ln(\mu) - \chi(\mu)$ ist.*

Beweis: In $L[z(x); h]$ (7.2.11.2) setze man speziell $z(x) := e^x$. Für ein Verfahren p-ter Ordnung gilt dann

$$L[e^x; h] = C_{p+1}h^{p+1}e^x(1 + O(h)).$$

Andererseits ist

$$L[e^x; h] = e^x[\psi(e^h) - h\chi(e^h)].$$

Es liegt also ein Verfahren der Ordnung p genau dann vor, wenn

$$\varphi(e^h) = \frac{1}{h}[\psi(e^h) - h\chi(e^h)] = C_{p+1}h^p(1 + O(h)),$$

d. h. , falls $h = 0$ p-fache Nullstelle von $\varphi(e^h)$ bzw. $\mu = 1$ p-fache Nullstelle von $\varphi(\mu)$ ist. $\square$

Dieser Satz legt folgende Konstruktion von Verfahren nahe: Zu gegebenen Konstanten $a_0, a_1, \ldots, a_{r-1}$ bestimme man weitere Konstanten $b_0, b_1, \ldots, b_r$ so, daß ein Mehrschrittverfahren möglichst hoher Konsistenzordnung entsteht. Dazu entwickle man die für konsistente Verfahren in einer Umgebung von $\mu = 1$ holomorphe Funktion $\psi(\mu)/\ln(\mu)$ in eine Taylorreihe um $\mu = 1$:

$$(7.2.11.9) \quad \frac{\psi(\mu)}{\ln(\mu)} = c_0 + c_1(\mu-1) + \cdots + c_{r-1}(\mu-1)^{r-1} + c_r(\mu-1)^r + \cdots,$$

mit Koeffizienten c_i, die nur von den a_j abhängen, und zwar linear. Wählt man dann

$$(7.2.11.10) \quad \begin{aligned} \chi(\mu) :&= c_0 + c_1(\mu - 1) + \cdots + c_r(\mu - 1)^r \\ &=: b_0 + b_1\mu + \cdots + b_r\mu^r, \end{aligned}$$

erhält man ein Korrektor-Verfahren mindestens der Ordnung $r + 1$ und die Wahl

$$\begin{aligned} \chi(\mu) :&= c_0 + c_1(\mu - 1) + \cdots + c_{r-1}(\mu - 1)^{r-1} \\ &= b_0 + b_1\mu + \cdots + b_{r-1} + 0 \cdot \mu^r \end{aligned}$$

führt zu einem Prädiktor-Verfahren mindestens der Ordnung r.

Um Verfahren noch höherer Ordnung zu erhalten, könnte man versuchen, die Konstanten $a_0, \ldots, a_{r-1}$ so zu bestimmen, daß in (7.2.11.9) gilt

(7.2.11.11)
$$\psi(1) = 1 + a_{r-1} + \cdots + a_0 = 0$$
$$c_{r+1} = c_{r+2} = \cdots = c_{2r-1} = 0.$$

Der Ansatz (7.2.11.10) für $\chi(\mu)$ würde dann zu einem Korrektor-Verfahren der Ordnung $2r$ führen. Leider sind die so erhaltenen Verfahren nicht mehr konvergent, weil die Polynome ψ, für die (7.2.11.11) gilt, nicht mehr die Stabilitätsbedingung (7.2.9.4) erfüllen: Dahlquist (1956, 1959) konnte nämlich zeigen, daß ein lineares r-Schrittverfahren, das die Stabilitätsbedingung (7.2.9.4) erfüllt, höchstens die Ordnung

$$p \leq \begin{cases} r + 1, & \text{falls } r \text{ ungerade,} \\ r + 2, & \text{falls } r \text{ gerade,} \end{cases}$$

besitzen kann [vgl. Abschnitt 7.2.8].

Beispiel: Das konsistente Verfahren höchster Ordnung für $r = 2$ erhält man über den Ansatz

$$\psi(\mu) = \mu^2 - (1 + a)\mu + a = (\mu - 1)(\mu - a).$$

Die Taylorentwicklung von $\psi(\mu)/\ln(\mu)$ um $\mu = 1$ liefert

$$\frac{\psi(\mu)}{\ln(\mu)} = 1 - a + \frac{3 - a}{2}(\mu - 1) + \frac{a + 5}{12}(\mu - 1)^2 - \frac{1 + a}{24}(\mu - 1)^3 + \cdots.$$

Setzt man

$$\chi(\mu) := 1 - a + \frac{3 - a}{2}(\mu - 1) + \frac{a + 5}{12}(\mu - 1)^2,$$

so hat das resultierende lineare Mehrschrittverfahren für $a \neq 1$ die Ordnung 3 und für $a = -1$ die Ordnung 4. Wegen $\psi(\mu) = (\mu - 1)(\mu - a)$ ist die Stabilitätsbedingung (7.2.9.4) nur für $-1 \leq a < 1$ erfüllt. Insbesondere erhält man für $a = 0$

$$\psi(\mu) = \mu^2 - \mu, \quad \chi(\mu) = \frac{1}{12}(5\mu^2 + 8\mu - 1).$$

Dies ist gerade das Adams-Moulton-Verfahren (7.2.6.6) für $q = 2$, das demnach die Ordnung 3 besitzt. Für $a = -1$ erhält man

$$\psi(\mu) = \mu^2 - 1, \quad \chi(\mu) = \frac{1}{3}\mu^2 + \frac{4}{3}\mu + \frac{1}{3},$$

das dem Verfahren von Milne (7.2.6.10) für $q = 2$ entspricht und die Ordnung 4 besitzt (siehe auch Übungsaufgabe 11).

Man übersehe nicht, daß für Mehrschrittverfahren der Ordnung p der Integrationsfehler nur dann von der Ordnung $O(h^p)$ ist, falls die Lösung

$y(x)$ der Differentialgleichung mindestens $p + 1$ mal differenzierbar ist $[f \in F_p(a, b)]$.

7.2.12 Asymptotische Entwicklungen des globalen Diskretisierungsfehlers für lineare Mehrschrittverfahren

Wie in Abschnitt 7.2.3 kann man versuchen, auch für die Näherungslösungen, die von Mehrschrittverfahren geliefert werden, asymptotische Entwicklungen nach der Schrittweite h zu finden. Dabei treten jedoch eine Reihe von Schwierigkeiten auf.

Zunächst hängt die Näherungslösung $\eta(x; h)$ und damit auch ihre asymptotische Entwicklung (falls sie existiert) von den benutzten Startwerten ab. Darüber hinaus muß es nicht unbedingt eine asymptotische Entwicklung der Form [vgl. (7.2.3.3)]

$$(7.2.12.1) \quad \begin{aligned} \eta(x; h) &= y(x) + h^p e_p(x) + h^{p+1} e_{p+1}(x) + \cdots \\ &\quad + h^N e_N(x) + h^{N+1} E_{N+1}(x; h) \end{aligned}$$

für alle $h = h_n := (x - x_0)/n$ geben mit von h unabhängigen Funktionen $e_i(x)$ und einem Restglied $E_{N+1}(x; h)$, das für jedes x in h beschränkt ist.

Dies soll für ein einfaches lineares Mehrschrittverfahren, die Mittelpunktsregel (7.2.6.9), d. h.

$$(7.2.12.2) \quad \eta_{j+1} = \eta_{j-1} + 2hf(x_j, \eta_j), \quad x_j = x_0 + jh, \quad j = 1, 2, \ldots,$$

gezeigt werden. Wir wollen mit dieser Methode das Anfangswertproblem

$$y' = -y, \quad x_0 = 0, \quad y_0 = y(0) = 1,$$

mit der exakten Lösung $y(x) = e^{-x}$ behandeln. Als Startwerte nehmen wir

$$\eta_0 := 1, \quad \eta_1 := 1 - h,$$

[η_1 ist der durch das Eulersche Polygonzug-Verfahren (7.2.1.3.) gelieferte Näherungswert für $y(x_1) = e^{-h}$]. Ausgehend von diesen Startwerten ist dann durch (7.2.12.2) die Folge $\{\eta_j\}$ und damit die Funktion $\eta(x; h)$ für alle $x \in R_h = \{x_j = jh \,|\, j = 0, 1, 2, \ldots\}$ definiert durch

$$\eta(x; h) := \eta_j = \eta_{x/h} \quad \text{falls} \quad x = x_j = jh.$$

Nach (7.2.12.2) genügen die η_j wegen $f(x_j, \eta_j) = -\eta_j$ der Differenzengleichung

$$\eta_{j+1} + 2h\eta_j - \eta_{j-1} = 0, \quad j = 1, 2, \ldots.$$

Mit Hilfe von Satz (7.2.9.8) lassen sich die η_j explizit angeben: Das Polynom

$$\mu^2 + 2h\mu - 1$$

besitzt die Nullstellen

$$\lambda_1 = \lambda_1(h) = -h + \sqrt{1+h^2} = \sqrt{1+h^2}\left(1 - \frac{h}{\sqrt{1+h^2}}\right),$$

$$\lambda_2 = \lambda_2(h) = -h - \sqrt{1+h^2} = -\sqrt{1+h^2}\left(1 + \frac{h}{\sqrt{1+h^2}}\right).$$

Damit gilt nach Satz (7.2.9.8)

(7.2.12.3) $$\eta_j = c_1\lambda_1^j + c_2\lambda_2^j, \quad j = 0, 1, 2, \ldots,$$

wobei die Konstanten c_1, c_2 mit Hilfe der Startwerte $\eta_0 = 1$, $\eta_1 = 1 - h$ bestimmt werden können. Man findet

$$\eta_0 = 1 = c_1 + c_2,$$
$$\eta_1 = 1 - h = c_1\lambda_1 + c_2\lambda_2,$$

und daher

$$c_1 = c_1(h) = \frac{\lambda_2 - (1-h)}{\lambda_2 - \lambda_1} = \frac{1 + \sqrt{1+h^2}}{2\sqrt{1+h^2}},$$

$$c_2 = c_2(h) = \frac{1 - h - \lambda_1}{\lambda_2 - \lambda_1} = \frac{h^2}{2} \frac{1}{\sqrt{1+h^2} + 1 + h^2}.$$

Somit ist für $x \in R_h$, $h \neq 0$,

(7.2.12.4) $$\eta(x; h) := \eta_{x/h} = c_1(h)[\lambda_1(h)]^{x/h} + c_2(h)[\lambda_2(h)]^{x/h}.$$

Man überzeugt sich leicht, daß die Funktion

$$\varphi_1(h) := c_1(h)[\lambda_1(h)]^{x/h}$$

eine für $|h| < 1$ analytische Funktion von h ist. Ferner ist

$$\varphi_1(h) = \varphi_1(-h),$$

denn offensichtlich gilt $c_1(-h) = c_1(h)$ sowie $\lambda_1(-h) = \lambda_1(h)^{-1}$. Der zweite Term in (7.2.12.4) zeigt ein komplizierteres Verhalten. Es ist

$$c_2(h)[\lambda_2(h)]^{x/h} = (-1)^{x/h}\varphi_2(h)$$

mit der für $|h| < 1$ analytischen Funktion

$$\varphi_2(h) = c_2(h)[\lambda_1(-h)]^{x/h} = c_2(h)[\lambda_1(h)]^{-x/h}.$$

Wie eben sieht man $\varphi_2(-h) = \varphi_2(h)$. φ_1 und φ_2 besitzen daher für $|h| < 1$ konvergente Potenzreihenentwicklungen der Form

$$\varphi_1(h) = u_0(x) + u_1(x)h^2 + u_2(x)h^4 + \cdots,$$
$$\varphi_2(h) = v_0(x) + v_1(x)h^2 + v_2(x)h^4 + \cdots$$

mit gewissen analytischen Funktionen $u_j(x)$, $v_j(x)$. Aus den expliziten Formeln für $c_i(h)$, $\lambda_i(h)$ findet man leicht die ersten Glieder dieser Reihen:

$$u_0(x) = e^{-x}, \quad u_1(x) = \frac{e^{-x}}{4}[-1 + 2x],$$
$$v_0(x) = 0, \quad v_1(x) = \frac{e^x}{4}.$$

Damit besitzt $\eta(x; h)$ für alle $h = x/n$, $n = 1, 2, \ldots$, eine Entwicklung der Form

(7.2.12.5) $$\eta(x; h) = y(x) + \sum_{k=1}^{\infty} h^{2k}\big[u_k(x) + (-1)^{x/h} v_k(x)\big].$$

Wegen des oszillierenden von h abhängigen Terms $(-1)^{x/h}$ ist dies *keine* asymptotische Entwicklung der Form (7.2.12.1).

Schränkt man die Wahl von h so ein, daß x/h stets gerade bzw. ungerade ist, erhält man echte asymptotische Entwicklungen einmal für alle $h = x/(2n)$, $n = 1, 2, \ldots$,

(7.2.12.6a) $$\eta(x; h) = y(x) + \sum_{k=1}^{\infty} h^{2k}[u_k(x) + v_k(x)],$$

bzw. für alle $h = x/(2n - 1)$, $n = 1, 2, \ldots$,

(7.2.12.6b) $$\eta(x; h) = y(x) + \sum_{k=1}^{\infty} h^{2k}[u_k(x) - v_k(x)].$$

Berechnet man den Startwert η_1 statt mit dem Eulerverfahren mit dem Verfahren von Runge-Kutta (7.2.1.14), erhält man als Startwerte

$$\eta_0 := 1,$$
$$\eta_1 := 1 - h + \frac{h^2}{2} - \frac{h^3}{6} + \frac{h^4}{24}.$$

Für c_1 und c_2 bekommt man auf dieselbe Weise wie oben

$$c_1 = c_1(h) = \frac{1}{2\sqrt{1+h^2}}\left[1 + \sqrt{1+h^2} + \frac{h^2}{2} - \frac{h^3}{6} + \frac{h^4}{24}\right],$$
$$c_2 = c_2(h) = \frac{\sqrt{1+h^2} - 1 - \frac{h^2}{2} + \frac{h^3}{6} - \frac{h^4}{24}}{2\sqrt{1+h^2}}.$$

Da $c_1(h)$ und $c_2(h)$ und damit $\eta(x; h)$ keine geraden Funktionen von h sind, wird $\eta(x; h)$ keine Entwicklung der Form (7.2.12.5) mehr besitzen, sondern nur noch eine Entwicklung der Art

$$\eta(x; h) = y(x) + \sum_{k=2}^{\infty} h^k[\tilde{u}_k(x) + (-1)^{x/h}\tilde{v}_k(x)] \text{ für } h = \frac{x}{n}, n = 1, 2, \ldots$$

Die Form der asymptotischen Entwicklung hängt also entscheidend von den benutzten Startwerten ab.

Allgemein wurde von Gragg (1965) folgender Satz gezeigt, den wir ohne Beweis angeben [s. Hairer und Lubich (1984) für einen kurzen Beweis]:

(7.2.12.7) **Satz:** *Es sei* $f \in F_{2N+2}(a, b)$ *und* $y(x)$ *die exakte Lösung des Anfangswertproblems*

$$y' = f(x, y), \quad y(x_0) = y_0, \quad x_0 \in [a, b].$$

Für $x \in R_h = \{x_0 + ih | i = 0, 1, 2, \ldots\}$ *sei* $\eta(x; h)$ *definiert durch*

$$\eta(x_0; h) := y_0,$$

(7.2.12.8)
$$\eta(x_0 + h; h) := y_0 + hf(x_0, y_0),$$

$$\eta(x + h; h) := \eta(x - h; h) + 2hf(x, \eta(x; h)).$$

Dann besitzt $\eta(x; h)$ *eine Entwicklung der Form*

(7.2.12.9)
$$\eta(x; h) = y(x) + \sum_{k=1}^{N} h^{2k}\big[u_k(x) + (-1)^{(x-x_0)/h}v_k(x)\big]$$
$$+ h^{2N+2}E_{2N+2}(x; h),$$

die für $x \in [a, b]$ *und alle* $h = (x-x_0)/n$, $n = 1, 2, \ldots$, *gilt. Die Funktionen* $u_k(x)$, $v_k(x)$ *sind von* h *unabhängig. Das Restglied* $E_{2N+2}(x; h)$ *bleibt bei festem* x *für alle* $h = (x - x_0)/n$, $n = 1, 2, \ldots$, *beschränkt.*

Es sei hier explizit darauf hingewiesen, daß Satz (7.2.12.7) auch für Systeme von Differentialgleichungen (7.0.3) gilt: f, y_0, η, y, u_k, v_k usw. sind dann als Vektoren zu verstehen.

Der Fehler $e(x; h) := \eta(x; h) - y(x)$ ist unter den Voraussetzungen von Satz (7.2.12.7) in erster Näherung gleich

$$h^2[u_1(x) + (-1)^{(x-x_0)/h}v_1(x)].$$

Wegen des Terms $(-1)^{(x-x_0)/h}$ zeigt er ein oszillierendes Verhalten:

$$e(x \pm h; h) \doteq h^2[u_1(x) - (-1)^{(x-x_0)/h}v_1(x)].$$

Man sagt aus diesem Grunde, daß die Mittelpunktsregel „schwach instabil" sei. Den führenden Oszillationsterm $(-1)^{(x-x_0)/h} v_1(x)$ kann man mit Hilfe eines Tricks beseitigen. Man setzt [Gragg (1965)]:

(7.2.12.10) $S(x; h) := \frac{1}{2}[\eta(x; h) + \eta(x - h; h) + hf(x, \eta(x; h))]$,

wobei $\eta(x, h)$ durch (7.2.12.8) definiert ist. Wegen (7.2.12.8) ist nun

$$\eta(x + h; h) = \eta(x - h; h) + 2hf(x, \eta(x; h)).$$

Also gilt auch

(7.2.12.11) $S(x; h) = \frac{1}{2}[\eta(x; h) + \eta(x + h; h) - hf(x, \eta(x; h))]$.

Addition von (7.2.12.10) und (7.2.12.11) ergibt

(7.2.12.12) $S(x; h) = \frac{1}{2}\left[\eta(x; h) + \frac{1}{2}\eta(x - h; h) + \frac{1}{2}\eta(x + h; h)\right]$.

Wegen (7.2.12.9) erhält man so für S eine Entwicklung der Form

$$S(x; h) = \frac{1}{2}\left\{y(x) + \frac{1}{2}[y(x + h) + y(x - h)]\right.$$

$$+ \sum_{k=1}^{N} h^{2k}\left[u_k(x) + \frac{1}{2}(u_k(x + h) + u_k(x - h))\right.$$

$$\left.+ (-1)^{(x-x_0)/h}(v_k(x) - \frac{1}{2}(v_k(x + h) + v_k(x - h)))\right]\right\}$$

$$+ O(h^{2N+2}).$$

Entwickelt man $y(x \pm h)$ und die Koeffizientenfunktionen $u_k(x \pm h)$, $v_k(x \pm h)$ in Taylorreihen nach h, findet man schließlich für $S(x; h)$ eine Entwicklung der Form
(7.2.12.13)
$$S(x; h) = y(x) + h^2\left[u_1(x) + \frac{1}{4}y''(x)\right]$$

$$+ \sum_{k=2}^{N} h^{2k}\left[\tilde{u}_k(x) + (-1)^{(x-x_0)/h}\tilde{v}_k(x)\right] + O(h^{2N+2}),$$

in der der führende Fehlerterm kein Oszillationsglied mehr enthält.

7.2.13 Mehrschrittverfahren in der Praxis

Das nicht voraussagbare Verhalten der Lösungen von Differentialgleichungen erzwingt i. allg. bei der numerischen Integration die Änderung von Schrittweiten, wenn man eine vorgegebene Genauigkeitsschranke einhalten will (*Schrittweitensteuerung*). Mehrschrittverfahren, die mit äquidistanten

Stützstellen x_i und einer festen Ordnung arbeiten, sind deshalb für die Praxis wenig geeignet. Jede Änderung der Schrittweite verlangt eine Neuberechnung von Startdaten, vgl. (7.2.6), bzw. impliziert einen komplizierten Interpolationsprozeß, was die Leistungsfähigkeit dieser Integrationsmethoden stark herabsetzt.

Bei wirklich brauchbaren Mehrschrittverfahren muß man deshalb auf die Äquidistanz der Stützstellen x_i verzichten und angeben, wie man die Schrittweiten effizient ändern kann. Die Konstruktion solcher Methoden sei im folgenden skizziert. Wir knüpfen dazu an die Gleichung (7.2.6.2) an, die durch formale Integration von $y' = f(x, y)$ erhalten wurde:

$$y(x_{p+k}) - y(x_{p-j}) = \int_{x_{p-j}}^{x_{p+k}} f(t, y(t))dt.$$

Wie in (7.2.6.3) ersetzen wir den Integranden durch ein interpolierendes Polynom Q_q vom Grad q, verwenden aber hier die Newtonsche Interpolationsformel (2.1.3.4), die für die Schrittweitensteuerung einige Vorteile bietet. Man erhält zunächst mit dem interpolierenden Polynom eine Näherungsformel

$$\eta_{p+k} - \eta_{p-j} = \int_{x_{p-j}}^{x_{p+k}} Q_q(x)dx$$

und daraus die Rekursionsvorschrift

$$\eta_{p+k} - \eta_{p-j} = \sum_{i=0}^{q} f[x_p, \ldots, x_{p-i}] \int_{x_{p-j}}^{x_{p+k}} \bar{Q}_i(x)dx$$

mit

$$\bar{Q}_i(x) = (x - x_p) \cdots (x - x_{p-i+1}), \quad \bar{Q}_0(x) \equiv 1.$$

Im Fall $k = 1$, $j = 0$, $q = 0, 1, 2, \ldots$ erhält man eine „explizite" Formel (Prädiktor)

(7.2.13.1) $$\eta_{p+1} = \eta_p + \sum_{i=0}^{q} g_i f[x_p, \ldots, x_{p-i}],$$

wo

$$g_i := \int_{x_p}^{x_{p+1}} \bar{Q}_i(x)dx.$$

Für $k = 0$, $j = 1$, $q = 0, 1, 2, \ldots$, und mit $p + 1$ statt p erhält man eine „implizite" Formel (Korrektor)

(7.2.13.2) $$\eta_{p+1} = \eta_p + \sum_{i=0}^{q} g_i^* f[x_{p+1}, \ldots, x_{p-i+1}]$$

mit

$$g_i^* := \int_{x_p}^{x_{p+1}} (x - x_{p+1}) \cdots (x - x_{p+2-i}) dx \quad \text{für} \quad i > 0,$$

$$g_0^* := \int_{x_p}^{x_{p+1}} dx.$$

Der Näherungswert $\eta_{p+1} =: \eta_{p+1}^{(0)}$ aus der Prädiktorformel läßt sich nach Abschnitt 7.2.6 als „Startwert" für die iterative Lösung der Korrektorformel verwenden. Wir führen aber nur einen Iterationsschritt aus und bezeichnen den erhaltenen Näherungswert mit $\eta_{p+1}^{(1)}$.

Aus der Differenz der beiden Näherungswerte lassen sich wieder Aussagen über den Fehler und damit die Schrittweite gewinnen. Subtraktion der Prädiktorformel von der Korrektorformel liefert

$$\eta_{p+1}^{(1)} - \eta_{p+1}^{(0)} = \int_{x_p}^{x_{p+1}} (Q_q^{(1)}(x) - Q_q^{(0)}(x)) dx.$$

$Q_q^{(1)}(x)$ ist das interpolierende Polynom der Korrektorformel (7.2.13.2) zu den Stützstellen

$$(x_{p+1}, f_{p+1}^{(1)}), \ (x_p, f_p), \ldots, (x_{p-q+1}, f_{p-q+1})$$

mit

$$f_{p+1}^{(1)} = f(x_{p+1}, \eta_{p+1}^{(0)}).$$

$Q_q^{(0)}(x)$ ist das interpolierende Polynom der Prädiktorformel zu den Stützstellen $(x_p, f_p), \ldots, (x_{p-q}, f_{p-q})$. Setzt man $f_{p+1}^{(0)} := Q_q^{(0)}(x_{p+1})$, dann ist $Q_q^{(0)}(x)$ auch durch die Stützstellen

$$(x_{p+1}, f_{p+1}^{(0)}), \ (x_p, f_p), \ldots, (x_{p-q+1}, f_{p-q+1})$$

eindeutig definiert. Das Differenzpolynom $Q_q^{(1)}(x) - Q_q^{(0)}(x)$ verschwindet also an den Stellen $x_{p-q+1}, \ldots, x_p$ und besitzt für x_{p+1} den Wert

$$f_{p+1}^{(1)} - f_{p+1}^{(0)}.$$

Also ist

(7.2.13.3) $$\eta_{p+1}^{(1)} - \eta_{p+1}^{(0)} = C_q \cdot (f_{p+1}^{(1)} - f_{p+1}^{(0)}).$$

Sei nun $y(x)$ die exakte Lösung der Differentialgleichung $y' = f(x, y)$ zum Anfangswert $y(x_p) = \eta_p$. Wir setzen voraus, daß die zurückliegenden Näherungswerte $\eta_{p-i} = y(x_{p-i})$, $i = 0, 1, \ldots, q$ exakt sind, und machen noch die zusätzliche Annahme, daß $f(x, y(x))$ durch das Polynom $Q_{q+1}^{(1)}$ exakt dargestellt wird, das zu den Stützpunkten

$$(x_{p+1}, f_{p+1}^{(1)}), \ (x_p, f_p), \ \ldots, \ (x_{p-q}, f_{p-q})$$

gehört. Es ist dann

$$y(x_{p+1}) = \eta_p + \int_{x_p}^{x_{p+1}} f(y, y(x)) \, dx$$

$$= \eta_p + \int_{x_p}^{x_{p+1}} Q_{q+1}^{(1)}(x) \, dx.$$

Für den Fehler

$$E_q := y(x_{p+1}) - \eta_{p+1}^{(1)}$$

ergibt sich

$$E_q = \eta_p + \int_{x_p}^{x_{p+1}} Q_{q+1}^{(1)}(x) dx - \eta_p - \int_{x_p}^{x_{p+1}} Q_q^{(1)} dx$$

$$= \int_{x_p}^{x_{p+1}} (Q_{q+1}^{(1)}(x) - Q_q^{(0)}(x)) dx - \int_{x_p}^{x_{p+1}} (Q_q^{(1)}(x) - Q_q^{(0)}(x)) dx.$$

Im ersten Term stimmt $Q_q^{(0)}(x)$ mit dem Polynom $Q_{q+1}^{(0)}(x)$ überein, das zu den Interpolationsstellen

$$(x_{p+1}, f_{p+1}^{(0)}), \ (x_p, f_p), \ \ldots, \ (x_{p-q}, f_{p-q})$$

gehört. Analog zu (7.2.13.3) ist dann gerade

$$E_q = C_{q+1}(f_{p+1}^{(1)} - f_{p+1}^{(0)}) - C_q(f_{p+1}^{(1)} - f_{p+1}^{(0)})$$

$$= (C_{q+1} - C_q)(f_{p+1}^{(1)} - f_{p+1}^{(0)}).$$

Sind nun die Stützpunkte $x_{p+1}, x_p, \ldots, x_{p-q}$ äquidistant und ist $h := x_{j+1} - x_j$, so gilt für den Fehler

$$E_q = y(x_{p+1}) - \eta_{p+1}^{(1)} = O(h^{q+2}) \doteq C \, h^{q+2}.$$

Die weiteren Überlegungen gestalten sich nun nach früherem Muster (vgl. Abschnitt 7.2.5).

Sei ε eine vorgegebene Toleranzschranke. Der „alte" Schritt h_{alt} wird als „erfolgreich" akzeptiert, falls

$$|E_q| = |C_{q+1} - C_q| \cdot |f_{p+1}^{(1)} - f_{p+1}^{(0)}| \doteq |C \cdot h_{\text{alt}}^{q+2}| \leq \varepsilon.$$

Der neue Schritt h_{neu} wird als „erfolgreich" angesehen, falls

$$|C \cdot h_{\text{neu}}^{q+2}| \leq \varepsilon.$$

gemacht werden kann. Elimination von C liefert wieder

$$h_{\text{neu}} \doteq h_{\text{alt}} \left(\frac{\varepsilon}{|E_q|} \right)^{\frac{1}{q+2}}$$

Diese Strategie läßt sich noch verbinden mit einer Änderung von q (Änderung der Ordnung des Verfahrens). Man ermittelt die drei Größen

$$\left(\frac{\varepsilon}{|E_{q-1}|} \right)^{\frac{1}{q+1}}, \quad \left(\frac{\varepsilon}{|E_q|} \right)^{\frac{1}{q+2}}, \quad \left(\frac{\varepsilon}{|E_{q+1}|} \right)^{\frac{1}{q+3}}$$

und bestimmt das maximale Element. Wenn der erste Term maximal ist, wird q um 1 verringert; ist der zweite maximal, wird q beibehalten, und ist der dritte maximal, wird q um 1 erhöht.

Entscheidend ist, daß sich die Größen E_{q-1}, E_q, E_{q+1} aus dem Schema der dividierten Differenzen rekursiv berechnen lassen. Man kann zeigen

$$E_{q-1} = g_{q-1,2} f^{(1)}[x_{p+1}, x_p, \ldots, x_{p-q+1}],$$
$$E_q = g_{q,2} f^{(1)}[x_{p+1}, x_p, \ldots, x_{p-q}],$$
$$E_{q+1} = g_{q+1,2} f^{(1)}[x_{p+1}, x_p, \ldots, x_{p-q-1}],$$

wobei die Größen $f^{(1)}[x_{p+1}, x_p, \ldots, x_{p-i}]$ die dividierten Differenzen für die Stützpunkte $(x_{p+1}, f_{p+1}^{(1)})$, (x_p, f_p), $\ldots$, (x_{p-i}, f_{p-i}) und die Größen g_{ij} durch

$$g_{ij} = \int_{x_p}^{x_{p+1}} \bar{Q}_i(x)(x - x_{p+1})^{j-1} dx, \quad i, j \geq 1,$$

definiert sind. Die g_{ij} genügen der Rekursion

$$g_{ij} = (x_{p+1} - x_{p+1-i}) g_{i-1,j} + g_{i-1,j+1}$$

für $j = 1, 2, \ldots, q+2-i$, $i = 2, 3, \ldots, q$, mit den Startwerten

$$g_{1j} = \frac{(-(x_{p+1} - x_p))^{j+1}}{j(j+1)}, \quad j = 1, \ldots, q+1.$$

Das so besprochene Verfahren ist „selbststartend": Man beginnt mit $q = 0$, erhöht im nächsten Schritt auf $q = 1$ u.s.w. Die für Mehrschrittverfahren mit äquidistanten Schrittweiten und festem q notwendige „Anlaufrechnung" (vgl. 7.2.6) entfällt.

Für ein eingehendes Studium muß auf die Spezialliteratur verwiesen werden, etwa Hairer, Nørsett and Wanner (1993), Shampine and Gordon (1975), Gear (1971) und Krogh (1974).

7.2.14 Extrapolationsverfahren zur Lösung des Anfangswertproblems

Wie in Abschnitt 3.5 ausgeführt, legen asymptotische Entwicklungen die Anwendung von Extrapolationsverfahren nahe. Besonders effektive Extrapolationsverfahren erhält man für Diskretisierungsverfahren mit asymptotischen Entwicklungen, in denen nur gerade h-Potenzen auftreten. Man beachte, daß das für die Mittelpunktsregel bzw. für die modifizierte Mittelpunktsregel der Fall ist [s. (7.2.12.8), (7.2.12.9) bzw. (7.2.12.10), (7.2.12.13)].

In der Praxis verwendet man insbesondere die Graggsche Funktion $S(x; h)$ (7.2.12.10), deren Definition wegen ihrer Wichtigkeit wiederholt sei:

Gegeben sei das Tripel (f, x_0, y_0), eine reelle Zahl H und eine natürliche Zahl $n > 0$. Man definiere $\bar{x} := x_0 + H$, $h := H/n$. Zu dem Anfangswertproblem

$$y' = f(x, y), \quad y(x_0) = y_0,$$

mit der exakten Lösung $y(x)$ wird der Näherungswert $S(\bar{x}; h)$ für $y(\bar{x})$ auf folgende Weise berechnet:

$$\eta_0 := y_0,$$
$$\eta_1 := \eta_0 + hf(x_0, \eta_0), \quad x_1 := x_0 + h,$$
(7.2.14.1)   für $j = 1, 2, \ldots, n - 1$:
$$\eta_{j+1} := \eta_{j-1} + 2hf(x_j, \eta_j), \quad x_{j+1} := x_j + h,$$
$$S(\bar{x}; h) := \tfrac{1}{2}[\eta_n + \eta_{n-1} + hf(x_n, \eta_n)].$$

Bei Extrapolationsverfahren zur Approximation von $y(\bar{x})$ wählt man dann (s. 3.4, 3.5) eine Folge

$$F = \{n_0, n_1, n_2, \ldots\}, \quad 0 < n_0 < n_1 < n_2 < \cdots,$$

von natürlichen Zahlen und berechnet für $h_i := H/n_i$ die Werte $S(\bar{x}; h_i)$, $i = 0, 1, \ldots$. Wegen des Oszilliationsterms $(-1)^{(x-x_0)/h}$ in (7.2.12.13) darf F jedoch nur gerade oder nur ungerade Zahlen enthalten. Gewöhnlich nimmt man die Folge

(7.2.14.2) $F = \{2, 4, 6, 8, 12, 16, \ldots\}, \quad n_i := 2n_{i-2}$ für $i \geq 3$.

Wie in Abschnitt 3.5 berechnet man dann ausgehend von den $S(\bar{x}; h_i)$ in der nullten Spalte mit Hilfe von Interpolationsformeln ein Tableau von weiteren Werten T_{ik}, und zwar Schrägzeile für Schrägzeile:

$$
\begin{array}{c|l}
h_0 & S(\bar{x}; h_0) = T_{00} \\
& \hspace{3em} T_{11} \\
h_1 & S(\bar{x}; h_1) = T_{10} \hspace{3em} T_{22} \\
& \hspace{3em} T_{21} \searrow \hspace{1em} \nearrow \hspace{0.5em} T_{33} \\
h_2 & S(\bar{x}; h_2) = T_{20} \hspace{3em} T_{32} \hspace{1em} \vdots \\
& \hspace{4em} T_{31} \nearrow \hspace{1em} \vdots \\
h_3 & S(\bar{x}; h_3) = T_{30} \hspace{2em} \vdots \\
\vdots & \hspace{3em} \vdots
\end{array}
$$

(7.2.14.3)

Dabei ist

$$T_{ik} := \tilde{T}_{ik}(0)$$

gerade der Wert des interpolierenden Polynoms (besser nimmt man rationale Funktionen) k-ten Grades in h^2,

$$\tilde{T}_{ik}(h) = a_0 + a_1 h^2 + \ldots + a_k h^{2k},$$

mit $\tilde{T}_{ik}(h_j) = S(\bar{x}; h_j)$ für $j = i, i-1, \ldots, i-k$. Wie in 3.5 gezeigt wurde, konvergiert jede Spalte von (7.2.14.3) gegen $y(\bar{x})$

$$\lim_{i \to \infty} T_{ik} = y(\bar{x}) \quad \text{für} \quad k = 0, 1, \ldots.$$

Insbesondere konvergieren bei festem k die T_{ik} für $i \to \infty$ wie ein Verfahren $(2k + 2)$-ter Ordnung gegen $y(\bar{x})$. In erster Näherung gilt wegen (7.2.12.13) [s. (3.5.9)]

$$T_{ik} - y(\bar{x}) \doteq (-1)^k h_i^2 h_{i-1}^2 \cdots h_{i-k}^2 [\tilde{u}_{k+1}(\bar{x}) + \tilde{v}_{k+1}(\bar{x})].$$

Weiter kann man wie in 3.5 mit Hilfe des Monotonieverhaltens der T_{ik} asymptotische Abschätzungen für den Fehler $T_{ik} - y(\bar{x})$ gewinnen.

Hat man ein hinreichend genaues $T_{ik} =: \bar{y}$ gefunden, wird $\bar{y}$ als Näherungswert für $y(\bar{x})$ akzeptiert. Anschließend kann man auf dieselbe Weise $y(\bar{\bar{x}})$ an einer weiteren Stelle $\bar{\bar{x}} = \bar{x} + \bar{H}$ näherungsweise berechnen, indem man x_0, y_0, H durch $\bar{x}$, $\bar{y}$, $\bar{H}$ ersetzt und das neue Anfangswertproblem wie eben löst.

Es sei ausdrücklich darauf hingewiesen, daß das Extrapolationsverfahren auch zur Lösung eines Anfangswertproblems (7.0.3), (7.0.4) für Systeme von n gewöhnlichen Differentialgleichungen anwendbar ist. In diesem Fall sind $f(x, y)$ und $y(x)$ Vektoren von Funktionen, y_0, η_i und schließlich

$S(\bar{x}; h)$ (7.2.14.1) sind Vektoren des $\mathbb{R}^n$. Die asymptotischen Entwicklungen (7.2.12.9) und (7.2.12.13) sind nach wie vor richtig und bedeuten, daß jede Komponente von $S(\bar{x}; h) \in \mathbb{R}^n$ eine asymptotische Entwicklung der angegebenen Form besitzt. Die Elemente T_{ik} von (7.2.14.3) sind ebenfalls Vektoren aus dem $\mathbb{R}^n$, die wie eben komponentenweise aus den entsprechenden Komponenten von $S(\bar{x}; h_i)$ berechnet werden.

Bei der praktischen Realisierung des Verfahrens tritt das Problem auf, wie man die Grundschrittweite H wählen soll. Wählt man H zu groß, muß man ein sehr großes Tableau (7.2.14.3) konstruieren, bevor man ein genügend genaues T_{ik} findet: i ist eine große Zahl und um T_{ik} zu bestimmen, hat man $S(\bar{x}; h_j)$ für $j = 0, 1, \ldots, i$ zu berechnen, wobei die Berechnung von $S(\bar{x}; h_j)$ allein $n_j + 1$ Auswertungen der rechten Seite $f(x, y)$ der Differentialgleichung erfordert. So wachsen bei der Folge F (7.2.14.2) die Zahlen $s_i := \sum_{j=0}^{i}(n_j + 1)$ und damit der Rechenaufwand für ein Tableau mit $i + 1$ Schrägzeilen mit i rasch an: es gilt $s_{i+1} \approx 1.4 s_i$.

Wenn die Schrittweite H zu klein ist, werden unnötig kleine und damit zu viele Integrationsschritte $(x_0, y(x_0)) \rightarrow (x_0 + H, y(x_0 + H))$ gemacht.

Es ist deshalb für die Effizienz des Verfahrens sehr wichtig, daß man ähnlich wie in 7.2.5 einen Mechanismus für die Schätzung einer vernünftigen Schrittweite H in das Verfahren einbaut. Dieser Mechanismus muß zweierlei leisten:

a) Er muß sicherstellen, daß eine zu große Schrittweite H reduziert wird, bevor ein unnötig großes Tableau konstruiert wird.

b) Er sollte dem Benutzer des Verfahrens (des Programms) für den nächsten Integrationsschritt eine brauchbare Schrittweite $\bar{H}$ vorschlagen.

Wir wollen auf solche Mechanismen nicht weiter eingehen und es mit der Bemerkung bewenden lassen, daß man im Prinzip ebenso wie in Abschnitt 7.2.5 vorgehen kann.

Ein ALGOL-Programm für die Lösung von Anfangswertproblemen mittels Extrapolationsverfahren findet man in Bulirsch und Stoer (1966).

7.2.15 Vergleich der Verfahren zur Lösung von Anfangswertproblemen

Die beschriebenen Verfahren zerfallen in drei Klassen,
a) Einschrittverfahren,
b) Mehrschrittverfahren,
c) Extrapolationsverfahren.

Alle Verfahren gestatten eine Änderung der Schrittweite h in jedem Integrationsschritt, eine Anpassung der jeweiligen Schrittweite stößt bei ihnen

auf keine grundsätzlichen Schwierigkeiten. Die modernen Mehrschrittverfahren und auch die Extrapolationsverfahren arbeiten darüber hinaus nicht
mit festen Ordnungen. Bei Extrapolationsverfahren kann die Ordnung beispielsweise mühelos durch Anhängen weiterer Spalten an das Tableau der
extrapolierten Werte erhöht werden. Einschrittverfahren vom Runge-Kutta-
Fehlberg-Typ sind von der Konstruktion her an eine feste Ordnung gebun-
den, doch lassen sich mit entsprechend komplizierten Ansätzen auch Verfahren mit variabler Ordnung konstruieren. Untersuchungen darüber sind im
Gange.

Um die Vor- bzw. Nachteile der verschiedenen Integrationsmethoden
herauszufinden, wurden mit größter Sorgfalt Rechenprogramme für die oben
erwähnten Verfahren erstellt und umfangreiche numerische Experimente mit
einer Vielzahl von Differentialgleichungen durchgeführt.

Das Ergebnis kann etwa so beschrieben werden: Den geringsten Rechenaufwand gemessen in der Anzahl der Auswertungen der rechten Seite einer
Differentialgleichung erfordern die Mehrschrittverfahren. Pro Schritt muß
bei einem Prädiktor-Verfahren die rechte Seite der Differentialgleichungen
nur einmal zusätzlich ausgewertet werden, bei einem Korrektor-Verfahren
ist diese Zahl gleich der (im allgemeinen geringen) Zahl der Iterationen.
Der Aufwand, den die Schrittweitensteuerung bei Mehrschrittverfahren verursacht, gleicht diesen Vorteil aber wieder weitgehend aus. Mehrschrittverfahren haben den höchsten Aufwand an Unkosten-Zeit (overhead-time).
Vorteile sind insbesondere dann gegeben, wenn die rechte Seite der Differentialgleichung sehr kompliziert gebaut ist und deshalb jede ihrer Auswertungen sehr teuer ist. Im Gegensatz dazu haben Extrapolationsverfahren
den geringsten Aufwand an Unkosten-Zeit, dagegen reagieren sie manchmal nicht so „feinfühlig" auf Änderungen der vorgegebenen Genauigkeitsschranke ε wie Einschrittverfahren oder Mehrschrittverfahren: häufig werden viel genauere Ergebnisse als gewünscht geliefert. Die Zuverlässigkeit
der Extrapolationsverfahren ist sehr groß, bei geringeren Genauigkeitsanforderungen arbeiten sie aber nicht sehr wirtschaftlich, sie sind dann zu
teuer.

Bei geringen Genauigkeitsanforderungen sind Runge-Kutta-Fehlberg-
Verfahren (RKF-Verfahren) niedriger Ordnungen p vorzuziehen. RKF-
Verfahren gewisser Ordnungen reagieren auf Unstetigkeiten der rechten
Seite der Differentialgleichung manchmal weniger empfindlich als Mehr-
schritt- oder Extrapolations-Verfahren. Zwar wird, wenn keine besonderen
Vorkehrungen getroffen werden, bei RKF-Verfahren die Genauigkeit an
einer Unstetigkeitsstelle zunächst drastisch reduziert, danach aber arbeiten
diese Verfahren wieder störungsfrei weiter. Bei gewissen prakischen Problemen kann das vorteilhaft sein.

Keine der Methoden weist solche Vorteile auf, daß sie allen anderen vorgezogen werden könnte (vorausgesetzt, daß alle Methoden sorgfältig programmiert wurden). Welches Verfahren für ein bestimmtes Problem herangezogen werden soll, hängt von vielen Dingen ab, die hier nicht im einzelnen erläutert werden können, dazu muß auf die Originalarbeiten verwiesen werden, siehe z.B. Clark (1968), Crane und Fox (1969), Hull et al. (1972), Shampine et al. (1976), Diekhoff et al. (1977).

7.2.16 Steife Differentialgleichungen

Der Zerfall von Ozon in den höheren Luftschichten unter der Einwirkung der Sonnenstrahlung wird in der chemischen Reaktionskinetik beschrieben durch

$$O_3 + O_2 \underset{k_2}{\overset{k_1}{\rightleftharpoons}} O + 2O_2; \quad O_3 + O \overset{k_3}{\to} 2O_2.$$

Die kinetische Parameter k_j, $j = 1, 2, 3$, sind dabei aus Messungen bekannt – oder werden durch Lösung eines „inversen Problems" aus gemessenen Zerfallskurven der Substanzen bestimmt. Bezeichnen $y_1 = [O_3]$, $y_2 = [O]$, $y_3 = [O_2]$ die Konzentrationen der miteinander reagierenden Gase, so wird diese Reaktion, sehr vereinfacht, durch die Lösungen des Differentialgleichungssystems

$$\dot{y}_1(t) = -k_1 y_1 y_3 + k_2 y_2 y_3^2 - k_3 y_1 y_2,$$
$$\dot{y}_2(t) = k_1 y_1 y_3 - k_2 y_2 y_3^2 - k_3 y_1 y_2,$$
$$\dot{y}_3(t) = -k_1 y_1 y_3 + k_2 y_2 y_3^2 + k_3 y_1 y_2$$

beschrieben [vgl. Willoughby (1974)].

Nimmt man die Konzentration von molekularem Sauerstoff $[O_2]$ als konstant, $\dot{y}_3 \equiv 0$, und die Anfangskonzentration des Radikals O als Null an, $y_2(0) = 0$, so erhält man bei entsprechender Skalierung der k_j das Anfangswertproblem

$$\dot{y}_1 = -y_1 - y_1 y_2^2 + 294 y_2, \quad y_1(0) = 1,$$
$$\dot{y}_2 = (y_1 - y_1 y_2)/98 - 3 y_2, \quad y_2(0) = 0, \qquad t \geq 0.$$

Typisch für Probleme der chemischen Reaktionskinetik sind die stark unterschiedlichen Zeitordnungen, in denen die Reaktionen ablaufen. Das äußert sich in den unterschiedlichen Größenordnungen der Koeffizienten im Differentialgleichungssystem. Eine Linearisierung ergibt daher einen weiten Bereich der Eigenwerte [s. Gerschgorin-Kreissatz (6.9.4))]. Man muß also

Lösungen erwarten, die durch „Grenzschichten" und „asymptotische Phasen" gekennzeichnet sind. Solche Systeme bereiten bei der numerischen Integration große Schwierigkeiten.

Ein Beispiel [vgl. dazu Grigorieff (1972, 1977)] möge das erläutern. Gegeben sei das System (mit der unabhängigen Variablen x)

$$(7.2.16.1) \quad \begin{aligned} y_1'(x) &= \frac{\lambda_1 + \lambda_2}{2} y_1 + \frac{\lambda_1 - \lambda_2}{2} y_2, \\ y_2'(x) &= \frac{\lambda_1 - \lambda_2}{2} y_1 + \frac{\lambda_1 + \lambda_2}{2} y_2, \end{aligned}$$

mit negativen Konstanten $\lambda_i < 0$, $i = 1, 2$. Seine allgemeine Lösung ist

$$(7.2.16.2) \quad \begin{aligned} y_1(x) &= C_1 e^{\lambda_1 x} + C_2 e^{\lambda_2 x}, \\ y_2(x) &= C_1 e^{\lambda_1 x} - C_2 e^{\lambda_2 x}, \end{aligned}$$

mit Integrationskonstanten C_1, C_2.

Integriert man (7.2.16.1) mit dem Euler-Verfahren [s. (7.2.1.3)], so lassen sich die numerischen Näherungen geschlossen darstellen,

$$(7.2.16.3) \quad \begin{aligned} \eta_{1i} &= C_1(1 + h\lambda_1)^i + C_2(1 + h\lambda_2)^i, \\ \eta_{2i} &= C_1(1 + h\lambda_1)^i - C_2(1 + h\lambda_2)^i. \end{aligned}$$

Offensichtlich konvergieren die Näherungen für $i \to \infty$ nur dann gegen 0, falls die Schrittweite h so klein gewählt wird, daß

$$(7.2.16.4) \quad |1 + h\lambda_1| < 1 \quad \text{und} \quad |1 + h\lambda_2| < 1.$$

Es sei nun $|\lambda_2|$ groß gegen $|\lambda_1|$. Wegen $\lambda_2 < 0$ ist dann in (7.2.16.2) der Einfluß der Komponente $e^{\lambda_2 x}$ gegenüber $e^{\lambda_1 x}$ vernachlässigbar klein. Leider gilt das nicht für die numerische Integration. Wegen (7.2.16.4) muß nämlich die Schrittweite $h > 0$ so klein gewählt werden, daß

$$h < \frac{2}{|\lambda_2|}.$$

Für den Fall $\lambda_1 = -1$, $\lambda_2 = -1000$ ist $h \leq 0.002$. Obwohl also e^{-1000x} zur Lösung praktisch nichts beiträgt, bestimmt der Faktor 1000 im Exponenten die Schrittweite. Dieses Verhalten bei der numerischen Integration bezeichnet man als *steif* (*stiff equations*).

Ein solches Verhalten ist allgemein zu erwarten,wenn für eine Differentialgleichung $y' = f(x, y)$ die Matrix $f_y(x, y)$ Eigenwerte λ mit $\text{Re } \lambda \ll 0$ besitzt.

Das Euler-Verfahren (7.2.1.3) ist für die numerische Integration solcher Systeme kaum geeignet; gleiches gilt für die *RKF*-Verfahren, Mehrschrittverfahren und Extrapolationsverfahren, die bisher behandelt wurden.

Geeignete Methoden zur Integration steifer Differentialgleichungen leiten sich aus den sogenannten *impliziten* Verfahren ab. Als Beispiel diene das *implizite Eulerverfahren* .

$$(7.2.16.5) \qquad \eta_{i+1} = \eta_i + hf(x_{i+1}, \eta_{i+1}), \quad i = 0, 1, \dots .$$

Die neue Näherung η_{i+1} läßt sich nur iterativ bestimmen. Der numerische Aufwand wächst also beträchtlich.

Man findet häufig, daß bei konstanter Schrittweite $h > 0$ viele Verfahren angewandt auf das lineare Differentialgleichungssystem

$$(7.2.16.6) \qquad y' = Ay, \quad y(0) = y_0,$$

A eine $n \times n$-Matrix, eine Folge von Näherungsvektoren η_i für die Lösung $y(x_i)$ liefern, die einer Rekursionsformel

$$(7.2.16.7) \qquad \eta_{i+1} = g(hA)\eta_i$$

genügen. Die Funktion $g(z)$ hängt nur von dem betreffenden Verfahren ab und heißt *Stabilitätsfunktion*. Sie ist gewöhnlich eine rationale Funktion, in die man eine Matrix als Argument einsetzen darf.

Beispiel: Für das explizite Euler-Verfahren (7.2.1.3) findet man

$$\eta_{i+1} = \eta_i + hA\eta_i = (I + hA)\eta_i, \quad \text{also } g(z) = 1 + z,$$

für das implizite Euler-Verfahren (7.2.16.5):

$$\eta_{i+1} = \eta_i + hA\eta_{i+1}, \quad \eta_{i+1} = (I - hA)^{-1}\eta_i, \quad \text{also } g(z) = 1/(1 - z).$$

Nimmt man an, daß in (7.2.16.6) die Matrix A nur Eigenwerte λ_j mit $\operatorname{Re}\lambda_j < 0$ besitzt [vgl. (7.2.16.1)], so konvergiert die Lösung $y(x)$ von (7.2.16.6) für $x \to \infty$ gegen 0, während wegen (7.2.16.7) die diskrete Lösung $\{\eta_i\}$ für $i \to \infty$ nur für solche Schrittweiten $h > 0$ gegen 0 konvergiert, für die $|g(h\lambda_j)| < 1$ für alle Eigenwerte λ_j von A gilt.

Weil das Vorkommen von Eigenwerten λ_j mit $\operatorname{Re}\lambda_j \ll 0$ *nicht notwendig* die Verwendung kleiner Schrittweiten $h > 0$ erzwingt, ist deshalb ein Verfahren für die Integration steifer Differentialgleichungen geeignet, wenn es absolut stabil in folgendem Sinne ist:

(7.2.16.8) **Def.:** *Ein Verfahren* (7.2.16.7) *heißt absolut stabil (A-stabil), falls* $|g(z)| < 1$ *für alle* $\operatorname{Re} z < 0$ *gilt.*

Eine genauere Beschreibung des Verhaltens einer Methode (7.2.16.7) liefert ihr *absolutes Stabilitätsgebiet*, unter dem man die Menge

$$(7.2.16.9) \qquad \mathscr{M} = \{z \in \mathbb{C} \mid |g(z)| < 1\}$$

versteht: Ein Verfahren ist umso geeigneter für die Integration steifer Differentialgleichungen, je größer der Durchschnitt $\mathscr{M} \cap \mathbb{C}_-$ von $\mathscr{M}$ mit der linken Halbebene $\mathbb{C}_- = \{z \mid \operatorname{Re} z < 0\}$ ist; es ist absolut stabil, falls $\mathscr{M}$ sogar $\mathbb{C}_-$ enthält.

Beispiel: Das absolute Stabilitätsgebiet des expliziten Euler-Verfahrens ist

$$\{z \mid |1 + z| < 1\},$$

das des impliziten Euler-Verfahrens

$$\{z \mid |1 - z| > 1\}.$$

Das implizite Euler-Verfahren ist also absolut stabil, das explizite nicht.

Unter Berücksichtigung der A-Stabilität lassen sich analog zu den Ausführungen in den vorherigen Kapiteln (7.2.14), (7.2.1) und (7.2.11) Extrapolationsverfahren, Einschrittverfahren und Mehrschrittverfahren entwickeln. Alle Methoden sind implizit oder semi-implizit, da nur diese Methoden eine rationale Stabilitätsfunktion besitzen. Die früher hergeleiteten expliziten Verfahren führen auf polynominale Stabilitätsfunktionen, die nicht A-stabil sein können. Das implizite Element aller steifen Differentialgleichungslöser besteht in der einfachen (semi-implizit) oder mehrfachen Lösung linearer Gleichungssysteme (resultierend aus Iterationsverfahren vom Newton Typ). Die Matrix E dieser linearen Gleichungssysteme enthält dabei im wesentlichen die Jacobimatrix $f_y = f_y(x, y)$; i. allg. wählt man $E = I - h\gamma f_y$ mit einer Konstanten γ.

Extrapolationsverfahren

Wir wollen eine Extrapolationsmethode zur Lösung steifer Systeme der Form* $y' = f(y)$ herleiten. Dazu spaltet man zunächst den steifen Teil der Lösung $y(t)$ in der Nähe von $t = x$ ab, indem man die modifizierte Funktion $c(t) := e^{-A(t-x)} y(t)$ mit $A := f_y(y(x))$ einführt. Für sie gilt

$$c'(x) = \bar{f}(y(x)), \quad \text{mit } \bar{f}(y) := f(y) - Ay,$$

so daß das Eulerverfahren (7.2.1.3) bzw. die Mittelpunktsregel (7.2.6.9) die Näherungen

$$c(x + h) \approx y(x) + h\bar{f}(y(x)),$$

$$c(x + h) \approx c(x - h) + 2h\bar{f}(y(x))$$

---

* Jede Differentialgleichung kann auf diese *autonome* Form reduziert werden: $\tilde{y}' = \tilde{f}(\tilde{x}, \tilde{y})$ ist äquivalent zu $\begin{bmatrix} \tilde{y} \\ \tilde{x} \end{bmatrix}' = \begin{bmatrix} \tilde{f}(\tilde{x}, \tilde{y}) \\ 1 \end{bmatrix}$.

liefert. Mit Hilfe von $c(x \pm h) = e^{\mp Ah} y(x \pm h) \approx (I \mp Ah) y(x \pm h)$ erhält man eine *semi-implizite Mittelpunktsregel* [vgl. (7.2.12.8)],

$$\eta(x_0; h) := y_0, \quad A := f_y(y_0),$$
$$\eta(x_0 + h; h) := (I - hA)^{-1} [y_0 + h\bar{f}(y_0)],$$
$$\eta(x + h; h) := (I - hA)^{-1} \big[(I + hA)\eta(x - h; h) + 2h\bar{f}(\eta(x; h))\big]$$

für die Berechnung einer Näherungslösung $\eta(x; h) \approx y(x)$ des Anfangswertproblems $y' = f(y)$, $y(x_0) = y_0$. Diese Methode wurde von Bader und Deuflhard (1983) als Basis von Extrapolationsverfahren genommen, die mit großem Erfolg zur Lösung von reaktionskinetischen Problemen der Chemie verwendet wurden.

Einschrittverfahren

In Anlehnung an Runge-Kutta-Fehlberg-Methoden [s. (7.2.5.7) ff.] haben Kaps und Rentrop (1979) für autonome Systeme [s. letzte Fußnote] $y' = f(y)$ Verfahren zur Integration von steifen Differentialgleichungen konstruiert, die sich durch einfachen Aufbau, Effizienz und eine robuste Schrittweitensteuerung auszeichnen. Numerisch getestet wurden sie bis zu den extremen Werten

$$\left| \frac{\lambda_{max}}{\lambda_{min}} \right| = 10^7 \quad \text{(bei 12-stelliger Rechnung)}.$$

Analog zu (7.2.5.7) hat man

(7.2.16.10)
$$\bar{y}_{i+1} = \bar{y}_i + h\, \Phi_I(\bar{y}_i; h),$$
$$\hat{y}_{i+1} = \bar{y}_i + h\, \Phi_{II}(\bar{y}_i; h),$$

mit

(7.2.16.11)
$$|\Delta(x, y(x)); h) - \Phi_I(y(x); h)| \leq N_I h^3,$$
$$|\Delta(x, y(x)); h) - \Phi_{II}(y(x); h)| \leq N_{II} h^4,$$

und

$$\Phi_I(y; h) = \sum_{k=1}^{3} c_k f_k^*(y; h),$$
$$\Phi_{II}(y; h) = \sum_{k=1}^{4} \hat{c}_k f_k^*(y; h),$$

wobei für die $f_k^* := f_k^*(y; h)$, $k = 1, 2, 3, 4$, gilt

(7.2.16.12)
$$f_k^* = f\left(y + h\sum_{l=1}^{k-1} \beta_{kl} f_l^*\right) + hf'(y)\sum_{l=1}^{k} \gamma_{kl} f_l^*.$$

Bei gegebenen Konstanten müssen die f_k^* aus diesen Systemen iterativ bestimmt werden. Die Konstanten genügen Gleichungen, die ähnlich wie in (7.2.5.9) ff. gebaut sind. Kaps und Rentrop geben folgende Werte an:

$$\gamma_{kk} = \quad 0.220428410 \quad \text{für } k = 1, 2, 3, 4,$$
$$\gamma_{21} = \quad 0.822867461,$$
$$\gamma_{31} = \quad 0.695700194, \qquad \gamma_{32} = \quad 0,$$
$$\gamma_{41} = \quad 3.90481342, \qquad \gamma_{42} = \quad 0, \quad \gamma_{43} = 1,$$

$$\beta_{21} = -0.554591416,$$
$$\beta_{31} = \quad 0.252787696, \qquad \beta_{32} = \quad 1,$$
$$\beta_{41} = \quad \beta_{31}, \qquad\qquad \beta_{42} = \quad \beta_{32}, \quad \beta_{43} = 0,$$

$$c_1 = -0.162871035, \qquad c_2 = \quad 1.18215360,$$
$$c_3 = -0.192825995_{10} - 1,$$
$$\hat{c}_1 = \quad 0.545211088, \qquad \hat{c}_2 = \quad 0.301486480,$$
$$\hat{c}_3 = \quad 0.177064668, \qquad \hat{c}_4 = -0.237622363_{10} - 1.$$

Die Schrittweitensteuerung erfolgt nach (7.2.5.14)

$$h_{\text{neu}} = 0.9h \sqrt[3]{\frac{\varepsilon |h|}{|\hat{y}_{i+1} - \bar{y}_{i+1}|}}.$$

Mehrschrittverfahren

Dahlquist (1963) hat bewiesen, daß es keine A-stabilen r-Schrittverfahren der Ordnung $r > 2$ gibt und daß die implizite Trapezregel

$$\eta_{n+1} = \eta_n + \frac{h}{2}(f(x_n, \eta_n) + f(x_{n+1}, \eta_{n+1})), \quad n > 0,$$

wobei η_1 durch das implizite Eulerverfahren (7.2.16.5) gegeben wird, das A-stabile Mehrschrittverfahren der Ordnung 2 mit dem (betragskleinsten) Fehlerkoeffizienten $c = -\frac{1}{12}$ ist.

Gear (1971) zeigte, daß auch die sog. BDF-Verfahren bis zur Ordnung $r = 6$ gute Stabilitätseigenschaften besitzen: Ihre Stabilitätsgebiete (7.2.16.9) enthalten streifenförmige Teilmengen von $\mathbb{C}_- = \{z \mid \text{Re} z < 0\}$ deren Form in Fig. 5 skizziert ist.

Diese Verfahren gehören zu der speziellen Wahl [siehe (7.2.11.3)]

$$\chi(\mu) = b_r \mu^r$$

und können mit Hilfe von Rückwärtsdifferenzen (backward differences) dargestellt werden, was den Namen der Verfahren erklärt [s. Gear (1971)]. Die Koeffizienten der Standarddarstellung

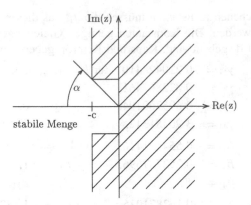

Fig. 5. Zur Stabilität der *BDF*-Verfahren

r	α_r	c_r	b_r	a_0	a_1	a_2	a_3	a_4	a_5
1	90°	0	1	-1					
2	90°	0	$\dfrac{2}{3}$	$\dfrac{1}{3}$	$-\dfrac{4}{3}$				
3	88°	0.1	$\dfrac{6}{11}$	$-\dfrac{2}{11}$	$\dfrac{9}{11}$	$-\dfrac{18}{11}$			
4	73°	0.7	$\dfrac{12}{25}$	$\dfrac{3}{25}$	$-\dfrac{16}{25}$	$\dfrac{36}{25}$	$-\dfrac{48}{25}$		
5	51°	2.4	$\dfrac{60}{137}$	$-\dfrac{12}{137}$	$\dfrac{75}{137}$	$-\dfrac{200}{137}$	$\dfrac{300}{137}$	$-\dfrac{300}{137}$	
6	18°	6.1	$\dfrac{60}{147}$	$\dfrac{10}{147}$	$-\dfrac{72}{147}$	$\dfrac{225}{147}$	$-\dfrac{400}{147}$	$\dfrac{450}{147}$	$-\dfrac{360}{147}$

$$\eta_{j+r} + a_{r-1}\eta_{j+r-1} + \cdots + a_0\eta_j = hb_r f(x_{j+r}, \eta_{j+r})$$

findet man in der folgenden Tabelle, die den Büchern von Gear (1971) bzw. Lambert (1973) entnommen wurde.

Hier sind $\alpha = \alpha_r$ und $c = c_r$ die Parameter in Fig. 5, die zu der betr. *BDF*-Methode gehört. Byrne und Hindmarsh (1987) berichten über sehr gute numerische Ergebnisse dieser Methoden.

Weitere Details über steife Differentialgleichungen findet man in Grigorieff (1972, 1977), Enright, Hull und Lindberg (1975), Willoughby (1974). Eine neuere zusammenfassende Darstellung geben Hairer und Wanner (1991).

7.2.17 Implizite Differentialgleichungen, Differential-Algebraische Gleichungen

Bisher wurden nur explizite gewöhnliche Differentialgleichungen $y' = f(x, y)$ (7.0.1) behandelt. Für viele moderne Anwendungen, bei denen große *implizite* Systeme

$$F(x, y, y') = 0$$

zu lösen sind, ist diese Einschränkung zu stark. Es ist deshalb auch aus Gründen der Effizienz wichtig, Verfahren zur direkten Lösung solcher Systeme zu entwickeln, ohne sie vorher in explizite Form zu bringen, was auch nicht immer möglich ist.

Beispiele sehr großer impliziter Systeme findet man in vielen wichtigen Anwendungen, z. B. bei dem Entwurf von Mikrochips für moderne Rechner. Eine wirtschaftliche Planung solcher Chips, in die auf engstem Raum Tausende von Transistoren eingeätzt sind, ist ohne den Einsatz numerischer Techniken nicht möglich. Ein Mikrochip stellt, abstrakt gesehen, ein kompliziertes elektrisches Netzwerk dar. Die Kirchhoffschen Gesetze für die elektrischen Spannungen und Ströme in den Knotenpunkten des Netzwerkes führen auf ein System von Differentialgleichungen, deren Lösungen gerade die Spannungen und Ströme als Funktionen der Zeit t sind. Anhand der numerischen Lösungen des Differentialgleichungssystems können also noch vor der eigentlichen Fertigung des Chips seine elektrischen Eigenschaften bestimmt werden, d. h. man kann solche Chips auf einem Großrechner „simulieren" [s. z. B. Bank, Bulirsch und Merten (1990), Horneber (1985)].

Die auftretenden Systeme von Differentialgleichungen sind implizit. Je nach Komplexität der verwendeten Transistormodelle unterscheidet man:

(7.2.17.1)   Lineare, implizite Systeme

$$C\dot{U}(t) = BU(t) + f(t),$$

(7.2.17.2)   Linear-implizite, nichtlineare Systeme

$$C\dot{U}(t) = f(t, U(t)),$$

(7.2.17.3)   Quasilinear-implizite Systeme

$$C(U)\dot{U}(t) = f(t, U(t)),$$

(7.2.17.4)   Algemeine implizite Systeme

$$F(t, U(t), \dot{Q}(t)) = 0,$$
$$Q(t) = C(U)U(t).$$

Der Vektor U, er kann mehrere tausend Komponenten enthalten, beschreibt die Knotenspannungen des Netzwerkes. Die Matrix C, in der Regel dünn besetzt und singulär, enthält die Kapazitäten des Netzwerkes, die spannungsabhängig sein können, $C = C(U)$.

Zur Lösung von Systemen des Typs (7.2.17.2) existieren bereits numerische Algorithmen [vgl. Deuflhard, Hairer und Zugk (1987), Petzold (1982), Rentrop (1985), Rentrop, Roche und Steinebach (1989)]. Die effiziente und zuverlässige numerische Lösung der Systeme (7.2.17.3) und (7.2.17.4) ist noch Gegenstand der Forschung [s. z. B. Hairer, Lubich und Roche (1989), Petzold (1982)].

Im folgenden werden einige grundsätzliche Unterschiede solcher impliziter Systeme zu den bisher behandelten Systemen der Form (wir bezeichnen die unabhängige Variable wieder mit x)

$$(7.2.17.5) \qquad y'(x) = f(x, y(x)), \qquad y(x_0) := y_0,$$

angegeben. Bei Systemen vom Typ (7.2.17.1),

$$(7.2.17.6) \qquad \begin{aligned} Ay'(x) &= By(x) + f(x), \\ y(x_0) &= y_0, \end{aligned}$$

mit $y(x) \in \mathbb{R}^n$ und $n \times n$-Matrizen A, B kann man folgende Fälle unterscheiden:

1. Fall: A regulär, B beliebig.
Die formale Lösung des zugehörigen homogenen Systems ist

$$y(x) = e^{(x-x_0)A^{-1}B} y_0.$$

Obwohl das System in explizite Form gebracht werden kann, $y' = A^{-1}By + A^{-1}f$, ist dies in der Praxis für große dünn besetzte Matrizen A und B nicht möglich, weil $A^{-1}B$ in der Regel eine „volle" Matrix sein wird, die schwer zu berechnen und zu speichern ist.

2. Fall: A singulär, B regulär.
Dann ist (7.2.17.6) äquivalent zu

$$B^{-1}Ay' = y + B^{-1}f(x).$$

Die Jordan-Normalform J der singulären Matrix $B^{-1}A = TJT^{-1}$ hat die Gestalt

$$J = \begin{bmatrix} W & O \\ O & N \end{bmatrix},$$

wobei W die Jordanblöcke zu den Eigenwerten $\lambda \neq 0$ von $B^{-1}A$ enthält und N die zu den Eigenwerten $\lambda = 0$.

Wir sagen, daß N den *Index* k besitzt, falls N nilpotent vom Grade k ist, d.h. falls $N^k = 0$, $N^j \neq 0$ für $j < k$. Die Transformation auf Jordan-Normalform entkoppelt das System: Mit den Vektoren

$$\begin{pmatrix} u \\ v \end{pmatrix} := T^{-1}y, \qquad \begin{pmatrix} p(x) \\ q(x) \end{pmatrix} := T^{-1}B^{-1}f(x)$$

erhält man das äquivalente System

$$\begin{aligned} Wu'(x) &= u(x) + p(x), \\ Nv'(x) &= v(x) + q(x). \end{aligned}$$

Das Teilsystem für $u'(x)$ hat die Struktur von Fall 1 und ist für beliebige Anfangswerte y_0 eindeutig lösbar. Dies gilt nicht für das Teilsystem für $v'(x)$: Zunächst kann dieses System nur unter einer zusätzlichen *Glattheitsvoraussetzung* für f gelöst werden, nämlich

$$f \in C^{k-1}[x_0, x_{end}],$$

wobei k der Index von N ist. Es gilt dann

$$\begin{aligned}
v(x) &= -q(x) + N v'(x) \\
&= -(q(x) + N q'(x)) + N^2 v''(x) \\
&\vdots \\
&= -(q(x) + N q(x) + \cdots + N^{k-1} q^{(k-1)}(x)).
\end{aligned}$$

Wegen $N^k = 0$ bricht die Auflösungskette ab, und man sieht, daß $v(x)$ allein durch $q(x)$ und seine Ableitungen bestimmt ist. Es treten also zwei grundsätzliche Unterschiede zu (7.2.17.5) auf:

(1) Der Index der Jordan-Form zu $B^{-1}A$ bestimmt die erforderliche Glattheit der rechten Seite $f(x)$.

(2) Nicht alle Komponenten des Anfangswertes y_0 sind frei wählbar: $v(x_0)$ ist durch $q(x)$, $f(x)$ und seine Ableitungen in $x = x_0$ fixiert. Für die Lösbarkeit des Systems müssen die Anfangswerte $y_0 = y(x_0)$ eine zusätzliche *Konsistenzbedingung* erfüllen, sie müssen „konsistent" gewählt sein. In der Praxis kann das Problem der Berechnung konsistenter Anfangswerte freilich schwierig sein.

3. Fall: A und B singulär.

Hier muß man die Untersuchung auf „sinnvolle" Systeme eingrenzen. Da es Matrizen gibt [ein triviales Beispiel ist $A := B := 0$], für die (7.2.17.6) nicht eindeutig lösbar ist, betrachtet man nur solche Matrixpaare (A, B), die zu eindeutigen Lösungen des Anfangswertproblems führen. Es ist möglich solche Paare mit Hilfe von *regulären Matrizenbüscheln* zu charakterisieren: Darunter versteht man Paare (A, B) quadratischer Matrizen, für die es ein $\lambda \in \mathbb{C}$ gibt, so daß $\lambda A + B$ eine nichtsinguläre Matrix ist. Da dann $\det(\lambda A + B) \not\equiv 0$ ein nichtverschwindendes Polynom in λ vom Grad $\leq n$ ist, gibt es höchstens n Zahlen λ, nämlich die Eigenwerte des verallgemeinerten Eigenwertproblems [s. Abschnitt 6.8] $Bx = -\lambda A x$, für die $\lambda A + B$ singulär ist.

Für reguläre Matrizenbüschel kann man zeigen, daß das System (7.2.17.6) höchstens eine Lösung besitzt, für die es auch explizite Formeln mit Hilfe der *Drazin-Inversen* gibt [s. z. B. Wilkinson (1982), oder

Gantmacher (1969)]. Fall 3 wird hier nicht weiterverfolgt, da sich im Vergleich zu Fall 2 keine grundsätzlich neuen Erkenntnisse ergeben. Im Falle singulärer Kapazitätsmatrizen C zerfallen die Systeme (7.2.17.1) und (7.2.17.2) nach entsprechender Transformation in ein Differentialgleichungssystem und ein nichtlineares Gleichungssystem (die unabhängige Variable bezeichnen wir wieder mit x):

$$y'(x) = f(x, y(x), z(x)),$$

(7.2.17.7) $$0 = g(x, y(x), z(x)) \in \mathbb{R}^{n_2},$$

$$y(x_0) \in \mathbb{R}^{n_1}, \quad z(x_0) \in \mathbb{R}^{n_2} : \quad \text{konsistente Anfangswerte.}$$

Dieses entkoppelte System wird auch als *differential-algebraisches System* bezeichnet [s. z. B. Griepentrog und März (1986), Hairer und Wanner (1991)]. Nach dem Satz über implizite Funktionen besitzt es eine lokal eindeutige Lösung, falls die Jacobimatrix

$$\left(\frac{\partial g}{\partial z} \right) \quad \text{regulär ist (\textit{Index-1 Annahme}).}$$

Differential-algebraische Systeme sind typisch für die Dynamik von Mehrkörpersystemen – die Index-1 Annahme kann hier allerdings verletzt sein [s. Gear (1988)].

Numerische Verfahren

Das differential-algebraische System (7.2.17.7) kann als Differentialgleichung auf einer Mannigfaltigkeit interpretiert werden. Man kann daher zu seiner Lösung erfolgreich Homotopietechniken mit Lösern von Differentialgleichungen (siehe 7.2) und von nichtlinearen Gleichungen (siehe 5.4) kombinieren.

Ansätze für Extrapolations- und Runge-Kutta-Verfahren lassen sich formal durch Einbettung der nichtlinearen Gleichung (7.2.17.7) in eine Differentialgleichung

$$\varepsilon z'(x) = g(x, y(x), z(x))$$

und Untersuchung des Grenzfalls $\varepsilon = 0$ gewinnen. Effiziente und zuverlässige Extrapolations- und Einschrittverfahren für differential-algebraische Systeme sind in Deuflhard, Hairer und Zugk (1987) beschrieben. Das in (7.2.16.10)-(7.2.16.12) angegebene Integrationsverfahren für steife Systeme läßt sich für implizite Systeme der Form (7.2.17.2) verallgemeinern. Das folgende Verfahren der Ordnung 4 mit Schrittweitensteuerung wurde von Rentrop, Roche und Steinebach (1989) angegeben. Mit der Notation aus Abschnitt 7.2.16 (und etwas verbesserten Koeffizienten) hat es für autonome Systeme $Cy' = f(y)$ die Form

$$Cf_k^* = f\left(y + h \sum_{l=1}^{k-1} \beta_{kl} f_l^*\right) + hf'(y) \sum_{l=1}^{k} \gamma_{kl} f_l^*, \quad k = 1, 2, \ldots, 5,$$

mit

$\gamma_{kk} = \quad 0.5 \quad$ für $k = 1, 2, 3, 4, 5,$

$\gamma_{21} = \quad 4.0,$

$\gamma_{31} = \quad 0.46\overline{296}\ldots, \qquad \gamma_{32} = -1.5,$

$\gamma_{41} = \quad 2.208\overline{3}\ldots, \qquad \gamma_{42} = -1.8958\overline{3}\ldots, \qquad \gamma_{43} = -2.25,$

$\gamma_{51} = -12.00694\ldots, \qquad \gamma_{52} = \quad 7.30324\overline{074}\ldots, \qquad \gamma_{53} = \quad 19.0,$

$\gamma_{54} = -15.8\overline{51}\ldots,$

$\beta_{21} = \quad 0,$

$\beta_{31} = \quad 0.25, \qquad \beta_{32} = \quad 0.25,$

$\beta_{41} = -0.005208\overline{3}\ldots, \qquad \beta_{42} = \quad 0.192708\overline{3}\ldots, \qquad \beta_{43} = \quad 0.5625,$

$\beta_{51} = \quad 1.200810\overline{185}\ldots, \qquad \beta_{52} = -1.950810\overline{185}\ldots, \qquad \beta_{53} = \quad 0.25,$

$\beta_{54} = \quad 1.0,$

$c_1 = \quad 0.53\overline{8}\ldots, \qquad c_2 = -0.13\overline{148}\ldots, \qquad c_3 = -0.2,$

$c_4 = \quad 0.5\overline{925}\ldots, \qquad c_5 = \quad 0.2,$

$\hat{c}_1 = \quad 0.4523\overline{148}\ldots, \qquad \hat{c}_2 = -0.1560\overline{185}\ldots, \qquad \hat{c}_3 = \quad 0,$

$\hat{c}_4 = \quad 0.5\overline{037}\ldots, \qquad \hat{c}_5 = \quad 0.2.$

Mehrschrittverfahren eignen sich ebenfalls zur numerischen Lösung differential-algebraischer Systeme. Es sei hier nur auf das Programmpaket DASSL [s. Petzold (1982)] verwiesen, das die Lösung impliziter Systeme der Form

$$F(x, y(x), y'(x)) = 0$$

ermöglicht. Die Ableitung $y'(x)$ wird hier durch die Gearschen *BDF*-Formeln ersetzt. Dadurch geht das Differentialgleichungssystem in ein nichtlineares Gleichungssystem über. Für die Details der Lösungsstrategien und ihrer Implementierung sei auf die Literatur verwiesen, z. B. Byrne und Hindmarsh (1987), Gear und Petzold (1984), und Petzold (1982).

7.2.18 Behandlung von Unstetigkeiten in Differentialgleichungen

Die bisher betrachteten Verfahren zur Integration von Anfangswertproblemen der Form (7.2.1.1) setzen voraus, daß die rechte Seite f der betrachteten Differentialgleichung bzw. die Lösung $y(x)$ hinreichend oft differenzierbar ist. Aber bei der Modellierung von Problemen aus der Anwendung wird man häufig auf Anfangswertprobleme geführt, deren rechte

Seiten Unstetigkeiten aufweisen. Diese Unstetigkeiten können problembedingt sein (z.B. Reibungs- und Kontaktphänomene aus der Mechanik, chargenweise betriebenen Prozesse aus der Verfahrenstechnik etc.), aber auch durch notwendige Vereinfachungen bei der Modellierung verursacht sein (z.B. niedrige Differenzierbarkeitsordnung der Interpolationsfunktionen für tabellarisch gegebene Meßdaten).

Im folgenden betrachten wir Anfangswertprobleme der Form

$$(7.2.18.1) \quad \begin{aligned} y'(x) &= f_n(x, y(x)), \quad x_{n-1} < x < x_n; \quad n = 1, 2, \ldots, \\ y(x_0) &= y_0. \end{aligned}$$

Die Anfangswerte $y_n^+ = \lim_{x \to x_n^+} y(x)$ an den Unstetigkeitsstellen, den „Schaltpunkten" x_n, seien bestimmt durch *Sprungfunktionen*

$$y_n^+ = \phi_n(x_n, y_n^-),$$

wobei $y_n^- = \lim_{x \to x_n^-} y(x)$.

Im allgemeinen ist es nötig, die numerische Integration an den Schaltpunkten x_n anzuhalten und sie dann mit entsprechend abgeänderter rechter Seite an derselben Stelle neu zu starten. (In Abschnitt 7.2.15 wurde zwar erwähnt, daß es Verfahren gibt, die direkt zur Integration von (7.2.18.1) eingesetzt werden können, allerdings müssen an den Unstetigkeitspunkten Einbußen an Lösungsgenauigkeit in Kauf genommen werden.)

Die Schaltpunkte x_n, $n = 1, 2, \ldots$, seien charakterisiert als Nullstellen reellwertiger *Schaltfunktionen*

$$(7.2.18.2) \qquad q_n(x_n, y(x_n)) = 0, \quad n = 1, 2, \ldots .$$

Im folgenden werde angenommen, daß es sich bei den Nullstellen immer um einfache Nullstellen handelt.

Wäre die Lösungstrajektorie $y(x)$ von (7.2.18.1) a priori bekannt, könnte die Suche der Schaltpunkte auf die Bestimmung der Nullstellen von (7.2.18.2) reduziert werden; dies ist im allgemeinen nicht der Fall.

Effiziente Verfahren zur Schaltpunktsuche, vgl. z.B. Eich (1992):

Seien η^{i-1} und η^i numerische Approximationen der Lösung von (7.2.18.1) im $(i-1)$-ten bzw. i-ten Integrationsschritt an den Punkten x^{i-1} und x^i mit der rechten Seite $f_n(x, y(x))$; $\tilde{y}(x)$ sei eine stetige Approximation der Lösung $y(x)$ zwischen beiden Punkten.

Im Intervall $[x^{i-1}, x^i]$ befinde sich die Nullstelle x_n der Schaltfunktion q_n wo $x^{i-1} < x_n < x^i$. Wir setzen voraus, daß ein Wert η^i existiert, und damit auch $\tilde{y}(x)$ auf dem gesamten Intervall $[x^{i-1}, x^i]$.

Ist $\tilde{y}(x)$ auf $[x^{i-1}, x_n + \epsilon]$ hinreichend genau approximiert, so besitzt die Funktion $q_n(x, \tilde{y}(x))$ in $[x^{i-1}, x_n + \epsilon]$ auch eine Nullstelle $\tilde{x}_n$, welche die gesuchte Approximation für den Schaltpunkt x_n darstellt (ϵ beschreibt eine eventuelle rundungsfehlerbedingte Verschiebung der Nullstelle). Diese Nullstelle kann man mit einem geeigneten Algorithmus bestimmen (z.B. Sekantenverfahren oder inverse Interpolation, s. Bd I. Abschnitt 5.9; in Gill et al. (1995) werden diese Methoden erweitert (*Safeguard-Verfahren*)).

Zum Erkennen einer Unstetigkeit wäre es zu aufwendig, zwischen zwei Integrationsschritten jede Schaltfunktion nach einer Nullstelle abzusuchen. Ist die Integrationsschrittweite so klein, daß eine Schaltfunktion höchstens eine Nullstelle zwischen zwei Integrationschritten besitzt, kann man sich auf die Beobachtung von Vorzeichenwechseln der Schaltfunktionen beschränken. Ändern mehrere Schaltfunktionen ihr Vorzeichen, so wird der Schaltvorgang durch diejenige Schaltfunktion ausgelöst, welche als erste umschaltet.

7.2.19 Sensitivitätsanalyse bei Anfangswertproblemen

Anfangswertprobleme enthalten nicht selten Abhängigkeiten in Form von reellen Parametern $p = (p_1, \ldots, p_{n_p})$,

$$(7.2.19.1) \qquad \begin{aligned} y'(x; p) &= f(x, y(x; p), p), \qquad x_0 < x < x_1, \\ y(x_0; p) &= y_0(p). \end{aligned}$$

Kleine Änderungen der Parameter können große Auswirkungen auf die Lösung $y(x; p)$ haben. Das Studium solcher Abhängigkeiten liefert wichtige Einsichten in den durch die Differentialgleichung beschriebenen Prozeß.

Gesucht sind die zu einer Lösungstrajektorie $y(x; p)$ gehörigen *Sensitivitäten* (Konditionszahlen)

$$\frac{\partial\, y(x; p)}{\partial p}\bigg|_p.$$

Sind die Parameter p reine Modellparameter, so liefert diese Information nützliche Hinweise über die Eigenschaften des Modells. Sensitivitäten spielen eine beherrschende Rolle bei der numerischen Berechnung der Lösung von Problemen der optimalen Steuerung, z.B. bei der Parametrisierung der Steuerfunktionen und bei Parameteridentifizierungsaufgaben [Heim und von Stryk (1996), Engl et al. (1999)].

Zur Berechnung der Sensitivitäten existieren verschiedene numerisch brauchbare Verfahren:

– Approximation durch Differenzenquotienten,
– Lösung der Sensitivitätsgleichungen,
– Lösung adjungierter Gleichungen.

Bei der ersten Methode werden die Sensitivitäten approximiert durch

$$\frac{\partial y(x; p)}{\partial p_i}\bigg|_p \approx \frac{y(x; p + \Delta p_i e_i) - y(x; p)}{\Delta p_i}, \qquad i = 1, \dots, n_p,$$

wobei e_i der i-te Einheitsvektor des $\mathbb{R}^{n_p}$ ist. Der Aufwand bei der Implementierung ist nicht groß. Bei Verwendung eines ordnungs- und/oder schrittweitengesteuerten Integrationsverfahrens ist zu beachten, daß bei der Integration der „gestörten" Trajektorien $y(x; p + \Delta p_i e_i)$ dieselbe Ordnungs- und Schrittweitenfolge wie bei der Berechnung der Referenztrajektorie $y(x; p)$ verwendet wird [s. Buchauer et al. (1994), Kiehl (1999)].

Werden höhere Genauigkeiten der Sensitivitäten benötigt, oder ist die Zahl der Parameter höher, sind im allgemeinen die beiden anderen Methoden vorzuziehen.

Differenziert man das System (7.2.19.1) *entlang einer Lösung* $y(x; p)$ nach p, so erhält man unter Berücksichtigung von Satz (7.1.8) die zu (7.2.19.1) gehörigen *Sensitivitätsgleichungen*
(7.2.19.2)

$$\frac{\partial y'(x; p)}{\partial p} = \frac{\partial f(x, y; p)}{\partial y} \cdot \frac{\partial y(x; p)}{\partial p} + \frac{\partial f(x, y; p)}{\partial p}, \qquad x_0 < x < x_1,$$

$$\frac{\partial y(x_0; p)}{\partial p} = \frac{\partial y_0(p)}{\partial p}.$$

Weitere Einzelheiten in Hairer et al. (1993).

Bei den Sensitivitätsgleichungen (7.2.19.2) handelt es sich um ein System linearer Differentialgleichungen für die Funktion

$$z(x) := \partial y(x; p)/\partial p.$$

Bei der Implementierung eines Algorithmus zu ihrer numerischen Lösung läßt sich dies effektiv ausnutzen.

Auf die Methode der adjungierten Differentialgleichungen soll hier nicht weiter eingegangen werden [s. z.B. Morrison und Sargent (1986)].

Die numerische Approximation der Sensitivitäten kann sowohl mittels adjungierter Gleichungen als auch über die Sensitivitätsgleichungen sehr effizient und mit hoher Genauigkeit vorgenommen werden. Grundlage ist die *interne numerischen Differentiation* (IND), bei der unter anderem die Rekursionsformeln zur numerischen Integration differenziert werden [Leis und Kramer (1985), Caracotsios und Stewart (1985), Bock et al. (1995)]. Im Gegensatz zur IND steht die *externe numerische Differentiation* (END), bei der das Integrationsverfahren (bis auf z.B. Anpassungen der Schrittweiten- und Ordnungssteuerung) nicht verändert wird.

Bei Anfangswertproblemen mit Unstetigkeiten [s. Abschnitt 7.2.18] ist eine Korrektur der Sensitivitäten an den Schaltpunkten vorzunehmen. Für Systeme gewöhnlicher Differentialgleichungen wurden solche Korrekturen in Rozenvasser (1967) behandelt, für Anfangswertprobleme von differential-algebraischen Gleichungssystemen mit differentiellem Index 1 in Galán, Feehery und Barton (1998).

7.3 Randwertprobleme

7.3.0 Einleitung

Allgemeiner als Anfangswertprobleme sind Randwertprobleme. Bei diesen wird eine Lösung $y(x)$ eines Systems

(7.3.0.1a)
$$y' = f(x, y), \quad y = \begin{bmatrix} y_1 \\ \vdots \\ y_n \end{bmatrix}, \quad f(x, y) = \begin{bmatrix} f_1(x, y_1, \ldots, y_n) \\ \vdots \\ f_n(x, y_1, \ldots, y_n) \end{bmatrix}$$

von n gewöhnlichen Differentialgleichungen gesucht, die eine Randbedingung der Form

(7.3.0.1b) $$Ay(a) + By(b) = c$$

erfüllt. Dabei sind $a \neq b$ gegebene Zahlen, A, B quadratische n-reihige Matrizen und c ein Vektor des $\mathbb{R}^n$. In der Praxis sind die Randbedingungen meistens *separiert*:

(7.3.0.1b') $$A_1 y(a) = c_1, \quad B_2 y(b) = c_2,$$

d. h. in (7.3.0.1b) können die Zeilen der Matrix $[A, B, c]$ so vertauscht werden, daß für die umgeordnete Matrix $[\bar{A}, \bar{B}, \bar{c}]$ gilt.

$$[\bar{A}, \bar{B}, \bar{c}] = \left[\begin{array}{c|c|c} A_1 & 0 & c_1 \\ \hline 0 & B_2 & c_2 \end{array} \right].$$

Die Randbedingungen (7.3.0.1b) sind linear (genauer affin) in $y(a)$, $y(b)$.

Gelegentlich kommen in der Praxis auch nichtlineare Randbedingungen der Form

(7.3.0.1b'') $$r\big(y(a), y(b)\big) = 0$$

vor, die mittels eines Vektors r von n Funktionen r_i, $i = 1, \ldots, n$, von $2n$ Variablen gegeben sind:

$$r(u, v) \equiv \begin{bmatrix} r_1(u_1, \ldots, u_n, v_1, \ldots, v_n) \\ \vdots \\ r_n(u_1, \ldots, u_n, v_1, \ldots, v_n) \end{bmatrix}.$$

Selbst separierte lineare Randwertprobleme sind noch sehr allgemein. So lassen sich z. B. Anfangswertprobleme als spezielle Randwertprobleme dieses Typs auffassen (mit $A = I$, $a = x_0$, $c = y_0$, $B = 0$). Während Anfangswertprobleme gewöhnlich [s. Satz (7.1.1)] eindeutig lösbar sind, können Randwertprobleme auch keine Lösung oder mehrere Lösungen besitzen.

Beispiel: Die Differentialgleichung

(7.3.0.2a) $$w'' + w = 0$$

für die reelle Funktion $w : \mathbb{R} \to \mathbb{R}$ läßt sich mit den Abkürzungen $y_1(x) := w(x)$, $y_2(x) := w'(x)$ in der Form schreiben

$$\begin{bmatrix} y_1 \\ y_2 \end{bmatrix}' = \begin{bmatrix} y_2 \\ -y_1 \end{bmatrix}.$$

Sie besitzt die allgemeine Lösung

$$w(x) = c_1 \sin x + c_2 \cos x, \quad c_1, c_2 \text{ beliebig.}$$

Die spezielle Lösung $w(x) := \sin x$ ist die einzige Lösung, die den Randbedingungen

(7.3.0.2b) $$w(0) = 0, \quad w(\pi/2) = 1$$

genügt. Alle Funktionen $w(x) := c_1 \sin x$, c_1 beliebig, erfüllen die Randbedingungen

(7.3.0.2c) $$w(0) = 0, \quad w(\pi) = 0,$$

während es keine Lösung $w(x)$ von (7.3.0.2a) gibt, die den Randbedingungen

(7.3.0.2d) $$w(0) = 0, \quad w(\pi) = 1$$

genügt. (Man beachte, daß alle Randbedingungen (7.3.0.2b-d) die Form (7.3.0.1b') mit $A_1 = B_2 = [1, 0]$ haben!)

Das vorstehende Beispiel zeigt, daß es keinen ähnlich allgemeinen Satz wie (7.1.1) für die Existenz und Eindeutigkeit von Lösungen von Randwertproblemen geben wird (siehe dazu Abschnitt 7.3.3).

Viele praktisch wichtige Probleme lassen sich auf Randwertprobleme (7.3.0.1) reduzieren, so zum Beispiel

Eigenwertprobleme für Differentialgleichungen,

bei denen die rechte Seite f eines Systems von n Differentialgleichungen von einem weiteren Parameter λ abhängt

(7.3.0.3a) $$y' = f(x, y, \lambda),$$

und $n + 1$ Randbedingungen der Form
(7.3.0.3b)

$$r\big(y(a), y(b), \lambda\big) = 0, \quad r\big(u, v, \lambda\big) = \begin{bmatrix} r_1(u_1, \ldots, u_n, v_1, \ldots, v_n, \lambda) \\ \vdots \\ r_{n+1}(u_1, \ldots, u_n, v_1, \ldots, v_n, \lambda) \end{bmatrix}$$

zu erfüllen sind. Das Problem (7.3.0.3) ist überbestimmt und besitzt daher bei beliebiger Wahl von λ i. a. keine Lösung $y(x)$. Das Eigenwertproblem (7.3.0.3) besteht darin, diejenigen Zahlen λ_i, die *Eigenwerte* von (7.3.0.3), zu bestimmen, für die (7.3.0.3) eine Lösung $y(x)$ besitzt. Durch Einführung einer weiteren Funktion

$$y_{n+1}(x) := \lambda$$

und einer weiteren Differentialgleichung

$$y'_{n+1}(x) = 0$$

ist (7.3.0.3) mit dem Problem

$$\bar{y}' = \bar{f}(x, \bar{y}), \qquad \bar{r}\big(\bar{y}(a), \bar{y}(b)\big) = 0$$

äquivalent, das nun die Form (7.3.0.1) besitzt. Dabei ist

$$\bar{y} := \begin{bmatrix} y \\ y_{n+1} \end{bmatrix}, \quad \bar{f}(x, \bar{y}) := \begin{bmatrix} f(x, y, y_{n+1}) \\ 0 \end{bmatrix},$$

$$\bar{r}(u_1, \ldots, u_n, u_{n+1}, v_1, \ldots, v_n, v_{n+1}) := r(u_1, \ldots, u_n, v_1, \ldots, v_n, v_{n+1}).$$

Weiter lasssen sich auch

Randwertprobleme mit freiem Rand

auf gewöhnliche Randwertprobleme (7.3.0.1) reduzieren. Bei diesen Problemen ist z. B. nur eine Randabszisse a gegeben, und es ist b (der *freie Rand*) so zu bestimmen, daß das System von n gewöhnlichen Differentialgleichungen

(7.3.0.4a) $$y' = f(x, y)$$

eine Lösung y besitzt, die $n + 1$ Randbedingungen erfüllt

(7.3.0.4b) $$r\big(y(a), y(b)\big) = 0, \qquad r(u, v) = \begin{bmatrix} r_1(u, v) \\ \vdots \\ r_{n+1}(u, v) \end{bmatrix}.$$

Hier führt man statt x eine neue unabhängige Variable t und eine noch zu bestimmende Konstante $z_{n+1} := b - a$ ein durch

$$x - a = t\, z_{n+1}, \qquad 0 \le t \le 1,$$

$$z_{n+1} = \frac{dz_{n+1}}{dt} = 0.$$

[Stattdessen eignet sich auch irgendein Ansatz der Form $x - a = \Phi(t, z_{n+1})$ mit $\Phi(1, z_{n+1}) = z_{n+1}$.]

Damit gilt für $z(t) := y(a + t\, z_{n+1})$, $y(x)$ eine Lösung von (7.3.0.4),

$$\dot{z}(t) = D_t z(t) = D_x y(a + t\, z_{n+1})\, z_{n+1} = f\big(a + t\, z_{n+1}, z(t)\big)\, z_{n+1}.$$

(7.3.0.4) ist daher mit dem Randwertproblem vom Typ (7.3.0.1)

(7.3.0.5)
$$\begin{bmatrix} \dot{z}_1 \\ \vdots \\ \dot{z}_n \\ \dot{z}_{n+1} \end{bmatrix} = \begin{bmatrix} z_{n+1}\, f_1(a + t\, z_{n+1}, z_1, \ldots, z_n) \\ \vdots \\ z_{n+1}\, f_n(a + t\, z_{n+1}, z_1, \ldots, z_n) \\ 0 \end{bmatrix},$$

$$r_i\big(z_1(0), \ldots, z_n(0), z_1(1), \ldots, z_n(1)\big) = 0, \quad i = 1, \ldots, n + 1,$$

für die Funktionen $z_i(t)$, $i = 1, \ldots, n + 1$, äquivalent.

7.3.1 Das einfache Schießverfahren

Wir wollen das *einfache Schießverfahren* zunächst an einem Beispiel erläutern. Gegeben sei das Randwertproblem

(7.3.1.1)
$$\begin{aligned} w'' &= f(x, w, w'), \\ w(a) &= \alpha, \quad w(b) = \beta \end{aligned}$$

mit separierten Randbedingungen. Das Anfangswertproblem

(7.3.1.2) $$w'' = f(x, w, w'), \quad w(a) = \alpha, \quad w'(a) = s$$

besitzt dann i. a. eine eindeutig bestimmte Lösung $w(x) \equiv w(x; s)$, die natürlich von der Wahl des Anfangswertes s für $w'(a)$ abhängt. Um das Randwertproblem (7.3.1.1) zu lösen, müssen wir $s =: \bar{s}$ so bestimmen, daß die zweite Randbedingung erfüllt wird, $w(b) = w(b; \bar{s}) = \beta$. Mit anderen Worten: man hat eine Nullstelle $\bar{s}$ der Funktion $F(s) := w(b; s) - \beta$ zu finden. Für jedes Argument s kann man $F(s)$ berechnen, indem man z. B. mit den Methoden von Abschnitt 7.2 den Wert $w(b) = w(b; s)$ der Lösung $w(x; s)$ des Anfangswertproblems (7.3.1.2) an der Stelle $x = b$ bestimmt. Eine Berechnung von $F(s)$ läuft also auf die Lösung eines Anfangswertproblems hinaus.

Zur Bestimmung einer Nullstelle $\bar{s}$ von $F(s)$ kann man im Prinzip alle Methoden von Kapitel 5 benutzen. Kennt man z. B. Werte $s^{(0)}$, $s^{(1)}$ mit

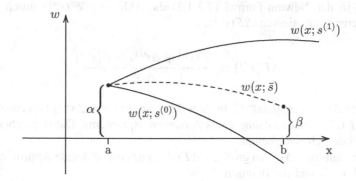

Fig. 6. Einfaches Schießverfahren

$$F(s^{(0)}) < 0, \qquad F(s^{(1)}) > 0$$

(s. Fig. 6) kann man $\bar{s}$ durch ein einfaches *Bisektionsverfahren* [s. Abschnitt 5.6] berechnen.

Da $w(b; s)$ und damit $F(s)$ i. a. [s. Satz (7.1.8)] stetig differenzierbare Funktionen von s sind, kann man auch das Newton-Verfahren zur Bestimmung von $\bar{s}$ benutzen. Dazu hat man ausgehend von einem Startwert $s^{(0)}$ iterativ Werte $s^{(i)}$ nach der Vorschrift

$$(7.3.1.3) \qquad s^{(i+1)} = s^{(i)} - \frac{F(s^{(i)})}{F'(s^{(i)})}$$

zu berechnen. Die Zahlen $w(b; s^{(i)})$ und damit $F(s^{(i)})$ kann man durch Lösung des Anfangswertproblems

$$(7.3.1.4) \qquad w'' = f(x, w, w'), \qquad w(a) = \alpha, \qquad w'(a) = s^{(i)}$$

bestimmen. Den Wert der Ableitung von F,

$$F'(s) = \frac{\partial}{\partial s} w(b; s),$$

für $s = s^{(i)}$ erhält man z. B. durch Behandlung eines weiteren Anfangswertproblems: Mit Hilfe von (7.1.8) bestätigt man leicht, daß für die Funktion $v(x) := v(x; s) = (\partial/\partial s)w(x; s)$

$$(7.3.1.5)$$
$$v'' = f_w(x, w, w')v + f_{w'}(x, w, w')v', \qquad v(a) = 0, \quad v'(a) = 1$$

gilt. Wegen der partiellen Ableitungen f_w, $f_{w'}$ ist das Anfangswertproblem (7.3.1.5) i. a. wesentlich komplizerter als (7.3.1.4). Aus diesem Grund ersetzt man in der Newton-Formel (7.3.1.3) die Ableitung $F'(s^{(i)})$ durch einen Differenzenquotienten $\Delta F(s^{(i)})$,

$$\Delta F(s^{(i)}) := \frac{F(s^{(i)} + \Delta s^{(i)}) - F(s^{(i)})}{\Delta s^{(i)}},$$

wobei $\Delta s^{(i)}$ „genügend" klein zu wählen ist. $F(s^{(i)} + \Delta s^{(i)})$ berechnet man wie $F(s^{(i)})$ durch Lösung eines Anfangswertproblems. Dabei ergeben sich folgende Schwierigkeiten:

Wählt man $\Delta s^{(i)}$ zu groß, ist $\Delta F(s^{(i)})$ nur eine schlechte Approximation für $F'(s^{(i)})$ und die Iteration

(7.3.1.3a) $$s^{(i+1)} = s^{(i)} - \frac{F(s^{(i)})}{\Delta F(s^{(i)})}$$

konvergiert wesentlich schlechter gegen $\bar{s}$ als (7.3.1.3) (falls sie überhaupt konvergiert). Wählt man $\Delta s^{(i)}$ zu klein, wird $F(s^{(i)} + \Delta s^{(i)}) \approx F(s^{(i)})$ und bei der Subtraktion $F(s^{(i)} + \Delta s^{(i)}) - F(s^{(i)})$ tritt Auslöschung auf, so daß selbst kleine Fehler bei der Berechnung von $F(s^{(i)})$, $F(s^{(i)} + \Delta s^{(i)})$ das Resultat $\Delta F(s^{(i)})$ stark verfälschen. Die Lösung der Anfangswertprobleme (7.3.1.4), d. h. die Berechnung von F, hat man daher möglichst genau vorzunehmen. Der relative Fehler von $F(s^{(i)})$, $F(s^{(i)} + \Delta s^{(i)})$ darf nur die Größenordnung der Maschinengenauigkeit eps haben. Diese Genauigkeit kann man mit Extrapolationsverfahren erreichen [s. 7.2.14]. Wenn dann $\Delta s^{(i)}$ außerdem so bemessen ist, daß $F(s^{(i)})$ und $F(s^{(i)} + \Delta s^{(i)})$ bei t-stelliger Rechnung etwa die ersten $t/2$ Stellen gemeinsam haben, $\Delta s^{(i)} \Delta F(s^{(i)}) \approx \sqrt{eps} F(s^{(i)})$, sind die Auswirkungen der Auslöschung noch erträglich. In der Regel ist dies bei der Wahl $\Delta s^{(i)} = \sqrt{eps} s^{(i)}$ der Fall.

Beispiel: Zu lösen sei das Randwertproblem

$$w'' = \tfrac{3}{2} w^2,$$
$$w(0) = 4, \quad w(1) = 1.$$

Nach (7.3.1.2) berechnet man sich zunächst die Lösung des Anfangswertproblems

$$w'' = \tfrac{3}{2} w^2,$$
$$w(0; s) = 4, \quad w'(0; s) = s.$$

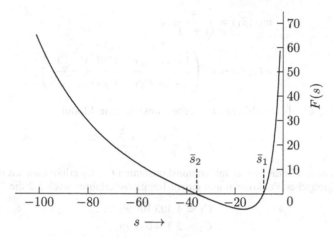

Fig. 7. Graph von $F(s)$

Fig. 7 zeigt den Graphen von $F(s) := w(1; s) - 1$. Man sieht, daß $F(s)$ zwei Nullstellen $\bar{s}_1, \bar{s}_2$ besitzt. Die Iteration nach (7.3.1.3a) liefert

$$\bar{s}_1 = -8.000\,000\,0000,$$
$$\bar{s}_2 = -35.858\,548\,7278.$$

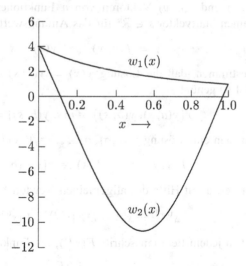

Fig. 8. Die Lösungen w_1 und w_2

Fig. 8 illustriert die beiden Lösungen $w_i(x) = w(x; \bar{s}_i)$, $i = 1, 2$, der Randwertaufgabe. Sie wurden auf etwa 10 Ziffern genau berechnet. Beide Lösungen lassen sich übrigens geschlossen darstellen, es ist

$$w(x; \bar{s}_1) = \frac{4}{(1+x)^2},$$

$$w(x; \bar{s}_2) = C_1^2 \left(\frac{1 - \mathrm{cn}(C_1 x - C_2 | k^2)}{1 + \mathrm{cn}(C_1 x - C_2 | k^2)} - \frac{1}{\sqrt{3}} \right),$$

wo $\mathrm{cn}(\xi | k^2)$ die Jacobische elliptische Funktion zum Modul

$$k = \frac{\sqrt{2 + \sqrt{3}}}{2}$$

bezeichnet. Für die beiden Integrationskonstanten C_1, C_2 erhält man aus der Theorie der elliptischen Funktionen und einem Iterationsverfahren nach 5.2 die Werte

$$C_1 = 4.303\,109\,90\ldots,$$
$$C_2 = 2.334\,641\,96\ldots.$$

Ähnlich wie in diesem Beispiel verfährt man bei der Lösung eines allgemeinen Randwertproblems (7.3.0.1a), (7.3.0.1b″) für n gesuchte Funktionen $y_i(x)$, $i = 1, \ldots, n$,

(7.3.1.6) $y' = f(x, y),\quad r(y(a), y(b)) = 0,\quad y = [y_1, \ldots, y_n]^T,$

wo $f(x, y)$ und $r(u, v)$ Vektoren von n Funktionen sind. Man versucht wieder einen Startvektor $s \in \mathbb{R}^n$ für das Anfangswertproblem

(7.3.1.7) $y' = f(x, y),\quad y(a) = s$

so zu bestimmen, daß die Lösung $y(x) = y(x; s)$ den Randbedingungen von (7.3.1.6) genügt

$$r(y(a; s), y(b; s)) \equiv r(s, y(b; s)) = 0.$$

Dazu hat man eine Lösung $s = [\sigma_1, \sigma_2, \ldots, \sigma_n]^T$ der Gleichung

(7.3.1.8) $F(s) = 0,\quad F(s) :\equiv r(s, y(b; s)),$

zu finden, etwa mit Hilfe des allgemeinen Newton-Verfahrens (5.1.6),

(7.3.1.9) $s^{(i+1)} = s^{(i)} - DF(s^{(i)})^{-1} F(s^{(i)}).$

Dabei ist in jedem Iterationsschritt $F(s^{(i)})$, die Funktionalmatrix

$$DF(s^{(i)}) = \left[\frac{\partial F_j}{\partial \sigma_k} \right]_{s = s^{(i)}}$$

und die Lösung $d^{(i)} := s^{(i)} - s^{(i+1)}$ des linearen Gleichungssystems $DF(s^{(i)})d^{(i)} = F(s^{(i)})$ zu berechnen. Zur Berechung von $F(s^{(i)}) =$

$r(s^{(i)}, y(b; s^{(i)}))$ hat man $y(b; s^{(i)})$ zu bestimmen, d. h. das Anfangswertproblem (7.3.1.7) für $s = s^{(i)}$ zu lösen. Zur Berechnung von $DF(s^{(i)})$ beachte man

(7.3.1.10) $DF(s) = D_u r(s, y(b; s)) + D_v r(s, y(b; s)) Z(b; s)$

mit den Matrizen

(7.3.1.11)
$$D_u r(u, v) = \left[\frac{\partial r_i(u, v)}{\partial u_j} \right], \quad D_v r(u, v) = \left[\frac{\partial r_i(u, v)}{\partial v_j} \right],$$
$$Z(b; s) = D_s y(b; s) = \left[\frac{\partial y_i(b; s)}{\partial \sigma_j} \right].$$

Bei nichtlinearen Funktionen f und r wird man $DF(s)$ nicht mittels dieser komplizierten Formeln berechnen, sondern stattdessen durch Differenzenquotienten approximieren: Man ersetzt $DF(s)$ näherungsweise durch die Matrix

$$\Delta F(s) = [\Delta_1 F(s), \dots, \Delta_n F(s)]$$

mit
(7.3.1.12)
$$\Delta_j F(s) = \frac{F(\sigma_1, \dots, \sigma_j + \Delta\sigma_j, \dots, \sigma_n) - F(\sigma_1, \dots, \sigma_j, \dots, \sigma_n)}{\Delta\sigma_j}.$$

Wegen $F(s) = r(s, y(b; s))$ hat man zur Berechnung von $\Delta_j F(s)$ natürlich $y(b; s)$ und $y(b; s + \Delta\sigma_j e_j)$ durch Lösung der entsprechenden Anfangswertprobleme zu bestimmen.

Bei linearen Randbedingungen (7.3.0.1b),

$$r(u, v) \equiv Au + Bv - c, \quad D_u r = A, \quad D_v r = B,$$

vereinfachen sich diese Formeln etwas. Es ist

$$F(s) \equiv As + By(b; s) - c,$$
$$DF(s) \equiv A + BZ(b; s).$$

In diesem Fall hat man zur Bildung von $DF(s)$ die Matrix

$$Z(b; s) = \left[\frac{\partial y(b; s)}{\partial \sigma_1}, \dots, \frac{\partial y(b; s)}{\partial \sigma_n} \right]$$

zu bestimmen. Wie eben ersetzt man die j-te Spalte $\partial y(b; s)/\partial \sigma_j$ von $Z(b; s)$ durch einen Differenzenquotienten

$$\Delta_j y(b; s) := \frac{y(b; \sigma_1, \dots, \sigma_j + \Delta\sigma_j, \dots, \sigma_n) - y(b; \sigma_1, \dots, \sigma_j, \dots, \sigma_n)}{\Delta\sigma_j}$$

und erhält so die Näherung

(7.3.1.13)
$$\Delta F(s) = A + B\,\Delta y(b; s), \qquad \Delta y(b; s) := [\Delta_1 y(b; s), \ldots, \Delta_n y(b; s)].$$

Zur Durchführung des näherungsweisen Newton-Verfahrens

(7.3.1.14) $$s^{(i+1)} = s^{(i)} - \Delta F\big(s^{(i)}\big)^{-1} F\big(s^{(i)}\big)$$

ist also folgendes zu tun:

0. *Wähle einen Startwert $s^{(0)}$.*

Für $i = 0, 1, 2, \ldots:$

1. *Bestimme $y(b; s^{(i)})$ durch Lösung des Anfangswertproblems (7.3.1.7) für $s = s^{(i)}$ und berechne $F(s^{(i)}) = r(s^{(i)}, y(b; s^{(i)}))$.*
2. *Wähle (genügend kleine) Zahlen $\Delta\sigma_j \neq 0$, $j = 1, \ldots, n$, und bestimme $y(b; s^{(i)} + \Delta\sigma_j e_j)$ durch Lösung der n Anfangswertprobleme (7.3.1.7) für $s = s^{(i)} + \Delta\sigma_j e_j = [\sigma_1^{(i)}, \ldots, \sigma_j^{(i)} + \Delta\sigma_j, \ldots, \sigma_n^{(i)}]^T$, $j = 1, 2, \ldots, n$.*
3. *Berechne $\Delta F(s^{(i)})$ mittels (7.3.1.12) [bzw. (7.3.1.13)] und weiter die Lösung $d^{(i)}$ des linearen Gleichungssystems $\Delta F(s^{(i)})d^{(i)} = F(s^{(i)})$ und setze $s^{(i+1)} := s^{(i)} - d^{(i)}$.*

In jedem Schritt des Verfahrens hat man also $n+1$ Anfangswertprobleme und ein n-reihiges Gleichungssystem zu lösen.

Wegen der nur lokalen Konvergenz des (näherungsweisen) Newton-Verfahrens (7.3.1.14) divergiert das Verfahren im allgemeinen, wenn nicht der Startvektor $s^{(0)}$ bereits genügend nahe bei einer Lösung $\bar{s}$ von $F(s) = 0$ liegt [s. Satz (5.3.2)]. Da solche Startwerte in der Regel nicht bekannt sind, ist das Verfahren in der Form (7.3.1.9) bzw. (7.3.1.14) noch nicht sehr brauchbar: Man ersetzt es durch das modifizierte Newton-Verfahren [s. (5.4.2.4)], das gewöhnlich auch bei nicht sonderlich guten Startvektoren $s^{(0)}$ noch kovergiert (sofern das Randwertproblem überhaupt lösbar ist).

7.3.2 Das einfache Schießverfahren bei linearen Randwertproblemen

Bei der Ersetzung von $DF(s^{(i)})$ durch $\Delta F(s^{(i)})$ in (7.3.1.9) geht i. a. die (lokale) quadratische Konvergenz des Newton-Verfahrens verloren. Das Ersatzverfahren (7.3.1.14) ist in der Regel nur noch (lokal) linear konvergent und zwar umso besser, je besser $\Delta F(s^{(i)})$ und $DF(s^{(i)})$ übereinstimmen. Im Sonderfall *linearer Randwertprobleme* ist nun $DF(s) = \Delta F(s)$ für alle s (bei beliebiger Wahl der $\Delta\sigma_j$). Dabei heißt ein Randwertproblem *linear*, falls $f(x, y)$ eine affine Funktion in y ist und lineare Randbedingungen (7.3.0.1b) vorliegen, d. h. es ist

$$y' = T(x)y + g(x),$$

(7.3.2.1)

$$Ay(a) + By(b) = c$$

mit einer $n \times n$-Matrix $T(x)$, einer Funktion $g : \mathbb{R} \to \mathbb{R}^n$ und konstanten $n \times n$-Matrizen A und B. Wir setzen im folgenden voraus, daß $T(x)$ und $g(x)$ auf $[a, b]$ stetige Funktionen sind. Mit $y(x; s)$ bezeichnen wir wieder die Lösung des Anfangswertproblems

(7.3.2.2) $y' = T(x)\, y + g(x), \quad y(a; s) = s.$

Für $y(x; s)$ läßt sich eine explizite Formel angeben

(7.3.2.3) $y(x; s) = Y(x)\, s + y(x; 0),$

wobei die $n \times n$-Matrix $Y(x)$ die Lösung des Anfangswertproblems

$$Y' = T(x)\, Y, \quad Y(a) = I$$

ist.

Bezeichnet man die rechte Seite von (7.3.2.3) mit $u(x; s)$, so gilt nämlich

$$u(a; s) = Y(a)\, s + y(a; 0) = I\, s + 0 = s$$
$$D_x u(x; s) = u'(x; s) = Y'(x)\, s + y'(x; 0)$$
$$= T(x)\, Y(x)\, s + T(x)\, y(x; 0) + g(x)$$
$$= T(x)\, u(x; s) + g(x),$$

d. h. $u(x; s)$ ist eine Lösung von (7.3.2.2). Da unter den oben getroffenen Voraussetzungen über $T(x)$ und $g(x)$ das Anfangswertproblem eindeutig lösbar ist, folgt $u(x; s) \equiv y(x; s)$. Mit (7.3.2.3) ergibt sich für die Funktion $F(s)$ (7.3.1.8)

(7.3.2.4) $F(s) = As + By(b; s) - c = [A + BY(b)]s + By(b; 0) - c,$

so daß auch $F(s)$ eine affine Funktion von s ist. Daher gilt [vgl. (7.3.1.13)]

$$DF(s) = \Delta F(s) = A + BY(b) = \Delta F(0).$$

Falls $\Delta F(0)^{-1}$ existiert, ist die Lösung $\bar{s}$ von $F(s) = 0$ gegeben durch

$$\bar{s} = -[A + BY(b)]^{-1}[By(b; 0) - c]$$
$$= 0 - \Delta F(0)^{-1} F(0),$$

oder etwas allgemeiner durch

(7.3.2.5) $\bar{s} = s^{(0)} - \Delta F(s^{(0)})^{-1} F(s^{(0)})$

für beliebiges $s^{(0)} \in \mathbb{R}^n$. Mit anderen Worten, die Lösung $\bar{s}$ von $F(s) = 0$ und damit die Lösung des linearen Randwertproblems (7.3.2.1) wird ausgehend von beliebigen Startwerten $s^{(0)}$ durch das Verfahren (7.3.1.14) in *einem* Iterationsschritt geliefert.

7.3.3 Ein Existenz- und Eindeutigkeitssatz für die Lösung von Randwertproblemen

Unter sehr einschränkenden Bedingungen kann die eindeutige Lösbarkeit gewisser Randwertprobleme gezeigt werden. Dazu betrachten wir im folgenden Randwertprobleme mit nichtlinearen Randbedingen

$$(7.3.3.1) \qquad \begin{aligned} y' &= f(x, y), \\ r\bigl(y(a),\ y(b)\bigr) &= 0. \end{aligned}$$

Das durch (7.3.3.1) gegebene Problem ist genau dann lösbar, wenn die Funktion $F(s)$ (7.3.1.8) eine Nullstelle $\bar{s}$ besitzt

$$(7.3.3.2) \qquad F(\bar{s}) = r\bigl(\bar{s},\ y(b; \bar{s})\bigr) = 0.$$

Letzteres ist sicherlich erfüllt, falls man eine nichtsinguläre $n \times n$-Matrix Q finden kann, so daß

$$(7.3.3.3) \qquad \Phi(s) := s - Q F(s)$$

eine kontrahierende Abbildung des $\mathbb{R}^n$ ist [s. Abschnitt 5.2]; die Nullstelle $\bar{s}$ von $F(s)$ ist dann Fixpunkt von Φ, $\Phi(\bar{s}) = \bar{s}$.

Mit Hilfe von Satz (7.1.8) können wir nun folgendes Resultat beweisen, das für lineare Randbedingungen von Keller (1968) stammt.

(7.3.3.4) **Satz:** *Für das Randwertproblem* (7.3.3.1) *gelte*

a) *f und $D_y f$ sind stetig auf $S := \{(x, y) \mid a \le x \le b,\ y \in \mathbb{R}^n\}$.*
b) *Es gibt ein $k \in C[a, b]$ mit $\|D_y f(x, y)\| \le k(x)$ für alle $(x, y) \in S$.*
c) *Die Matrix*

$$P(u, v) := D_u r(u, v) + D_v r(u, v)$$

besitzt für alle $u, v \in \mathbb{R}^n$ eine Darstellung der Form

$$P(u, v) = P_0\bigl(I + M(u, v)\bigr)$$

mit einer konstanten nichtsingulären Matrix P_0 und einer Matrix $M = M(u, v)$, und es gibt Konstanten μ und m mit

$$\|M(u, v)\| \le \mu < 1, \qquad \|P_0^{-1} D_v r(u, v)\| \le m$$

für alle $u, v \in \mathbb{R}^n$.

d) *Es gibt eine Zahl* $\lambda > 0$ *mit* $\lambda + \mu < 1$, *so daß*

$$\int_a^b k(t)dt \le \ln\left(1 + \frac{\lambda}{m}\right).$$

Dann besitzt das Randwertproblem (7.3.3.1) *genau eine Lösung* $y(x)$.

Beweis: Wir zeigen, daß bei passender Wahl von Q, nämlich $Q := P_0^{-1}$, für die Funktion $\Phi(s)$ (7.3.3.3) gilt

(7.3.3.5) $\qquad \|D_s\Phi(s)\| \le K < 1 \quad$ für alle $s \in \mathbb{R}^n$,

wobei $K := \lambda + \mu < 1$. Daraus folgt dann sofort

$$\|\Phi(s_1) - \Phi(s_2)\| \le K\|s_1 - s_2\| \quad \text{für alle} \quad s_1, s_2 \in \mathbb{R}^n,$$

d. h. Φ ist eine kontrahierende Abbildung, die nach Satz (5.2.3) genau einen Fixpunkt $\bar{s} = \Phi(\bar{s})$ besitzt, der wegen der Nichtsingularität von Q eine Nullstelle von $F(s)$ ist.

Nun gilt für $\Phi(s) := s - P_0^{-1}r(s, y(b; s))$

$$D_s\Phi(s) = I - P_0^{-1}\big[D_u r\big(s, y(b; s)\big) + D_v r\big(s, y(b; s)\big)Z(b; s)\big]$$

$$= I - P_0^{-1}\big[P\big((s, y(b; s)\big) + D_v r\big(s, y(b; s)\big)\big(Z(b; s) - I\big)\big]$$

(7.3.3.6)

$$= I - P_0^{-1}\big[P_0(I + M) + D_v r\,(Z - I)\big]$$

$$= -M\big(s, y(b; s)\big) - P_0^{-1}D_v r\big(s, y(b; s)\big)\big(Z(b; s) - I\big),$$

wobei die Matrix

$$Z(x; s) := D_s y(x; s)$$

Lösung des Anfangswertproblems

$$Z' = T(x)Z, \quad Z(a; s) = I \quad \text{mit } T(x) := D_y f\big(x, y(x; s)\big),$$

ist [s. (7.1.8), (7.1.9)]. Aus Satz (7.1.11) folgt wegen Voraussetzung b) für Z die Abschätzung

$$\|Z(b; s) - I\| \le \exp\left(\int_a^b k(t)dt\right) - 1$$

und weiter aus (7.3.3.6) und den Voraussetzungen c) und d)

$$\|D_s\Phi(s)\| \le \mu + m\left[\exp\left(\int_a^b k(t)dt\right) - 1\right]$$

$$\le \mu + m\left[1 + \frac{\lambda}{m} - 1\right]$$

$$= \mu + \lambda = K < 1.$$

Damit ist der Satz bewiesen.   □

Anmerkung: Die Voraussetzungen des Satzes sind nur hinreichend und zudem
sehr einschränkend. Voraussetzung c) ist z. B. schon im Fall $n = 2$ für so einfache
Randbedingungen wie

$$y_1(a) = c_1, \qquad y_1(b) = c_2$$

nicht erfüllt [s. Übungsaufgabe 20]. Obwohl sich einige der Voraussetzungen so
z. B. c), abschwächen lassen, erhält man trotzdem nur Sätze, deren Voraussetzungen
in der Praxis nur selten erfüllt sind.

7.3.4 Schwierigkeiten bei der Durchführung des einfachen Schießverfahrens

Von einem Verfahren zur Lösung des Randwertproblems

$$y' = f(x, y), \qquad r\big(y(a), y(b)\big) = 0$$

wird man verlangen, daß es zu jedem x_0 aus dem Definitionsbereich einer
Lösung y einen Näherungswert für $y(x_0)$ liefert. Bei der bisher besprochenen
Schießmethode wird nur der Anfangswert $y(a) = \bar{s}$ bestimmt. Man könnte
meinen, daß damit das Problem gelöst sei, da man den Wert $y(x_0)$ an jeder
anderen Stelle x_0 durch Lösung des Anfangswertproblems

$$(7.3.4.1) \qquad y' = f(x, y), \qquad y(a) = \bar{s}$$

etwa mit den Methoden von Kapitel 7.2 (näherungsweise) bestimmen kann.
Dies ist jedoch nur im Prinzip richtig. In der Praxis treten dabei häufig erhebliche Ungenauigkeiten auf, wenn die Lösung $y(x) = y(x; \bar{s})$ von (7.3.4.1)
sehr empfindlich von $\bar{s}$ abhängt. Ein Beispiel soll dies zeigen.

Beispiel 1: Das lineare System von Differentialgleichungen

$$(7.3.4.2) \qquad \begin{bmatrix} y_1 \\ y_2 \end{bmatrix}' = \begin{bmatrix} 0 & 1 \\ 100 & 0 \end{bmatrix} \begin{bmatrix} y_1 \\ y_2 \end{bmatrix}$$

besitzt die allgemeine Lösung

$$(7.3.4.3) \quad y(x) = \begin{bmatrix} y_1(x) \\ y_2(x) \end{bmatrix} = c_1 e^{-10x} \begin{bmatrix} 1 \\ -10 \end{bmatrix} + c_2 e^{10x} \begin{bmatrix} 1 \\ 10 \end{bmatrix}, \qquad c_1, c_2 \text{ beliebig.}$$

$y(x; s)$ sei diejenige Lösung von (7.3.4.2), die der Anfangsbedingung

$$y(-5) = s = \begin{bmatrix} s_1 \\ s_2 \end{bmatrix}$$

genügt. Man verifiziert sofort

$$(7.3.4.4) \quad y(x; s) = \frac{e^{-50}(10s_1 - s_2)}{20} e^{-10x} \begin{bmatrix} 1 \\ -10 \end{bmatrix} + \frac{e^{50}(10s_1 + s_2)}{20} e^{10x} \begin{bmatrix} 1 \\ 10 \end{bmatrix}.$$

Wir wollen nun die Lösung $y(x)$ von (7.3.4.2) bestimmen, die den linearen separierten Randbedingungen

(7.3.4.5) $y_1(-5) = 1$, $y_1(5) = 1$

genügt. Man findet mit Hilfe von (7.3.4.3) die exakte Lösung

(7.3.4.6) $y(x) = \dfrac{e^{50} - e^{-50}}{e^{100} - e^{-100}} e^{-10x} \begin{bmatrix} 1 \\ -10 \end{bmatrix} + \dfrac{e^{50} - e^{-50}}{e^{100} - e^{-100}} e^{10x} \begin{bmatrix} 1 \\ 10 \end{bmatrix}.$

Der Anfangswert $\bar{s} = y(-5)$ der exakten Lösung ist

$$\bar{s} = \begin{bmatrix} 1 \\ -10 + \dfrac{20(1 - e^{-100})}{e^{100} - e^{-100}} \end{bmatrix}.$$

Bei Berechnung von $\bar{s}$ in z. B. 10-stelliger Gleitpunktarithmetik erhält man statt $\bar{s}$ bestenfalls einen Näherungswert $\tilde{s}$ der Form

$$\tilde{s} = \mathrm{gl}(\bar{s}) = \begin{bmatrix} 1(1 + \varepsilon_1) \\ -10(1 + \varepsilon_2) \end{bmatrix}$$

mit $|\varepsilon_i| \leq \mathrm{eps} = 10^{-10}$. Sei z. B. $\varepsilon_1 = 0$, $\varepsilon_2 = -10^{-10}$. Zum Anfangswert

$$\tilde{s} = \begin{bmatrix} 1 \\ -10 + 10^{-9} \end{bmatrix}$$

gehört aber nach (7.3.4.4) die exakte Lösung $y(x; \tilde{s})$ mit

(7.3.4.7) $y_1(5; \tilde{s}) \approx \dfrac{10^{-9}}{20} e^{100} \approx 1.3 \times 10^{34}.$

Andererseits ist das Randwertproblem (7.3.4.2), (7.3.4.5) sehr gut konditioniert, was die Abhängigkeit der Lösung $y(x)$ von den Randdaten (7.3.4.5) betrifft. Betrachtet man etwa statt (7.3.4.5) Randbedingungen der Form (Störung der ersten Randbedingung)

$$y_1(-5) = 1 + \varepsilon, \quad y_1(5) = 1,$$

so besitzt das gestörte Randwertproblem die Lösung $\bar{y}(x, \varepsilon)$ ($\bar{y}(x, 0) = y(x)$)

$$\bar{y}(x, \varepsilon) = \frac{e^{50} - e^{-50} + e^{50}\varepsilon}{e^{100} - e^{-100}} e^{-10x} \begin{bmatrix} 1 \\ -10 \end{bmatrix} + \frac{e^{50} - e^{-50} - e^{-50}\varepsilon}{e^{100} - e^{-100}} e^{10x} \begin{bmatrix} 1 \\ 10 \end{bmatrix}.$$

Für $-5 \leq x \leq 5$ sind die Faktoren von ε klein ($=O(1)$), ja es gelten dann sogar in erster Näherung Abschätzungen der Form

$$|\bar{y}_1(x, \varepsilon) - \bar{y}_1(x, 0)| \lesssim \varepsilon \bar{y}_1(x, 0) \leq \varepsilon,$$

$$|\bar{y}_2(x, \varepsilon) - \bar{y}_2(x, 0)| \lesssim 10\varepsilon \bar{y}_1(x, 0) \leq 10\varepsilon$$

mit Faktoren $\bar{y}_1(x, 0) = y_1(x)$, die im Inneren des Intervalls $[-5, 5]$ extrem klein sind. Also hat wegen (7.3.4.7) allein ein Rundungsfehler, den man bei der Berechnung des Startwerts $\bar{s} = y(-5)$ der exakten Lösung mittels des Schießverfahrens begeht, einen erheblich größeren Einfluß auf das Ergebnis der Rechnung als Fehler in den Eingangsdaten (hier der Randdaten) des Problems: das Schießverfahren ist in diesem Beispiel kein gutartiges Verfahren [s. Abbschnitt 1.3].

Das Beispiel zeigt: Selbst die Berechnung des Startwertes $\bar{s} = y(a)$ mit voller Maschinengenauigkeit garantiert nicht, daß sich weitere Werte $y(x)$ genau bestimmen lassen. Wegen (7.3.4.4) hat man bei dem betrachteten Beispiel für großes $x > 0$

$$\|y(x; s_1) - y(x; s_2)\| = O\left(e^{10x}\|s_1 - s_2\|\right),$$

d. h. der Einfluß fehlerhafter Anfangsdaten wächst exponentiell mit x.

Nach Satz (7.1.4) trifft dies allgemein zu: Für die Lösung $y(x; s)$ des Anfangswertproblems $y' = f(x, y)$, $y(a) = s$, gilt unter den Voraussetzungen dieses Satzes

$$\|y(x; s_1) - y(x; s_2)\| \leq \|s_1 - s_2\| e^{L|x-a|}.$$

Diese Abschätzung zeigt aber auch, daß der Einfluß ungenauer Anfangsdaten $s = y(a)$ für $x \in [a, b]$ aus *kleinen* Intervallen $[a, b]$ nur klein ist.

Eine weitere Schwierigkeit des einfachen Schießverfahrens, die seine praktische Bedeutung erheblich einschränkt, ist die folgende: Häufig besitzt die rechte Seite einer Differentialgleichung $y' = f(x, y)$ stetige partielle Ableitungen $D_y f(x, y)$ auf ganz $S = \{(x, y) \mid a \leq x \leq b, y \in \mathbb{R}^n\}$, die aber dort nicht beschränkt bleiben. In diesem Fall muß die Lösung $y(x) = y(x; s)$ des Anfangswertproblems $y' = f(x, y)$, $y(a) = s$, nicht für alle $x \in [a, b]$ sondern nur noch in einer evtl. sehr kleinen Umgebung $U_s(a)$ von a definiert sein, die von s abhängen kann. Damit existiert eventuell $y(b; s)$ nur für die Werte s aus einer kleinen Menge M_b, die gewöhnlich nicht bekannt ist. Das einfache Schießverfahren muß daher immer zusammenbrechen, wenn man als Startwert des Newton-Verfahrens einen Vektor $s^{(0)} \notin M_b$ wählt. Da die Menge M_b umso größer wird, je kleiner $|b - a|$ ist, verliert auch dieser Nachteil des Schießverfahrens für kleine Intervalle $[a, b]$ an Gewicht. Alle diese Schwierigkeiten für große Intervalle $[a, b]$ werden bei der Mehrzielmethode [s. Abschnitt 7.3.5] vermieden.

Beispiel 2: Gegeben sei die Randwertaufgabe [vgl. Troesch (1960, 1976)]:

$$(7.3.4.8) \qquad\qquad y'' = \lambda \sinh \lambda y$$

$$(7.3.4.9) \qquad\qquad y(0) = 0, \quad y(1) = 1$$

(λ ein fester Parameter).

Um die Aufgabe mit dem einfachen Schießverfahren behandeln zu können, muß zunächst die Anfangssteigung $y'(0) = s$ „geschätzt" werden. Bei der numerischen Integration des Anfangswertproblems (7.3.4.8) mit $\lambda = 5$, $y(0) = 0$, $y'(0) = s$

stellt sich heraus, daß die Lösung $y(x; s)$ überaus empfindlich von s abhängt: für $s = 0.1, 0.2, \ldots$, bricht die Rechnung noch vor Erreichen des rechten Randes ($x = 1$) wegen Exponentenüberlaufs ab, d. h. $y(x; s)$ besitzt bei einem $x_s \leq 1$ eine von s abhängende singuläre Stelle. Der Einfluß der Anfangssteigung $y'(0) = s$ auf die Lage der Singularität läßt sich hier abschätzen:

$$y'' = \lambda \sinh \lambda y$$

besitzt das erste Integral

(7.3.4.10)
$$\frac{(y')^2}{2} = \cosh \lambda y + C.$$

Die Bedingung $y(0) = 0$, $y'(0) = s$ definiert die Integrationskonstante

$$C = \frac{s^2}{2} - 1.$$

Die Integration von (7.3.4.10) führt auf

$$x = \frac{1}{\lambda} \int_0^{\lambda y} \frac{d\eta}{\sqrt{s^2 + 2\cosh \eta - 2}}.$$

Die *singuläre* Stelle ist dann durch

$$x_s = \frac{1}{\lambda} \int_0^{\infty} \frac{d\eta}{\sqrt{s^2 + 2\cosh \eta - 2}}$$

gegeben.

Zur näherungsweisen Berechnung des Integrals zerlegen wird das Integrationsintervall

$$\int_0^{\infty} = \int_0^{\varepsilon} + \int_{\varepsilon}^{\infty}, \qquad \varepsilon > 0 \text{ beliebig,}$$

und schätzen die Teilintegrale getrennt ab. Es ist

$$\int_0^{\varepsilon} \frac{d\eta}{\sqrt{s^2 + 2\cosh \eta - 2}} = \int_0^{\varepsilon} \frac{d\eta}{\sqrt{s^2 + \eta^2 + \eta^4/12 + \cdots}} \leq \int_0^{\varepsilon} \frac{d\eta}{\sqrt{s^2 + \eta^2}}$$

$$= \ln\left(\frac{\varepsilon}{|s|} + \sqrt{1 + \frac{\varepsilon^2}{s^2}}\right),$$

und

$$\int_{\varepsilon}^{\infty} \frac{d\eta}{\sqrt{s^2 + 2\cosh \eta - 2}} = \int_{\varepsilon}^{\infty} \frac{d\eta}{\sqrt{s^2 + 4\sinh(\eta/2)}} \leq \int_{\varepsilon}^{\infty} \frac{d\eta}{2\sinh(\eta/2)}$$

$$= -\ln\left(\tanh(\varepsilon/4)\right).$$

Es gilt also die Abschätzung

$$x_S \leq \frac{1}{\lambda} \ln \left(\frac{\dfrac{\varepsilon}{|s|} + \sqrt{1 + \dfrac{\varepsilon^2}{s^2}}}{\tanh\left(\dfrac{\varepsilon}{4}\right)} \right) =: H(\varepsilon, s).$$

Für jedes $\varepsilon > 0$ ist $H(\varepsilon, s)$ eine obere Schranke für x_S, also insbesondere

$$x_S \leq H\left(\sqrt{|s|}, s\right) \quad \text{für alle} \quad s \neq 0.$$

Das asymptotische Verhalten von $H\left(\sqrt{|s|}, s\right)$ für $s \to 0$ läßt sich leicht angeben: in erster Näherung gilt nämlich für kleines $|s|$

$$\tanh\left(\frac{\sqrt{|s|}}{4}\right) \doteq \frac{\sqrt{|s|}}{4}, \qquad \frac{1}{\sqrt{|s|}} + \sqrt{1 + \frac{1}{|s|}} \doteq \frac{2}{\sqrt{|s|}},$$

so daß asymptotisch für $s \to 0$

(7.3.4.11) $$x_S \leq H\left(\sqrt{|s|}, s\right) \doteq \frac{1}{\lambda} \ln \left(\frac{2/\sqrt{|s|}}{\sqrt{|s|}/4} \right) = \frac{1}{\lambda} \ln \frac{8}{|s|}.$$

[Man kann darüber hinaus sogar zeigen (s. unten), daß asymptotisch für $s \to 0$

(7.3.4.12) $$x_S \doteq \frac{1}{\lambda} \ln \left(\frac{8}{|s|} \right)$$

gilt.]
  Damit man beim „Schießen" den rechten Rand $x = 1$ erreicht, darf $|s|$ also höchstens so groß gewählt werden, daß

$$1 \doteq \frac{1}{\lambda} \ln \left(\frac{8}{|s|} \right), \quad \text{d. h.} \quad |s| \lesssim 8e^{-\lambda};$$

für $\lambda = 5$ erhält man den kleinen Bereich

(7.3.4.13) $$|s| \lesssim 0.05.$$

Für den „Kenner" sei noch folgendes hinzugefügt:
  Das Anfangswertproblem

(7.3.4.14) $$y'' = \lambda \sinh \lambda y, \quad y(0) = 0, \quad y'(0) = s$$

besitzt die exakte Lösung

$$y(x; s) = \frac{2}{\lambda} \operatorname{arsinh}\left(\frac{s}{2} \frac{\operatorname{sn}(\lambda x | k^2)}{\operatorname{cn}(\lambda x | k^2)} \right), \qquad k^2 = 1 - \frac{s^2}{4};$$

dabei sind sn, cn die Jacobischen elliptischen Funktionen zum Modul k, der hier von der Anfangssteigung s abhängt. Bezeichnet $K(k^2)$ die Viertelperiode von cn, so hat cn bei

$$(7.3.4.15) \qquad x_s = \frac{K(k^2)}{\lambda}$$

eine Nullstelle und folglich $y(x; s)$ dort eine logarithmische Singularität. $K(k^2)$ besitzt aber die Entwicklung

$$K(k^2) = \ln \frac{4}{\sqrt{1-k^2}} + \frac{1}{4}\left(\ln \frac{4}{\sqrt{1-k^2}} - 1\right)\left(1 - k^2\right) + \cdots$$

oder umgerechnet auf s

$$K(k^2) = \ln \frac{8}{|s|} + \frac{s^2}{16}\left(\ln \frac{8}{|s|} - 1\right) + \cdots,$$

woraus (7.3.4.12) folgt.
Für die Lösung des eigentlichen Randwertproblems, d. h.

$$y(1; s) = 1$$

erhält man für $\lambda = 5$ den Wert

$$s = 4.575\,046\,14 \times 10^{-2}$$

[vgl. dazu (7.3.4.13)]. Dieser Wert ergibt sich als Folge einer Relation zwischen den Jacobifunktionen verbunden mit einem Iterationsverfahren nach Abschnitt 5. Der Vollständigkeit halber sei noch eine weitere Beziehung angeführt, die mit Hilfe der Theorie der Jacobifunktionen abgeleitet werden kann. Die Lösung der Randwertaufgabe (7.3.4.8), (7.3.4.9) besitzt eine logarithmische Singularität bei

$$(7.3.4.16) \qquad x_s \doteq 1 + \frac{1}{\lambda \cosh(\lambda/2)}.$$

Für $\lambda = 5$ folgt

$$x_s \doteq 1.0326\ldots,$$

die Singularität der exakten Lösung liegt in unmittelbarer Nähe des rechten Randes! Das Beispiel beleuchtet hinreichend die Schwierigkeiten, die bei der numerischen Lösung von Randwertproblemen auftreten können.

Für eine direkte numerische Lösung des Problems ohne Kenntnis der Theorie der elliptischen Funktionen s. 7.3.6.

Ein weiteres Beispiel für das Auftreten von Singularitäten findet man in Aufgabe 19.

7.3.5 Die Mehrzielmethode

Die Mehrzielmethode* wurde schon verschiedentlich in der Literatur beschrieben, so in Keller (1968), Osborne (1969), und Bulirsch (1971). In

---

* Auch Mehrfachschießverfahren („multiple shooting method") genannt.

Oberle und Grimm (1989) findet man FORTRAN-Programme. Bei der Mehrzielmethode werden die Werte

$$\bar{s}_k = y(x_k), \qquad k = 1, 2, \ldots, m,$$

der exakten Lösung $y(x)$ eines Randwertproblems

(7.3.5.1) $$y' = f(x, y), \qquad r\big(y(a),\, y(b)\big) = 0$$

an mehreren Stellen

$$a = x_1 < x_2 < \cdots < x_m = b$$

gleichzeitig iterativ berechnet. Sie läuft auf eine Zerlegung in $m - 1$ Randwertprobleme auf den kleineren Intervallen $[x_k, x_{k+1}]$, $k = 1, 2, \ldots, m - 1$, hinaus, deren Randdaten so bestimmt werden, daß eine Lösung von (7.3.5.1) entsteht.

Sei dazu $y(x; x_k, s_k)$ die Lösung des Anfangswertproblems

$$y' = f(x, y), \qquad y(x_k) = s_k.$$

Die Aufgabe besteht nun darin, die Vektoren s_k, $k = 1, 2, \ldots, m$, so zu bestimmen, daß die aus den $y(x; x_k, s_k)$ stückweise zusammengesetzte Funktion

$$y(x) := y(x; x_k, s_k) \quad \text{für} \quad x \in [x_k, x_{k+1}), \qquad k = 1, 2, \ldots, m - 1,$$
$$y(b) := s_m$$

stetig ist, also eine Lösung der Differentialgleichung $y' = f(x, y)$ darstellt, und darüber hinaus die Randbedingungen $r(y(a), y(b)) = 0$ erfüllt [s. Fig. 9].

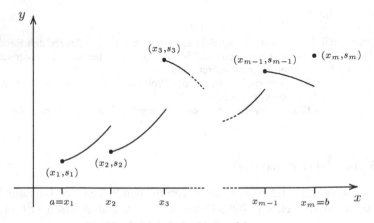

Fig. 9. Mehrfachschießverfahren

Dies ergibt die folgenden nm Bedingungen

(7.3.5.2)
$$y(x_{k+1}; x_k, s_k) = s_{k+1}, \quad k = 1, 2, \ldots, m - 1,$$
$$r(s_1, s_m) = 0$$

für die nm unbekannten Komponenten σ_{kj}, $j = 1, 2, \ldots, n$, $k = 1, 2, \ldots,$ m, der s_k

$$s_k = [\sigma_{k1}, \sigma_{k2}, \ldots, \sigma_{kn}]^T.$$

Insgesamt stellt (7.3.5.2) ein Gleichungssystem der Form
(7.3.5.3)

$$F(s) := \begin{bmatrix} F_1(s_1, s_2) \\ F_2(s_2, s_3) \\ \vdots \\ F_{m-1}(s_{m-1}, s_m) \\ F_m(s_1, s_m) \end{bmatrix} := \begin{bmatrix} y(x_2; x_1, s_1) - s_2 \\ y(x_3; x_2, s_2) - s_3 \\ \vdots \\ y(x_m; x_{m-1}, s_{m-1}) - s_m \\ r(s_1, s_m) \end{bmatrix} = 0$$

für die Unbekannten

$$s = \begin{bmatrix} s_1 \\ \vdots \\ s_m \end{bmatrix}$$

dar. Es kann mit Hilfe des Newton-Verfahrens

(7.3.5.4) $\qquad s^{(i+1)} = s^{(i)} - DF\big(s^{(i)}\big)^{-1} F\big(s^{(i)}\big), \qquad i = 0, 1, \ldots$

iterativ gelöst werden. Damit es auch bei schlechter Wahl des Startvektors $s^{(0)}$ möglichst noch konvergiert, nimmt man in der Praxis statt (7.3.5.4) das modifizierte Newton-Verfahren (5.4.2.4) [s. Abschnitt 7.3.6 für weitere Hinweise zu seiner Realisierung]. In jedem Schritt des Verfahrens müssen $F(s)$ und $DF(s)$ für $s = s^{(i)}$ berechnet werden. Dazu hat man für $k = 1$, $2, \ldots, m - 1$ durch Lösung der Anfangswertprobleme

$$y' = f(x, y), \qquad y(x_k) = s_k$$

die Werte $y(x_{k+1}; x_k, s_k)$, $k = 1, 2, \ldots, m - 1$, zu bestimmen, und $F(s)$ gemäß (7.3.5.3) zu berechnen. Die Funktionalmatrix

$$DF(s) = \big[D_{s_k} F_i(s)\big]_{i,k=1,\ldots,m}$$

hat wegen der besonderen Struktur der F_i (7.3.5.3) die Gestalt

$$(7.3.5.5) \qquad DF(s) = \begin{bmatrix} G_1 & -I & 0 & & 0 \\ 0 & G_2 & -I & \ddots & \\ & \ddots & \ddots & \ddots & 0 \\ 0 & & \ddots & G_{m-1} & -I \\ A & 0 & & 0 & B \end{bmatrix},$$

wobei die $n \times n$-Matrizen A, B, G_k, $k = 1, \ldots, m-1$, selbst wieder Funktionalmatrizen sind:

$$G_k := \equiv D_{s_k} F_k(s) \equiv D_{s_k} y(x_{k+1}; x_k, s_k), \quad k = 1, 2, \ldots, m-1,$$
$$(7.3.5.6) \quad B := \equiv D_{s_m} F_m(s) \equiv D_{s_m} r(s_1, s_m),$$
$$A := \equiv D_{s_1} F_m(s) \equiv D_{s_1} r(s_1, s_m).$$

Wie im einfachen Schießverfahren ersetzt man in der Praxis zweckmäßig die Differentialquotienten in den Matrizen A, B, G_k durch Differenzenquotienten, die man durch Lösen weiterer $(m-1)n$ Anfangswertprobleme berechnen kann (für jede Matrix $G_1, \ldots, G_{m-1}$ je n Anfangswertprobleme). Die Gleichungen (7.3.5.4) sind mit den Abkürzungen

$$(7.3.5.7) \qquad \begin{bmatrix} \Delta s_1 \\ \vdots \\ \Delta s_m \end{bmatrix} := s^{(i+1)} - s^{(i)}, \qquad F_k := F_k\left(s_k^{(i)}, s_{k+1}^{(i)}\right)$$

mit folgendem linearen Gleichungssystem äquivalent

$$G_1 \Delta s_1 - \Delta s_2 = -F_1,$$
$$G_2 \Delta s_2 - \Delta s_3 = -F_2,$$
$$(7.3.5.8) \qquad \qquad \vdots$$
$$G_{m-1} \Delta s_{m-1} - \Delta s_m = -F_{m-1},$$
$$A \Delta s_1 + B \Delta s_m = -F_m.$$

Ausgehend von der ersten Gleichung kann man alle Δs_k sukzessive durch Δs_1 ausdrücken. Man findet so

$$\Delta s_2 = G_1 \Delta s_1 + F_1,$$

$$(7.3.5.9) \qquad \qquad \vdots$$

$$\Delta s_m = G_{m-1} G_{m-2} \ldots G_1 \Delta s_1 + \sum_{j=1}^{m-1} \left(\prod_{l=1}^{j-1} G_{m-l} \right) F_{m-j},$$

und daraus schließlich mit Hilfe der letzten Gleichung

(7.3.5.10) $$\left(A + BG_{m-1}G_{m-2} \ldots G_1\right)\Delta s_1 = w,$$

mit $w := -(F_m + BF_{m-1} + BG_{m-1}F_{m-2} + \cdots + BG_{m-1}G_{m-2} \ldots G_2F_1)$.

Dies ist ein lineares Gleichungssystem für den unbekannten Vektor Δs_1, das man mit Hilfe des Gaußschen Eliminationsverfahrens lösen kann. Sobald man Δs_1 bestimmt hat, erhält man Δs_2, Δs_3, ..., Δs_m sukzessive aus (7.3.5.8) und $s^{(i+1)}$ aus (7.3.5.7).

Es sei ohne Beweis erwähnt, daß unter den Voraussetzungen des Satzes (7.3.3.4) die Matrix $A + BG_{m-1} \ldots G_1$ in (7.3.5.10) nichtsingulär ist. Ferner gibt es dann wieder eine nichtsinguläre $nm \times nm$-Matrix Q, so daß die Funktion

$$\Phi(s) := s - QF(s)$$

kontrahierend ist, also genau einen Fixpunkt $\bar{s}$ besitzt mit $F(\bar{s}) = 0$.

Man sieht überdies, daß $F(s)$ und im wesentlichen auch $DF(s)$ für alle Vektoren

$$s = \begin{bmatrix} s_1 \\ \vdots \\ s_m \end{bmatrix} \in M := M^{(1)} \times M^{(2)} \times \cdots \times M^{(m-1)} \times R^n$$

definiert ist und damit eine Iteration (7.3.5.4) der Mehrzielmethode für $s \in M$ ausführbar ist. Dabei ist $M^{(k)}$, $k = 1, 2, \ldots, m - 1$, die Menge aller Vektoren s_k, für die die Lösung $y(x; x_k, s_k)$ (zumindest) auf dem *kleinen* Intervall $[x_k, x_{k+1}]$ erklärt ist. Diese Menge $M^{(k)}$ umfaßt die Menge M_k aller s_k, für die $y(x; x_k, s_k)$ auf *ganz* $[a, b]$ definiert ist. Das Newton-Verfahren zur Berechnung von $\bar{s}_k$ mittels des einfachen Schießverfahrens ist aber nur für $s_k \in M_k \subset M^{(k)}$ ausführbar. Dies zeigt, daß die Anforderungen der Mehrzielmethode an die Güte der Startwerte für das Newton-Verfahren wesentlich geringer sind als die des einfachen Schießverfahrens.

7.3.6 Hinweise zur praktischen Realisierung der Mehrzielmethode

In der im letzten Abschnitt beschriebenen Form ist die Mehrzielmethode noch recht aufwendig. Zum Beispiel ist in jedem Schritt des modifizierten Newton-Verfahrens

(7.3.6.1) $$s^{(i+1)} = s^{(i)} - \lambda_i d^{(i)}, \qquad d^{(i)} := \Delta F\left(s^{(i)}\right)^{-1} F\left(s^{(i)}\right),$$

zumindest die Approximation $\Delta F(s^{(i)})$ der Funktionalmatrix $DF(s^{(i)})$ mittels Bildung geeigneter Differenzenquotienten zu berechnen. Dies allein läuft auf die Lösung von n Anfangswertproblemen hinaus. Diesen enormen Rechenaufwand kann man mit Hilfe der in Abschnitt 5.4.3 beschriebenen

Techniken erheblich reduzieren, in dem man nur gelegentlich die Matrix $\Delta F(s^{(i)})$ neu berechnet und die übrigen Matrizen mit Hilfe des Rang 1-Verfahren von Broyden rekursiv berechnet.

Als nächstes soll das Problem behandelt werden, wie man die Zwischenpunkte x_k, $k = 1, \ldots, m$, in $[a, b]$ wählen soll, wenn eine Näherungslösung (*Starttrajektorie*) $\eta(x)$ für das Randwertproblem bekannt ist: Man setze $x_1 := a$. Hat man bereits x_i ($< b$) gewählt, so integriere man das Anfangswertproblem

$$\eta_i' = f(x, \eta_i), \qquad \eta_i(x_i) = \eta(x_i)$$

mit Hilfe der Methoden von 7.2, breche die Integration an der ersten Stelle $x = \xi$ ab, für die die Lösung $\|\eta_i(\xi)\|$ „zu groß" gegenüber $\|\eta(\xi)\|$ wird, etwa $\|\eta_i(\xi)\| \geq 2\|\eta(\xi)\|$ und setze $x_{i+1} := \xi$.

Beispiel 1: Gegeben sei die Randwertaufgabe

(7.3.6.2) $y'' = 5 \sinh 5y, \qquad y(0) = 0, \quad y(1) = 1$

[vgl. Beispiel 2 von Abschnitt 7.3.4].

Als Ausgangstrajektorie $\eta(x)$ wird die Gerade $\eta(x) \equiv x$ genommen, die beide Randpunkte verbindet.

Die durch den Rechner gefundene Unterteilung $0 = x_1 < x_2 \cdots < x_m = 1$ zeigt Fig. 10. Zu dieser Unterteilung und den Startwerten $s_k := \eta(x_k)$, $s_k' := \eta'(x_k)$ liefert die Mehrzielmethode nach 7 Iterationen die Lösung auf etwa 9 Ziffern genau.

Die Aufgabe legt eine noch günstigere Starttrajektorie nahe, nämlich die Lösung $\eta(x) := \sinh 5x / \sinh 5$ des *linearisierten* Problems

$$\eta'' = 5 \cdot 5\eta, \qquad \eta(0) = 0, \quad \eta(1) = 1.$$

Bei einigen praktischen Problemen ist die rechte Seite $f(x, y)$ der Differentialgleichung als Funktion von x auf $[a, b]$ nur stückweise stetig oder auch nur stückweise stetig differenzierbar. In diesen Fällen achte man darauf, daß die Unstetigkeitsstellen als Teilpunkte x_i auftreten, andernfalls gibt es Konvergenzschwierigkeiten [s. Beispiel 2].

Es bleibt das Problem, wie man eine erste Näherungslösung $\eta(x)$ für ein Randwertproblem findet. In vielen Fällen kennt man z. B. aus physikalischen Gründen den qualitativen Verlauf der Lösung, so daß man sich leicht zumindest eine grobe Näherung verschaffen kann. Gewöhnlich reicht dies auch für die Konvergenz aus, weil das modifizierte Newton-Verfahren keine besonders hohen Anforderungen an die Qualität des Startvektors stellt.

In komplizierteren Fällen hilft häufig die sog. *Fortsetzungsmethode* (Homotopie-Methode). Hier tastet man sich allmählich über die Lösung „benachbarter" Probleme an die Lösung des eigentlich gestellten Problems heran: Fast alle Probleme enthalten gewisse Parameter α,

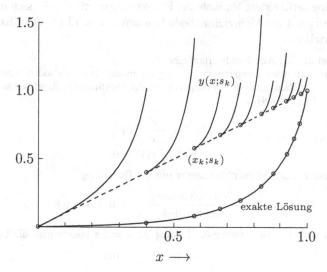

Fig. 10. Zwischenpunkte für die Mehrzielmethode

(7.3.6.3) P_α: $y' = f(x, y; \alpha)$, $r(y(a), y(b); \alpha) = 0$,

und die Aufgabe lautet, die Lösung $y(x)$, die natürlich auch von α abhängt, $y(x) = y(x; \alpha)$, für einen bestimmten Wert $\alpha = \bar{\alpha}$ zu bestimmen. Meistens ist es so, daß das Randwertproblem P_α für einen gewissen anderen Wert $\alpha = \alpha_0$ einfacher ist, so daß zumindest eine gute Näherung $\eta_0(x)$ für die Lösung $y(x; \alpha_0)$ von P_{α_0} bekannt ist. Die Fortsetzungsmethode besteht nun darin, daß man zunächst ausgehend von $\eta_0(x)$ die Lösung $y(x; \alpha_0)$ von P_{α_0} bestimmt. Man wählt dann eine endliche Folge genügend eng benachbarter Zahlen ε_i mit $0 < \varepsilon_1 < \varepsilon_2 < \cdots < \varepsilon_l = 1$, setzt $\alpha_i := \alpha_0 + \varepsilon_i(\bar{\alpha} - \alpha_0)$, und nimmt für $i = 0, 1, \ldots, l-1$ die Lösung $y(x; \alpha_i)$ von P_{α_i} als Startnäherung für die Bestimmung der Lösung $y(x; \alpha_{i+1})$ von $P_{\alpha_{i+1}}$. Mit $y(x; \alpha_l) = y(x; \bar{\alpha})$ hat man schließlich die gesuchte Lösung von $P_{\bar{\alpha}}$. Für das Funktionieren des Verfahrens ist es wichtig, daß man keine zu großen Schritte $\varepsilon_i \to \varepsilon_{i+1}$ macht, und daß man „natürliche", dem Problem inhärente Parameter α wählt: Die Einführung künstlicher Parameter α, etwa Ansätze des Typs

$$f(x, y; \alpha) = \alpha f(x, y) + (1 - \alpha)g(x, y), \qquad \bar{\alpha} = 1, \qquad \alpha_0 = 0,$$

wo $f(x, y)$ die gegebene rechte Seite der Differentialgleichung und $g(x, y)$ eine willkürlich gewählte „einfache" Funktion ist, die mit dem Problem nichts zu tun hat, führt in kritischen Fällen nicht zum Ziel.

Eine raffiniertere Variante der Fortsetzungsmethode, die sich im Zusammenhang mit der Mehrzielmethode bewährt hat, wird bei Deuflhard (1979) beschrieben.

Beispiel 2: Singuläre Randwertaufgabe.
Die stationäre Temperaturverteilung im Innern eines Zylinders vom Radius 1 wird beschrieben durch die Lösung $y(x; \alpha)$ der nichtlinearen Randwertaufgabe [vgl. Na und Tang (1969)]:

$$(7.3.6.4) \qquad y'' = -\frac{y'}{x} - \alpha e^y,$$

$$y'(0) = y(1) = 0.$$

α ist hier ein „natürlicher" Parameter mit der Bedeutung

$$\alpha \doteq \frac{\text{Wärmeerzeugung}}{\text{Leitfähigkeit}}, \qquad 0 < \alpha \le 0.8.$$

Zur numerischen Berechnung der Lösung für $\alpha = 0.8$ könnte man die Unterteilung

$$\alpha = 0, \ 0.1, \ \ldots, \ 0.8$$

benützen und ausgehend von der explizit angebbaren Lösung $y(x; 0) \equiv 0$ die Homotopiekette zur Berechnung von $y(x; 0.8)$ konstruieren. Die Aufgabe weist jedoch noch eine weitere Schwierigkeit auf: die rechte Seite der Differentialgleichung besitzt bei $x = 0$ eine Singularität! Zwar ist $y'(0) = 0$ und die Lösung $y(x; \alpha)$ im ganzen Intervall $0 \le x \le 1$ erklärt und sogar analytisch, gleichwohl treten erhebliche Konvergenzschwierigkeiten auf. Der Grund ist in folgendem zu suchen: Eine Rückwärtsanalyse [vgl. Abschnitt 1.3] zeigt, daß das Ergebnis $\tilde{y}$ der numerischen Rechnung gedeutet werden kann als exakte Lösung des Randwertproblems (7.3.6.4) mit leicht abgeänderten Randdaten

$$\tilde{y}'(0) = \varepsilon_1, \qquad \tilde{y}(1) = \varepsilon_2$$

[s. Babuška et al. (1966)]. Diese Lösung $\tilde{y}(x; \alpha)$ ist der Lösung $y(x; \alpha)$ zwar „benachbart", besitzt aber anders als $y(x; \alpha)$ bei $x = 0$ nur eine stetige Ableitung wegen

$$\lim_{x \to 0} \tilde{y}'' = -\lim_{x \to 0} \frac{\varepsilon_1}{x} = \pm \infty.$$

Da die Konvergenzordnung jedes numerischen Verfahrens nicht nur von der Methode selbst, sondern auch von der Existenz und Beschränktheit der höheren Ableitungen der Lösung abhängt, was gerne übersehen wird, wird im vorliegenden Beispiel die Konvergenzordnung beträchtlich reduziert (im wesentlichen auf 1). Diese Schwierigkeiten sind charakteristisch für viele praktische Randwertprobleme und nicht nur diese. Die Ursache des Versagens wird meistens nicht erkannt und die „Schuld" der Methode oder dem Computer zugeschrieben.

Durch einen einfachen Kunstgriff lassen sich diese Schwierigkeiten vermeiden. Die „benachbarten" Lösungen mit $y'(0) \ne 0$ werden durch einen Potenzreihenansatz um $x = 0$ *ausgeblendet:*

$$(7.3.6.5) \qquad y(x) = y(0) + \frac{x^2}{2!} y^{(2)}(0) + \frac{x^3}{3!} y^{(3)}(0) + \frac{x^4}{4!} y^{(4)}(0) + \cdots.$$

Die Koeffizienten $y^{(i)}(0)$, $i = 2, 3, 4, \ldots$, lassen sich alle durch $\lambda := y(0)$, also eine noch unbekannte Konstante, ausdrücken; durch Einsetzen in die Differentialgleichung (7.3.6.4) findet man

$$(7.3.6.6) \qquad y^{(2)}(x) = -\left(y^{(2)}(0) + \frac{x}{2!} y^{(3)}(0) + \frac{x^2}{3!} y^{(4)}(0) + \cdots \right) - \alpha e^{y(x)},$$

woraus für $x \to 0$ wird

$$y^{(2)}(0) = -y^{(2)}(0) - \alpha e^{y(0)}, \quad \text{d. h.} \quad y^{(2)}(0) = -\tfrac{1}{2}\alpha e^{\lambda}.$$

Durch Differentiation ergibt sich

$$y^{(3)}(x) = -\left(\tfrac{1}{2} y^{(3)}(0) + \tfrac{1}{3} x y^{(4)}(0) + \cdots \right) - \alpha y'(x) e^{y(x)},$$

also $y^{(3)}(0) = 0$. Weiter ist

$$y^{(4)}(x) = -\left(\tfrac{1}{3} y^{(4)}(0) + x(\ldots) \right) - \alpha \left\{ \left(y'(x) \right)^2 + y^{(2)})(x) \right\} e^{y(x)},$$

so daß

$$y^{(4)}(0) = \tfrac{3}{8}\alpha^2 e^{2\lambda}.$$

Man kann zeigen, daß $y^{(5)}(0) = 0$, allgemein $y^{(2i+1)}(0) = 0$.

Die singuläre Randwertaufgabe läßt sich nun wie folgt behandeln. Als Information über $y(x; \alpha)$ benutze man in der Nähe von $x = 0$ die Potenzreihendarstellung (7.3.6.5) und in „genügender" Entfernung von der Singularität $x = 0$ die Differentialgleichung (7.3.6.4) selbst. Man hat z. B.

$$(7.3.6.7) \qquad y''(x) = \begin{cases} -\tfrac{1}{2}\alpha e^{\lambda}\left[1 - \tfrac{3}{8} x^2 \alpha e^{\lambda} \right] & \text{für} \quad 0 \le x \le 10^{-2}, \\ -\dfrac{y'(x)}{x} - \alpha e^{y(x)} & \text{für} \quad 10^{-2} \le x \le 1. \end{cases}$$

Der Fehler ist von der Größenordnung 10^{-8}. Die rechte Seite enthält jetzt noch den unbekannten Parameter $\lambda = y(0)$. Wie in 7.3.0 gezeigt, läßt sich dies aber als erweiterte Randwertaufgabe interpretieren. Man setzt

$$y_1(x) := y(x),$$
$$y_2(x) := y'(x),$$
$$y_3(x) := y(0) = \lambda$$

und erhält das System von Differentialgleichungen auf $[0, 1]$

$$y_1' = y_2,$$

$$(7.3.6.8) \qquad y_2' = \begin{cases} -\tfrac{1}{2}\alpha e^{y_3}\left[1 - \tfrac{3}{8} x^2 \alpha e^{y_3} \right] & \text{für} \quad 0 \le x \le 10^{-2}, \\ -\dfrac{y_2}{x} - \alpha e^{y_1} & \text{für} \quad 10^{-2} \le x \le 1, \end{cases}$$

$$y_3' = 0$$

mit den Randbedingungen

$$(7.3.6.9) \qquad r = \begin{bmatrix} y_2(0) \\ y_1(1) \\ y_3(0) - y_1(0) \end{bmatrix} = 0.$$

Zur Behandlung mit dem Mehrzielverfahren wähle man die „Heftstelle" 10^{-2} als einen Unterteilungspunkt, etwa

$$x_1 = 0, \quad x_2 = 10^{-2}, \quad x_3 = 0.1, \dots, \quad x_{11} = 0.9, \quad x_{12} = 1.$$

Um die Glätte der Lösung an der Heftstelle muß man sich nicht kümmern, sie ist durch den Ansatz gesichert. In Verbindung mit der Homotopie [s. (7.3.6.3)] erhält man ausgehend von $y(x; \alpha_0) \equiv 0$ die Lösung $y(x; \alpha_k)$ aus $y(x; \alpha_{k-1})$ mit nur 3 Iterationen mühelos auf etwa 6 Ziffern genau (s. Fig. 11; Gesamtrechenzeit auf einer CDC 3600 für alle 8 Trajektorien: 40 sec.).

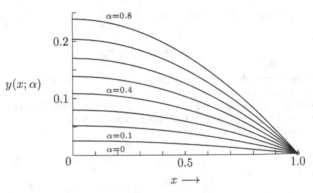

Fig. 11. Lösung $y(x; \alpha)$ für $\alpha = 0(0.1)0.8$.

7.3.7 Ein Beispiel: Optimales Bremsmanöver eines Raumfahrzeugs in der Erdatmosphäre (Re-entry Problem)

Die folgende umfangreiche Aufgabe entstammt der Raumfahrt. Sie soll illustrieren, wie nichtlineare Randwertprobleme praktisch angepackt und gelöst werden, denn erfahrungsgemäß bereitet die konkrete Lösung solcher Aufgaben dem Unerfahrenen die größten Schwierigkeiten. Die numerische Lösung wurde mit der Mehrzielmethode durchgeführt mit dem Programm in Oberle und Grimm (1989).

Die Bahnkoordinaten eines Fahrzeugs vom Apollo-Typ genügen beim Flug des Fahrzeugs durch die Lufthülle der Erde den folgenden Differentialgleichungen:

$$\dot{v} = V(v, \gamma, \xi, u) = -\frac{S\rho v^2}{2m}C_W(u) - \frac{g\sin\gamma}{(1+\xi)^2},$$

$$\dot{\gamma} = \Gamma(v, \gamma, \xi, u) = \frac{S\rho v}{2m}C_A(u) + \frac{v\cos\gamma}{R(1+\xi)} - \frac{g\cos\gamma}{v(1+\xi)^2},$$

(7.3.7.1)

$$\dot{\xi} = \Xi(v, \gamma, \xi, u) = \frac{v\sin\gamma}{R},$$

$$\dot{\zeta} = Z(v, \gamma, \xi, u) = \frac{v}{1+\xi}\cos\gamma.$$

Es bedeuten: v: Tangentialgeschwindigkeit, γ: Bahnneigungswinkel, h: Höhe über Erdoberfläche, R: Erdradius, $\xi = h/R$: normalisierte Höhe, ζ: Distanz auf der Erdoberfläche, $\rho = \rho_0\exp(-\beta R\xi)$: Luftdichte, $C_W(u) = 1.174 - 0.9\cos u$: aerodynamischer Widerstandskoeffizient, $C_A(u) = 0.6\sin u$: aerodynamischer Auftriebskoeffizient, u: Steuerparameter (beliebig zeitabhängig wählbar), g: Erdbeschleunigung, S/m: Frontfläche/Fahrzeugmasse; Zahlenwerte: $R = 209$ ($\hat{=} 209_{10}5$ ft); $\beta = 4.26$; $\rho_0 = 2.704_{10}$-3; $g = 3.2172_{10}$-4; $S/m = 53200$; (1 ft $= 0.3048$ m) [s. Fig. 12].

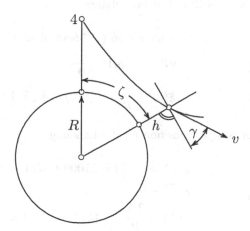

Fig. 12. Die Koordinaten der Trajektorie

Die Differentialgleichungen wurden unter den Annahmen a) ruhende, kugelförmige Erde, b) Flugbahn liegt in einer Großkreisebene, c) Astronauten beliebig hoch belastbar, etwas vereinfacht. Gleichwohl enthalten die rechten Seiten der Differentialgleichungen alle physikalisch wesentlichen Terme. Die größte Wirkung haben die mit $C_W(u)$ bzw. $C_A(u)$ multiplizierten Glieder, es sind dies die trotz der geringen Luftdichte ρ durch das schnell fliegende Fahrzeug ($v \doteq 11$ km/sec) besonders einflußreichen Luftkräfte;

sie lassen sich über den Parameter u (Bremsklappen, Bremskonus des Fahrzeugs) beeinflussen. Die mit g multiplizierten Terme sind die auf das Fahrzeug einwirkenden Gravitationskräfte der Erde, die übrigen Glieder sind eine Konsequenz des gewählten Koordinatensystems.

Beim Flug durch die Lufthülle der Erde erhitzt sich das Fahrzeug. Die durch konvektive Wärmeübertragung hervorgerufene Aufheizung im Staupunkt vom Zeitpunkt $t = 0$ des Eintritts in die „fühlbare" Erdatmosphäre ($h = 4$ ($\hat{=}$ 400000 ft)) bis zu einem Zeitpunkt $t = T$ ist gegeben durch das Integral

$$(7.3.7.2) \qquad J = \int_0^T \dot{q}dt, \qquad \dot{q} = 10v^3\sqrt{\rho}.$$

Die Kapsel soll in eine für die Wasserung im Pazifik günstige Ausgangsposition gesteuert werden. Über den frei wählbaren Parameter u ist die Steuerung so vorzunehmen, daß die Aufheizung J minimal wird und folgende Randbedingungen erfüllt werden:

Daten beim Eintritt in Erdatmosphäre:

$$((7.3.7.3) \qquad \begin{aligned} v(0) &= 0.36 \ (\hat{=} \ 36000 \ \text{ft/sec}), \\ \gamma(0) &= -8.1^\circ \frac{\pi}{180^\circ}, \\ \xi(0) &= \frac{4}{R} \qquad [h(0) = 4 \ (\hat{=} \ 400000 \ \text{ft})]. \end{aligned}$$

Daten der Ausgangsposition für die Landung:

$$(7.3.7.4) \qquad \begin{aligned} v(T) &= 0.27 \ (\hat{=} \ 27000 \ \text{ft/sec}), \\ \gamma(T) &= 0, \\ \xi(T) &= \frac{2.5}{R} \qquad [h(T) = 2.5 \ (\hat{=} \ 250000 \ \text{ft})]. \end{aligned}$$

Die Endzeit T ist frei. ζ bleibt bei der Optimierung unberücksichtigt.

Die Variationsrechnung [vgl. z. B. Hestenes (1966)] lehrt nun folgendes: Man bilde mit Parametern (*Lagrange-Multiplikatoren*) den Ausdruck

$$(7.3.7.5) \qquad H := 10v^3\sqrt{\rho} + \lambda_v V + \lambda_\gamma \Gamma + \lambda_\xi \Xi,$$

wobei die Lagrange-Multiplikatoren oder *adjungierten Variablen* $\lambda_v, \lambda_\gamma, \lambda_\xi$ den drei gewöhnlichen Differentialgleichungen genügen

$$\dot{\lambda}_v = -\frac{\partial H}{\partial v},$$

(7.3.7.6)
$$\dot{\lambda}_\gamma = -\frac{\partial H}{\partial \gamma},$$

$$\dot{\lambda}_\xi = -\frac{\partial H}{\partial \xi}.$$

Die optimale Steuerung u ist dann gegeben durch
(7.3.7.7)
$$\sin u = \frac{-0.6\lambda_\gamma}{\alpha}, \quad \cos u = \frac{-0.9v\lambda_v}{\alpha}, \quad \alpha = \sqrt{(0.6\lambda_\gamma)^2 + (0.9v\lambda_v)^2}.$$

Man beachte: (7.3.7.6) ist wegen (7.3.7.7) nichtlinear in λ_v, λ_γ.

Da keine Bedingung an die Endzeit T gestellt wird, muß die weitere Randbedingung erfüllt sein:

(7.3.7.8)
$$H\Big|_{t=T} = 0.$$

Die Aufgabe ist damit auf ein Randwertproblem für die 6 Differentialgleichungen (7.3.7.1), (7.3.7.6) mit den 7 Randbedingungen (7.3.7.3), (7.3.7.4), (7.3.7.8) zurückgeführt. Es handelt sich also um ein *freies* Randwertproblem [vgl. (7.3.0.4a, b)]. Eine geschlossen angebbare Lösung ist nicht möglich, man muß numerische Methoden benutzen.

Es wäre nun verfehlt, eine Starttrajektorie $\eta(x)$ ohne Bezugnahme auf die Realität konstruieren zu wollen. Der Unerfahrene möge sich nicht durch die harmlos aussehende rechte Seite der Differentialgleichung (7.3.7.1) täuschen lassen: Bei der numerischen Integration stellt man schnell fest, daß v, γ, ξ, λ_v, λ_γ, λ_ξ äußerst empfindlich von den Anfangsdaten abhängen. Die Lösung besitzt bewegliche Singularitäten, die in unmittelbarer Nachbarschaft des Integrationspunktes liegen (siehe dazu das vergleichsweise triviale Beispiel (7.3.6.2)). Diese Sensitivität ist eine Folge des Einflusses der Luftkräfte, und die physikalische Interpretation der Singularität ist „Absturz" der Kapsel auf die Erde bzw. „Zurückschleudern" in den Weltraum. Wie man durch eine *a posteriori*-Rechnung zeigen kann, existieren nur für einen äußerst schmalen Bereich von Randdaten differenzierbare Lösungen des Randwertproblems. Das ist die mathematische Aussage über die Gefährlichkeit des Landemanövers.

Konstruktion einer Starttrajektorie. Aus aerodynamischen Gründen wird der Graph des Steuerparameters u den in Fig. 13 dargestellten Verlauf haben (Information der Raumfahrtingenieure).

Diese Funktion läßt sich in etwa approximieren durch

(7.3.7.9)
$$u = p_1 \operatorname{erf}\big(p_2(p_3 - \tau)\big),$$

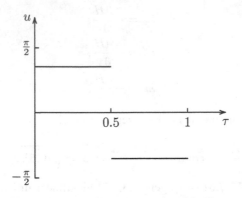

Fig. 13. Kontroll-Parameter (empirisch)

wo

$$\tau = \frac{t}{T}, \qquad 0 < \tau < 1,$$

$$\mathrm{erf}(x) = \frac{2}{\sqrt{\pi}} \int_0^x e^{-\sigma^2}\, d\sigma,$$

und p_1, p_2, p_3 zunächst unbekannte Konstante sind.

Zur Bestimmung der p_i löst man das folgende Hilfsrandwertproblem: Differentialgleichungen (7.3.7.1) mit u aus (7.3.7.9) und zusätzlich

$$\dot{p}_1 = 0,$$
(7.3.7.10) $$\dot{p}_2 = 0,$$
$$\dot{p}_3 = 0.$$

Randbedingungen: (7.3.7.3), (7.3.7.4) und $T = 230$.

Die Randvorgabe $T = 230$ sec ist eine Schätzung für die Dauer des Bremsmanövers. Mit den relativ schlechten Approximationen

$$p_1 = 1.6, \qquad p_2 = 4.0, \qquad p_3 = 0.5$$

läßt sich das Hilfsrandwertproblem sogar mit dem einfachen Schießverfahren lösen, falls man von „rückwärts" her integriert (Anfangspunkt $\tau = 1$, Endpunkt $\tau = 0$).

Ergebnis nach 11 Iterationen:

(7.3.7.11) $$p_1 = 1.09835, \quad p_2 = 6.48578, \quad p_3 = 0.347717.$$

Lösung der eigentlichen Randwertaufgabe: Mit der „nichtoptimalen" Steuerfunktion u aus (7.3.7.9), (7.3.7.11) erhält man durch Integration von (7.3.7.1) Näherungswerte für $v(t)$, $\gamma(t)$, $\xi(t)$. Diese „halbe" Starttrajektorie läßt sich zu einer „vollen" Starttrajektorie ergänzen: wegen $\cos u > 0$ folgt aus (7.3.7.7) $\lambda_v < 0$; man wählt

$$\lambda_v \equiv -1.$$

Weiter ergibt sich aus

$$\tan u = \frac{6\lambda_\gamma}{9v\lambda_v}$$

eine Näherung für λ_γ. Eine Approximation für λ_ξ erhält man aus der Relation $H \equiv 0$, H nach (7.3.7.5), denn $H = $ const ist ein erstes Integral der Bewegungsgleichungen.

Mit dieser Näherungstrajektorie für v, γ, ..., λ_ξ, T ($T = 230$) und der Technik nach 7.3.6 kann man nun die Teilpunkte für die Mehrzielmethode ermitteln ($m = 6$ genügt). Die Fig. 14, 15 zeigen das Ergebnis der Rechnung (nach 14 Iterationen); die Dauer des optimalen Bremsmanövers ergibt sich zu $T = 224.9$ sec, Genauigkeit der Resultate: ca. 7 Ziffern.

Fig. 16 zeigt das Verhalten der Steuerung $u = \arctan(6\lambda_\gamma/9v\lambda_v)$ während der Iteration. Man sieht, wie die zunächst großen Sprunghöhen an den Stützpunkten des Mehrzielverfahrens „eingeebnet" werden.

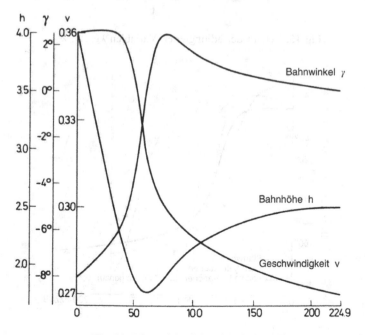

Fig. 14. Die Bahntrajektorien h, γ, v

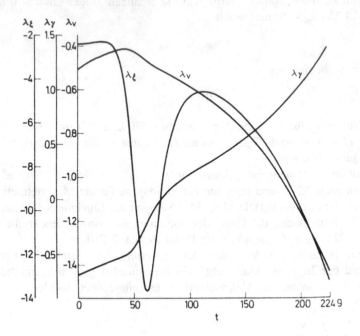

Fig. 15. Verlauf der adjungierten Variablen λ_ξ, λ_γ, λ_υ

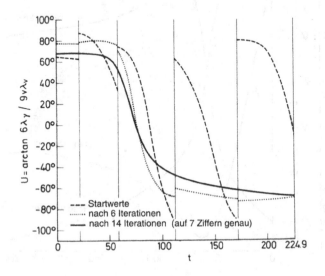

Fig. 16. Iterationswerte der Steuerung u

Die folgende Tabelle zeigt das Konvergenzverhalten des modifizierten Newton-Verfahrens [s. Abschnitte 5.4.2, 5.4.3]:

Fehler $\|F(s^{(i)})\|^2$ [s. (7.3.5.3)]	Schrittlänge (in (5.4.3.5)) λ	Fehler $\|F(s^{(i)})\|^2$ [s. (7.3.5.3)]	Schrittlänge (in (5.4.3.5)) λ
5×10^2			
3×10^2	0.250	1×10^{-1}	1.000
6×10^4	0.500 (Versuch)	6×10^{-2}	1.000
7×10^2	0.250 (Versuch)	3×10^{-2}	1.000
2×10^2	0.125	1×10^{-2}	1.000
1×10^2	0.125	1×10^{-3}	1.000
8×10^1	0.250	4×10^{-5}	1.000
1×10^1	0.500	3×10^{-7}	1.000
1×10^0	1.000	1×10^{-9}	1.000

7.3.8 Zur Realisierung der Mehrzielmethode – fortgeschrittene Techniken

In Abschnitt 7.3.5 wurde eine Prototyp-Version der Mehrzielmethode beschrieben. In diesem Abschnitt beschreiben wir weitere fortgeschrittene Techniken. Sie haben zum Ziel, den sehr hohen Rechenaufwand zu reduzieren, mit der die Methode bei der Lösung komplexer Probleme aus den Anwendungen in den Natur- und Ingenieurwissenschaften verbunden ist.

Die Berechnung der Jacobimatrix. Der größte Rechenaufwand ist bei der Mehrzielmethode mit der Approximation der Jacobimatrizen $DF(s^{(i)})$ verbunden – insbesondere der partiellen Ableitungen G_k in (7.3.5.6). Diese Ableitungen

$$G_k(x_{k+1}; x_k, s_k) := D_{s_k} y(x_{k+1}; x_k, s_k), \qquad k = 1, 2, \ldots, m - 1,$$

könnten durch Lösung von mindestens $n\,(m-1)$ zusätzlichen Anfangswertproblemen und Differenzenbildung approximiert werden. Dieses Vorgehen ist zwar konzeptionell einfach; nachteilig ist aber, daß man dabei keine Informationen über die Genauigkeit der berechneten G_k erhält, aber die G_k sehr genau approximieren muß. Eine geringe Genauigkeit der G_k führt oft zu einer schlechten Konvergenz der Iterationsverfahren zur Lösung des nichtlinearen Systems (7.3.5.4).

Es wurden deshalb andere Techniken zur Berechnung der G_k entwickelt [s. Hiltmann (1990), Callies (2000)], die auf der Integration der *Variationsgleichung* [vgl. (7.1.9)] beruhen

(7.3.8.1)
$$\frac{\partial G_k(x; x_k, s_k)}{\partial x} = f_y(x, y(x; x_k, s_k)) G_k(x; x_k, s_k),$$
$$G_k(x_k; x_k, s_k) = I$$

beruhen. Man beweist sie durch Differentiation von

(7.3.8.2) $y' = f(x, y), \quad y(x_k) = s_k$

nach s_k, wenn man berücksichtigt, daß $y = y(x; x_k, s_k)$ auch eine glatte Funktion der Anfangswerte x_k, s_k ist. In der Rechenpraxis integriert man die Differentialgleichungen (7.3.8.1) und (7.3.8.2) zwar parallel, verwendet dabei aber verschiedene Integrationsverfahren, um die verschiedene Struktur der Systeme zu berücksichtigen. So kann man z. B. schon durch Ausnutzen der Linearität von (7.3.8.1) etwa die Hälfte der Funktionsauswertungen von f einsparen [s. Callies (2001)]. Auch die Schrittweiten werden für beide Systeme unabhängig voneinander gesteuert; auch können die Zwischenpunkte x_k einfacher bestimmt werden als in Abschnitt 7.3.6.

Weiter kann man mit Vorteil die Formel

(7.3.8.3) $D_{x_k} y(x_{k+1}; x_k, s_k) = -G_k(x_{k+1}; x_k, s_k) f(x_k, s_k)$

für die partielle Ableitung von $y(x_{k+1}; x_k, s_k)$ nach x_k verwenden, die man durch Differentiation von (7.3.8.2) und der Identität $y(x_k; x_k, s_k) \equiv s_k$ nach x_k erhält.

Stückweise stetige rechten Seiten. In vielen Anwendungen ist die rechte Seite $f(x, y)$ der Differentialgleichung nicht überall stetig oder differenzierbar [s. Abschnitt 7.2.18], und auch die gesuchte Funktion kann Sprungstellen besitzen. Solche Probleme können zwar im Prinzip im Rahmen der Mehrzielmethode behandelt werden, indem man z. B. dafür sorgt, daß alle Unstetigkeitspunkte unter den Zwischenpunkten x_i der Methode vorkommen. Doch wächst dann in der Regel die Anzahl der Zwischenpunkte und damit auch die Größe des nichtlinearen Systems(7.3.5.3) dramatisch an.

Wie [Callies (2000a)] aber zeigte, kann man diese Nachteile vermeiden, wenn man zwei Typen von Diskretisierungen unterscheidet, eine *Makrodiskretisierung* mit den Zwischenpunkten $x_1 < x_2 < \cdots < x_m$ und eine *Mikrodiskretisierung* $x_\nu =: x_{\nu,1} < x_{\nu,2} < \cdots < x_{\nu,\kappa_\nu} := x_{\nu+1}$, $\nu = 1, \ldots,$ $m - 1$.

Man betrachte dazu das folgende stückweise definierte sog. *Mehrpunkt-Randwertproblem*

(7.3.8.4)

$$y' = f_{\nu,\mu}(x, y), \ x \in [x_{\nu,\mu}, x_{\nu,\mu+1}) \left.\begin{array}{l} \\ \\ \end{array}\right\} \ \left\{\begin{array}{l} \nu = 1, \ldots, m-1, \\ \mu = 1, \ldots, \kappa_\nu - 1, \end{array}\right.$$

$$y(x_{\nu,\mu}) = s_{\nu,\mu}$$

$$r_{\nu,\mu}(x_{\nu,\mu}, s_{\nu,\mu}, y(x_{\nu,\mu}^-)) = 0, \qquad \nu = 1, \ldots, m-1, \ \mu = 2, \ldots, \kappa_\nu,$$

$$r(x_1, s_{1,1}, x_m, s_{m-1,\kappa_{m-1}}) = 0.$$

Mit den Abkürzungen $s_1 := s_{1,1}$ und

$$s_{\nu+1} := s_{\nu,\kappa_\nu}, \quad r_\nu := r_{\nu,\kappa_\nu}, \qquad \nu = 1, \ldots, m-1,$$

ist die Lösung von (7.3.8.4) formal zur Lösung eines speziellen Systems von nichtlinearen Gleichungen [vgl. (7.3.5.3)] äquivalent:

$$(7.3.8.5) \qquad F(z) := \begin{bmatrix} r_1(x_2, s_2, y(x_2^-)) \\ r_2(x_3, s_3, y(x_3^-)) \\ \vdots \\ r_{m-1}(x_m, s_m, y(x_m^-)) \\ r(x_1, s_1, x_m, s_m) \end{bmatrix} = 0, \qquad z := \begin{bmatrix} x_1 \\ s_1 \\ x_2 \\ s_2 \\ \vdots \\ x_m \\ s_m \end{bmatrix}.$$

Hier ist $y(x_{\nu+1}^-) := y(x_{\nu+1}^-; x_\nu, s_\nu)$, $\nu = 1, \ldots, m-1$, und $y(.)$ für $x \in [x_{\nu,\mu}, x_{\nu,\mu+1})$, die Lösung des folgenden Anfangswertproblems

$$y' = f_{\nu,\mu}(x, y), \quad x \in [x_{\nu,\mu}, x_{\nu,\mu+1}), \ \mu = 1, \ldots, \kappa_\nu - 1,$$

$$y(x_{\nu,\mu}) = s_{\nu,\mu}.$$

Weiter ist $s_{\nu,1} := s_\nu$, und $x_{\nu,\mu}$ und $s_{\nu,\mu}$ erfüllen für $\mu = 2, \ldots, \kappa_\nu - 1$ die Gleichung

$$r_{\nu,\mu}(x_{\nu,\mu}, s_{\nu,\mu}, y(x_{\nu,\mu}^-)) = 0.$$

Wie in Abschnitt 7.2.18 erzeugen beispielsweise Schalt- und Sprungfunktionen ein System solcher Gleichungen.

Probleme dieser Art sind sehr allgemein, weil die $x_{\nu,\mu}$ nicht a priori bekannt sein müssen, Sprünge in der Lösung $y(.)$ an den Stellen $x = x_{\nu,\mu}$ erlaubt sind und die rechten Seiten $f_{\nu,\mu}$ der Differentialgleichung von ν und μ abhängen können. Man beachte, daß das einfache Zweipunktrandwertproblem (7.3.5.1) aus Abschnitt 7.3.5 und (7.3.5.2) Spezialfälle von (7.3.8.4) sind: man erhält sie für festes f ($f_{\nu,\mu} = f$), feste Zwischenpunkte x_i in der Makrodiskretisierung (man streiche in (7.3.8.5) im Vektor z die Variablen $x_1, x_2, \ldots, x_m$) und keine echten Punkte in der Mikrodiskretisierung ($\kappa_\nu := 2$, $x_{\nu,1} := x_\nu$, $x_{\nu,2} := x_{\nu+1}$, $s_{\nu,1} := s_\nu$, $r_{\nu,2}(x, s, y) := y - s$).

Das nichtlineare System (7.3.8.5) wird wieder mit einem modifizierten Newton-Verfahren iterativ gelöst. Die ξ-te Iteration besitzt die Form

(7.3.8.6)

$$z^{(\xi+1)} := z^{(\xi)} - \lambda (\Delta F(z^{(\xi)}))^{-1} F(z^{(\xi)}), \qquad \Delta F(z^{(\xi)}) \approx D F(z^{(\xi)}).$$

Eine Schrittlänge λ wird akzeptiert, falls $z^{(\xi+1)}$ folgende zwei Tests erfüllt:

(7.3.8.7)

$$\|F(z^{(\xi+1)})\| \le \|F(z^{(\xi)})\| \qquad \text{(Test 1)},$$

$$\|(\Delta F(z^{(\xi)}))^{-1} F(z^{(\xi+1)})\| \le \|(\Delta F(z^{(\xi)}))^{-1} F(z^{(\xi)})\| \qquad \text{(Test 2)}.$$

Die Berechnung der Jacobimatrix $D F(z)$ erfordert die Berechnung der Sensitivitätsmatrizen

$$G_\nu = G_\nu(x_{\nu+1}; x_\nu, s_\nu) := D_{s_\nu} y(x_{\nu+1}^-; x_\nu, s_\nu), \qquad \nu = 1, 2, \ldots, m-1.$$

Dies führt zu Problemen, falls das offene Makro-Intervall $(x_\nu, x_{\nu+1})$ Punkte der Mikrodiskretisierung enthält, $\kappa_\nu > 2$. Wir wollen beschreiben, wie man diese Probleme löst, beschränken uns dabei aber auf den einfachsten Fall nur eines offenen Makro-Intervalls (x_1, x_2), $m = 2$, das zudem nur einen Punkt der Mikrodiskretisierung enthält ($\kappa_1 = 3$), den wir mit $\hat{x}$ bezeichnen. Dies führt auf ein *Kernproblem* und eine grundlegende Voraussetzung:

Voraussetzung (A): *Sei* $x_1 < \hat{x} < x_2$ *und* $\varepsilon > 0$. *Ferner sei* $f_1 \in$ $C^N([x_1 - \varepsilon, \hat{x} + \varepsilon] \times \mathbb{R}^n, \mathbb{R}^n)$, $f_2 \in C^N([\hat{x} - \varepsilon, x_2 + \varepsilon] \times \mathbb{R}^n, \mathbb{R}^n)$, *und* $q \in C^2([x_1, x_2] \times \mathbb{R}^n, \mathbb{R})$. *Man betrachte das folgende stückweise definierte System von gewöhnlichen Differentialgleichungen*

(7.3.8.8)

$$y' = \begin{cases} f_1(x, y(x)), & \text{falls } q(x, y(x)) < 0, \\ f_2(x, y(x)), & \text{falls } q(x, y(x)) > 0, \end{cases}$$

mit den Anfangsbedingungen $y(x_1) = s_1$. *Für* $\hat{x}$ *gelte* $q(\hat{x}, y(\hat{x}^-; x_1, s_1))$ $= 0$. *Zur Integration von* f_2 *verwende man die Startwerte* $(\hat{x}, \hat{s})$, *d.h.* $y(\hat{x}) := \hat{s}$, *wobei* $\hat{s}$ *eine (als existent vorausgesetzte) Lösung einer weiteren Gleichung* $p(y(\hat{x}^-), \hat{s}) = 0$ *mit einer Funktion* $p: \mathbb{R}^{2n} \to \mathbb{R}^n$ *ist. Ferner gelte* $q(x, y(x)) < 0$ *für* $x_1 \le x < \hat{x}$) *und* $q(x, y(x)) > 0$ *für* $\hat{x} < x \le x_2$. *Für die Funktion* $Q(x, y) := [q_x + q_y f_1](x, y)$ *gelte* $Q(\hat{x}, y(\hat{x})) > 0$. *Schließlich sei* p *auf einer offenen konvexen Menge* $\tilde{D} \subset \mathbb{R}^{2n}$ *mit* $(y(\hat{x}), \hat{s}) = (\hat{s}, \hat{s}) \in \tilde{D}$ *zweimal stetig differenzierbar und besitze eine nichtsinguläre Jacobimatrix* $D_{\hat{s}} p(y, \hat{s})|_{y=\hat{s}}$.

Falls Voraussetzung (A) erfüllt ist, heißt $q(x, y)$ eine *Schaltfunktion*, $p(y, s)$ eine *Übergangsfunktion*, und der Mikropunkt $\hat{x}$ auch *Design-Punkt*.

Im Kernproblem (7.3.8.8) spielt das Gleichungssystem

$$\begin{bmatrix} q(\hat{x}, y(\hat{x}^-)) \\ p(y(\hat{x}^-), \hat{s}) \end{bmatrix} = 0$$

die Rolle der Gleichung $r_{v,\mu}(\ldots) = 0$ in (7.3.8.4). In vielen Anwendungen besitzt p die Form $p(y, s) = \phi(y) - s$ [vgl. Abschnitt 7.2.18].

Voraussetzung (A) erlaubt die Anwendung des Satzes über implizite Funktionen. Sie garantiert, daß der Mikropunkt $\hat{x}$ und der Startwert $\hat{s}$ lokal eindeutige Lösungen glatter Gleichungen sind, die überdies glatt von s_1 abhängen, $\hat{x} = \hat{x}(s_1)$, $\hat{s} = \hat{s}(s_1)$. Dies wird im Beweis des folgenden Satzes verwandt:

(7.3.8.9) Satz: *Sei $\hat{x}$ ein Mikropunkt und Voraussetzung* (A) *erfüllt. Dann kann die Sensitivitätsmatrix $\partial y(x_2; \hat{x}(s_1), \hat{s}(s_1))/\partial s_1$ mittels der Formel*

$$\frac{\partial y(x_2; \hat{x}(s_1), \hat{s}(s_1))}{\partial s_1} =$$

$$- G_2(x_2; \hat{x}, \hat{s}) \left(\frac{\partial p}{\partial \hat{s}}\right)^{-1} \frac{\partial p}{\partial y} G_1(\hat{x}; x_1, s_1)$$

$$+ G_2(x_2; \hat{x}, \hat{s}) \left[f_2(\hat{x}, \hat{s}) + \left(\frac{\partial p}{\partial \hat{s}}\right)^{-1} \frac{\partial p}{\partial y} f_1(\hat{x}, y(\hat{x})) \right] \cdot L(.)$$

berechnet werden, in der folgende Abkürzungen verwandt werden

$$\frac{\partial p}{\partial y} = \frac{\partial p(y, \hat{s})}{\partial y}\bigg|_{y=y(\hat{x}^-)}, \quad \frac{\partial p}{\partial \hat{s}} = \frac{\partial p(y, \hat{s})}{\partial \hat{s}}\bigg|_{y=y(\hat{x}^-)},$$

$$L(.) := L(\hat{x}, x_1, s_1) := \left(Q(\hat{x}, y(\hat{x}))\right)^{-1} \frac{\partial q(\hat{x}, y)}{\partial y}\bigg|_{y=y(\hat{x}^-)} G_1(\hat{x}; x_1, s_1).$$

Beweis: Unter der Voraussetzung (A) genügen $\hat{x}$ und $\hat{s}$ den Gleichungen $q(\hat{x}, y(\hat{x}; x_1, s_1)) = 0$, $p(y(\hat{x}^-; x_1, s_1), \hat{s}) = 0$, so daß sie insbesondere als Funktionen von s_1 angesehen werden können (ihre Abhängigkeit von x_1 spielt im folgenden keine Rolle) $\hat{x} = \hat{x}(s_1)$, $\hat{s} = \hat{s}(s_1)$. Durch Differentiation der Identität $q(\hat{x}(s_1), y(\hat{x}(s_1); x_1, s_1)) \equiv 0$ erhält man so mit Hilfe des Satzes über implizite Funktionen

$$\frac{\partial \hat{x}}{\partial s_1} = -\left(\frac{\partial q(\hat{x}, y(\hat{x}; x_1, s_1))}{\partial \hat{x}}\right)^{-1} \frac{\partial q(\hat{x}, y(\hat{x}; x_1, s_1))}{\partial s_1}$$

$$= -Q(\hat{x}, y(\hat{x}))^{-1} \frac{\partial q(\hat{x}, y)}{\partial y}\bigg|_{y=y(\hat{x}^-)} G_1(\hat{x}; x_1, s_1).$$

Analog erhält man aus der Gleichung $p(y, \hat{s}) = 0$, die $\hat{s}$ als Funktion von y definiert,

$$\frac{\partial \hat{s}}{\partial y} = - \left(\frac{\partial p(y, \hat{s})}{\partial \hat{s}} \right)^{-1} \frac{\partial p(y, \hat{s})}{\partial y}.$$

Die Kettenregel und (7.3.8.3) liefern dann

$$\frac{\partial y(x_2; \hat{x}, \hat{s})}{\partial s_1} = \frac{\partial y(x_2; \hat{x}, \hat{s})}{\partial \hat{x}} \frac{\partial \hat{x}}{\partial s_1} + \frac{\partial y(x_2; \hat{x}, \hat{s})}{\partial \hat{s}} \frac{\partial \hat{s}}{\partial y} \frac{\partial y(\hat{x})}{\partial s_1}$$

$$= G_2(x_2; \hat{x}, \hat{s}) \left(-f_2(\hat{x}, \hat{s}) \frac{\partial \hat{x}}{\partial s_1} + \frac{\partial \hat{s}}{\partial y} \frac{\partial y(\hat{x})}{\partial s_1} \right),$$

wo $\partial y(\hat{x})/\partial s_1$ eine Abkürzung für

$$\frac{\partial y(\hat{x}(s_1)^-; x_1, s_1)}{\partial s_1} = \frac{\partial y(\hat{x}^-)}{\partial \hat{x}} \frac{\partial \hat{x}}{\partial s_1} + \frac{\partial y(x; x_1, s_1)}{\partial s_1} \bigg|_{x=\hat{x}^-}$$

$$= f_1(\hat{x}, y(\hat{x}^-)) \frac{\partial \hat{x}}{\partial s_1} + G_1(\hat{x}; x_1, s_1)$$

ist. Die Behauptung des Satzes folgt dann aus der Kombination dieser Gleichungen. $\qquad \square$

Der Satz erlaubt es, die Lösung eines Mehrpunkt-Randwertproblems (7.3.8.4) iterativ durch die Lösung eines relativ kleinen Systems (7.3.8.5) zu bestimmen, und zwar ähnlich genau und effizient wie bei der Lösung des analogen Systems (7.3.5.3) für das gewöhnliche Randwertproblem (7.3.5.1). Die Größe des Systems (7.3.8.5) ist nämlich allein durch die Anzahl m der Punkte der Makrodiskretisierung bestimmt, obwohl die Anzahl der Funktionen $f_{\nu,\mu}$ auf der rechten Seite von (7.8.3.4) i.a. sehr viel größer ist (sie ist gleich der Anzahl $\sum_{\nu=1}^{m-1} (\kappa_\nu - 1)$ aller Mikro-Intervalle, während die rechte Seite von (7.3.5.1) nur von einer einzigen stetigen Funktion f abhängt).

7.3.9 Der Grenzfall $m \to \infty$ der Mehrzielmethode (Allgemeines Newton-Verfahren, Quasilinearisierung)

Unterteilt man das Intervall $[a, b]$ immer feiner ($m \to \infty$), so konvergiert die Mehrzielmethode gegen ein allgemeines Newton-Verfahren für Randwertaufgaben [vgl. etwa Collatz (1966)], das in der angelsächsischen Literatur auch unter dem Namen *Quasilinearisierung* bekannt ist.

Bei dieser Methode wird eine Näherungslösung $\eta(x)$ für die exakte Lösung $y(x)$ des *nichtlinearen* Randwertproblems (7.3.5.1) durch Lösung von *linearen* Randwertproblemen verbessert: Durch Taylorentwicklung von $f(x, y(x))$ und $r(y(a), y(b))$ um $\eta(x)$ findet man in erster Näherung [vgl. die Herleitung des Newton-Verfahrens in 5.1]

$$y'(x) = f(x, y(x)) \doteq f(x, \eta(x)) + D_y f(x, \eta(x))(y(x) - \eta(x)),$$

$$0 = r(y(a), y(b)) \doteq r(\eta(a), \eta(b)) + A(y(a) - \eta(a)) + B(y(b) - \eta(b))$$

mit $A := D_u r(\eta(a), \eta(b))$, $B := D_v r(\eta(a), \eta(b))$. Es ist daher zu erwarten, daß die Lösung $\bar\eta(x)$ des linearen Randwertproblems

(7.3.9.1)
$$\bar\eta' = f(x, \eta(x)) + D_y f(x, \eta(x))(\bar\eta - \eta(x))$$
$$A(\bar\eta(a) - \eta(a)) + B(\bar\eta(b) - \eta(b)) = -r(\eta(a), \eta(b))$$

eine bessere Lösung von (7.3.5.1) als $\eta(x)$ ist. Für später führen wir die Korrekturfunktion $\Delta\eta(x) := \bar\eta(x) - \eta(x)$ ein, die nach Definition Lösung des Randwertproblems

(7.3.9.2)
$$(\Delta\eta)' = f(x, \eta(x)) - \eta'(x) + D_y f(x, \eta(x))\Delta\eta,$$
$$A\Delta\eta(a) + B\Delta\eta(b) = -r(\eta(a), \eta(b))$$

ist, so daß

(7.3.9.3) $\displaystyle \Delta\eta(x) = \Delta\eta(a) + \int_a^x \left[D_y f(t, \eta(t))\Delta\eta(t) + f(t, \eta(t)) - \eta'(t) \right] dt.$

Ersetzt man in (7.3.9.1) η durch $\bar\eta$, so erhält man eine weitere Näherung $\bar{\bar\eta}$ für y usw. Trotz seiner einfachen Herleitung besitzt dieses Iterationsverfahren schwerwiegende Nachteile, die es als wenig praktikabel erscheinen lassen:

1. Die Vektorfunktionen $\eta(x)$, $\bar\eta(x)$, ... müssen in ihrem ganzen Verlauf über $[a, b]$ abgespeichert werden.

2. Die Matrixfunktion $D_y f(x, y)$ muß explizit analytisch berechnet werden und ebenfalls in ihrem Verlauf über $[a, b]$ abgespeichert werden. Beides ist bei den heute in der Praxis auftretenden Problemen (z. B. f mit 25 Komponenten, 500–1000 arithmetischen Operationen pro Auswertung von f) so gut wie unmöglich.

Wir wollen zeigen, daß die Mehrzielmethode für $m \to \infty$ gegen das Verfahren (7.3.9.1) in folgendem Sinne konvergiert:

Sei $\eta(x)$ eine auf $[a, b]$ genügend glatte Funktion und sei ferner (7.3.9.1) eindeutig lösbar mit der Lösung $\bar\eta(x)$, $\Delta\eta(x) := \bar\eta(x) - \eta(x)$. Dann gilt: Wählt man für die Mehrzielmethode (7.3.5.3)–(7.3.5.10) irgendeine Unterteilung $a = x_1 < x_2 < \cdots < x_m = b$ der Feinheit $h := \max_k |x_{k+1} - x_k|$ und als Startvektor s für die Mehrzielmethode den Vektor

$$s = \begin{bmatrix} s_1 \\ s_2 \\ \vdots \\ s_m \end{bmatrix} \quad \text{mit} \quad s_k := \eta(x_k),$$

dann erhält man als Lösung von (7.3.5.8) einen Korrekturvektor

$$(7.3.9.4) \qquad \Delta s = \begin{bmatrix} \Delta s_1 \\ \Delta s_2 \\ \vdots \\ \Delta s_m \end{bmatrix} \quad \text{mit} \quad \max_k \| \Delta s_k - \Delta \eta(x_k) \| = O(h).$$

Zum Beweis nehmen wir der Einfachheit halber $|x_{k+1} - x_k| = h$, $k = 1$, $2, \ldots, m - 1$, an. Wir wollen zeigen, daß es zu jedem h eine differenzierbare Funktion $\Delta \bar{s} : [a, b] \to \mathbb{R}^n$ gibt mit $\max_k \| \Delta s_k - \Delta \bar{s}(x_k) \| = O(h)$, $\Delta \bar{s}(a) = \Delta s_1$ und $\max_{x \in [a,b]} \| \Delta \bar{s}(x) - \Delta \eta(x) \| = O(h)$.

Dazu zeigen wir als erstes, daß die in (7.3.5.9), (7.3.5.10) auftretenden Produkte

$$G_{k-1} G_{k-2} \ldots G_{j+1} = G_{k-1} G_{k-2} \ldots G_1 \left(G_j G_{j-1} \ldots G_1 \right)^{-1}$$

einfache Grenzwerte für $h \to 0$ ($hk = \text{const}$, $hj = \text{const}$) besitzen. Die Darstellung (7.3.5.9) für Δs_k, $2 \leq k \leq m$, läßt sich so schreiben

$$(7.3.9.5) \qquad \Delta s_k = F_{k-1} + G_{k-1} \ldots G_1 \left[\Delta s_1 + \sum_{j=1}^{k-2} (G_j \ldots G_1)^{-1} F_j \right].$$

Nach (7.3.5.3) ist F_k gegeben durch

$$F_k = y(x_{k+1}; x_k, s_k) - s_{k+1}, \quad 1 \leq k \leq m - 1,$$

also

$$F_k = s_k + \int_{x_k}^{x_{k+1}} f(t, y(t; x_k, s_k)) dt - s_{k+1}$$

und mit Hilfe des Mittelwertsatzes

$$(7.3.9.6) \qquad F_k = \left[f(\tau_k, y(\tau_k; x_k, s_k)) - \eta'(\tilde{\tau}_k) \right] h, \quad x_k < \tau_k, \tilde{\tau}_k < x_{k+1}.$$

Sei nun die Matrix $Z(x)$ Lösung des Anfangswertproblems

$$(7.3.9.7) \qquad Z' = D_y f(x, \eta(x)) Z, \quad Z(a) = I,$$

sowie die Matrix $\bar{Z}_k$ die Lösung von

$$\bar{Z}_k' = D_y f(x, \eta(x)) \bar{Z}_k, \quad \bar{Z}_k(x_k) = I, \quad 1 \leq k \leq m - 1,$$

also

$$(7.3.9.8) \qquad \bar{Z}_k(x) = I + \int_{x_k}^{x} D_y f(t, \eta(t)) \bar{Z}_k(t) dt.$$

Für die Matrizen $Z_k := \bar{Z}_k(x_{k+1})$ zeigt man nun leicht durch vollständige Induktion nach k, daß

$$(7.3.9.9) \qquad Z(x_{k+1}) = Z_k Z_{k-1} \dots Z_1.$$

In der Tat, wegen $\bar{Z}_1 = Z$ ist dies für $k = 1$ richtig. Ist die Behauptung für $k - 1$ richtig, dann genügt die Funktion

$$\bar{Z}(x) := \bar{Z}_k(x) Z_{k-1} \dots Z_1$$

der Differentialgleichung $\bar{Z}' = D_y f(x, \eta(x)) \bar{Z}$ und den Anfangsbedingungen $\bar{Z}(x_k) = \bar{Z}_k(x_k) Z_{k-1} \dots Z_1 = Z_{k-1} \dots Z_1 = Z(x_k)$. Wegen der eindeutigen Lösbarkeit von Anfangswertproblemen folgt $\bar{Z}(x) = Z(x)$ und damit (7.3.9.9).

Nach Satz (7.1.8) gilt nun für die Matrizen $\bar{G}_k(x) := D_{s_k} y(x; x_k, s_k)$

$$(7.3.9.10) \qquad \begin{aligned} \bar{G}_k(x) &= I + \int_{x_k}^x D_y f\big(t, y(t; x_k, s_k)\big) \bar{G}_k(t) dt, \\ G_k &= \bar{G}_k\big(x_{k+1}\big). \end{aligned}$$

Mit der Abkürzung

$$\varphi(x) := \big\| \bar{Z}_k(x) - \bar{G}_k(x) \big\|$$

ergibt sich nach Subtraktion von (7.3.9.8) und (7.3.9.10) die Abschätzung

$$(7.3.9.11) \qquad \begin{aligned} \varphi(x) &\leq \int_{x_k}^x \big\| D_y f\big(t, \eta(t)\big) - D_y f\big(t, y(t; x_k, s_k)\big) \big\| \cdot \big\| \bar{Z}_k(t) \big\| dt \\ &\quad + \int_{x_k}^x \big\| D_y f\big(t, y(t; x_k, s_k)\big) \big\| \cdot \varphi(t) dt. \end{aligned}$$

Wenn $D_y f(t, y)$ bzgl. y für alle $t \in [a, b]$ gleichmäßig Lipschitzstetig ist, zeigt man leicht für $x_k \leq t \leq x_{k+1}$

$$\big\| D_y f\big(t, \eta(t)\big) - D_y f\big(t, y(t; x_k, s_k)\big) \big\| \leq L \big\| \eta(t) - y(t; x_k, s_k) \big\| = O(h)$$

und die gleichmäßige Beschränktheit von $\|\bar{Z}_k(t)\|$, $\|D_y f(t, y(t; x_k, s_k))\|$ für $t \in [a, b]$, $k = 1, 2, \dots, m - 1$. Aus (7.3.9.11) erhält man damit und mit Hilfe der Beweismethoden der Sätze (7.1.4), (7.1.11) eine Abschätzung der Form

$$\varphi(x) = O(h^2) \quad \text{für} \quad x \in [x_k, x_{k+1}],$$

insbesondere für $x = x_{k+1}$

$$(7.3.9.12) \qquad \big\| Z_k - G_k \big\| \leq c_1 h^2, \qquad 1 \leq k \leq m - 1,$$

mit einer von k und h unabhängigen Konstanten c_1.

Aus der Identität

$$Z_k Z_{k-1} \cdots Z_1 - G_k G_{k-1} \cdots G_1 = (Z_k - G_k) Z_{k-1} \cdots Z_1$$
$$+ G_k (Z_{k-1} - G_{k-1}) Z_{k-2} \cdots Z_1 + \cdots + G_k G_{k-1} \cdots G_2 (Z_1 - G_1)$$

und den aus Satz (7.1.11) folgenden weiteren Abschätzungen

$$\|G_k\| \leq 1 + c_2 h, \quad \|Z_k\| \leq 1 + c_2 h, \quad 1 \leq k \leq m - 1,$$

c_2 von k und h unabhängig, folgt daher wegen $kh \leq b - a$ und (7.3.9.9) für $1 \leq k \leq m - 1$

$$(7.3.9.13) \qquad \|Z(x_{k+1}) - G_k G_{k-1} \cdots G_1\| \leq c_1 h^2 k (1 + c_2 h)^{k-1} \leq Dh$$

mit einer von k und h unabhängigen Konstanten D.

Aus (7.3.9.5), (7.3.9.6), (7.3.9.9), (7.3.9.12), (7.3.9.13) ergibt sich

$$(7.3.9.14)$$

$$\Delta s_k = \big(Z(x_k) + O(h^2)\big)$$

$$\times \left[\Delta s_1 + \sum_{j=1}^{k-2} \big(Z(x_{j+1}) + O(h^2)\big)^{-1} \big(f(\tau_j, y(\tau_j; x_j, s_j)) - \eta'(\tilde{\tau}_j)\big) h \right]$$

$$+ O(h)$$

$$= Z(x_k) \Delta s_1 + Z(x_k) \int_a^{x_k} Z(t)^{-1} \big[f(t, \eta(t)) - \eta'(t)\big] dt + O(h)$$

$$= \Delta \bar{s}(x_k) + O(h).$$

Dabei ist $\Delta \bar{s}(x)$ die Funktion

$$(7.3.9.15) \quad \Delta \bar{s}(x) := Z(x) \Delta s_1 + Z(x) \int_a^x Z(t)^{-1} \big[f(t, \eta(t)) - \eta'(t)\big] dt,$$

mit $\Delta \bar{s}(a) = \Delta s_1$. Man beachte, daß $\Delta \bar{s}(x)$ mit Δs_1 auch von h abhängt. Offensichtlich ist $\Delta \bar{s}$ nach x differenzierbar und es gilt wegen (7.3.9.7)

$$\Delta \bar{s}'(x) = Z'(x) \left[\Delta s_1 + \int_a^x Z(t)^{-1} \big[f(t, \eta(t)) - \eta'(t)\big] dt \right]$$

$$+ f(x, \eta(x)) - \eta'(x)$$

$$= D_y f(x, \eta(x)) \Delta \bar{s}(x) + f(x, \eta(x)) - \eta'(x),$$

so daß

$$\Delta \bar{s}(x) = \Delta \bar{s}(a) + \int_a^x \big[D_y f(t, \eta(t)) \Delta \bar{s}(t) + f(t, \eta(t)) - \eta'(t)\big] dt.$$

Durch Subtraktion dieser Gleichung von (7.3.9.3) folgt für die Differenz

$$\theta(x) := \Delta\eta(x) - \Delta\bar{s}(x)$$

die Gleichung

(7.3.9.16) $$\qquad \theta(x) = \theta(a) + \int_a^x D_y f(t, \eta(t))\theta(t)dt$$

und weiter mit Hilfe von (7.3.9.7)

(7.3.9.17) $\quad \theta(x) = Z(x)\theta(a), \quad \|\theta(x)\| \le K\|\theta(a)\| \quad$ für $\quad a \le x \le b,$

mit einer geeigneten Konstanten K.

Wegen (7.3.9.14) und (7.3.9.17) genügt es, $\|\theta(a)\| = O(h)$ zu zeigen, um den Beweis von (7.3.9.4) abzuschließen. Nun zeigt man mit Hilfe von (7.3.5.10) und (7.3.9.15) auf dieselbe Weise wie (7.3.9.14), daß $\Delta s_1 = \Delta\bar{s}(a)$ einer Gleichung der Form

$$[A + B(Z(b) + O(h^2))]\Delta s_1$$
$$= -F_m - BZ(b)\int_a^b Z(t)^{-1}(f(t,\eta(t)) - \eta'(t))dt + O(h)$$
$$= -F_m - B[\Delta\bar{s}(b) - Z(b)\Delta s_1] + O(h)$$

genügt. Wegen $F_m = r(s_1, s_m) = r(\eta(a), \eta(b))$ folgt

$$A\Delta\bar{s}(a) + B\Delta\bar{s}(b) = -r(\eta(a), \eta(b)) + O(h).$$

Durch Subtraktion von (7.3.9.2) und wegen (7.3.9.17) folgt

$$A\theta(a) + B\theta(b) = [A + BZ(b)]\theta(a) = O(h),$$

und damit $\theta(a) = O(h)$, weil (7.3.9.1) nach Voraussetzung eindeutig lösbar und damit $A + BZ(b)$ nichtsingulär ist. Wegen (7.3.9.14), (7.3.9.17) ist damit (7.3.9.4) bewiesen.

7.4 Differenzenverfahren

Die allen Differenzenverfahren zugrunde liegende Idee ist, in einer Differentialgleichung die Differentialquotienten durch passende Differenzenquotienten zu ersetzen und die so erhaltenen *diskretisierten Gleichungen* zu lösen.

Wir wollen dies an folgendem einfachen Randwertproblem zweiter Ordnung für eine Funktion $y : [a, b] \to \mathbb{R}$ erläutern.

(7.4.1) $$\qquad \begin{aligned} -y'' + q(x)y &= g(x), \\ y(a) = \alpha, \quad y(b) &= \beta. \end{aligned}$$

Unter den Voraussetzungen q, $g \in C[a, b]$ (d. h. q und g sind auf $[a, b]$ stetige Funktionen) und $q(x) \geq 0$ für $x \in [a, b]$ läßt sich zeigen, daß (7.4.1) eine eindeutig bestimmte Lösung $y(x)$ besitzt.

Um (7.4.1) zu diskretisieren, teilen wir $[a, b]$ in $n + 1$ gleiche Teilintervalle

$$a = x_0 < x_1 < \cdots < x_n < x_{n+1} = b, \quad x_j = a + j h, \quad h := \frac{b - a}{n + 1},$$

und ersetzen mit der Abkürzung $y_j := y(x_j)$ den Differentialquotienten $y_i'' = y''(x_i)$ für $i = 1, 2, \ldots, n$ durch den zweiten Differenzenquotienten

$$\Delta^2 y_i := \frac{y_{i+1} - 2y_i + y_{i-1}}{h^2}.$$

Wir wollen den Fehler $\tau_i(y) := y''(x_i) - \Delta^2 y_i$ abschätzen und setzen dazu voraus, daß $y(x)$ auf $[a, b]$ vier mal stetig differenzierbar ist, $y \in C^4[a, b]$. Man findet dann durch Taylorentwicklung von $y(x_i \pm h)$ um x_i

$$y_{i\pm 1} = y_i \pm h y_i' + \frac{h^2}{2!} y_i'' \pm \frac{h^3}{3!} y_i''' + \frac{h^4}{4!} y^{(4)}(x_i \pm \theta_i^{\pm} h), \quad 0 < \theta_i^{\pm} < 1,$$

und damit

$$\Delta^2 y_i = y_i'' + \frac{h^2}{24}[y^{(4)}(x_i + \theta_i^+ h) + y^{(4)}(x_i - \theta_i^- h)].$$

Da $y^{(4)}$ noch stetig ist, folgt

(7.4.2) $\tau_i(y) := y''(x_i) - \Delta^2 y_i = -\frac{h^2}{12} y^{(4)}(x_i + \theta_i h)$ für ein $|\theta_i| < 1.$

Wegen (7.4.1) erfüllen die Werte $y_i = y(x_i)$ die Gleichungen

$$y_0 = \alpha$$

(7.4.3) $\dfrac{2y_i - y_{i-1} - y_{i+1}}{h^2} + q(x_i)y_i = g(x_i) + \tau_i(y), \quad i = 1, 2, \ldots, n,$

$$y_{n+1} = \beta.$$

Mit den Abkürzungen $q_i := q(x_i)$, $g_i := g(x_i)$, den Vektoren

$$\bar{y} := \begin{bmatrix} y_1 \\ y_2 \\ \vdots \\ y_n \end{bmatrix}, \quad \tau(y) := \begin{bmatrix} \tau_1(y) \\ \tau_2(y) \\ \vdots \\ \tau_n(y) \end{bmatrix}, \quad k := \begin{bmatrix} g_1 + \alpha/h^2 \\ g_2 \\ \vdots \\ g_{n-1} \\ g_n + \beta/h^2 \end{bmatrix},$$

und der symmetrischen $n \times n$-Tridiagonalmatrix

$$(7.4.4) \qquad A := \frac{1}{h^2} \begin{bmatrix} 2+q_1 h^2 & -1 & & 0 \\ -1 & 2+q_2 h^2 & \ddots & \\ & \ddots & \ddots & -1 \\ 0 & & -1 & 2+q_n h^2 \end{bmatrix}$$

ist (7.4.3) äquivalent mit

$$(7.4.5) \qquad A\bar{y} = k + \tau(y).$$

Das Differenzenverfahren besteht nun darin, in Gleichung (7.4.5) den Fehlerterm $\tau(y)$ fortzulassen und die Lösung $u = [u_1, \ldots, u_n]^T$ des so erhaltenen linearen Gleichungssystems

$$(7.4.6) \qquad Au = k$$

als Approximation für $\bar{y}$ zu nehmen.

Wir wollen zunächst einige Eigenschaften der Matrix A (7.4.4) zeigen. Dazu schreiben wir $A \leq B$ für zwei $n \times n$-Matrizen, falls $a_{ij} \leq b_{ij}$ für i, $j = 1, 2, \ldots, n$. Es gilt nun:

(7.4.7) Satz: *Ist* $q_i \geq 0$ *für* $i = 1, \ldots, n$, *so ist* A (7.4.4) *positiv definit und es gilt* $0 \leq A^{-1} \leq \tilde{A}^{-1}$ *mit der positiv definiten* $n \times n$-*Matrix*

$$(7.4.8) \qquad \tilde{A} := \frac{1}{h^2} \begin{bmatrix} 2 & -1 & & \\ -1 & 2 & \ddots & \\ & \ddots & \ddots & -1 \\ & & -1 & 2 \end{bmatrix}.$$

Beweis: Wir zeigen zunächst, daß A positiv definit ist. Dazu betrachten wir die $n \times n$-Matrix $A_n := h^2 \tilde{A}$. Nach dem Satz von Gerschgorin (6.9.4) gilt für ihre Eigenwerte die Abschätzung $|\lambda_i - 2| \leq 2$, also $0 \leq \lambda_i \leq 4$. Wäre $\lambda_i = 0$ Eigenwert von A_n, so wäre $\det(A_n) = 0$; es gilt aber $\det(A_n) = n + 1$, wie man sich leicht mittels der Rekursionsformel $\det(A_{n+1}) = 2 \det(A_n) - \det(A_{n-2})$ überzeugt [man erhält diese sofort durch Entwicklung von $\det(A_{n+1})$ nach der ersten Zeile]. Andererseits ist auch $\lambda_i = 4$ kein Eigenwert von A_n, denn dann wäre $A_n - 4I$ singulär. Nun gilt aber

$$A_n - 4I = \begin{bmatrix} -2 & -1 & & \\ -1 & \ddots & \ddots & \\ & \ddots & \ddots & -1 \\ & & -1 & -2 \end{bmatrix} = -DA_n D^{-1},$$

$$D := \mathrm{diag}(1, -1, 1, \ldots, \pm 1),$$

also $| \det(A_n - 4I)| = | \det(A_n)|$, und damit ist mit A_n auch $A_n - 4I$ nichtsingulär. Es folgt die Abschätzung $0 < \lambda_i < 4$ für die Eigenwerte von A_n. Dies zeigt insbesondere, daß $\tilde{A}$ positiv definit ist. Wegen

$$z^H A z = z^H \tilde{A} z + \sum_{i=1}^{n} q_i |z_i|^2, \quad z^H \tilde{A} z > 0 \quad \text{für} \quad z \neq 0 \quad \text{und} \quad q_i \geq 0$$

folgt sofort $z^H A z > 0$ für $z \neq 0$, also die positive Definitheit von A. Satz (4.3.2) zeigt die Existenz von A^{-1} und $\tilde{A}^{-1}$ und es bleibt nur noch die Ungleichung $0 \leq A^{-1} \leq \tilde{A}^{-1}$ zu beweisen. Dazu betrachten wir die Matrizen D, $\tilde{D}$, J, $\tilde{J}$ mit

$$h^2 A = D(I - J), \quad D = \text{diag}(2 + q_1 h^2, \dots, 2 + q_n h^2),$$
$$h^2 \tilde{A} = \tilde{D}(I - \tilde{J}), \quad \tilde{D} = 2I.$$

Offensichtlich gelten wegen $q_i \geq 0$ die Ungleichungen

$$0 \leq \tilde{D} \leq D,$$

$$(7.4.9) \qquad 0 \leq J = \begin{bmatrix} 0 & \frac{1}{2+q_1 h^2} & & 0 \\ \frac{1}{2+q_2 h^2} & 0 & \ddots & \\ & \ddots & \ddots & \frac{1}{2+q_{n-1} h^2} \\ 0 & & \frac{1}{2+q_n h^2} & 0 \end{bmatrix}$$

$$\leq \tilde{J} = \begin{bmatrix} 0 & \frac{1}{2} & & 0 \\ \frac{1}{2} & 0 & \ddots & \\ & \ddots & \ddots & \frac{1}{2} \\ 0 & & \frac{1}{2} & 0 \end{bmatrix}.$$

Wegen $\tilde{J} = \frac{1}{2}(-A_n + 2I)$ und der Abschätzung $0 < \lambda_i < 4$ für die Eigenwerte von A_n gilt $-1 < \mu_i < 1$ für die Eigenwerte μ_i von $\tilde{J}$, d. h. es gilt $\rho(\tilde{J}) < 1$ für den Spektralradius von $\tilde{J}$. Aus Satz (6.9.2) folgt die Konvergenz der Reihe

$$0 \leq I + \tilde{J} + \tilde{J}^2 + \tilde{J}^3 + \cdots = (I - \tilde{J})^{-1}.$$

Wegen $0 \leq J \leq \tilde{J}$ konvergiert dann auch

$$0 \leq I + J + J^2 + J^3 + \cdots = (I - J)^{-1} \leq (I - \tilde{J})^{-1}$$

und es gilt $0 \leq D^{-1} \leq \tilde{D}^{-1}$ wegen (7.4.9) und daher

$$0 \leq (h^2 A)^{-1} = (I - J)^{-1} D^{-1} \leq (I - \tilde{J})^{-1} \tilde{D}^{-1} = (h^2 \tilde{A})^{-1},$$

was zu zeigen war. □

Insbesondere folgt aus diesem Satz, daß das Gleichungssystem (7.4.6) eine Lösung besitzt, falls $q(x) \geq 0$ für $x \in [a, b]$, die z. B. mittels des Cholesky-Verfahrens [s. 4.3] leicht gefunden werden kann. Da A eine Tridiagonalmatrix ist, ist die Zahl der Operationen für die Auflösung von (7.4.6) proportional zu n.

Wir wollen nun die Fehler $y_i - u_i$ der aus (7.4.6) gewonnenen Näherungswerte u_i für die exakten Lösungen $y_i = y(x_i)$, $i = 1, \ldots, n$, abschätzen.

(7.4.10) **Satz:** *Das Randwertproblem* (7.4.1) *habe eine Lösung* $y(x) \in C^4[a, b]$ *und es gelte* $|y^{(4)}(x)| \leq M$ *für* $x \in [a, b]$. *Ferner sei* $q(x) \geq 0$ *für* $x \in [a, b]$ *und* $u = [u_1, \ldots, u_n]^T$ *die Lösung von* (7.4.6). *Dann gilt*

$$|y(x_i) - u_i| \leq \frac{Mh^2}{24}(x_i - a)(b - x_i) \quad \text{für } i = 1, 2, \ldots, n.$$

Beweis: In den folgenden Abschätzungen sind Betragszeichen $|.|$ oder Ungleichungen $\leq$ für Vektoren oder Matrizen komponentenweise zu verstehen.

Wegen (7.4.5) und (7.4.6) hat man für $\bar{y} - u$ die Gleichung

$$A(\bar{y} - u) = \tau(y).$$

Satz (7.4.7) und die Darstellung (7.4.2) für $\tau(y)$ ergeben dann

(7.4.11) $$|\bar{y} - u| = |A^{-1}\tau(y)| \leq \tilde{A}^{-1}|\tau(y)| \leq \frac{Mh^2}{12}\tilde{A}^{-1}e$$

mit $e := [1, 1, \ldots, 1]^T$. Der Vektor $\tilde{A}^{-1}e$ kann mittels folgender Beobachtung sofort angegeben werden: Das spezielle Randwertproblem

$$-y''(x) = 1, \quad y(a) = y(b) = 0,$$

des Typs (7.4.1) besitzt die exakte Lösung $y(x) = \frac{1}{2}(x - a)(b - x)$. Für dieses Randwertproblem gilt aber wegen (7.4.2) $\tau(y) = 0$ und es stimmen die diskrete Lösung u von (7.4.6) und die exakte Lösung $\bar{y}$ von (7.4.5) überein. Überdies ist für dieses spezielle Randwertproblem die Matrix A (7.4.4) gerade die Matrix $\tilde{A}$ (7.4.8) und $k = e$. Also gilt $\tilde{A}^{-1}e = u$, $u_i = \frac{1}{2}(x_i - a)(b - x_i)$. Zusammen mit (7.4.11) ergibt das die Behauptung des Satzes. □

Unter den Voraussetzungen des Satzes gehen also die Fehler mit h^2 gegen 0, es liegt ein Differenzenverfahren zweiter Ordnung vor. Das Verfahren von *Störmer* und *Numerov* zur Diskretisierung der Differentialgleichung $y''(x) = f(x, y(x))$,

$$y_{i+1} - 2y_i + y_{i-1} = \frac{h^2}{12}(f_{i+1} + 10f_i + f_{i-1}),$$

führt ebenfalls auf Tridiagonalmatrizen, es besitzt jedoch die Ordnung 4. Man kann diese Verfahren auch zur Lösung nichtlinearer Randwertprobleme

$$y'' = f(x, y), \quad y(a) = \alpha, \quad y(b) = \beta,$$

verwenden, wo $f(x, y)$ anders als in (7.4.1) nichtlinear von y abhängt. Man erhält dann für die Näherungswerte $u_i \approx y(x_i)$ ein nichtlineares Gleichungssystem, das man i. allg. nur iterativ lösen kann.

In jedem Fall erhält man so nur Verfahren geringer Ordnung. Um eine hohe Genauigkeit zu erreichen, muß man anders als etwa bei der Mehrzielmethode das Intervall $[a, b]$ sehr fein unterteilen [s. Abschnitt 7.6 für vergleichende Beispiele)].

Für ein Beispiel zur Anwendung von Differenzenverfahren bei partiellen Differentialgleichengen s. Abschnitt 8.4.

7.5 Variationsmethoden

Variationsverfahren (Rayleigh-Ritz-Galerkin-Verfahren) beruhen darauf, daß die Lösungen einiger wichtiger Typen von Randwertproblemen gewisse Minimaleigenschaften besitzen. Wir wollen diese Verfahren an folgendem einfachen Randwertproblem für eine Funktion $u : [a, b] \to \mathbb{R}$ erläutern:

$$
(7.5.1) \qquad
\begin{aligned}
-(p(x)u'(x))' + q(x)u(x) &= g(x, u(x)), \\
u(a) = \alpha, \quad u(b) &= \beta.
\end{aligned}
$$

Man beachte, daß das Problem (7.5.1) etwas allgemeiner ist als (7.4.1).

Unter den Voraussetzungen

$$
(7.5.2) \qquad
\begin{aligned}
p &\in C^1[a, b], & p(x) &\geq p_0 > 0, \\
q &\in C[a, b], & q(x) &\geq 0, \\
g &\in C^1([a, b] \times \mathbb{R}), & g_u(x, u) &\leq \lambda_0,
\end{aligned}
$$

λ_0 kleinster Eigenwert der Eigenwertaufgabe

$$-(pz')' - (\lambda - q)z = 0, \quad z(a) = z(b) = 0,$$

weiß man, daß (7.5.1) stets genau eine Lösung besitzt. Wir setzen daher für das Weitere (7.5.2) voraus und treffen die vereinfachende Annahme $g(x, u(x)) = g(x)$ (keine u-Abhängigkeit in der rechten Seite).

Ist $u(x)$ die Lösung von (7.5.1), so ist $y(x) := u(x) - l(x)$ mit

$$l(x) := \alpha \frac{b - x}{b - a} + \beta \frac{a - x}{a - b}, \quad l(a) = \alpha, \quad l(b) = \beta,$$

die Lösung eines Randwertproblems der Form

$$-(py')' + qy = f,$$

(7.5.3)

$$y(a) = 0, \quad y(b) = 0,$$

mit verschwindenden Randwerten. Wir können daher ohne Einschränkung der Allgemeinheit statt (7.5.1) Probleme der Form (7.5.3) betrachten. Mit Hilfe des zu (7.5.3) gehörigen *Differentialoperators*

(7.5.4) $$L(v) :\equiv -(pv')' + qv$$

wollen wir das Problem (7.5.3) etwas anders formulieren. Der Operator L bildet die Menge

$$D_L := \{v \in C^2[a, b] \mid v(a) = 0, v(b) = 0\}$$

aller zweimal auf $[a, b]$ stetig differenzierbaren reellen Funktionen, die die Randbedingungen $v(a) = v(b) = 0$ erfüllen, in die Menge $C[a, b]$ aller auf $[a, b]$ stetigen Funktionen ab. Das Randwertproblem (7.5.3) ist also damit äquivalent, eine Lösung von

(7.5.5) $$L(y) = f, \quad y \in D_L,$$

zu finden. Nun ist D_L ein reeller Vektorraum und L ein linearer Operator auf D_L: Mit $u, v \in D_L$ gehört auch $\alpha u + \beta v$ zu D_L und es ist $L(\alpha u + \beta v) = \alpha L(u) + \beta L(v)$ für alle reellen Zahlen α, β. Auf der Menge $L_2(a, b)$ aller auf $[a, b]$ quadratisch integrierbaren Funktionen führen wir durch die Definition

(7.5.6) $$(u, v) := \int_a^b u(x)v(x)dx, \quad \|u\|_2 := (u, u)^{1/2},$$

eine Skalarprodukt und die zugehörige Norm ein.

Der Differentialoperator L (7.5.4) hat einige für das Verständnis der Variationsmethoden wichtige Eigenschaften. Es gilt

(7.5.7) **Satz:** L *ist ein* symmetrischer Operator *auf* D_L, *d.h. es gilt*

$$(u, L(v)) = (L(u), v) \quad \text{für alle} \quad u, v \in D_L.$$

Beweis: Durch partielle Integration findet man

$$(u, L(v)) = \int_a^b u(x)[-(p(x)v'(x))' + q(x)v(x)]dx$$

$$= -u(x)p(x)v'(x)\big|_a^b + \int_a^b [p(x)u'(x)v'(x) + q(x)u(x)v(x)]dx$$

$$= \int_a^b [p(x)u'(x)v'(x) + q(x)u(x)v(x)]dx,$$

weil $u(a) = u(b) = 0$ für $u \in D_L$ gilt. Aus Symmetriegründen folgt ebenso

$$(7.5.8) \qquad (L(u), v) = \int_a^b [p(x)u'(x)v'(x) + q(x)u(x)v(x)]dx$$

und damit die Behauptung.   □

Die rechte Seite von (7.5.8) ist nicht nur für $u, v \in D_L$ definiert. Sei dazu $D := \{u \in \mathscr{K}^1(a, b) | u(a) = u(b) = 0\}$ die Menge aller auf $[a, b]$ absolutstetigen Funktionen u mit $u(a) = u(b) = 0$, für die u' auf $[a, b]$ (fast überall existiert und) noch quadratisch integrierbar ist [s. Def. (2.4.1.3)]. Insbesondere gehören alle stückweise stetig differenzierbaren Funktionen, die die Randbedingungen erfüllen, zu D. D ist wieder ein reeller Vektorraum mit $D \supseteq D_L$. Durch die rechte Seite von (7.5.8) wird auf D die symmetrische Bilinearform

$$(7.5.9) \qquad [u, v] := \int_a^b [p(x)u'(x)v'(x) + q(x)u(x)v(x)]dx$$

definiert, die für $u, v \in D_L$ mit $(u, L(v))$ übereinstimmt. Wie eben zeigt man für $y \in D_L$, $u \in D$ durch partielle Integration

$$(7.5.10) \qquad (u, L(y)) = [u, y].$$

Bezüglich des durch (7.5.6) auf D_L eingeführten Skalarproduktes ist L ein *positiv definiter Operator* in folgendem Sinn:

(7.5.11) Satz: *Unter den Voraussetzungen* (7.5.2) *ist*

$$[u, u] = (u, L(u)) > 0 \quad \textit{für alle } u \neq 0, \, u \in D_L.$$

Es gilt sogar die Abschätzung

$$(7.5.12) \qquad \gamma \|u\|_\infty^2 \leq [u, u] \leq \Gamma \|u'\|_\infty^2 \quad \textit{für alle } u \in D$$

mit der Norm $\|u\|_\infty := \sup_{a \leq x \leq b} |u(x)|$ *und den Konstanten*

$$\gamma := \frac{p_0}{b - a}, \qquad \Gamma := \|p\|_\infty (b - a) + \|q\|_\infty (b - a)^3.$$

Beweis: Wegen $\gamma > 0$ genügt es, (7.5.12) zu zeigen. Für $u \in D$ gilt wegen $u(a) = 0$

$$u(x) = \int_a^x u'(\xi)d\xi \quad \text{für} \quad x \in [a, b].$$

Die Schwarzsche Ungleichung liefert die Abschätzung

$$u(x)^2 \leq \int_a^x 1^2 d\xi \cdot \int_a^x u'(\xi)^2 d\xi = (x-a) \int_a^x u'(\xi)^2 d\xi$$

$$\leq (b-a) \cdot \int_a^b u'(\xi)^2 d\xi$$

und daher

(7.5.13) $$\|u\|_\infty^2 \leq (b-a) \int_a^b u'(x)^2 dx \leq (b-a)^2 \|u'\|_\infty^2.$$

Nach Voraussetzung (7.5.2) ist $p(x) \geq p_0 > 0$, $q(x) \geq 0$ für $x \in [a,b]$; also folgt aus (7.5.9) und (7.5.13)

$$[u,u] = \int_a^b [p(x)u'(x)^2 + q(x)u(x)^2] dx \geq p_0 \int_a^b u'(x)^2 dx \geq \frac{p_0}{b-a} \|u\|_\infty^2.$$

Schließlich ist wegen (7.5.13) auch

$$[u,u] = \int_a^b [p(x)u'(x)^2 + q(x)u(x)^2] dx$$

$$\leq \|p\|_\infty (b-a)\|u'\|_\infty^2 + \|q\|_\infty (b-a)\|u\|_\infty^2$$

$$\leq \Gamma \|u'\|_\infty^2,$$

was zu zeigen war.   □

Insbesondere folgt aus (7.5.11) sofort die Eindeutigkeit der Lösung von (7.5.3) bzw. (7.5.5): Für $L(y_1) = L(y_2) = f$, $y_1, y_2 \in D_L$, ist $L(y_1-y_2) = 0$ und daher $0 = (y_1-y_2, L(y_1-y_2)) \geq \gamma \|y_1-y_2\|_\infty^2 \geq 0$, was direkt $y_1 = y_2$ nach sich zieht.

Wir definieren nun für $u \in D$ durch

(7.5.14) $$F(u) := [u,u] - 2(u,f)$$

ein quadratisches Funktional $F: D \to \mathbb{R}$, F ordnet jeder Funktion $u \in D$ eine reelle Zahl $F(u)$ zu. Dabei ist f die rechte Seite von (7.5.3), (7.5.5). Grundlegend für die Variationsmethoden ist es, daß das Funktional F seinen kleinsten Wert genau für die Lösung y von (7.5.5) annimmt:

(7.5.15) **Satz:** *Es sei $y \in D_L$ die Lösung von (7.5.5). Dann gilt*

$$F(u) > F(y)$$

für alle $u \in D$, $u \neq y$.

Beweis: Es ist $L(y) = f$ und daher nach Definition von F wegen (7.5.10) für $u \neq y$, $u \in D$,

$$F(u) = [u, u] - 2(u, f) = [u, u] - 2(u, L(y))$$
$$= [u, u] - 2[u, y] + [y, y] - [y, y]$$
$$= [u - y, u - y] - [y, y]$$
$$> -[y, y] = F(y),$$

weil nach Satz (7.5.11) $[u - y, u - y] > 0$ für $u \neq y$ gilt.   □

Als Nebenresultat halten wir die Identität fest:

(7.5.16) $[u - y, u - y] = F(u) + [y, y]$ für alle $u \in D$.

Satz (7.5.15) legt es nahe, die gesuchte Lösung y dadurch zu approximieren, daß man $F(u)$ näherungsweise minimiert. Ein solches näherungsweises Minimum von F erhält man auf systematische Weise so: Man wähle einen endlichdimensionalen Teilraum S von D, $S \subset D$. Ist dim $S = m$, läßt sich jedes $u \in S$ bezüglich einer Basis $u_1, \ldots, u_m$ von S in der Form

(7.5.17) $u = \delta_1 u_1 + \ldots + \delta_m u_m, \quad \delta_i \in \mathbb{R},$

darstellen. Man bestimmt dann das Minimum $u_S \in S$ von F auf S,

(7.5.18) $F(u_S) = \min_{u \in S} F(u),$

und nimmt u_S als Näherung für die exakte Lösung y von (7.5.5), die nach (7.5.15) die Funktion F auf dem gesamten Raum D minimiert. Zur Berechnung der Näherung u_S betrachte man die folgende Darstellung von $F(u)$, $u \in S$, die man über (7.5.17) erhält

$$\Phi(\delta_1, \delta_2, \ldots, \delta_m) : \equiv F(\delta_1 u_1 + \cdots + \delta_m u_m)$$
$$= \left[\sum_{i=1}^{m} \delta_i u_i, \sum_{k=1}^{m} \delta_k u_k \right] - 2 \left(\sum_{k=1}^{m} \delta_k u_k, f \right)$$
$$= \sum_{i,k=1}^{m} [u_i, u_k] \delta_i \delta_k - 2 \sum_{k=1}^{m} (u_k, f) \delta_k.$$

Mit Hilfe der Vektoren δ, φ und der $m \times m$-Matrix A,

(7.5.19)

$$\delta := \begin{bmatrix} \delta_1 \\ \vdots \\ \delta_m \end{bmatrix}, \quad \varphi := \begin{bmatrix} (u_1, f) \\ \vdots \\ (u_m, f) \end{bmatrix}, \quad A := \begin{bmatrix} [u_1, u_1] & \ldots & [u_1, u_m] \\ \vdots & & \vdots \\ [u_m, u_1] & \ldots & [u_m, u_m] \end{bmatrix},$$

erhält man für die quadratische Funktion $\Phi : \mathbb{R}^m \to \mathbb{R}$

(7.5.20) $\Phi(\delta) = \delta^T A \delta - 2\varphi^T \delta.$

Die Matrix A ist positiv definit, denn A ist wegen (7.5.9) symmetrisch und es gilt für alle Vektoren $\delta \neq 0$ auch $u := \delta_1 u_1 + \cdots + \delta_m u_m \neq 0$ und daher wegen Satz (7.5.11)

$$\delta^T A \delta = \sum_{i,k} \delta_i \delta_k [u_i, u_k] = [u, u] > 0.$$

Das lineare Gleichungssystem

$$(7.5.21) \qquad\qquad A\delta = \varphi$$

besitzt somit eine eindeutige Lösung $\delta = \tilde{\delta}$, die man mit Hilfe des Cholesky-Verfahrens (s. 4.3) berechnen kann. Wegen der Identität

$$\Phi(\delta) = \delta^T A \delta - 2\varphi^T \delta = \delta^T A \delta - 2\tilde{\delta}^T A \delta + \tilde{\delta}^T A \tilde{\delta} - \tilde{\delta}^T A \tilde{\delta}$$
$$= (\delta - \tilde{\delta})^T A (\delta - \tilde{\delta}) - \tilde{\delta}^T A \tilde{\delta}$$
$$= (\delta - \tilde{\delta})^T A (\delta - \tilde{\delta}) + \Phi(\tilde{\delta})$$

und $(\delta - \tilde{\delta})^T A (\delta - \tilde{\delta}) > 0$ für $\delta \neq \tilde{\delta}$ folgt sofort $\Phi(\delta) > \Phi(\tilde{\delta})$ für $\delta \neq \tilde{\delta}$. Also liefert die zu $\tilde{\delta}$ gehörige Funktion

$$u_S := \tilde{\delta}_1 u_1 + \cdots + \tilde{\delta}_m u_m$$

das Minimum (7.5.18) von $F(u)$ auf S. Mit der Lösung y von (7.5.5) folgt wegen $F(u_S) = \min_{u \in S} F(u)$ aus (7.5.16) sofort

$$(7.5.22) \qquad [u_S - y, u_S - y] = \min_{u \in S} [u - y, u - y].$$

Wir wollen dies zu einer Abschätzung für den Fehler $\|u_S - y\|_\infty$ benutzen. Es gilt

(7.5.23) **Satz:** *Es sei y die exakte Lösung von* (7.5.3), (7.5.5). *Ferner sei $S \subset D$ ein endlichdimensionaler Teilraum von D und $F(u_S) = \min_{u \in S} F(u)$. Dann gilt die Abschätzung*

$$\|u_S - y\|_\infty \leq C \|u' - y'\|_\infty$$

für alle $u \in S$. Hierbei ist $C = \sqrt{\Gamma/\gamma}$ mit den Konstanten Γ, γ von Satz (7.5.11).

Beweis: (7.5.12) und (7.5.22) ergeben für beliebiges $u \in S \subseteq D$

$$\gamma \|u_S - y\|_\infty^2 \leq [u_S - y, u_S - y] \leq [u - y, u - y] \leq \Gamma \|u' - y'\|_\infty^2.$$

Daraus folgt die Behauptung.   □

Jede obere Schranke für $\inf_{u \in S}[u - y, u - y]$ oder schwächer für

$$\inf_{u \in S} \|u' - y'\|_\infty,$$

liefert also eine Abschätzung für $\|u_S - y\|_\infty$. Wir wollen eine solche Schranke für einen wichtigen Spezialfall angeben. Dazu wählen wir als Teilraum S von D die Menge

$$S = \mathrm{Sp}_\Delta := \{S_\Delta \mid S_\Delta(a) = S_\Delta(b) = 0\}$$

aller kubischen Splinefunktionen S_Δ (s. Def. (2.4.1.1)), die zu einer festen Unterteilung

$$\Delta : \quad a = x_0 < x_1 < x_2 < \cdots < x_n = b$$

des Intervalls $[a, b]$ gehören und an den Endpunkten a, b verschwinden. Offensichtlich ist $\mathrm{Sp}_\Delta \subseteq D_L \subseteq D$. Wir bezeichnen mit $\|\Delta\|$ die Feinheit der Zerlegung Δ,

$$\|\Delta\| := \max_{1 \leq i \leq n}(x_i - x_{i-1}).$$

Die Splinefunktion $u := S_\Delta$ mit

$$u(x_i) = y(x_i), \quad i = 0, 1, \ldots, n,$$
$$u'(\xi) = y'(\xi) \quad \text{für } \xi = a, b,$$

wobei y die exakte Lösung von (7.5.3), (7.5.5) ist, gehört offensichtlich zu $S = \mathrm{Sp}_\Delta$. Aus Satz (2.4.3.3) und seinem Beweis folgt die Abschätzung

$$\|u' - y'\|_\infty \leq \tfrac{7}{4}\|y^{(4)}\|_\infty \|\Delta\|^3,$$

sofern $y \in C^4(a, b)$. Zusammen mit Satz (7.5.23) ergibt dies das Resultat:

(7.5.24) **Satz:** *Die exakte Lösung y von (7.5.3) gehöre zu $C^4(a, b)$ und es seien die Voraussetzungen (7.5.2) erfüllt. Es sei $S := \mathrm{Sp}_\Delta$ und u_S diejenige Splinefunktion mit*

$$F(u_S) = \min_{u \in S} F(u).$$

Dann gilt mit der von y unabhängigen Konstante $C = \sqrt{\Gamma/\gamma}$

$$\|u_S - y\|_\infty \leq \tfrac{7}{4}C\|y^{(4)}\|_\infty \|\Delta\|^3.$$

Die Abschätzung des Satzes kann verbessert werden [s. Fußnote zu Satz (2.4.3.3)]:

$$\|u_S - y\|_\infty \leq \tfrac{1}{24}C\|y^{(4)}\|_\infty \|\Delta\|^3.$$

Die Fehlerschranke geht also mit der dritten Potenz der Feinheit von Δ gegen Null; das Verfahren ist somit in dieser Hinsicht dem Differenzenverfahren des letzten Abschnitts überlegen [s. Satz (7.4.10)].

Zur praktischen Realisierung des Variationsverfahrens, etwa im Falle $S = \mathrm{Sp}_\Delta$, hat man sich zunächst eine Basis von Sp_Δ zu verschaffen. Man überlegt sich leicht, daß $m := \dim \mathrm{Sp}_\Delta = n + 1$ (nach Satz (2.4.1.5) ist die Splinefunktion $S_\Delta \in \mathrm{Sp}_\Delta$ durch $n + 1$ Bedingungen

$$S_\Delta(x_i) = y_i, \quad i = 1, 2, \ldots, n-1,$$
$$S'_\Delta(a) = y'_0, \quad S'_\Delta(b) = y'_n$$

bei beliebigen y_i, y'_0, y'_n eindeutig bestimmt). Als Basis S_0, S_1 ..., S_n von Sp_Δ wählt man zweckmäßig B-Splines [s. Abschnitt 2.4.4], die einen kompakten Träger besitzen:

(7.5.25) $S_j(x) = 0$ für $x \leq \max(x_0, x_{j-2})$ und $x \geq \min(x_n, x_{j+2})$.

Dann wird die zugehörige Matrix A (7.5.19) eine *Bandmatrix* der Form

(7.5.26) $A = ([S_i, S_k]) = \begin{bmatrix} x & x & x & x & & & & 0 \\ x & \cdot & & & \cdot & & & \\ x & & \cdot & & & \cdot & & \\ x & & & \cdot & & & \cdot & \\ & \cdot & & & \cdot & & & x \\ & & \cdot & & & \cdot & & x \\ & & & \cdot & & & \cdot & x \\ 0 & & & & x & x & x & x \end{bmatrix}$,

weil wegen (7.5.9), (7.5.25)

$$[S_i, S_k] = \int_a^b [p(x)S'_i(x)S'_k(x) + q(x)S_i(x)S_k(x)]dx = 0$$

für alle $|i - k| \geq 4$ gilt. Nachdem man für diese Basis S_0, ..., S_n die Komponenten der Matrix A und des Vektors φ (7.5.19) durch Integration bestimmt hat, löst man das Gleichungssystem (7.5.21) nach δ auf und erhält damit die Näherung u_S für die exakte Lösung y.

Natürlich kann man statt Sp_Δ auch einen anderen Raum $S \subseteq D$ wählen, z. B. die Menge

$$S = \left\{ P \mid P(x) = (x - a)(x - b) \sum_{i=0}^{n-2} a_i x^1, a_i \quad \text{beliebig} \right\}$$

aller Polynome, die höchstens den Grad n haben und für $x = a$, b verschwinden. In diesem Fall wäre aber die Matrix A i. allg. keine Bandmatrix mehr, und darüber hinaus sehr schlecht konditioniert, falls man als Basis von S die speziellen Polynome

$$P_1(x) := (x - a)(x - b)x^i, \quad i = 0, 1, \ldots, n - 2,$$

wählte. Ferner kann man als S die Menge [s. (2.1.5.10)]

$$S = H_\Delta^{(m)}$$

wählen, wobei Δ wieder eine Zerlegung $a = x_0 < x_1 < \cdots < x_n = b$ ist und $H_\Delta^{(m)}$ aus allen Funktionen $u \in C^{m-1}[a, b]$ besteht, die in jedem Teilintervall $[x_i, x_{i+1}]$, $i = 0, \ldots, n - 1$, mit einem Polynom vom Grad $\leq 2m - 1$ übereinstimmen (*Hermitesche Funktionenräume*). Hier kann man wieder durch passende Wahl der Basis $\{u_i\}$ von $H_\Delta^{(m)}$ erreichen, daß die Matrix $A = ([u_i, u_k])$ eine Bandmatrix wird. Bei entsprechender Wahl des Parameters m erhält man auf diese Weise sogar Verfahren höherer als dritter Ordnung: Verwendet man (2.1.5.14) statt (2.4.3.3), so erhält man statt (7.5.24) für $S = H_\Delta^{(m)}$ die Abschätzung

$$\|u_S - y\|_\infty \leq \frac{C}{2^{2m-2}(2m - 2)!} \|y^{(2m)}\|_\infty \|\Delta\|^{2m-1},$$

falls $y \in C^{2m}[a, b]$; es liegt ein Verfahren mindestens der Ordnung $2m - 1$ vor [Beweise dieser und ähnlicher Abschätzungen sowie die Verallgemeinerung der Variationsmethoden auf nichtlineare Randwertprobleme findet man in Ciarlet, Schultz, Varga (1967)]. Man beachte jedoch, daß mit wachsendem m die Matrix A immer schwieriger zu berechnen ist.

Wir weisen darauf hin, daß Variationsverfahren auf wesentlich allgemeinere Randwertprobleme als (7.5.3) angewandt werden können, so insbesondere auf partielle Differentialgleichungen. Wichtige Voraussetzung für die zentralen Sätze (7.5.15), (7.5.23) und die Lösbarkeit von (7.5.21) sind im wesentlichen nur die Symmetrie von L und Abschätzungen der Form (7.5.12) [s. Abschnitt 7.7 für Anwendungen auf das Dirichlet-Problem].

Die Hauptarbeit bei Verfahren dieses Typs besteht darin, die Koeffizienten des linearen Gleichungssystems (7.5.21) mittels Integration zu berechnen, nachdem man sich für eine geeignete Basis $u_1, \ldots, u_m$ von S entschieden hat. Für Randwertprobleme bei gewöhnlichen Differentialgleichungen sind diese Verfahren in der Regel zu aufwendig und zu ungenau und mit der Mehrzielmethode nicht konkurrenzfähig [s. den nächsten Abschnitt für vergleichende Resultate]. Ihr Wert zeigt sich erst bei Randwertproblemen für partielle Differentialgleichungen.

Endlichdimensionale Räume $S \subset D$ von Funktionen, die die Randbedingungen von Randwertaufgaben (7.5.5) erfüllen spielen auch bei *Kollokationsmethoden* eine Rolle. Ihr Prinzip ist recht naheliegend: Mit Hilfe einer Basis $\{u_j\}$ von S versucht man wieder die Lösung $y(x)$ von (7.5.5) durch eine Funktion

$$u = \delta_1 u_1 + \cdots + \delta_m u_m$$

aus S zu approximieren. Man wählt dazu m verschiedene Punkte $x_j \in (a, b)$, $j = 1, 2, \ldots, m$, die sog. *Kollokationsstellen*, und bestimmt die Koeffizienten δ_k durch Lösung des Gleichungssystems

$$(7.5.27a) \qquad (Lu)(x_j) = f(x_j), \qquad j = 1, 2, \ldots, m,$$

d.h. man verlangt, daß die Differentialgleichung $L(u) = f$ durch u an den Kollokationsstellen x_j exakt erfüllt wird. Dies führt auf ein lineares Gleichungssystem für die m Unbekannten δ_k, $k = 1, \ldots, m$,

$$(7.5.27b) \qquad \sum_{k=1}^{m} L(u_k)(x_j)\delta_k = f(x_j), \qquad j = 1, 2, \ldots, m.$$

Bei Kollokationsmethoden hat man viele Möglichkeiten, das Verhalten des Verfahrens zu beeinflussen, nämlich durch die Wahl des Funktionenraums S, der Basis von S und der Kollokationsstellen. Man erhält so u. U. außerordentlich effiziente Verfahren.

So wählt man häufig als Basis $\{u_j\}$ von S Funktionen mit kompaktem Träger, etwa B-Splines (s. 2.4.4) wie in (7.5.25). Dann ist die Matrix $A = [L(u_k)(x_j)]$ des Gleichungssystems (7.5.27b) eine Bandmatrix. Bei den sog. *Spektralmethoden* werden Räume S von trigonometrischen Polynomen (2.3.1.1), (2.3.1.2) gewählt, die von endlich vielen trigonometrischen Funktionen, etwa e^{ikx}, $k = 0, \pm 1, \pm 2, \ldots$, aufgespannt werden. Bei einer entsprechenden Wahl der x_j kann man dann oft die Gleichungen (7.5.27), die ja als eine Art von Interpolationsbedingungen für trigonometrische Polynome anzusehen sind, mit Hilfe der Methoden zur schnellen Fouriertransformation (s. Abschnitt 2.3.2) lösen.

Wir wollen das Prinzip an dem einfachen Randwertproblem

$$-y''(x) = f(x), \qquad y(0) = y(\pi) = 0,$$

des Typs (7.5.3) erläutern. Alle Funktionen $u(x) = \sum_{k=1}^{m} \delta_k \sin kx$ erfüllen die Randbedingungen. Wählt man als Kollokationspunkte $x_j := j\pi/(m+1)$, $j = 1, 2, \ldots, m$, so findet man wegen (7.5.27), daß die Zahlen $\gamma_k := \delta_k k^2$ das trigonometrische Interpolationsproblem (s. Abschnitt 2.3.1)

$$\sum_{k=1}^{m} \gamma_k \sin \frac{kj\pi}{m+1} = f_j, \qquad j = 1, 2, \ldots, m,$$

lösen. Man kann daher die γ_k mit den Methoden der schnellen Fouriertransformation bestimmen.

Verfahren dieses Typs spielen bei der Lösung von Anfangs-Randwertproblemen für partielle Differentialgleichungen eine große Rolle. Näheres dazu findet man in der Spezialliteratur, z. B. in Gottlieb und Orszag (1977), Canuto (1987) und Boyd (1989).

7.6 Vergleich der Methoden zur Lösung von Randwertproblemen für gewöhnliche Differentialgleichungen

Die in den vorausgegangenen Abschnitten beschriebenen Methoden, nämlich

1) Einfachschießverfahren,
2) Mehrzielmethode,
3) Differenzenverfahren,
4) Variationsverfahren,

sollen anhand eines Beispiels verglichen werden. Gegeben sei das lineare Randwertproblem mit linearen separierten Randbedingungen

$$(7.6.1) \qquad \begin{aligned} -y'' + 400y &= -400\cos^2 \pi x - 2\pi^2 \cos(2\pi x), \\ y(0) &= y(1) = 0, \end{aligned}$$

mit der exakten Lösung (s. Figur 17)

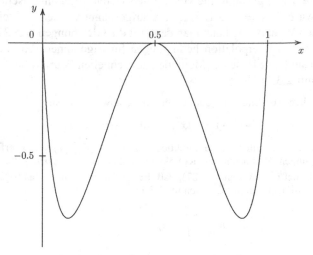

Fig. 17. Exakte Lösung von (7.6.1)

$$(7.6.2) \qquad y(x) = \frac{e^{-20}}{1 + e^{-20}} e^{20x} + \frac{1}{1 + e^{-20}} e^{-20x} - \cos^2(\pi x).$$

Obwohl dieses Problem verglichen mit den meisten Problemen aus der Praxis sehr einfach ist, liegen bei ihm folgende Besonderheiten vor, die Schwierigkeiten bei seiner Lösung erwarten lassen:

1. Die zu (7.6.1) gehörige homogene Differentialgleichung $-y'' + 400y = 0$ besitzt exponentiell stark wachsende bzw. fallende Lösungen der Form $y(x) = c\,e^{\pm 20x}$. Dies führt zu Schwierigkeiten für das Einfachschießverfahren.

2. Die Ableitungen $y^{(i)}(x)$, $i = 1, 2, \ldots$, der exakten Lösung (7.6.2) sind für $x \approx 0$ und $x \approx 1$ sehr groß. Die Fehlerabschätzungen (7.4.10) für das Differenzenverfahren bzw. (7.5.24) für das Variationsverfahren lassen deshalb große Fehler erwarten.

Bei 12-stelliger Rechnung wurden folgende Ergebnisse gefunden [bei der Bewertung der Fehler, insbesondere der relativen Fehler, beachte man den Verlauf der Lösung, s. Figur 17: $\max_{0 \le x \le 1} |y(x)| \approx 0.77$, $y(0) = y(1) = 0$, $y(0.5) = 0.907\,998\,593\,370 \cdot 10^{-4}$]:

1) *Einfachschießverfahren*: Nach einer Iteration wurden die Anfangswerte

$$y(0) = 0, \quad y'(0) = -20\frac{1 - e^{-20}}{1 + e^{-20}} = -19.999\,999\,9176\ldots$$

der exakten Lösung mit einem relativen Fehler $\le 3.2 \cdot 10^{-11}$ gefunden. Löst man dann das (7.6.1) entsprechende Anfangswertproblem mit Hilfe eines Extrapoaltionsverfahren [s. Abschnitt 7.2.14; ALGOL-Programm *Diffsys* aus Bulirsch und Stoer (1966)], wobei man als Anfangswerte die auf Maschinengenauigkeit gerundeten exakten Anfangswerte $y(0)$, $y'(0)$ nimmt, so erhält man statt der exakten Lösung $y(x)$ (7.6.2) eine Näherungslösung $\tilde{y}(x)$ mit dem absoluten Fehler $\Delta y(x) = \tilde{y}(x) - y(x)$ bzw. dem relativen Fehler $\varepsilon_y(x) = (\tilde{y}(x) - y(x))/y(x)$:

x	$|\Delta y(x)|$*	$|\varepsilon_y(x)|$
0.1	$1.9 \cdot 10^{-11}$	$2.5 \cdot 10^{-11}$
0.2	$1.5 \cdot 10^{-10}$	$2.4 \cdot 10^{-10}$
0.3	$1.1 \cdot 10^{-9}$	$3.2 \cdot 10^{-9}$
0.4	$8.1 \cdot 10^{-9}$	$8.6 \cdot 10^{-8}$
0.5	$6.0 \cdot 10^{-8}$	$6.6 \cdot 10^{-4}$
0.6	$4.4 \cdot 10^{-7}$	$4.7 \cdot 10^{-5}$
0.7	$3.3 \cdot 10^{-6}$	$9.6 \cdot 10^{-6}$
0.8	$2.4 \cdot 10^{-5}$	$3.8 \cdot 10^{-5}$
0.9	$1.8 \cdot 10^{-4}$	$2.3 \cdot 10^{-4}$
1.0	$1.3 \cdot 10^{-3}$	∞

* $\max_{x \in [0,1]} |\Delta y(x)| \approx 1.3 \cdot 10^{-3}$.

Hier wirkt sich deutlich der Einfluß der exponentiell anwachsenden Lösung $y(x) = c\,e^{20x}$ des homogenen Problems aus [vgl. Abschnitt 7.3.4].

2) *Mehrzielmethode*: Um den Einfluß der exponentiell anwachsenden Lösung $y(x) = c\,e^{20x}$ des homogenen Problems zu mindern, wurde ein großes m, $m = 21$, gewählt,

$$0 = x_1 < x_2 < \ldots < x_{21} = 1, \quad x_k = \frac{k-1}{20}.$$

Drei Iterationen der Mehrzielmethode [Programm nach Oberle und Grimm (1989)] ergaben folgende absolute bzw. relative Fehler

x	$|\Delta y(x)|^*$	$|\varepsilon_y(x)|$
0.1	$9.2 \cdot 10^{-13}$	$1.2 \cdot 10^{-12}$
0.2	$2.7 \cdot 10^{-12}$	$4.3 \cdot 10^{-12}$
0.3	$4.4 \cdot 10^{-13}$	$1.3 \cdot 10^{-12}$
0.4	$3.4 \cdot 10^{-13}$	$3.6 \cdot 10^{-12}$
0.5	$3.5 \cdot 10^{-13}$	$3.9 \cdot 10^{-9}$
0.6	$1.3 \cdot 10^{-12}$	$1.4 \cdot 10^{-11}$
0.7	$1.8 \cdot 10^{-12}$	$5.3 \cdot 10^{-12}$
0.8	$8.9 \cdot 10^{-13}$	$1.4 \cdot 10^{-12}$
0.9	$9.2 \cdot 10^{-13}$	$1.2 \cdot 10^{-12}$
1.0	$5.0 \cdot 10^{-12}$	∞

* $\max_{x \in [0,1]} |\Delta y(x)| \approx 5 \cdot 10^{-12}$.

3) *Differenzenverfahren*: Das Verfahren von Abschnitt 7.4 liefert für die Schrittweiten $h = 1/(n+1)$ folgende maximale absolute Fehler $\Delta y = \max_{0 \le i \le n+1} |\Delta y(x_i)|$, $x_i = i\,h$ [für h wurden Potenzen von 2 gewählt, damit die Matrix A (7.4.4) in der Maschine exakt berechnet werden kann]:

h	Δy
2^{-4}	$2.0 \cdot 10^{-2}$
2^{-6}	$1.4 \cdot 10^{-3}$
2^{-8}	$9.0 \cdot 10^{-5}$
2^{-10}	$5.6 \cdot 10^{-6}$

Diese Fehler stehen im Einklang mit der Abschätzung von Satz (7.4.10), eine Halbierung von h reduziert den Fehler auf $\frac{1}{4}$ des alten Werts. Um Fehler zu erreichen, die mit denen der Mehrzielmethode vergleichbar sind, $\Delta y \approx 5 \cdot 10^{-12}$, müßte man $h \approx 10^{-6}$ wählen.

4) *Variationsverfahren*: In der Methode von Abschnitt 7.5 wurden als Räume S Räume Sp_Δ von kubischen Splinefunktionen zu äquidistanten Einteilungen

$$\Delta: \quad 0 = x_0 < x_1 < \cdots < x_n = 1, \quad x_i = ih, \quad h = \frac{1}{n},$$

gewählt. Folgende maximale absolute Fehler $\Delta y = \| u_S - y \|_\infty$ [vgl. Satz (7.5.24)] wurden gefunden:

h	Δy
1/10	$6.0 \cdot 10^{-3}$
1/20	$5.4 \cdot 10^{-4}$
1/30	$1.3 \cdot 10^{-4}$
1/40	$4.7 \cdot 10^{-5}$
1/50	$2.2 \cdot 10^{-5}$
1/100	$1.8 \cdot 10^{-6}$

Um Fehler der Größenordnung $\Delta y \approx 5 \cdot 10^{-12}$ wie bei der Mehrzielmethode zu erreichen, müßte $h \approx 10^{-4}$ gewählt werden. Zur Berechnung allein der Bandmatrix A (7.5.26) wären für diese Schrittweite ca. $4 \cdot 10^4$ Integrationen nötig!

Diese Ergebnisse zeigen eindeutig die Überlegenheit der Mehrzielmethode selbst bei einfachen linearen separierten Randwertproblemen. Differenzenverfahren und Variationsmethoden kommen selbst hier nur dann in Frage, wenn die Lösung nicht sehr genau berechnet werden muß. Um die gleiche Genauigkeit zu erreichen, hat man bei Differenzenverfahren Gleichungssysteme größerer Dimension zu lösen als bei Variationsmethoden. Dieser Vorteil der Variationsmethoden fällt jedoch erst bei kleineren Schrittweiten h ins Gewicht und wird in seiner Bedeutung erheblich dadurch eingeschränkt, daß die Berechnung der Koeffizienten der Gleichungssysteme viel aufwendiger ist als bei den einfachen Differenzverfahren. Zur Behandlung nichtlinearer Randwertprobleme für gewöhnliche Differentialgleichungen kommt eigentlich nur die Mehrzielmethode in einer ihrer Varianten in Frage.

7.7 Variationsverfahren für partielle Differentialgleichungen. Die „Finite-Element"-Methode

Die in Abschnitt 7.5 beschriebenen Methoden können auch zur Lösung von Randwertproblemen für partielle Differentialgleichungen verwandt werden, darin liegt sogar ihre eigentliche Bedeutung. Wir wollen dies hier nur kurz für ein *Dirichletsches Randwertproblem* im $\mathbb{R}^2$ erläutern; eine eingehende Behandlung dieses wichtigen Gebiets findet man in weiterführenden Monographien [Angaben dazu am Ende des Abschnitts]. Gegeben sei ein (offenes beschränktes) Gebiet $\Omega \subset \mathbb{R}^2$ mit dem Rand $\partial\Omega$. Gesucht wird eine Funktion $y: \bar{\Omega} \to \mathbb{R}$, $\bar{\Omega} := \Omega \cup \partial\Omega$ mit

(7.7.1)
$$- \Delta y(x) + c(x)y(x) = f(x) \quad \text{für } x = (x_1, x_2) \in \Omega,$$
$$y(x) = 0 \quad \text{für } x \in \partial\Omega,$$

wobei Δ der Laplace-Operator ist

$$\Delta y(x) := \frac{\partial^2 y(x)}{\partial x_1^2} + \frac{\partial^2 y(x)}{\partial x_2^2}.$$

Dabei seien c, f : $\bar{\Omega} \to \mathbb{R}$ gegebene stetige Funktionen mit $c(x) \geq 0$ für $x \in \bar{\Omega}$. Wir nehmen der Einfachheit halber an, daß (7.7.1) eine Lösung $y \in C^2(\bar{\Omega})$ besitzt, d. h. y besitzt in Ω stetige Ableitungen $D_i^\alpha y := \partial^\alpha y/\partial x_i^\alpha$ bis zur Ordnung 2, $\alpha \leq 2$, die auf $\bar{\Omega}$ stetig fortgesetzt werden können. Als Definitionsgebiet D_L des zu (7.7.1) gehörigen Differentialoperators $L(v) := -\Delta v + c\,v$ nehmen wir $D_L := \{v \in C^2(\bar{\Omega} \mid v(x) = 0 \text{ für } x \in \partial\Omega\}$, so daß (7.7.1) äquivalent zur Lösung von

(7.7.2)
$$L(v) = f, \quad v \in D_L,$$

ist. Wir setzen für das Gebiet Ω voraus, daß in ihm die Integralsätze von Gauß bzw. Green gelten und es jede Gerade $x_i = \text{const}$, $i = 1, 2$, in höchstens endlich vielen Segmenten schneidet. Mit den Abkürzungen

$$(u, v) := \int_\Omega u(x)v(x)dx, \quad \|u\|_2 := (u, u)^{1/2} \quad (dx = dx_1 dx_2)$$

gilt dann [vgl. (7.5.7)]

(7.7.3) **Satz:** *L ist auf D_L ein symmetrischer Operator:*

(7.7.4)
$$(u, L(v)) = (L(u), v) = \int_\Omega [D_1 u(x)\, D_1 v(x) + D_2 u(x)\, D_2 v(x)$$
$$+ c(x)u(x)v(x)]dx$$

für alle $u, v \in D_L$.

Beweis: Eine der Greenschen Formeln lautet

$$-\int_{\Omega} u\,\Delta v\,dx = \int_{\Omega}\Big(\sum_{i=1}^{2} D_i u\, D_i v\Big)dx - \int_{\partial\Omega} u\frac{\partial v}{\partial \nu}\,d\omega.$$

Dabei ist $\partial v/\partial \nu$ die Ableitung in Richtung der äußeren Normalen und $d\omega$ das Linienelement von $\partial\Omega$. Wegen $u \in D_L$ ist $u(x) = 0$ für $x \in \partial\Omega$, also $\int_{\partial\Omega} u\,\partial v/\partial \nu\,d\omega = 0$. Daraus folgt die Behauptung des Satzes. □

Wiederum [vgl. (7.5.9)] definiert die rechte Seite von (7.7.4) eine Bilinearform

$$(7.7.5) \qquad [u, v] := \int_{\Omega}\Big(\sum_{i=1}^{2} D_i u\, D_i v + c\, u\, v\Big)dx,$$

und es gilt ein Analogon zu Satz (7.5.11):

(7.7.6) Satz: *Es gibt Konstanten* $\gamma > 0$, $\Gamma > 0$ *mit*

$$(7.7.7) \qquad \gamma\,\|u\|_{W^{(1)}}^2 \le [u, u] \le \Gamma \sum_{i=1}^{2} \|D_i u\|_2^2 \quad \text{für alle } u \in D_L.$$

Dabei ist

$$\|u\|_{W^{(1)}}^2 := (u, u) + (D_1 u, D_1 u) + (D_2 u, D_2 u)$$

eine sog. *Sobolev-Norm*.

Beweis: Das Gebiet Ω ist beschränkt. Es gibt also ein Quadrat Ω_1 der Seitenlänge a, das Ω im Inneren enthält. O.B.d.A. sei der Nullpunkt Eckpunkt von Ω_1 (s. Figur 18).

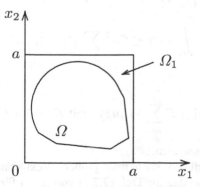

Fig. 18. Die Gebiete Ω und Ω_1

Jedes $u \in D_L$ kann stetig auf Ω_1 fortgesetzt werden durch $u(x) := 0$ für $x \in \Omega_1 \setminus \Omega$, so daß nach den Annahmen über Ω, $D_1(t_1, \cdot)$ noch stückweise stetig ist. Wegen $u(0, x_2) = 0$ folgt

$$u(x_1, x_2) = \int_0^{x_1} D_1 u(t_1, x_2) dt_1 \quad \text{für alle} \quad x \in \Omega_1.$$

Die Schwarzsche Ungleichung ergibt daher

$$[u(x_1, x_2)]^2 \le x_1 \int_0^{x_1} [D_1 u(t_1, x_2)]^2 dt_1$$

$$\le a \int_0^a [D_1 u(t_1, x_2)]^2 dt_1 \quad \text{für } x \in \Omega_1.$$

Durch Integration dieser Ungleichung über Ω_1 erhält man

(7.7.8)
$$\int_{\Omega_1} [u(x_1, x_2)]^2 dx_1 dx_2 \le a^2 \int_{\Omega_1} [D_1 u(t_1, t_2)]^2 dt_1 dt_2$$

$$\le a^2 \int_{\Omega_1} [(D_1 u)^2 + (D_2 u)^2] dx.$$

Wegen $u(x) = 0$ für $x \in \Omega_1 \setminus \Omega$ kann man die Integration auf Ω beschränken, und wegen $c(x) \ge 0$ für $x \in \bar{\Omega}$ folgt sofort

$$a^2 [u, u] \ge a^2 \sum_{i=1}^{2} \|D_i u\|_2^2 \ge \|u\|_2^2$$

und daraus schließlich

$$\gamma \|u\|_{W^{(1)}}^2 \le [u, u] \quad \text{mit} \quad \gamma := \frac{1}{a^2 + 1}.$$

Wiederum folgt aus (7.7.8)

$$\int_{\Omega} c u^2 dx \le C \int_{\Omega} u^2 dx \le C a^2 \sum_{i=1}^{2} \|D_i u\|_2^2, \quad C := \max_{x \in \Omega} |c(x)|,$$

und deshalb

$$[u, u] \le \Gamma \sum_{i=1}^{2} \|D_i u\|_2^2 \quad \text{mit} \quad \Gamma := 1 + C a^2.$$

Damit ist der Satz bewiesen.   □

Wie in Abschnitt 7.5 kann man größere Vektorräume $D \supset D_L$ von Funktionen finden, so daß die Def. (7.7.5) von $[u, v]$ für u, $v \in D$ sinnvoll, die Aussage (7.7.7) des letzten Satzes für $u \in D$ richtig bleibt und

$$(7.7.9) \qquad [u, v] = (u, L(y)) \quad \text{für } y \in D_L \text{ und } u \in D$$

gilt. Uns interessiert hier nicht, wie ein möglichst großer Raum D mit Eigenschaften aussieht[1]: wir interessieren uns nur für spezielle endlichdimensionale Funktionsräume S, für die man im einzelnen leicht (7.7.7) und (7.7.9) für alle u aus der linearen Hülle D^S von S und D_L nachweisen kann, wenn man $[u, v]$ für $u, v \in D^S$ durch (7.7.5) definiert.

Beispiel: Die Menge $\bar{\Omega}$ sei mit einer Triangulation $\mathcal{T} = \{T_1, \ldots, T_k\}$ versehen, d. h. $\bar{\Omega}$ ist Vereinigung von endlich vielen Dreiecken $T_i \in \mathcal{T}$, $\bar{\Omega} = \bigcup_{i=1}^{k} T_i$, derart, daß je zwei Dreiecke aus $\mathcal{T}$ entweder disjunkt sind, genau eine Ecke oder genau eine Kante gemeinsam haben (s. Fig. 19).

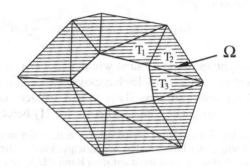

Fig. 19. Triangulierung von Ω

Mit $S_i (i \geq 1)$ bezeichnen wir die Menge aller Funktionen $u : \bar{\Omega} \to \mathbb{R}$ mit den folgenden Eigenschaften:

1) u ist stetig auf $\bar{\Omega}$.
2) $u(x) = 0$ für $x \in \partial\Omega$.
3) Auf jedem Dreieck T der Triangulation $\mathcal{T}$ von Ω stimmt u mit einem Polynom i-ten Grades überein,

$$u(x_1, x_2) = \sum_{j+k \leq i} a_{jk} x_1^j x_2^k.$$

Die Funktionen $u \in S_i$ heißen *finite Elemente*. Offensichtlich ist jedes S_i ein reeller Vektorraum. Es muß zwar $u \in S_i$ in Ω nicht überall stetig partiell differenzierbar sein, wohl aber im Innern jedes Dreiecks $T \in \mathcal{T}$. Def. (7.7.5) ist für alle u, $v \in D^{S_i}$ sinnvoll, ebenso sieht man sofort, daß (7.7.7) für alle $u \in D^{S_i}$ richtig ist.

---

[1] Man erhält D durch „Vervollständigung" des mit der Norm $\| \cdot \|_{W^{(1)}}$ versehenen Vektorraums $C_0^1(\Omega)$ aller auf Ω einmal stetig differenzierbaren Funktionen φ, deren Träger $\text{supp}(\varphi) := \overline{\{x \in \Omega \mid \varphi(x) \neq 0\}}$, kompakt ist und in Ω liegt.

Diese Funktionsräume $S = S_i$, $i = 1, 2, 3$, insbesondere S_2 und S_3, werden bei der „finite-element"-Methode im Rahmen des Rayleigh-Ritz-Verfahrens benutzt.

Genau wie in Abschnitt 7.5 [(7.5.14), (7.5.15), (7.5.22)] zeigt man

(7.7.10) **Satz:** *Sei y die Lösung von* (7.7.2) *und S ein endlichdimensionaler Raum von Funktionen, für den* (7.7.7), (7.7.9) *für alle* $u \in D^S$ *erfüllt ist. Sei ferner* $F(u)$ *für* $u \in D^S$ *definiert durch*

$$(7.7.11) \qquad F(u) := [u, u] - 2(u, f).$$

Dann gilt:
1) $F(u) > f(y)$ *für alle* $u \neq y$.
2) *Es gibt ein* $u_S \in S$ *mit* $F(u_S) = \min_{u \in S} F(u)$.
3) *Für dieses* u_S *gilt*

$$[u_S - y, u_S - y] = \min_{u \in S}[u - y, u - y].$$

Die Näherungslösung u_S kann wie in (7.5.17)–(7.5.21) beschrieben und durch Lösen eines linearen Gleichungssystems der Form (7.5.21) bestimmt werden. Man muß dazu eine Basis von S wählen und die Koeffizienten (7.5.19) des linearen Gleichungssystems (7.5.21) berechnen.

Eine praktisch brauchbare Basis von S_2 z. B. erhält man auf folgende Weise: Sei $\mathscr{P}$ die Menge aller Ecken und Seitenmittelpunkte der Dreiecke T_i, $i = 1, 2, \ldots$, k, der Triangulierung $\mathscr{T}$, die *nicht* auf dem Rand $\partial\Omega$ liegen. Man kann zeigen, daß es zu jedem $P \in \mathscr{P}$ genau eine Funktion $u_P \in S_2$ mit

$$u_P(P) = 1, \quad u_P(Q) = 0 \quad \text{für } Q \neq P, \, Q \in \mathscr{P}.$$

gibt. Überdies haben diese Funktionen die schöne Eigenschaft, daß

$$u_P(x) = 0, \quad \text{für alle } x \in T \text{ mit } P \notin T;$$

daraus folgt, daß in der Matrix A von (7.5.21) alle $[u_P, u_Q] = 0$ sind, für die es kein Dreieck $T \in \mathscr{T}$ gibt, dem P und Q gemeinsam angehören: Die Matrix A ist nur schwach besetzt. Basen mit ähnlichen Eigenschaften kann man für die Räume S_1 und S_2 angeben [siehe Zlamal (1968)].

Auch die Fehlerabschätzung von Satz (7.5.23) kann man übertragen.

(7.7.12) **Satz:** *Es sei y die exakte Lösung von* (7.7.1), (7.7.2) *und S ein endlichdimensionaler Raum von Funktionen, für die* (7.7.7), (7.7.9) *für alle* $u \in D^S$ *gilt. Für die Näherungslösung* u_S *mit* $F(u_S) = \min_{u \in S} F(u)$ *gilt dann die Abschätzung*

$$\|u_S - y\|_{W^{(1)}} \leq \inf_{u \in S}\left(\frac{\Gamma}{\gamma} \sum_{j=1}^{2} \|D_j u - D_j y\|_2^2\right)^{1/2}.$$

Wir wollen nun obere Schranken für

$$\inf_{u \in S} \sum_{j=1}^{2} \| D_j u - D_j y \|_2^2$$

für die Räume $S = S_i$, $i = 1, 2, 3$, angeben, die im obigen Beispiel für triangulierte Gebiete Ω definiert wurden. Es gilt der folgende Satz:

(7.7.13) **Satz:** *Sei Ω ein trianguliertes Gebiet mit Triangulation $\mathcal{T}$. Es sei h die größte Seitenlänge, θ der kleinste Winkel aller in $\mathcal{T}$ vorkommenden Dreiecke. Dann gilt:*

1. *Falls $y \in C^2(\bar{\Omega})$ und*

$$\left| \frac{\partial^2 y(x_1, x_2)}{\partial x_i \partial x_j} \right| \le M_2 \quad \text{für alle} \quad 1 \le i, j \le 2, \quad x \in \Omega,$$

   dann gibt es eine Funktion $\tilde{u} \in S_1$ mit
   a) *$|\tilde{u}(x) - y(x)| \le M_2 h^2$ für alle $x \in \bar{\Omega}$,*
   b) *$|D_j \tilde{u}(x) - D_j y(x)| \le 6 M_2 h / \sin \theta$ für $j = 1, 2$ und für alle $x \in T^o$, $T \in \mathcal{T}$.*
2. *Falls $y \in C^3(\bar{\Omega})$ und*

$$\left| \frac{\partial^3 y(x_1, x_2)}{\partial x_i \partial x_j \partial x_k} \right| \le M_3 \quad \text{für alle} \quad 1 \le i, j, k \le 2, \quad x \in \Omega,$$

   dann gibt es ein $\tilde{u} \in S_2$ mit
   a) *$|\tilde{u}(x) - y(x)| \le M_3 h^3$ für $x \in \bar{\Omega}$,*
   b) *$|D_j \tilde{u}(x) - D_j y(x)| \le 2 M_3 h^2 / \sin \theta$ für $j = 1, 2$, $x \in T^o$, $T \in \mathcal{T}$.*
3. *Falls $y \in C^4(\bar{\Omega})$ und*

$$\left| \frac{\partial^4 y(x_1, x_2)}{\partial x_i \partial x_j \partial x_k \partial x_l} \right| \le M_4 \quad \text{für} \quad 1 \le i, j, k, l \le 4, \quad x \in \Omega,$$

   dann gibt es ein $\tilde{u} \in S_3$ mit
   a) *$|\tilde{u}(x) - y(x)| \le 3 M_4 h^4 / \sin \theta$ für $x \in \bar{\Omega}$,*
   b) *$|D_j \tilde{u}(x) - D_j y(x)| \le 5 M_4 h^3 / \sin \theta$ für $j = 1, 2$, $x \in T^o$, $T \in \mathcal{T}$.*

[Hier bedeutet T^o das Innere des Dreiecks T. Die Einschränkung $x \in T^o$ für die Abschätzungen b) ist nötig, da die ersten Ableitungen $D_j \tilde{u}$ an den Rändern der Dreiecke T Sprungstellen haben können.]

Da für $u \in S_i$, $i = 1, 2, 3$, die Funktion $D_j u$ nur stückweise stetig ist, folgt wegen

$$\|D_j u - D_j y\|_2^2 = \sum_{T \in \mathscr{T}} \int_T [D_j u(x) - D_j y(x)]^2 dx$$

$$\leq C \max_{\substack{x \in T^0 \\ T \in \mathscr{T}}} |D_j u(x) - D_j y(x)|^2, \quad C := \int_\Omega 1 dx,$$

aus jeder der unter b) angegebenen Abschätzungen über Satz (7.7.12) sofort eine obere Schranke für die Sobolev-Norm $\|u_S - y\|_{W^{(1)}}$ des Fehlers $u_S - y$ für die speziellen Funktionenräume $S = S_i$, $i = 1, 2, 3$, sofern nur die exakte Lösung y die Differenzierbarkeitsvoraussetzungen von (7.7.13) erfüllt:

$$\|u_{S_i} - y\|_{W^{(1)}} \leq C_i M_{i+1} \frac{h^i}{\sin \theta}.$$

Die Konstanten C_i sind von der Triangulation $\mathscr{T}$ von Ω und von y unabhängig und können explizit angegeben werden, die Konstanten M_i, h, θ haben dieselbe Bedeutung wie in (7.7.13). Diese Abschätzungen besagen, daß z. B. für $S = S_3$ die Fehler (bzgl. der Sobolev-Norm) mit der dritten Potenz der Feinheit h der Triangulation gegen 0 gehen.

Satz (7.7.13) soll hier nicht bewiesen werden. Beweise findet man z. B. bei Zlamal (1968), Ciarlet und Wagschal (1971).

Hier soll nur soviel angedeutet werden, daß die speziellen Funktionen $\tilde{u} \in S_i$, $i = 1, 2, 3$, des Satzes durch Interpolation von y gewonnen werden: Z. B. erhält man für $S = S_2$ die Funktionen $\tilde{u} \in S_2$ durch Interpolation von y an den Punkten $P \in \mathscr{P}$ der Triangulierung (s. oben):

$$\tilde{u}(x) = \sum_{P \in \mathscr{P}} y(P) u_P(x).$$

Ein wichtiger Vorteil der finite-element-Methode liegt darin, daß man Randwertprobleme auch für verhältnismäßig komplizierte Gebiete Ω behandeln kann, Ω muß nur triangulierbar sein. Schließlich sei wiederholt, daß man mit diesen Methoden nicht nur Probleme mit $\mathbb{R}^2$ der speziellen Form (7.7.1) behandeln kann, sondern auch Randwertprobleme in höherdimensionalen Räumen und für allgemeinere Differentialoperatoren als den Laplaceoperator. Eine eingehende Beschreibung der finite-element-Methoden findet man bei Strang und Fix (1963), Oden und Reddy (1976), Schwarz (1988), Ciarlet und Lions (1991). Quarteroni und Valli (1994) behandeln allgemein die Numerik partieller Differentialgleichungen.

Übungsaufgaben zu Kapitel 7

1. Es sei A eine reelle diagonalisierbare $n \times n$-Matrix mit den reellen Eigenwerten $\lambda_1, \ldots, \lambda_n$ und den Eigenvektoren $c_1, \ldots, c_n$. Wie läßt sich die Lösungsmenge des Systems

$$y' = Ay$$

   mit Hilfe der λ_k und c_k explizit darstellen ?
   Wie erhält man die spezielle Lösung $y(x)$ mit $y(0) = y_0$, $y_0 \in \mathbb{R}^n$?

2. Man bestimme die Lösung des Anfangswertproblems

$$y' = Jy, \quad y(0) = y_0$$

   mit $y_0 \in \mathbb{R}^n$ und der $n \times n$-Matrix

$$\begin{bmatrix} \lambda & 1 & & 0 \\ & \ddots & \ddots & \\ & & \ddots & 1 \\ 0 & & & \lambda \end{bmatrix}, \quad \lambda \in \mathbb{R}.$$

   Hinweis: Man setze die k-te Komponente des Lösungsvektor $y(x)$ in der Form $y(x) = p_k(x)e^{\lambda x}$ an, p_k Polynom vom Grad $\leq n - k$.

3. Gegeben sei das Anfangswertproblem

$$y' = x - x^3, \quad y(0) = 0.$$

   Zur Schrittweite h sollen mit dem Eulerverfahren Näherungswerte $\eta(x_j; h)$ für $y(x_j)$, $x_j = jh$, berechnet werden. Man gebe $\eta(x_j; h)$ und $e(x_j; h) = \eta(x_j; h) - y(x_j)$ explizit an und zeige, daß $e(x; h)$ bei festem x für $h = x/n \to 0$ gegen Null konvergiert.

4. Das Anfangswertproblem

$$y' = \sqrt{y}, \quad y(0) = 0$$

   besitzt die nichttriviale Lösung $y(x) = x^2/4$. Das Eulerverfahren liefert jedoch $\eta(x_j; h) = 0$ für alle x und $h = x/n$, $n = 1, 2, \ldots$. Man begründe dieses Verhalten !

5. Es sei $\eta(x; h)$ die Näherungslösung, die das Eulerverfahren für das Anfangswertproblem

$$y' = y, \quad y(0) = 1$$

   liefert.
   a) Es ist $\eta(x; h) = (1 + h)^{x/h}$.
   b) Man zeige, daß $\eta(x; h)$ die für $|h| < 1$ konvergente Entwicklung

$$\eta(x; h) = \sum_{i=0}^{\infty} \tau_i(x)h^i \quad \text{mit} \quad \tau_0(x) = e^x$$

besitzt; dabei sind die $\tau_i(x)$ von h unabhängige analytische Funktionen.

c) Für $i = 1, 2, 3$ gebe man $\tau_i(x)$ an.

d) Die $\tau_i(x)$, $i \geq 1$, sind die Lösungen der Anfangswertprobleme

$$\tau_i'(x) = \tau_i(x) - \sum_{k=1}^{\infty} \frac{\tau_{i-k}^{k+1}(x)}{(k+1)!}, \qquad \tau_i(0) = 0.$$

6. Man zeige, daß das modifizierte Euler-Verfahren die exakte Lösung der Differentialgleichung $y' = -2ax$ liefert.

7. Man zeige, daß das durch

$$\Phi(x, y; h) := \tfrac{1}{6}[k_1 + 4k_2 + k_3],$$

$$k_1 := f(x, y),$$

$$k_2 := f\left(x + \frac{h}{2}, y + \frac{h}{2}k_1\right),$$

$$k_3 := f(x + h, y + h(-k_1 + 2k_2))$$

gegebene Einschrittverfahren („einfache Kutta-Regel") die Ordnung drei besitzt.

8. Betrachte das Einschrittverfahren

$$\Phi(x, y; h) := f(x, y) + \frac{h}{2}g(x + \tfrac{1}{3}h, y + \tfrac{1}{3}hf(x, y))$$

mit

$$g(x, y) := \frac{\partial}{\partial x}f(x, y) + \left(\frac{\partial}{\partial y}f(x, y)\right) \cdot f(x, y).$$

Man zeige, daß es von dritter Ordnung ist.

9. Wie sieht die allgemeine Lösung der Differenzengleichung

$$u_{j+2} = u_{j+1} + u_j, \qquad j \geq 0,$$

aus? (Für $u_0 = 0$, $u_1 = 1$ erhält man die „Fibonacci-Folge".)

10. Bei den Verfahren vom Adams-Moulton-Typ wird, ausgehend von den Näherungswerten $\eta_{p-j} \ldots, \eta_p$ für $y(x_{p-j})$, ..., $y(x_p)$, ein Näherungswert η_{p+1} für $y(x_{p+1})$ nach der Iterationsvorschrift (7.2.6.7) berechnet: Ausgehend von einem beliebigen $\eta_{p+1}^{(0)}$ setzt man für $i = 0, 1, \ldots$

$$\eta_{p+1}^{(i+1)} := \Psi(\eta_{p+1}^{(i)}) := \eta_p + h[\beta_{q0}f(x_{p+1}, \eta_{p+1}^{(i)}) + \beta_{q1}f_p + \cdots + \beta_{qq}f_{p+1-q}].$$

Man zeige: Für $f \in F_1(a, b)$ gibt es ein $h_0 > 0$, so daß für alle $|h| \leq h_0$ die Folge $\{\eta_{p+1}^{(i)}\}$ gegen ein η_{p+1} mit $\eta_{p+1} = \Psi(\eta_{p+1})$ konvergiert.

11. Man benutze die Fehlerabschätzungen für die Interpolation durch Polynome bzw. für die Newton-Cotes-Formeln, um zu zeigen, daß das Adams-Moulton-Verfahren für $q = 2$ die Ordnung drei und das Milne-Verfahren für $q = 2$ die Ordnung vier besitzt.

12. Für $q = 1$ und $q = 2$ bestimme man die Koeffizienten β_{qi} der Nyström-Formeln

$$\eta_{p+1} = \eta_{p-1} + h[\beta_{10}f_p + \beta_{11}f_{p-1}],$$
$$\eta_{p+1} = \eta_{p-1} + h[\beta_{20}f_p + \beta_{21}f_{p-1} + \beta_{22}f_{p-2}].$$

13. Man prüfe, ob das lineare Mehrschrittverfahren

$$\eta_p - \eta_{p-4} = \frac{h}{3}[8f_{p-1} - 4f_{p-2} + 8f_{p-3}]$$

konvergent ist.

14. Es sei $\Psi(1) = 0$ und für die Koeffizienten von

$$\frac{\Psi(\mu)}{\mu - 1} = \gamma_{r-1}\mu^{r-1} + \gamma_{r-2}\mu^{r-2} + \cdots + \gamma_1\mu + \gamma_0$$

gelte $|\gamma_{r-1}| > |\gamma_{r-2}| \geq \cdots \geq |\gamma_0|$. Genügt $\Psi(\mu)$ der Stabilitätsbedingung ?

15. Man bestimme α, β und γ so, daß das lineare Mehrschrittverfahren

$$\eta_{j+4} - \eta_{j+2} + \alpha(\eta_{j+3} - \eta_{j+1}) = h[\beta(f_{j+3} - f_{j+1}) + \gamma f_{j+2}]$$

die Ordnung drei hat. Ist das so gewonnene Verfahren stabil ?

16. Es werde das durch

$$\eta_{j+2} + a_1\eta_{j+1} + a_0\eta_j = h[b_0 f(x_j, \eta_j) + b_1 f(x_{j+1}, \eta_{j+1})]$$

gegebene Prädiktor-Verfahren betrachtet.
   a) Man bestimme a_0, b_0 und b_1 in Abhängigkeit von a_1 so, daß man ein Verfahren mindestens zweiter Ordnung erhält.
   b) Für welche a_1-Werte ist das so gewonnene Verfahren stabil ?
   c) Welche speziellen Verfahren erhält man für $a_1 = 0$ und $a_1 = -1$?
   d) Läßt sich a_1 so wählen, daß man ein stabiles Verfahren dritter Ordnung bekommt ?

17. Es soll das Verfahren

$$\eta_{j+2} + 9\eta_{j+1} - 10\eta_j = \frac{h}{2}[13f_{j+1} + 9f_j]$$

auf das Anfangswertproblem

$$y' = 0, \quad y(0) = c$$

angewandt werden. Startwerte seien $\eta_0 = c$ und $\eta_1 = c + \text{eps}$ (eps: Maschinengenauigkeit). Welche Werte η_j hat man bei beliebiger Schrittweite h zu erwarten ?

18. Zur Lösung des Randwertproblems

$$y'' = 100y, \quad y(0) = 1, \quad y(3) = e^{-30}$$

betrachte man das Anfangswertproblem

$$y'' = 100y, \quad y(0) = 1, \quad y'(0) = s$$

mit der Lösung $y(x; s)$ und bestimme $s = \bar{s}$ iterativ so, daß $y(3; \bar{s}) = e^{-30}$. $\bar{s}$ werde nur bis auf einen relativen Fehler ε genau berechnet, d. h. statt $\bar{s}$ erhält man $\bar{s}(1 + \varepsilon)$. Wie groß ist $y(3; \bar{s}(1 + \varepsilon))$?
Ist in diesem Fall das einfache Schießverfahren (wie oben beschrieben) eine geeignete Methode zur Lösung des Randwertproblems ?

19. Betrachtet werde das Anfangswertproblem

$$y' = \kappa(y + y^3), \quad y(0) = s.$$

a) Man bestimme die Lösung $y(x; s)$ dieses Problemes.
b) In welcher x-Umgebung $U_s(0)$ von 0 ist $y(x; s)$ erklärt?
c) Zu gegebenem $b \neq 0$ gebe man ein $k > 0$ an, so daß $y(b; s)$ für alle $|s| < k$ existiert.

20. Man zeige, daß die Vor. c) von Satz (7.3.3.4) im Fall $n = 2$ für die Randbedingungen

$$y_1(a) = c_1, \quad y_1(b) = c_2$$

nicht erfüllt ist.

21. Unter den Voraussetzungen von Satz (7.3.3.4) beweise man: $E := A + BG_{m-1} \cdots G_1$ in (7.3.5.10) ist nichtsingulär.
Hinweis: $E = P_0(I + H), H = M + P_0^{-1} D_v r \cdot (Z - I)$.

22. Man zeige durch eine Fehleranalyse (Rückwärtsanalyse), daß der mit Rundungsfehlern behaftete Lösungsvektor von (7.3.5.10), (7.3.5.9) gedeutet werden kann als *exaktes* Ergebnis von (7.3.5.8) mit *leicht* abgeänderten rechten Seiten $\tilde{F}_j$ und abgeänderter letzter Gleichung

$$(A + E_1)\Delta s_1 + E_2 \Delta s_2 + \cdots + E_{m-1} \Delta s_{m-1} + (B + E_m)\Delta s_m = -\tilde{F}_m,$$

$\text{lub}(E_j)$ klein.

23. Sei $DF(s)$ die Matrix von (7.3.5.5). Man beweise

$$\det(DF(s)) = \det(A + BG_{m-1} \cdots G_1).$$

Für die inverse $(DF(s))^{-1}$ gebe man eine Zerlegung in Blockmatrizen R, S, T explizit an:

$$(DF(s))^{-1} = RST.$$

S : Diagonal-Blockmatrix, R : normierte untere Dreiecksmatrix, S, T so gewählt, daß $ST \cdot DF(s)$ normierte untere Dreiecksmatrix ist.

24. Sei $\Delta \in \mathbb{R}^n$ beliebig. Man beweise:
Für $\Delta s_1 := \Delta$ und Δs_j, $j = 2, \ldots, m$, aus (7.3.5.9) gilt für

$$\Delta s = \begin{bmatrix} \Delta s_1 \\ \vdots \\ \Delta s_m \end{bmatrix}$$

$$(DF(s) \cdot F)^T \Delta s = -F^T F + F_m^T ((A + BG_{m-1} \cdots G_1)\Delta - w).$$

Ist Δ also Lösung von (7.3.5.10), so ist stets

$$(DF(s) \cdot F)^T \Delta s < 0.$$

25. Gegeben sei die Randwertaufgabe

$$y' = f(x, y)$$

mit den *separierten* Randbedingungen

$$\begin{bmatrix} y_1(a) - \alpha_1 \\ \vdots \\ y_k(a) - \alpha_k \\ y_{k+1}(b) - \beta_{k+1} \\ \vdots \\ y_n(b) - \beta_n \end{bmatrix} = 0.$$

Es sind also k Anfangswerte und $n - k$ Endwerte bekannt. Die Information kann benutzt werden, um die Dimension des Gleichungssystems (7.3.5.8) zu reduzieren (k Komponenten von Δs_1 und $n - k$ Komponenten von Δs_m sind null).

Für $m = 3$ stelle man das Gleichungssystem für die Korrekturen Δs_i auf. Dabei soll (unter Benutzung der Information) von $x_1 = a$ nach x_2 und ebenso von $x_3 = b$ nach x_2 integriert werden („Gegenschießen", s. Fig. 20).

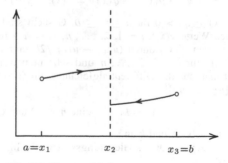

Fig. 20. Gegenschießen

26. Die Konzentration einer Substanz in einer kugelförmigen Zelle vom Radius 1 wird beim stationären Ablauf einer enzym-katalytischen Reaktion durch die Lösung $y(x; \alpha)$ des folgenden Randwertproblems beschrieben [vgl. Keller (1968)]:

$$y'' = -\frac{2y''}{x} + \frac{y}{\alpha(y + k)}$$

$$y'(0) = 0, \quad y(1) = 1,$$

α, k : Parameter, $k = 0.1$, $10^{-3} \le \alpha \le 10^{-1}$.

Obwohl f für $x = 0$ singulär ist, existiert eine Lösung $y(x)$, die für kleines $|x|$ analytisch ist. Trotzdem versagt jedes numerische Integrationsverfahren in der Nähe von $x = 0$. Man helfe sich wie folgt:

Unter Benutzung der Symmetrien von $y(x)$ entwickle man $y(x)$ wie in Beispiel 2, Abschnitt 7.3.6 um 0 in eine Potenzreihe bis x^6 einschließlich; dabei sind alle Koeffizienten durch $\lambda := y(0)$ auszudrücken. Mit Hilfe von $p(x; \lambda) = y(0) + y'(0)x + \cdots + y^{(6)}(0)x^6/6!$ erhält man ein modifiziertes Problem

$$(*) \qquad y'' = F(x, y, y') = \begin{cases} \dfrac{d^2 p(x; \lambda)}{dx^2} & \text{für } 0 \le x \le 10^{-2}, \\[2mm] f(x, y, y') & \text{für } 10^{-2} < x \le 1, \end{cases}$$

$$y(0) = \lambda, \quad y'(0) = 0, \quad y(1) = 1,$$

das jetzt numerisch besser lösbar ist.

Man fasse $(*)$ als Eigenwertproblem für den Eigenwert λ auf und formuliere $(*)$ wie in Abschnitt 7.3.0 als ein Randwertproblem (ohne Eigenwert). Zur Kontrolle seien die Ableitungen angegeben:

$$y(0) = \lambda, \quad y^{(2)}(0) = \frac{\lambda}{3\alpha(\lambda + k)}, \quad y^{(4)}(0) = \frac{k\lambda}{5\alpha^2(\lambda + k)^3},$$

$$y^{(6)}(0) = \frac{(3k - 10\lambda)k\lambda}{21\alpha^3(\lambda + k)^5}, \quad y^{(i)}(0) = 0 \quad \text{für} \quad i = 1, 3, 5.$$

27. Gegeben sei das Randwertproblem

$$y'' - p(x)y' - q(x)y = r(x), \quad y(a) = \alpha, \quad y(b) = \beta$$

mit $q(x) \ge q_0 > 0$ für $a \le x \le b$. Gesucht sind Näherungswerte u_i für die exakten Werte $y(x_i)$, $i = 1, 2, \ldots, n$, $x_i = a + ih$ und $h = (b - a)/(n + 1)$. Ersetzt man $y'(x_i)$ durch $(u_{i+1} - u_{i-1})/2h$ und $y''(x_i)$ durch $(u_{i-1} - 2u_i + u_{i+1})/h^2$ für $i = 1, 2, \ldots, n$ und setzt man weiter $u_0 = \alpha$, $u_{n+1} = \beta$, so erhält man aus der Differentialgleichung ein Gleichungssystem für den Vektor $u = [u_1, \ldots, u_n]^T$

$$Au = k, \quad A \text{ eine } n \times n\text{-Matrix}, \ k \in \mathbb{R}^n.$$

a) Man gebe A und k an.

b) Man zeige, daß das Gleichungssystem für hinreichend kleines h eindeutig lösbar ist.

28. Man betrachte für $g \in C[0, 1]$ das Randwertproblem

$$y'' = g(x), \quad y(0) = y(1) = 0.$$

a) Man zeige:

$$y(x) = \int_0^1 G(x, \xi)g(\xi)d\xi$$

mit

$$G(x, \xi) := \begin{cases} \xi(x - 1) & \text{für } 0 \le \xi \le x \le 1, \\ x(\xi - 1) & \text{für } 0 \le x \le \xi \le 1. \end{cases}$$

b) Ersetzt man $g(x)$ durch $g(x) + \Delta g(x)$ mit $|\Delta g(x)| \leq \varepsilon$ für alle x, so geht die Lösung $y(x)$ über in $y(x) + \Delta y(x)$. Man beweise

$$|\Delta y(x)| \leq \frac{\varepsilon}{2} x(1 - x) \quad \text{für} \quad 0 \leq x \leq 1.$$

c) Das in 7.4 beschriebene Differnzenverfahren liefert als Lösungsvektor $u = [u_1, \ldots, u_n]^T$ des Gleichungssystems [s. (7.4.4)]

$$Au = k$$

Näherungswerte u_i für $y(x_i)$, $x_i = i/(n+1)$ und $i = 1, 2, \ldots, n$. Ersetzt man k durch $k + \Delta k$ mit $|\Delta k_i| \leq \varepsilon$, $i = 1, 2, \ldots, n$, so geht u über in $u + \Delta u$.
Man zeige

$$|\Delta u_i| \leq \frac{\varepsilon}{2} x_i(1 - x_i), \quad i = 1, 2, \ldots, n.$$

29. Sei

$$D := \{u \mid u(0) = 0, \ u \in C^2[0, 1]\}$$

und

$$F(u) := \int_0^1 \{\tfrac{1}{2}(u'(x))^2 + f(x, u(x))\}dx + p(u(1))$$

mit $u \in D$, $f_{uu}(x, u) \geq 0$, $p''(u) \geq 0$.
Man beweise: Ist $y(x)$ Lösung von

$$y'' - f_u(x, y) = 0, \quad y(0) = 0, \quad y'(1) + p'(y(1)) = 0,$$

so folgt

$$F(y) < F(u), \quad u \in D, \ u \neq y,$$

und umgekehrt.

30. a) T sei ein Dreieck im $\mathbb{R}^2$ mit den Eckpunkten P_1, P_3 und P_5; es seien weiter $P_2 \in \overline{P_1 P_3}$, $P_4 \in \overline{P_3 P_5}$, $P_6 \in \overline{P_5 P_1}$ von P_1, P_3, P_5 verschieden. Dann gibt es zu beliebigen reellen Zahlen $y_1, \ldots, y_6$ genau ein Polynom höchstens 2-ten Grades

$$u(x_1, x_2) = \sum_{0 \leq j+k \leq 2} a_{jk} x_1^j x_2^k,$$

das in den Punkten P_i die Werte y_i annimmt, $i = 1, \ldots, 6$.
Hinweis: Es genügt offenbar, dies für ein einziges Dreieck zu zeigen, dessen Koordination man geeignet wählt.

b) Gilt eine zu a) analoge Aussage bei beliebiger Lage P_i?

c) T_1, T_2 seien 2 Dreiecke einer Triangulierung mit einer gemeinsamen Seite g und u_i Polynome höchstens 2-ten Grades auf T_i, $i = 1, 2$.
Man zeige: Stimmen u_1 und u_2 in drei verschiedenen auf g liegenden Punkten überein, so ist u_2 eine stetige Fortsetzung von u_1 auf T_2 (d. h. u_1 und u_2 stimmen auf ganz g überein).

Literatur zu Kapitel 7

Babuška, I., Prager, M., Vitásek, E. (1966): *Numerical Processes in Differential Equations.* New York: Interscience.

Bader, G., Deuflhard, P. (1983): A semi-implicit midpoint rule for stiff systems of ordinary systems of differential equations. *Numer. Math.* **41**, 373–398.

Bank, R. E., Bulirsch, R., Merten, K. (1990): Mathematical modelling and simulation of electrical circuits and semiconductor devices. *ISNM.* 93, Basel: Birkhäuser.

Bock, H.G., Schlöder, J.P., Schulz, V.H. (1995): Numerik großer Differentiell-Algebraischer Gleichungen: Simulation und Optimierung, p. 35-80 in: Schuler,H. (ed.) *Prozeßsimulation,* Weinheim: VCH.

Boyd, J. P. (1989): *Chebyshev and Fourier Spectral Methods.* Berlin-Heidelberg-New York: Springer.

Broyden, C.G. (1967): Quasi-Newton methods and their application to function minimization. *Math. Comp.* **21**, 368–381.

Buchauer, O., Hiltmann, P., Kiehl, M. (1994): Sensitivity analysis of initial-value problems with application to shooting techniques. *Numerische Mathematik* **67**, 151–159.

Bulirsch, R. (1971): Die Mehrzielmethode zur numerischen Lösung von nichtlinearen Randwertproblemen und Aufgaben der optimalen Steuerung. Report der Carl-Cranz-Gesellschaft.

————, Stoer, J. (1966): Numerical treatment of ordinary differential equations by extrapolation methods. *Numer. Math.* **8**, 1–13.

Butcher, J. C. (1964): On Runge-Kutta processes of high order. *J. Austral. Math. Soc.* **4**, 179–194.

Byrne, D. G., Hindmarsh, A. C. (1987): Stiff o.d.e.-solvers: A review of current and coming attractions. *J. Comp. Phys.* **70**, 1–62.

Canuto, C., Hussaini, M. Y., Quarteroni, A., Zang, T. A. (1987): *Spectral Methods in Fluid Dynamics.* Berlin-Heidelberg-New York: Springer.

Caracotsios, M., Stewart, W.E. (1985): Sensitivity analysis of initial value problems with mixed ODEs and algebraic equations. *Computers and Chemical Engineering* **9**, 359–365.

Ciarlet, P. G., Lions, J. L., Eds. (1991): *Handbook of Numerical Analysis. Vol. II. Finite Element Methods (Part 1).* Amsterdam: North Holland.

————, Schultz, M. H., Varga, R. S. (1967): Numerical methods of high order accuracy for nonlinear boundary value problems. *Numer. Math.* **9**, 394–430.

————, Wagschal, C. (1971): Multipoint Taylor formulas and applications to the finite element method. *Numer. Math.* **17**, 84–100.

Clark, N. W. (1968): A study of some numerical methods for the integration of systems of first order ordinary differential equations. Report ANL-7428. Argonne National Laboratories.

Coddington, E. A., Levinson, N. (1955): *Theory of Ordinary Differential Equations.* New York: McGraw-Hill.

Collatz, L. (1960): *The Numerical Treatment of Differential Equations.* Berlin-Göttingen-Heidelberg: Springer.

———— (1968): Funktionalanalysis und Numerische Mathematik. Berlin-Heidelberg-New York: Springer.

Crane, P.J., Fox, P.A. (1969): A comparative study of computer programs for integrating differential equations. Num. Math. Computer Program library one – Basic routines for general use. Vol. 2, issue 2. New Jersey: Bell Telephone Laboratories Inc.

Dahlquist, G. (1956): Convergence and stability in the numerical integration of ordinary differential equations. Math. Scand. 4, 33–53.

––––––– (1959): Stability and error bounds in the numerical integration of ordinary differential equations. Trans. Roy. Inst. Tech. (Stockholm), No. 130.

––––––– (1963): A special stability problem for linear multistep methods. BIT 3, 27–43.

Deuflhard, P. (1979): A stepsize control for continuation methods and its special application to multiple shooting techniques. Numer. Math. 33, 115–146.

–––––––, Hairer, E., Zugck, J. (1987): One-step and extrapolation methods for differential-algebraic systems. Numer. Math. 51, 501–516.

Diekhoff, H.-J., Lory, P., Oberle, H. J., Pesch, H.-J., Rentrop, P., Seydel, R. (1977): Comparing routines for the numerical solution of initial value problems of ordinary differential equations in multiple shooting. Numer. Math. 27, 449–469.

Dormand, J. R., Prince, P. J. (1980): A family of embedded Runge-Kutta formulae. J. Comp. Appl. Math. 6, 19–26.

Eich, E. (1992): Projizierende Mehrschrittverfahren zur numerischen Lösung von Bewegungsgleichungen technischer Mehrkörpersysteme mit Zwangsbedingungen und Unstetigkeiten. Fortschritt-Berichte VDI, Reihe 18, Nr. 109, VDI-Verlag, Düsseldorf.

Engl, G., Kröner, A., Kronseder, T., von Stryk, O. (1999): Numerical Simulation and Optimal Control of Air Separation Plants, pp. 221–231 in: Bungartz, H.-J., Durst, F., Zenger, Chr.(eds.): High Performance Scientific and Engineering Computing, Lecture Notes in Computational Science and Engineering Vol. 8, New York: Springer.

Enright, W. H., Hull, T. E., Lindberg, B. (1975): Comparing numerical methods for stiff systems of ordinary differential equations.BIT 15, 10–48.

Fehlberg, E. (1964): New high-order Runge-Kutta formulas with stepsize control for systems of first- and second-order differential equations. Z. Angew. Math. Mech. 44, T17–T29.

––––––– (1966): New high-order Runge–Kutta formulas with an arbitrary small truncation error. Z. Angew. Math. Mech. 46, 1–16.

––––––– (1969): Klassische Runge–Kutta Formeln fünfter und siebenter Ordnung mit Schrittweiten-Kontrolle. Computing 4, 93–106.

––––––– (1970): Klassische Runge-Kutta Formeln vierter und niedrigerer Ordnung mit Schrittweiten-Kontrolle und ihre Anwendung auf Wärmeleitungsprobleme. Computing 6, 61–71.

Galán, S., Feehery, W.F., Barton, P.I. (1998): Parametric sensitivity functions for hybrid discrete/continuous systems. Preprint submitted to Applied Numerical Mathematics.

Gantmacher, F. R. (1969): Matrizenrechnung II. Berlin: VEB Deutscher Verlag der Wissenschaften.

Gear, C. W. (1971): Numerical initial value problems in ordinary differential equations. Englewood Cliffs, N.J.: Prentice-Hall.

––––––– (1988): Differential algebraic equation index transformations. SIAM J. Sci. Statist. Comput. 9, 39–47.

————, Petzold, L. R. (1984): ODE methods for the solution of differential/algebraic systems. *SIAM J. Numer. Anal.* **21**, 716–728.

Gill, P.E., Murray, W., Wright, H.M. (1995): *Practical Optimization*, 10th printing. London: Academic Press.

Gottlieb, D., Orszag, S. A. (1977): *Numerical Analysis of Spectral Methods: Theory and Applications.* Philadelphia: SIAM.

Gragg, W. (1963): Repeated extrapolation to the limit in the numerical solution of ordinary differential equations. Thesis, UCLA.

———— (1965): On extrapolation algorithms for ordinary initial value problems. *J. SIAM Numer. Anal. Ser. B* **2**, 384–403.

Griepentrog, E., März, R. (1986): *Differential-Algebraic Equations and Their Numerical Treatment.* Leipzig: Teubner.

Grigorieff, R.D. (1972, 1977): *Numerik gewöhnlicher Differentialgleichungen 1, 2.* Stuttgart: Teubner.

Hairer, E., Lubich, Ch. (1984): Asymptotic expansions of the global error of fixed stepsize methods. *Numer. Math.* **45**, 345–360.

————, ————, Roche, M. (1989): The numerical solution of differential-algebraic systems by Runge-Kutta methods. In: *Lecture Notes in Mathematics* 1409. Berlin-Heidelberg-New York: Springer.

————, Nørsett, S. P., Wanner, G. (1993): *Solving Ordinary Differential Equations I. Nonstiff Problems.* 2nd ed., Berlin-Heidelberg-New York: Springer.

————, Wanner, G. (1991): *Solving Ordinary Differential Equations II. Stiff and Differential-Algebraic Problems.* Berlin-Heidelberg-New York: Springer.

Heim, A., von Stryk, O. (1996): Documentation of PAREST – A multiple shooting code for optimization problems in differential-algebraic equations. Technical Report M9616, Fakultät für Mathematik, Technische Universität München.

Henrici, P. (1962): *Discrete Variable Methods in Ordinary Differential Equations.* New York: John Wiley.

Hestenes, M. R. (1966): *Calculus of Variations and Optimal Control Theory.* New York: John Wiley.

Heun, K. (1900): Neue Methode zur approximativen Integration der Differentialgleichungen einer unabhängigen Variablen. *Z. Math. Phys.* **45**, 23–38.

Horneber, E. H. (1985): Simulation elektrischer Schaltungen auf dem Rechner. Fachberichte Simulation, Bd. 5. Berlin-Heidelberg-New York: Springer.

Hull, T. E., Enright, W. H., Fellen, B. M., Sedgwick, A. E. (1972): Comparing numerical methods for ordinary differential equations. *SIAM J. Numer. Anal.* **9**, 603–637. [Errata, *ibid.* **11**, 681 (1974).]

Isaacson, E., Keller, H. B. (1966): *Analysis of Numerical Methods.* New York: John Wiley.

Kaps, P., Rentrop, P. (1979): Generalized Runge–Kutta methods of order four with stepsize control for stiff ordinary differential equations. *Numer. Math.* **33**, 55–68.

Keller, H. B. (1968): *Numerical Methods for Two-Point Boundary-Value Problems.* London: Blaisdell.

Kiehl, M. (1999): Sensitivity analysis of ODEs and DAEs – theory and implementation guide. *Optimization Methods and Software* **10**, 803–821.

Krogh, F. T. (1974): Changing step size in the integration of differential equations using modified divided differences. In: *Proceedings of the Conference on the Numerical Solution of Ordinary Differential Equations*, 22–71. Lecture Notes in Mathematics 362. Berlin-Heidelberg-New York: Springer.

Kutta, W. (1901): Beitrag zur näherungsweisen Integration totaler Differentialgleichungen. Z. Math. Phys. **46**, 435–453.

Lambert, J. D. (1973): *Computational Methods in Ordinary Differential Equations*.
London-New York-Sidney-Toronto: John Wiley.

Leis, J.R., Kramer, M.A. (1985): Sensitivity analysis of systems of differential and
algebraic equations. *Computers and Chemical Engineering* **9**, 93–96.

Morrison, K.R., Sargent, R.W.H. (1986): Optimization of multistage processes de-
scribed by differential-algebraic equations, pp. 86–102 in: *Lecture Notes in Mathematics 1230*. New York: Springer.

Na, T. Y., Tang, S. C. (1969): A method for the solution of conduction heat transfer
with non-linear heat generation. Z. *Angew. Math. Mech.* **49**, 45–52.

Oberle, H. J., Grimm, W. (1989): BNDSCO – A program for the numerical solution
of optimal control problems. Internal Report No. 515-89/22, Institute for Flight
Systems Dynamics, DLR, Oberpfaffenhofen, Germany.

Oden, J. T., Reddy, J. N. (1976): *An Introduction to the Mathematical Theory of
Finite Elements*. New York: John Wiley.

Osborne, M. R. (1969): On shooting methods for boundary value problems. *J. Math.
Anal. Appl.* **27**, 417–433.

Petzold, L. R. (1982): A description of DASSL – A differential algebraic system
solver. *IMACS Trans. Sci. Comp.* **1**, 65ff., Ed. H. Stepleman. Amsterdam: North
Holland.

Quarteroni, A., Valli, A. (1994): *Numerical Approximation of Partial Differential
Equations*. Berlin-Heidelberg-New York: Springer.

Rentrop, P. (1985): Partitioned Runge-Kutta methods with stiffness detection and
stepsize control. *Numer. Math.* **47**, 545–564.

————, Roche, M., Steinebach, G. (1989): The application of Rosenbrock-Wanner
type methods with stepsize control in differential-algebraic equations. *Numer.
Math.* **55**, 545–563.

Rozenvasser, E. (1967): General sensitivity equations of discontinuous systems. *Au-
tomation and Remote Control* **28**, 400–404

Runge, C. (1895): Über die numerische Auflösung von Differentialgleichungen.
Math. Ann. **46**, 167–178.

Schwarz, H. R. (1981): *FORTRAN-Programme zur Methode der finiten Elemente.*
Stuttgart: Teubner.

————, (1984): *Methode der finiten Elemente*. Stuttgart: Teubner.

Shampine, L. F., Gordon, M. K. (1975): *Computer Solution of Ordinary Differential
Equations. The Initial Value Problem*. San Francisco: Freeman and Company.

————, Watts, H. A., Davenport, S. M. (1976): Solving nonstiff ordinary differential equations – The state of the art. *SIAM Review* **18**, 376–411.

Shanks, E. B. (1966): Solution of differential equations by evaluation of functions.
Math. Comp. **20**, 21–38.

Stetter, H. J. (1973): *Analysis of Discretization Methods for Ordinary Differential
Equations.* Berlin-Heidelberg-New York: Springer.

Strang, G., Fix, G. J. (1973): *An Analysis of the Finite Element Method*. Englewood
Cliffs, N.J.: Prentice-Hall.

Troesch, B. A. (1960): Intrinsic difficulties in the numerical solution of a boundary
value problem. Report NN-142, TRW, Inc. Redondo Beach, CA.

———— (1976): A simple approach to a sensitive two-point boundary value problem.
J. Computational Phys. **21**, 279–290.

Velte, W. (1976): Direkte Methoden der Variationsrechnung. Stuttgart: Teubner.
Wilkinson, J. H. (1982): Note on the practical significance of the Drazin Inverse.
    In: L.S. Campbell, Ed. *Recent Applications of Generalized Inverses*. Pitman Publ.
    66, 82–89.
Willoughby, R. A. (1974): *Stiff Differential Systems*. New York: Plenum Press.
Zlámal, M. (1968): On the finite element method. *Numer. Math.* **12**, 394–409.

8 Iterationsverfahren zur Lösung großer linearer Gleichungssysteme, einige weitere Verfahren

8.0 Einleitung

Viele praktische Probleme führen zu der Aufgabe, sehr große lineare Gleichungssyteme $Ax = b$ zu lösen, bei denen glücklicherweise die Matrix A nur schwach besetzt ist, d. h. nur relativ wenige nicht verschwindende Komponenten besitzt. Solche Gleichungssysteme erhält man z. B. bei der Anwendung von Differenzenverfahren oder finite-element Methoden zur näherungsweisen Lösung von Randwertaufgaben bei partiellen Differentialgleichungen. Die üblichen Eliminationsverfahren [s. Kapitel 4] können hier nicht ohne weiteres zur Lösung verwandt werden, weil sie ohne besondere Maßnahmen gewöhnlich zur Bildung von mehr oder weniger voll besetzten Zwischenmatrizen führen und deshalb die Zahl der zur Lösung erforderlichen Rechenoperationen auch für die heutigen Rechner zu groß wird, abgesehen davon, daß die Zwischenmatrizen nicht mehr in die üblicherweise verfügbaren Maschinenspeicher passen.

Aus diesen Gründen hat man schon früh *Iterationsverfahren* zur Lösung solcher Gleichungssysteme herangezogen. Bei diesen Verfahren wird ausgehend von einem Startvektor $x^{(0)}$ eine Folge von Vektoren

$$x^{(0)} \to x^{(1)} \to x^{(2)} \to \cdots$$

erzeugt, die gegen die gesuchte Lösung x konvergiert. Allen diesen Verfahren ist gemeinsam, daß der einzelne Iterationsschritt $x^{(i)} \to x^{(i+1)}$ einen Rechenaufwand erfordert, der vergleichbar ist mit der Multiplikation von A mit einem Vektor, d.h. einen sehr geringen Aufwand, wenn A schwach besetzt ist. Aus diesem Grunde kann man mit noch erträglichem Rechenaufwand relativ viele Iterationsschritte ausführen. Dies ist schon deshalb nötig, weil diese Verfahren nur linear und zwar gewöhnlich auch noch sehr langsam konvergieren. Dies zeigt aber auch, daß diese Verfahren den Eliminationsverfahren in der Regel unterlegen sind, wenn A eine kleine Matrix (eine 100×100-Matrix ist in diesem Sinne noch klein) oder nicht schwach besetzt ist.

Aus diesem allgemeinen Rahmen fallen lediglich die sog. *Nachiteration* [s. (8.1.9)–(8.1.11)] und die sog. *Krylovraum-Methoden* [s. Abschnitt 8.7]. Die Nachiteration wird verhältnismäßig oft angewandt und dient dazu, die Genauigkeit einer von einem Eliminationsverfahren gelieferten, durch Rundungsfehler verfälschten Näherungslösung $\tilde{x}$ eines Gleichungssystems iterativ zu verbessern.

Auf Krylovraum-Methoden treffen die oben angegebenen allgemeinen Charakteristika iterativer Verfahren zu mit der einen Ausnahme, daß diese Verfahren bei exakter Rechnung nach endlich vielen Schritten mit der exakten Lösung x abbrechen: Sie liefern Iterierte x_k, die die Lösung des Gleichungssystems unter allen Vektoren in Krylovräumen der Dimension k die gesuchte Lösung des Gleichungssystems optimal approximieren. Wir beschreiben drei Verfahren dieses Typs, das klassische *cg-Verfahren* von Hestenes und Stiefel (1952) zur Lösung von linearen Gleichungen $Ax = b$ mit positiv definitem A [s. Abschnitt 8.7.1], sowie für Systeme mit beliebigem nichtsingulärem A das *GMRES-Verfahren* von Saad und Schultz (1986) [s. Abschnitt 8.7.2], eine einfache Form des *QMR-Verfahrens* von Freund und Nachtigal [s. Abschnitt 8.7.3] und das Bi-CGSTAB-Verfahren von van der Vorst (1991) in Abschnitt 8.7.4. Alle diese Verfahren haben den Vorteil, daß sie anders als viele eigentliche Iterationsverfahren nicht von weiteren Parametern abhängen, deren optimale Wahl häufig schwierig ist. Bezüglich der Anwendbarkeit der Krylovraummethoden gelten jedoch dieselben Bemerkungen wie für die echten iterativen Verfahren. Aus diesem Grund werden diese Verfahren in diesem Kapitel behandelt.

Eine detaillierte Behandlung von Iterationsverfahren findet man in der Neuauflage des Buches von Varga (2000), sowie bei Young (1971) und Axelsson (1994), sowie von Krylovraummethoden in Saad (1996).

Zur Lösung der sehr speziellen großen Gleichungssysteme, die man bei der Lösung des sog. Modellproblems (das Poisson-Problem auf dem Einheitsquadrat) gibt es einige direkte Verfahren, die die Lösung in endlich vielen Schritten liefern und den Iterationsverfahren überlegen sind: Eines der ersten dieser Verfahren, der *Algorithmus von Buneman*, wird in Abschnitt 8.8 beschrieben.

Zur iterativen Lösung der sehr großen Gleichungssysteme, die bei der Anwendung von Finite-Element-Techniken auf allgemeine Randwertprobleme für partielle Differentialgleichungen enstehen, benutzt man seit einigen Jahren mit größtem Erfolg *Mehrgitterverfahren*. Wir erläutern in Abschnitt 8.9 nur das Prinzip dieser Verfahren anhand eines Randwertproblems für gewöhnliche Differentialgleichungen. Für eine eingehende Behandlung dieser wichtigen Verfahren, die eng mit der Numerik von partiellen Differentialgleichungen verknüpft sind, müssen wir auf die einschlägige

Literatur verweisen, z.B. Hackbusch (1985), Braess (1997), Bramble (1993), Quarteroni und Valli (1997). Es sei ferner darauf hingewiesen, daß eine Anzahl von Techniken entwickelt worden sind, um auch große Gleichungssysteme $Ax = b$ mit schwach besetztem A nichtiterativ mit Hilfe von Eliminationsverfahren zu lösen: Diese Techniken beschäftigen sich mit der zweckmäßigen Speicherung solcher Matrizen und der Wahl einer geeigneten Folge von Pivots, damit die im Laufe des Eliminationsverfahrens entstehenden Zwischenmatrizen möglichst schwach besetzt bleiben. Einfache Verfahren dieses Typs wurden bereits in Abschnitt 4.6 beschrieben. Für die linearen Gleichungssysteme, die bei der Anwendung von Finite-Element-Methoden auf partielle Differentialgleichungen entstehen, hat sich insbesondere ein Verfahren von George (1973) bewährt. Für eine eingehende Behandlung dieser Methoden müssen wir aber auf die Spezialliteratur verweisen.

8.1 Allgemeine Ansätze für die Gewinnung von Iterationsverfahren

Gegeben sei eine nichtsinguläre $n \times n$-Matrix A und ein lineares Gleichungssystem

$$(8.1.1) \qquad\qquad Ax = b$$

mit der exakten Lösung $x := A^{-1}b$. Wir betrachten Iterationsverfahren der Form [vgl. Kapitel 5]

$$(8.1.2) \qquad\qquad x^{(i+1)} = \Phi(x^{(i)}), \qquad i = 0, 1, \ldots.$$

Mit Hilfe einer beliebigen nichtsingulären $n \times n$-Matrix B erhält man solche Iterationsvorschriften aus der Gleichung

$$Bx + (A - B)x = b,$$

indem man setzt

$$(8.1.3) \qquad\qquad Bx^{(i+1)} + (A - B)x^{(i)} = b,$$

oder nach $x^{(i+1)}$ aufgelöst,

$$(8.1.4) \qquad x^{(i+1)} = x^{(i)} - B^{-1}(Ax^{(i)} - b) = (I - B^{-1}A)x^{(i)} + B^{-1}b.$$

In dieser Allgemeinheit wurden solche Iterationsverfahren zuerst von Wittmeyer betrachtet.

Man beachte, daß (8.1.4) mit folgender speziellen Vektoriteration [s. 6.6.3] identisch ist

$$\begin{bmatrix} 1 \\ x^{(i+1)} \end{bmatrix} = W \begin{bmatrix} 1 \\ x^{(i)} \end{bmatrix}, \qquad W := \left[\begin{array}{c|c} 1 & 0 \\ \hline B^{-1}b & I - B^{-1}A \end{array} \right],$$

wobei die $n + 1$-reihige Matrix W zum Eigenwert $\lambda_0 := 1$ den Linkseigenvektor $[1, 0]$ und den Rechtseigenvektor $\begin{bmatrix} 1 \\ x \end{bmatrix}$, $x := A^{-1}b$, besitzt. Nach den Ergebnissen von Abschnitt (6.6.3) wird die Folge $\begin{bmatrix} 1 \\ x^{(i)} \end{bmatrix}$ dann gegen $\begin{bmatrix} 1 \\ x \end{bmatrix}$ konvergieren, wenn $\lambda_0 = 1$ einfacher betragsdominanter Eigenwert von W ist, d. h. wenn

$$\lambda_0 = 1 > |\lambda_1| \geq \cdots \geq |\lambda_n|$$

die übrigen Eigenwerte $\lambda_1, \ldots, \lambda_n$ von W (dies sind die Eigenwerte von $(I - B^{-1}A)$) dem Betrage nach kleiner als 1 sind.

Jede Wahl einer nichtsingulären Matrix B führt zu einem möglichen Iterationsverfahren (8.1.4). Es wird umso brauchbarer sein, je besser B die folgenden Bedingungen erfüllt:

a) Das Gleichungssystem (8.1.3) ist leicht nach $x^{(i+1)}$ auflösbar,

b) die Eigenwerte von $I - B^{-1}A$ sollen möglichst kleine Beträge haben.

Letzteres wird umso eher der Fall sein, je besser B mit A übereinstimmt. Diese Optimalitäts- und Konvergenzfragen sollen in den nächsten Abschnitten untersucht werden. Hier wollen wir nur noch einige wichtige spezielle Iterationsverfahren (8.1.3) angeben, die sich durch die Wahl von B unterscheiden. Dazu führen wir folgende Standardzerlegung von A

$$(8.1.5) \qquad\qquad A = D - E - F$$

ein mit

$$D = \begin{bmatrix} a_{11} & & 0 \\ & \ddots & \\ 0 & & a_{nn} \end{bmatrix},$$

$$E = - \begin{bmatrix} 0 & & & 0 \\ a_{21} & 0 & & \\ \vdots & \ddots & \ddots & \\ a_{n1} & \cdots & a_{n,n-1} & 0 \end{bmatrix}, \qquad F = - \begin{bmatrix} 0 & a_{12} & \cdots & a_{1n} \\ & 0 & \ddots & \\ & & \ddots & a_{n-1,n} \\ 0 & & & 0 \end{bmatrix},$$

und den Abkürzungen, falls $a_{ii} \neq 0$ für $i = 1, 2, \ldots, n$:

$$(8.1.6) \quad L := D^{-1}E, \quad U := D^{-1}F, \quad J := L + U, \quad H := (I - L)^{-1}U.$$

1. Im *Gesamtschrittverfahren* oder *Jacobi-Verfahren* wird

(8.1.7) $$B := D, \quad I - B^{-1}A = J,$$

gewählt. Man erhält so für (8.1.3) die Iterationsvorschrift

$$a_{jj}x_j^{(i+1)} + \sum_{k \neq j} a_{jk}x_k^{(i)} = b_j, \qquad j = 1, 2, \ldots, n, \quad i = 0, 1, \ldots,$$

wobei $x^{(i)} := [x_1^{(i)}, \ldots, x_n^{(i)}]^T$.

2. Im *Einzelschrittverfahren* oder *Gauß-Seidel-Verfahren* wird gewählt

(8.1.8) $$B := D - E, \quad I - B^{-1}A = (I - L)^{-1}U = H.$$

Man erhält so für (8.1.3)

$$\sum_{k < j} a_{jk}x_k^{(i+1)} + a_{jj}x_j^{(i+1)} + \sum_{k > j} a_{jk}x_k^{(i)} = b_j,$$
$$j = 1, 2, \ldots, n, \quad i = 0, 1, \ldots.$$

3. Das Verfahren der *Nachiteration* ist ein besonderer Spezialfall. Hier wird folgende Situation vorausgesetzt. Als Resultat eines Eliminationsverfahrens zur Lösung von $Ax = b$ erhält man infolge von Rundungsfehlern eine (i. a.) gute Näherungslösung $x^{(0)}$ für die exakte Lösung x und eine untere bzw. obere Dreiecksmatrix $\bar{L}$, $\bar{R}$ mit $\bar{L} \cdot \bar{R} \approx A$ [s. 4.5]. Die Näherungslösung $x^{(0)}$ kann man dann anschließend iterativ mittels eines Verfahrens der Form (8.1.3) verbessern, indem man wählt

$$B := \bar{L} \cdot \bar{R}.$$

(8.1.3) ist dann äquivalent mit

(8.1.9) $$B(x^{(i+1)} - x^{(i)}) = r^{(i)}$$

mit dem Residuum

$$r^{(i)} := b - Ax^{(i)}.$$

Es folgt aus (8.1.9)

(8.1.10) $$x^{(i+1)} = x^{(i)} + u^{(i)}, \qquad u^{(i)} := \bar{R}^{-1}\bar{L}^{-1}r^{(i)}.$$

Man beachte, daß man $u^{(i)}$ durch Auflösung der gestaffelten Gleichungssysteme

(8.1.11) $$\bar{L}z = r^{(i)}, \quad \bar{R}u^{(i)} = z,$$

einfach berechnen kann. Im allgemeinen (falls A nicht zu schlecht konditioniert ist) konvergiert das Verfahren außerordentlich rasch. Bereits $x^{(1)}$ oder $x^{(2)}$ stimmen mit der exakten Lösung x bis auf Maschinengenauigkeit überein. Da aus diesem Grunde bei der Berechnung der Residuen $r^{(i)} = b - Ax^{(i)}$ sehr starke Auslöschung auftritt, ist es für das Funktionieren des Verfahrens äußerst wichtig, daß die Berechnung von $r^{(i)}$ in *doppelter Genauigkeit* ausgeführt wird. Für die anschließende Berechnung von $z, u^{(i)}$ und $x^{(i+1)} = x^{(i)} + u^{(i)}$ aus (8.1.11) und (8.1.10) ist dagegen keine doppelt genaue Arithmetik nötig.

Programme und Rechenbeispiele für die Nachiteration findet man in Wilkinson, Reinsch (1971) bzw. Forsythe, Moler (1967).

8.2 Konvergenzsätze

Die Iterationsverfahren (8.1.3), (8.1.4) liefern zu jedem Startvektor $x^{(0)}$ eine Folge $\{x^{(i)}\}_{i=0,1,\dots}$ von Vektoren. Wir nennen nun das betreffende Verfahren *konvergent,* falls für *alle* Startvektoren $x^{(0)}$ diese Folge $\{x^{(i)}\}_{i=0,1,\dots}$ gegen die exakte Lösung $x = A^{-1}b$ konvergiert. Mit $\rho(C)$ bezeichnen wir im folgenden wieder den Spektralradius [s. 6.9] einer Matrix C. Damit können wir folgendes Konvergenzkriterium angeben:

(8.2.1) **Satz:** 1) *Das Verfahren* (8.1.3) *ist genau dann konvergent, wenn*

$$\rho(I - B^{-1}A) < 1.$$

2) *Hinreichend für die Konvergenz von* (8.1.3) *ist die Bedingung*

$$\text{lub}(I - B^{-1}A) < 1.$$

Dabei kann lub$(\cdot)$ *bezüglich jeder Norm genommen werden.*

Beweis: 1) Für den Fehler $f_i := x^{(i)} - x$ folgt aus

$$x^{(i+1)} = (I - B^{-1}A)x^{(i)} + B^{-1}b,$$
$$x = (I - B^{-1}A)x + B^{-1}b$$

durch Subtraktion sofort die Rekursionsformel

$$f_{i+1} = (I - B^{-1}A)f_i$$

oder

(8.2.2) $f_i = (I - B^{-1}A)^i f_0, \qquad i = 0, 1, \dots.$

a) Sei nun (8.1.3) konvergent. Dann gilt $\lim_{i \to \infty} f_i = 0$ für alle f_0. Wählt man speziell f_0 als Eigenvektor zum Eigenwert λ von $I - B^{-1}A$, so folgt aus (8.2.2)

(8.2.3) $$f_i = \lambda^i f_0$$

und daher $|\lambda| < 1$ wegen $\lim_{i \to \infty} f_i = 0$. Also ist $\rho(I - B^{-1}A) < 1$.

b) Ist umgekehrt $\rho(I - B^{-1}A) < 1$, so folgt aus Satz (6.9.2) sofort $\lim_{i \to \infty}(I - B^{-1}A)^i = 0$ und daher $\lim_{i \to \infty} f_i = 0$ für alle f_0.

2) Für beliebige Normen gilt [s. 6.9.1] $\rho(I - B^{-1}A) \leq \text{lub}(I - B^{-1}A)$. Damit ist der Satz bewiesen. $\qquad\qquad\qquad\qquad\qquad\qquad\qquad\qquad\square$

Dieser Satz legt die Vermutung nahe, daß die Konvergenzgeschwindigkeit umso größer ist, je kleiner $\rho(I - B^{-1}A)$ ist. Diese Aussage kann man präzisieren.

(8.2.4) **Satz:** *Für das Verfahren* (8.1.3) *gilt*

(8.2.5) $$\sup_{f_0 \neq 0} \limsup_{i \to \infty} \sqrt[i]{\frac{\|f_i\|}{\|f_0\|}} = \rho\left(I - B^{-1}A\right)$$

für die Fehler $f_i = x^{(i)} - x$. *Dabei ist* $\|\cdot\|$ *eine beliebige Norm.*

Beweis: Sei $\|\cdot\|$ eine beliebige Norm und $\text{lub}(\cdot)$ die zugehörige Matrixnorm. Mit k bezeichnen wir die linke Seite von (8.2.5). Man sieht sofort $k \geq \rho(I - B^{-1}A)$, indem man für f_0 wie in (8.2.2), (8.2.3) die Eigenvektoren von $(I - B^{-1}A)$ wählt. Sei nun $\varepsilon > 0$ beliebig. Dann gibt es nach Satz (6.9.2) eine Vektornorm $N(\cdot)$, so daß für die zugehörige Matrixnorm $\text{lub}_N(\cdot)$ gilt

$$\text{lub}_N(I - B^{-1}A) \leq \rho(I - B^{-1}A) + \varepsilon.$$

Nach Satz (4.4.6) sind alle Normen auf dem $\mathbb{C}^n$ äquivalent, es gibt also Konstanten m, $M > 0$ mit

$$m\|x\| \leq N(x) \leq M\|x\|.$$

Ist nun $f_0 \neq 0$ beliebig, so folgt aus diesen Ungleichungen und (8.2.2)

$$\|f_i\| \leq \frac{1}{m}N(f_i) = \frac{1}{m}N\left((I - B^{-1}A)^i f_0\right)$$

$$\leq \frac{1}{m}\left[\text{lub}_N(I - B^{-1}A)\right]^i N(f_0)$$

$$\leq \frac{M}{m}\left(\rho(I - B^{-1}A) + \varepsilon\right)^i \|f_0\|$$

oder

$$\sqrt[i]{\frac{\|f_i\|}{\|f_0\|}} \le [\rho(I - B^{-1}A) + \varepsilon] \sqrt[i]{\frac{M}{m}}.$$

Wegen $\lim_{i\to\infty} \sqrt[i]{M/m} = 1$ erhält man $k \le \rho(I - B^{-1}A) + \varepsilon$ und, da $\varepsilon > 0$ beliebig ist, $k \le \rho(I - B^{-1}A)$. Damit ist der Satz bewiesen.   □

Wir wollen diese Resultate zunächst auf das Gesamtschrittverfahren (8.1.7) anwenden. Wir benutzen dabei die im letzten Abschnitt eingeführten Bezeichnungen (8.1.5)–(8.1.8). Bezüglich der Maximumnorm gilt $\text{lub}_\infty(C) = \max_i \sum_k |c_{ik}|$, so daß

$$\text{lub}_\infty(I - B^{-1}A) = \text{lub}_\infty(J) = \max_i \frac{1}{|a_{ii}|} \sum_{k\neq i} |a_{ik}|.$$

Falls nun $|a_{ii}| > \sum_{k\neq i} |a_{ik}|$ für alle i, dann folgt sofort

$$\text{lub}_\infty(J) < 1.$$

So erhält man aus (8.2.1) 2) sofort den ersten Teil von

(8.2.6) **Satz:** 1) (*Starkes Zeilensummenkriterium*) *Das Gesamtschrittverfahren ist konvergent für alle Matrizen A mit*

$$(8.2.7) \qquad |a_{ii}| > \sum_{k\neq i} |a_{ik}| \quad \text{für} \quad i = 1, 2, \dots, n.$$

2) (*Starkes Spaltensummenkriterium*) *Das Gesamtschrittverfahren konvergiert für alle Matrizen A mit*

$$(8.2.8) \qquad |a_{kk}| > \sum_{i\neq k} |a_{ik}| \quad \text{für} \quad k = 1, 2, \dots, n.$$

Beweis von 2): Ist (8.2.8) für A erfüllt, so gilt (8.2.7) für die Matrix A^T. Also konvergiert das Gesamtschrittverfahren für A^T und es ist daher wegen Satz (8.2.1) 1) $\rho(X) < 1$ für $X := I - D^{-1}A^T$. Nun hat X die gleichen Eigenwerte wie X^T und wegen $D^{-1}X^T D = I - D^{-1}A$ auch die gleichen Eigenwerte wie $I - D^{-1}A$. Also ist auch $\rho(I - D^{-1}A) < 1$, d. h. das Gesamtschrittverfahren ist für die Matrix A konvergent.   □

Für unzerlegbare Matrizen A kann das starke Zeilen- (Spalten-) Summenkriterium verfeinert werden. Dabei heißt A *unzerlegbar* (irreduzibel), falls es keine Permutationsmatrix P gibt, so daß $P^T A P$ die Gestalt

$$P^T A P = \begin{bmatrix} \tilde{A}_{11} & \tilde{A}_{12} \\ 0 & \tilde{A}_{22} \end{bmatrix}$$

besitzt, wo $\tilde{A}_{11}$ eine $p \times p$-Matrix und $\tilde{A}_{22}$ eine $q \times q$-Matrix mit $p+q = n$, $p > 0$, $q > 0$ ist.

Die Unzerlegbarkeit einer Matrix A kann man häufig leicht mit Hilfe des der Matrix A zugeordneten (gerichteten) *Graphen* $G(A)$ prüfen. Wenn A eine $n \times n$-Matrix ist, so besteht $G(A)$ aus n Knoten $P_1, \ldots, P_n$ und es gibt eine gerichtete Kante $P_i \rightarrow P_j$ in $G(A)$ genau dann, wenn $a_{ij} \neq 0$.

Beispiel:

$$A = \begin{bmatrix} 1 & 2 & 0 \\ -1 & 1 & 0 \\ 3 & 0 & 1 \end{bmatrix}, \qquad G(A): \quad P_1 \quad P_2 \quad P_3$$

Man zeigt leicht, daß A genau dann unzerlegbar ist, falls der Graph $G(A)$ in dem Sinne *zusammenhängend* ist, daß es für jedes Knotenpaar (P_i, P_j) in $G(A)$ einen gerichteten Weg von P_i nach P_j gibt.

Für unzerlegbare Matrizen gilt:

(8.2.9) Satz: (*Schwaches Zeilensummenkriterium*) *Falls A unzerlegbar ist und*

$$|a_{ii}| \geq \sum_{k \neq i} |a_{ik}| \quad \text{für alle} \quad i = 1, 2, \ldots, n,$$

aber $|a_{i_0 i_0}| > \sum_{k \neq i_0} |a_{i_0 k}|$ für mindestens ein i_0 gilt, dann konvergiert das Gesamtschrittverfahren.

Analog gilt natürlich auch ein schwaches Spaltensummenkriterium für unzerlegbares A.

Beweis: Aus den Voraussetzungen des Satzes folgt wie beim Beweis von (8.2.6) 1) für das Gesamtschrittverfahren

$$\text{lub}_\infty(I - B^{-1}A) = \text{lub}_\infty(J) \leq 1,$$

und daraus

(8.2.10) $\qquad |J|e \leq e, \quad |J|e \neq e, \qquad e := (1, 1, \ldots, 1)^T.$

(Betragsstriche $|\cdot|$ und Ungleichungen für Vektoren oder Matrizen sind stets komponentenweise zu verstehen.)

Nun ist mit A auch die Matrix J unzerlegbar. Um den Satz zu beweisen, genügt es, die Ungleichung

$$|J|^n e < e$$

zu zeigen, denn daraus folgt sofort

$$\rho(J)^n = \rho(J^n) \le \text{lub}_\infty(J^n) \le \text{lub}_\infty(|J|^n) < 1.$$

Nun ist wegen (8.2.10) und $|J| \ge 0$

$$|J|^2 e \le |J|\,e \underset{\ne}{\le} e$$

und allgemein

$$|J|^{i+1} e \le |J|^i e \le \cdots \underset{\ne}{\le} e,$$

d. h. für die Vektoren $t^{(i)} := e - |J|^i e$ gilt

(8.2.11) $$0 \underset{\ne}{\le} t^{(1)} \le t^{(2)} \le \cdots.$$

Wir zeigen, daß die Zahl τ_i der von 0 verschiedenen Komponenten von $t^{(i)}$ mit i streng monoton wächst, $0 < \tau_1 < \tau_2 < \cdots$, solange $\tau_i < n$. Wäre dies nicht der Fall, so hätte man wegen (8.2.11) ein erstes $i \ge 1$ mit $\tau_i = \tau_{i+1}$. O.B.d.A. habe $t^{(i)}$ die Gestalt

$$t^{(i)} = \begin{bmatrix} a \\ 0 \end{bmatrix} \quad \text{mit einem Vektor} \quad a > 0, \qquad a \in \mathbb{R}^p, \quad p > 0.$$

Wegen (8.2.11) und $\tau_i = \tau_{i+1}$ hat dann auch $t^{(i+1)}$ die Form

$$t^{(i+1)} = \begin{bmatrix} b \\ 0 \end{bmatrix} \quad \text{mit einem Vektor} \quad b > 0, \qquad b \in \mathbb{R}^p.$$

Partitioniert man $|J|$ entsprechend

$$|J| = \begin{bmatrix} |J_{11}| & |J_{12}| \\ |J_{21}| & |J_{22}| \end{bmatrix}, \qquad |J_{11}| \text{ eine } p \times p\text{-Matrix},$$

so folgt

$$\begin{bmatrix} b \\ 0 \end{bmatrix} = t^{(i+1)} = e - |J|^{i+1} e \ge |J|\,e - |J|^{i+1} e$$

$$= |J|\,t^{(i)} = \begin{bmatrix} |J_{11}| & |J_{12}| \\ |J_{21}| & |J_{22}| \end{bmatrix} \begin{bmatrix} a \\ 0 \end{bmatrix}.$$

Wegen $a > 0$ ist dies nur möglich, falls $J_{21} = 0$, d. h. falls J zerlegbar ist. Also gilt $0 < \tau_1 < \tau_2 < \cdots$ und damit $t^{(n)} = e - |J|^n e > 0$. Damit ist der Satz bewiesen. $\qquad \square$

Die Bedingungen der Sätze (8.2.6) und (8.2.9) sind auch hinreichend für die Konvergenz des Einzelschrittverfahrens. Wir zeigen dies nur für das starke Zeilensummenkriterium. Es gilt sogar etwas schärfer

(8.2.12) **Satz:** *Falls*

$$|a_{ii}| > \sum_{k \neq i} |a_{ik}| \quad \text{für alle} \quad i = 1, 2, \ldots, n,$$

dann ist das Einzelschrittverfahren konvergent und es gilt [s. (8.1.6)]

$$\text{lub}_\infty(H) \leq \text{lub}_\infty(J) < 1.$$

Beweis: Sei $\kappa_H := \text{lub}_\infty(H)$, $\kappa_J := \text{lub}_\infty(J)$. Wie schon öfters ausgenutzt, folgt aus der Voraussetzung des Satzes

$$|J|e \leq \kappa_J e < e, \qquad e = (1, \ldots, 1)^T,$$

für die Matrix $J = L + U$. Wegen $|J| = |L| + |U|$ schließt man daraus

(8.2.13) $$|U|e \leq (\kappa_J I - |L|)e.$$

Nun sind L und $|L|$ untere Dreiecksmatrizen mit verschwindender Diagonale. Für solche Matrizen bestätigt man leicht

$$L^n = |L|^n = 0,$$

so daß $(I - L)^{-1}$ und $(I - |L|)^{-1}$ existieren und gilt

$$0 \leq |(I - L)^{-1}| = |I + L + \cdots + L^{n-1}|$$
$$\leq I + |L| + \cdots + |L|^{n-1} = (I - |L|)^{-1}.$$

Durch Multiplikation von (8.2.13) mit der nichtnegativen Matrix $(I - |L|)^{-1}$ erhält man wegen $H = (I - L)^{-1}U$

$$|H|e \leq (I - |L|)^{-1}|U|e \leq (I - |L|)^{-1}(I - |L| + (\kappa_J - 1)I)e$$
$$= (I + (\kappa_J - 1)(I - |L|)^{-1})e.$$

Nun ist $(I - |L|)^{-1} \geq I$ und $\kappa_J < 1$, also kann die Ungleichungskette fortgesetzt werden

$$|H|e \leq (I + (\kappa_J - 1)I)e = \kappa_J e.$$

Das heißt aber

$$\kappa_H = \text{lub}_\infty(H) = \text{lub}_\infty(|H|) \leq \kappa_J$$

was zu zeigen war. □

Da $\text{lub}_\infty(H) \geq \rho(H)$, $\text{lub}_\infty(J) \geq \rho(J)$ sind, legt dieser Satz die Vermutung nahe, daß unter den Voraussetzungen des Satzes auch $\rho(H) \leq \rho(J) < 1$ gilt, d. h., daß in Anbetracht von Satz (8.2.4) das Einzelschrittverfahren mindestens ebenso schnell wie das Gesamtschrittverfahren konvergiert. Dies ist jedoch, wie Beispiele zeigen, nicht allgemein richtig, sondern nur unter weiteren Voraussetzungen über A. So gilt z. B. der folgende Satz, der ohne Beweis angeführt sei [für einen Beweis s. Varga (1962)].

(8.2.14) **Satz** (Stein und Rosenberg): *Ist die Matrix* $J = L + U \geq 0$ *nichtnegativ, so gilt für* J *und* $H = (I - L)^{-1}U$ *genau eine der folgenden Beziehungen*

$$1)\ \ \rho(H) = \rho(J) = 0,$$

$$2)\ \ 0 < \rho(H) < \rho(J) < 1,$$

$$3)\ \ \rho(H) = \rho(J) = 1,$$

$$4)\ \ \rho(H) > \rho(J) > 1.$$

Die Voraussetzung $J \geq 0$ ist insbesondere dann erfüllt [s. (8.1.5), (8.1.6)], wenn die Matrix A positive Diagonalelemente und nichtpositive Nichtdiagonalememente besitzt: $a_{ii} > 0$, $a_{ik} \leq 0$ für $i \neq k$. Da diese Bedingung bei vielen linearen Gleichungssystemen zutrifft, die man durch Differenzennäherungen von linearen Differentialoperatoren erhält [vgl. z. B. Abschnitt 8.4], so gibt dieser Satz die für viele praktische Fälle wichtige Auskunft, daß das Einzelschrittverfahren [abgesehen vom Spezialfall 1) des letzten Satzes] besser als das Gesamtschrittverfahren konvergiert, wenn überhaupt eines der beiden Verfahren konvergiert.

8.3 Relaxationsverfahren

Die Ergebnisse des letzten Abschnitts legen es nahe, nach einfachen Matrizen B zu suchen, für die das zugehörige Iterationsverfahren (8.1.3) evtl. noch besser als das Einzelschrittverfahren konvergiert, $\rho(I - B^{-1}A) < \rho(H)$. Man kann sogar Klassen geeigneter, von einem Parameter ω abhängiger Matrizen $B(\omega)$ betrachten und versuchen, den Parameter ω „optimal" zu wählen, d. h. so, daß $\rho(I - B(\omega)^{-1}A)$ als Funktion von ω möglichst klein wird. Bei den *Relaxationsverfahren* wird die folgende Klasse von Matrizen $B(\omega)$ studiert:

$$(8.3.1) \qquad\qquad B(\omega) = \frac{1}{\omega} D(I - \omega L).$$

Dabei benutzen wir wieder die Bezeichnungen (8.1.5), (8.1.6). Auf diesen Ansatz kommt man durch folgende Überlegung.

Wir nehmen an, daß man von der $(i + 1)$-ten Näherung $x^{(i+1)}$ schon die Komponenten $x_k^{(i+1)}$, $k = 1, 2, \ldots, j - 1$, kennt. Ähnlich dem Einzelschrittverfahren (8.1.8) definiert man dann eine Hilfsgröße $\tilde{x}_j^{(i+1)}$ durch

(8.3.2)
$$a_{jj}\tilde{x}_j^{(i+1)} = -\sum_{k<j} a_{jk}x_k^{(i+1)} - \sum_{k>j} a_{jk}x_k^{(i)} + b_j, \qquad 1 \le j \le n, \quad i \ge 0,$$

und bestimmt $x_j^{(i+1)}$ dann durch eine Mittelbildung zwischen $x_j^{(i)}$ und $\tilde{x}_j^{(i+1)}$ der Form

(8.3.3) $\quad x_j^{(i+1)} := (1 - \omega)x_j^{(i)} + \omega\,\tilde{x}_j^{(i+1)} = x_j^{(i)} + \omega\bigl(\tilde{x}_j^{(i+1)} - x_j^{(i)}\bigr).$

Man nennt ω den *Relaxationsparameter* und spricht von *Überrelaxation* (*Unterrelaxation*), falls $\omega > 1$ ($\omega < 1$) gewählt wird. Für $\omega = 1$ erhält man genau das Einzelschrittverfahren zurück.

Eliminiert man die Hilfsgröße $\tilde{x}_j^{(i+1)}$ aus (8.3.3) mittels (8.3.2), so erhält man für $j = 1, 2, \ldots, n$ und $i \ge 0$

$$a_{jj}x_j^{(i+1)} = a_{jj}x_j^{(i)} + \omega\left[-\sum_{k<j} a_{jk}x_k^{(i+1)} - a_{jj}x_j^{(i)} - \sum_{k>j} a_{jk}a_k^{(i)} + b_j \right].$$

In Matrix-Schreibweise ist dies äquivalent mit

$$B(\omega)x^{(i+1)} = \bigl(B(\omega) - A\bigr)x^{(i)} + b,$$

wobei $B(\omega)$ durch (8.3.1) definiert ist und

$$B(\omega) - A = \frac{1}{\omega}D\bigl((1 - \omega)I + \omega U\bigr).$$

Für diese Methode ist also die Konvergenzgeschwindigkeit durch den Spektralradius $\rho(H(\omega))$ der Matrix

(8.3.4) $\qquad H(\omega) := I - B(\omega)^{-1}A = (I - \omega L)^{-1}\bigl[(1 - \omega)I + \omega U\bigr]$

bestimmt.

Wir wollen zunächst, zum Teil ohne Beweis, einige qualitative Resultate über $\rho(H(\omega))$ mitteilen. Der folgende Satz zeigt, daß bei Relaxationsverfahren bestenfalls Parameter ω mit $0 < \omega < 2$ zu konvergenten Verfahren führen:

(8.3.5) **Satz** (Kahan): *Für beliebige Matrizen A gilt*

$$\rho\bigl(H(\omega)\bigr) \ge |\omega - 1|$$

für alle ω.

Beweis: $I - \omega L$ ist eine untere Dreiecksmatrix mit 1 als Diagonalelementen, also ist $\det(I - \omega L) = 1$ für alle ω. Es folgt für das charakteristische Polynom $\varphi(.)$ von $H(\omega)$

$$\varphi(\lambda) = \det\big(\lambda I - H(\omega)\big) = \det\big((I - \omega L)(\lambda I - H(\omega))\big)$$
$$= \det\big((\lambda + \omega - 1)I - \omega\lambda L - \omega U\big).$$

Der konstante Term $\varphi(0)$ von $\varphi(.)$ ist bis auf ein Vorzeichen gleich dem Produkt der Eigenwerte $\lambda_i(H(\omega))$ von $H(\omega)$:

$$(-1)^n \prod_{i=1}^{n} \lambda_i\big(H(\omega)\big) = \varphi(0) = \det\big((\omega - 1)I - \omega U\big) \equiv (\omega - 1)^n.$$

Es folgt sofort $\rho(H(\omega)) = \max_i |\lambda_i(H(\omega))| \geq |\omega - 1|$.   □

Für Matrizen A mit $L \geq 0$, $U \geq 0$ läßt nur die Überrelaxation bessere Konvergenzgeschwindigkeiten als das Einzelschrittverfahren erwarten:

(8.3.6) Satz: *Ist die Matrix A unzerlegbar, gilt $J = L + U \geq 0$ und ist das Gesamtschrittverfahren konvergent, $\rho(J) < 1$, so ist die Funktion $\rho(H(\omega))$ für ein $\bar\omega \geq 1$ im Intervall $0 < \omega \leq \bar\omega$ streng monoton fallend.*

Für einen Beweis siehe Varga (1962) sowie Householder (1964). Weiter läßt sich zeigen:

(8.3.7) Satz (Ostrowski, Reich): *Für positiv definite Matrizen A gilt*

$$\rho\big(H(\omega)\big) < 1 \quad \text{für alle} \quad 0 < \omega < 2.$$

Insbesondere konvergiert das Einzelschrittverfahren ($\omega = 1$) für positiv definite Matrizen.

Beweis: Sei $0 < \omega < 2$ und A positiv definit. Dann ist $F = E^H$ in der Zerlegung (8.1.5) $A = D - E - F$ von $A = A^H$. Für die Matrix $B = B(\omega)$ (8.3.1) gilt $B = (1/\omega)D - E$ und die Matrix

$$B + B^H - A = \frac{1}{\omega}D - E + \frac{1}{\omega}D - F - (D - E - F)$$

$$= \left(\frac{2}{\omega} - 1\right)D$$

ist positiv definit, da die Diagonalelemente der positiv definiten Matrix A positiv sind [Satz (4.3.2)] und weil $(2/\omega) - 1 > 0$.

Wir zeigen zunächst, daß die Eigenwerte λ von $A^{-1}(2B - A)$ alle im Inneren der rechten Halbebene liegen, $\operatorname{Re} \lambda > 0$. Ist nämlich x Eigenvektor zu $A^{-1}(2B - A)$ so gilt

$$A^{-1}(2B - A)x = \lambda x,$$
$$x^H(2B - A)x = \lambda x^H A x.$$

Durch Übergang zum Hermitesch Konjugierten der letzen Gleichung erhält man wegen $A = A^H$

$$x^H(2B^H - A)y = \bar{\lambda}x^H Ax.$$

Durch Addition folgt

$$x^H(B + B^H - A)x = \operatorname{Re}\lambda\, x^H Ax.$$

Nun sind aber A und $(B + B^H - A)$ positiv definit und daher $\operatorname{Re}\lambda > 0$. Für die Matrix $Q := A^{-1}(2B - A) = 2A^{-1}B - I$ ist

$$(Q - I)(Q + I)^{-1} = I - B^{-1}A = H(\omega).$$

[Man beachte, daß B eine nichtsinguläre Dreiecksmatrix ist, also B^{-1} und damit $(Q + I)^{-1}$ existieren.] Ist μ Eigenwert von $H(\omega)$ und z zugehöriger Eigenvektor, so folgt aus

$$(Q - I)(Q + I)^{-1}z = H(\omega)z = \mu z$$

für den Vektor $y := (Q + I)^{-1}z \neq 0$

$$(Q - I)y = \mu(Q + I)y$$
$$(1 - \mu)Qy = (1 + \mu)y.$$

Wegen $y \neq 0$ muß $\mu \neq 1$ sein und man erhält schließlich

$$Qy = \frac{1 + \mu}{1 - \mu}y,$$

d. h. $\lambda = (1 + \mu)/(1 - \mu)$ ist Eigenwert von $Q = A^{-1}(2B - A)$. Hieraus erhält man $\mu = (\lambda - 1)/(\lambda + 1)$ und deshalb für $|\mu|^2 = \mu\bar{\mu}$

$$|\mu|^2 = \frac{|\lambda|^2 + 1 - 2\operatorname{Re}\lambda}{|\lambda|^2 + 1 + 2\operatorname{Re}\lambda}.$$

Wegen $\operatorname{Re}\lambda > 0$ für $0 < \omega < 2$ folgt so schließlich $|\mu| < 1$, d. h. $\rho\big(H(\omega)\big) < 1$. ☐

Für eine wichtige Klasse von Matrizen lassen sich die mehr qualitativen Aussagen der Sätze (8.3.5)–(8.3.7) erheblich verschärfen. Es ist dies die von Young eingeführte Klasse der Matrizen mit „*property A*" [s. z. B. Young (1971)], bzw. ihre erhebliche von Varga (1962) stammende Verallgemeinerung, die Klasse der *konsistent geordneten* Matrizen [(s. (8.3.10)]:

(8.3.8) **Def:** *Die Matrix A besitzt die „property A", wenn es eine Permutationsmatrix P gibt, so daß PAP^T die Gestalt*

$$PAP^T = \begin{bmatrix} D_1 & M_1 \\ M_2 & D_2 \end{bmatrix}, \qquad D_1, D_2 \text{ Diagonalmatrizen.}$$

besitzt.

Die wichtigste Eigenschaft der Matrizen mit „property A" gibt der folgende Satz an:

(8.3.9) **Satz:** *Zu jeder $n \times n$-Matrix A mit „property A" und $a_{ii} \neq 0$, $i = 1, \ldots, n$, gibt es eine Permutationsmatrix P, so daß für die Zerlegung (8.1.5), (8.1.6) $\bar{A} = D(I - L - U)$ der permutierten Matrix $\bar{A} := PAP^T$ gilt: Die Eigenwerte der Matrizen*

$$J(\alpha) := \alpha L + \alpha^{-1} U, \qquad \alpha \in \mathbb{C}, \quad \alpha \neq 0,$$

sind von α unabhängig.

Beweis: Nach Def. (8.3.8) gibt es eine Permutation P, so daß

$$PAP^T = \begin{bmatrix} D_1 & M_1 \\ M_2 & D_2 \end{bmatrix} = D(I - L - U),$$

$$D := \begin{bmatrix} D_1 & 0 \\ 0 & D_2 \end{bmatrix}, \quad L = -\begin{bmatrix} 0 & 0 \\ D_2^{-1}M_2 & 0 \end{bmatrix}, \quad U = -\begin{bmatrix} 0 & D_1^{-1}M_1 \\ 0 & 0 \end{bmatrix}.$$

Dabei sind D_1, D_2 nichtsinguläre Diagonalmatrizen. Nun ist für $\alpha \neq 0$

$$J(\alpha) = -\begin{bmatrix} 0 & \alpha^{-1}D_1^{-1}M_1 \\ \alpha D_2^{-1}M_2 & 0 \end{bmatrix} = -S_\alpha \begin{bmatrix} 0 & D_1^{-1}M_1 \\ D_2^{-1}M_2 & 0 \end{bmatrix} S_\alpha^{-1}$$

$$= -S_\alpha J(1) S_\alpha^{-1}$$

mit der nichtsingulären Diagonalmatrix

$$S_\alpha := \begin{bmatrix} I_1 & 0 \\ 0 & \alpha I_2 \end{bmatrix}, \qquad I_1, I_2 \quad \text{Einheitsmatrizen.}$$

Die Matrizen $J(\alpha)$ und $J(1)$ sind also ähnlich und haben deshalb die gleichen Eigenwerte.   □

Matrizen A, die bzgl. der Zerlegung (8.1.5), (8.1.6) $A = D(I - L - U)$ die Eigenschaft haben, daß die Eigenwerte der Matrizen

$$J(\alpha) = \alpha L + \alpha^{-1} U$$

für $\alpha \neq 0$ von α unabhängig sind, heißen nach Varga (1962)

(8.3.10)   *konsistent geordnet.*

Satz (8.3.9) besagt, daß sich Matrizen mit „property A" konsistent ordnen lassen, d. h. die Zeilen und Spalten von A lassen sich mit Hilfe einer Permutation P so umordnen, daß eine konsistent geordnete (8.3.10) Matrix PAP^T entsteht.

Konsistent geordnete Matrizen A müssen aber durchaus nicht die Gestalt

$$A = \begin{bmatrix} D_1 & M_1 \\ M_2 & D_2 \end{bmatrix}, \qquad D_1, D_2 \text{ Diagonalmatrizen,}$$

besitzen. Dies zeigt das wichtige Beispiel der Blocktridiagonalmatrizen A, die die Form

$$A = \begin{bmatrix} D_1 & A_{12} & & \\ A_{21} & D_2 & \ddots & \\ & \ddots & \ddots & A_{N-1,N} \\ & & A_{N,N-1} & D_N \end{bmatrix}, \qquad D_i \text{ Diagonalmatrizen,}$$

haben. Falls alle D_i nichtsingulär sind, gilt für die Matrizen

$$J(\alpha) = - \begin{bmatrix} 0 & \alpha^{-1}D_1^{-1}A_{12} & & \\ \alpha D_2^{-1}A_{21} & 0 & \ddots & \\ & \ddots & \ddots & \alpha^{-1}D_{N-1}^{-1}A_{N-1,N} \\ & & \alpha D_N^{-1}A_{N,N-1} & 0 \end{bmatrix}$$

die Beziehung

$$J(\alpha) = S_\alpha J(1) S_\alpha^{-1}, \qquad S_\alpha := \begin{bmatrix} I_1 & & & \\ & \alpha I_2 & & \\ & & \ddots & \\ & & & \alpha^{N-1} I_N \end{bmatrix},$$

also ist A konsistent geordnet. Blocktridiagonalmatrizen haben auch die „property A". Wir zeigen dies nur für die spezielle 3×3-Matrix

$$A = \begin{bmatrix} 1 & b & 0 \\ a & 1 & d \\ 0 & c & 1 \end{bmatrix}.$$

Für sie gilt nämlich

$$PAP^T = \begin{bmatrix} 1 & a & d \\ \hline b & 1 & 0 \\ c & 0 & 1 \end{bmatrix} \quad \text{für} \quad P := \begin{bmatrix} 0 & 1 & 0 \\ 1 & 0 & 0 \\ 0 & 0 & 1 \end{bmatrix}.$$

Im allgemeinen Fall geht man analog vor.

Es gibt jedoch konsistent geordnete (8.3.10) Matrizen, die nicht die „property A" besitzen. Dies zeigt das Beispiel

$$A := \begin{bmatrix} 1 & 0 & 0 \\ 1 & 1 & 0 \\ 1 & 1 & 1 \end{bmatrix}.$$

Für unzerlegbare $n \times n$-Matrizen A mit nichtverschwindenden Diagonalelementen $a_{ii} \neq 0$, und der Zerlegung $A = D(I - L - U)$ läßt sich häufig leicht mit Hilfe des Graphen $G(J)$, der der Matrix $J = L + U$ zugeordnet ist, entscheiden, ob A die „property A" besitzt oder nicht. Dazu betrachte man die Längen $s_1^{(i)}$, $s_2^{(i)}$, ... aller geschlossenen gerichteten Wege (gerichtete Zyklen)

$$P_i \to P_{k_1} \to P_{k_2} \to \cdots \to P_{k_{s(i)}} = P_i$$

in $G(J)$, die von P_i nach P_i führen. Mit l_i bezeichnen wir den größten gemeinsamen Teiler der $s_1^{(i)}$, $s_2^{(i)}$, ...

$$l_i = \mathrm{ggT}(s_1^{(i)}, s_2^{(i)}, \ldots)$$

und nennen den Graphen $G(J)$ 2-*zyklisch*, falls $l_1 = l_2 = \cdots = l_n = 2$, und *schwach* 2-*zyklisch*, falls alle l_i gerade sind. Es gilt dann der folgende Satz, den wir ohne Beweis angeben:

(8.3.11) **Satz:** *Eine unzerlegbare Matrix A besitzt genau dann die „property A", falls $G(J)$ schwach 2-zyklisch ist.*

Beispiel: Zur Matrix

$$A = \begin{bmatrix} 4 & -1 & 0 & -1 \\ -1 & 4 & -1 & 0 \\ 0 & -1 & 4 & -1 \\ -1 & 0 & -1 & 4 \end{bmatrix}$$

gehört die Matrix

$$J := \frac{1}{4} \begin{bmatrix} 0 & 1 & 0 & 1 \\ 1 & 0 & 1 & 0 \\ 0 & 1 & 0 & 1 \\ 1 & 0 & 1 & 0 \end{bmatrix}$$

mit dem Graphen $G(J)$

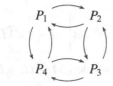

$G(J)$ ist zusammenhängend, also ist J und damit auch A unzerlegbar [s. 8.2]. Da $G(J)$ offensichtlich 2-zyklisch ist, besitzt A die „property A".

Die Bedeutung der konsistent geordneten Matrizen [und damit wegen (8.3.9) indirekt auch der Matrizen mit „property A"] liegt darin, daß man explizit angeben kann, wie die Eigenwerte μ von $J = L + U$ mit den Eigenwerten $\lambda = \lambda(\omega)$ von $H(\omega) = (I - \omega L)^{-1}((1 - \omega)I + \omega U)$ zusammenhängen:

(8.3.12) Satz (Young, Varga): *A sei eine konsistent geordnete Matrix (8.3.10) und $\omega \neq 0$. Dann gilt:*

a) *Mit μ ist auch $-\mu$ Eigenwert von $J = L + U$.*

b) *Falls μ Eigenwert von J ist, dann ist jedes λ mit*

$$(8.3.13) \qquad (\lambda + \omega - 1)^2 = \lambda \omega^2 \mu^2$$

Eigenwert von $H(\omega)$.

c) *Falls $\lambda \neq 0$ Eigenwert von $H(\omega)$ ist und (8.3.13) gilt, dann ist μ Eigenwert von J.*

Beweis: a) Da A konsistent geordnet ist, besitzt die Matrix $J(-1) = -L - U = -J$ die gleichen Eigenwerte wie $J(1) = J = L + U$.

b) Wegen $\det(I - \omega L) = 1$ für alle ω ist

$$
\begin{aligned}
\det(\lambda I - H(\omega)) &= \det\bigl[(I - \omega L)(\lambda I - H(\omega))\bigr] \\
(8.3.14) \qquad &= \det[\lambda I - \lambda \omega L - (1 - \omega)I - \omega U] \\
&= \det((\lambda + \omega - 1)I - \lambda \omega L - \omega U).
\end{aligned}
$$

Sei nun μ Eigenwert von $J = L + U$ und λ Lösung von (8.3.13). Es folgt $\lambda + \omega - 1 = \sqrt{\lambda} \omega \mu$ oder $\lambda + \omega - 1 = -\sqrt{\lambda} \omega \mu$. Wegen a) können wir o. B. d. A.

$$\lambda + \omega - 1 = \sqrt{\lambda} \omega \mu$$

annehmen. Für $\lambda = 0$ folgt $\omega = 1$, so daß wegen (8.3.14)

$$\det(0 \cdot I - H(1)) = \det(-\omega U) = 0,$$

d. h. λ ist Eigenwert von $H(\omega)$. Für $\lambda \neq 0$ folgt aus (8.3.14)

$$\det(\lambda I - H(\omega)) = \det\left[(\lambda + \omega - 1)I - \sqrt{\lambda}\omega\left(\sqrt{\lambda}L + \frac{1}{\sqrt{\lambda}}U\right)\right]$$

(8.3.15)
$$= (\sqrt{\lambda}\omega)^n \det\left[\mu I - \left(\sqrt{\lambda}L + \frac{1}{\sqrt{\lambda}}U\right)\right]$$

$$= (\sqrt{\lambda}\omega)^n \det(\mu I - (L + U)) = 0,$$

da die Matrix $J(\sqrt{\lambda}) = \sqrt{\lambda}L + (1/\sqrt{\lambda})U$ die gleichen Eigenwerte wie $J = L + U$ besitzt und μ Eigenwert von J ist. Also ist $\det(\lambda I - H(\omega)) = 0$ und damit λ Eigenwert von $H(\omega)$.

c) Sei nun umgekehrt $\lambda \neq 0$ Eigenwert von $H(\omega)$ und μ eine Zahl mit (8.3.13), d.h. mit $\lambda + \omega - 1 = \pm\omega\sqrt{\lambda}\mu$. Wegen a) genügt es zu zeigen, daß die Zahl μ mit $\lambda + \omega - 1 = \omega\sqrt{\lambda}\mu$ Eigenwert von J ist. Dies folgt aber sofort aus (8.3.15).   □

Als Nebenresultat erhalten wir für $\omega = 1$:

(8.3.16) **Korollar:** *A sei eine konsistent geordnete Matrix* (8.3.10). *Dann gilt für die Matrix $H = H(1) = (I - L)^{-1}U$ des Einzelschrittverfahrens*

$$\rho(H) = \rho(J)^2.$$

Wegen Satz (8.2.4) bedeutet dies, daß man mit dem Gesamtschrittverfahren etwa doppelt so viele Iterationsschritte als mit dem Einzelschrittverfahren benötigt, um die gleiche Genauigkeit zu erreichen.

Wir wollen nun den optimalen Relaxationsparameter ω_b, der durch

$$\rho(H(\omega_b)) = \min_{\omega \in \mathbb{R}} \rho(H((\omega)) = \min_{0 < \omega < 2} \rho(H(\omega))$$

charakterisiert ist [s. Satz (8.3.5)], in einem wichtigen Spezialfall explizit angeben.

(8.3.17) **Satz** (Young, Varga): *A sei eine konsistent geordnete Matrix. Ferner seien die Eigenwerte von J reell und es gelte $\rho(J) < 1$. Dann ist*

$$\omega_b = \frac{2}{1 + \sqrt{1 - \rho(J)^2}}, \quad \rho(H(\omega_b)) = \omega_b - 1 = \left(\frac{\rho(J)}{1 + \sqrt{1 - \rho(J)^2}}\right)^2.$$

Allgemein gilt
(8.3.18)

$$\rho(H(\omega)) = \begin{cases} \omega - 1 & \text{für } \omega_b \leq \omega \leq 2, \\ 1 - \omega + \frac{1}{2}\omega^2\mu^2 + \omega\mu\sqrt{1 - \omega + \frac{1}{4}\omega^2\mu^2} & \text{für } 0 \leq \omega \leq \omega_b, \end{cases}$$

wobei zur Abkürzung $\mu := \rho(J)$ gesetzt ist (s. Fig. 21).

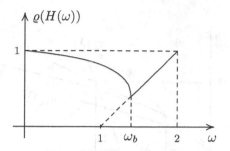

Fig. 21. Die Funktion $\rho(H(\omega))$

Man beachte, daß der linksseitige Differentialquotient von $\rho(H(\omega))$ in ω_b gleich „$-\infty$" ist. Man sollte daher als Relaxationsparameter ω lieber eine etwas zu große als eine zu kleine Zahl wählen, wenn man ω_b nicht genau kennt.

Beweis: Die Eigenwerte μ_i der Matrix J sind nach Voraussetzung reell und es ist

$$-\rho(J) \leq \mu_i \leq \rho(J) < 1.$$

Bei festem $\omega \in (0, 2)$ [nach Satz (8.3.5) genügt es, nur diesen Bereich zu betrachten] gehören zu jedem μ_i zwei Eigenwerte $\lambda_i^{(1)}(\omega)$, $\lambda_i^{(2)}(\omega)$ von $H(\omega)$, die man durch Auflösung der in λ quadratischen Gleichung (8.3.13) mit $\mu = \mu_i$ erhält. Geometrisch erhält man $\lambda_i^{(1)}(\omega)$, $\lambda_i^{(2)}(\omega)$ als Abszissen der Schnittpunkte der Geraden

$$g_\omega(\lambda) = \frac{(\lambda + \omega - 1)}{\omega},$$

mit der Parabel $m_i(\lambda) := \pm\sqrt{\lambda}\mu_i$ (s. Fig. 22).

Die Gerade g_ω hat die Steigung $1/\omega$ und geht durch den Punkt $(1, 1)$. Wenn die Gerade $g_\omega(\lambda)$ die Parabel $m_i(\lambda)$ nicht schneidet, sind $\lambda_i^{(1)}(\omega)$, $\lambda_i^{(2)}(\omega)$ konjugiert komplexe Zahlen vom Betrag $|\omega - 1|$, wie man sofort aus (8.3.13) findet. Offensichtlich ist

$$\rho\big(H(\omega)\big) = \max_i\big(|\lambda_i^{(1)}(\omega)|, \ |\lambda_i^{(2)}(\omega)|\big) = \max\big(|\lambda^{(1)}(\omega)|, \ |\lambda^{(2)}(\omega)|\big),$$

wobei $\lambda^{(1)}(\omega)$, $\lambda^{(2)}(\omega)$ sich durch Schneiden von $g_\omega(\lambda)$ mit $m(\lambda) := \pm\sqrt{\lambda}\mu$ mit $\mu = \rho(J) = \max_i |\mu_i|$ ergibt. Durch Lösung der quadratischen Gleichung (8.3.13) für $\mu = \rho(J)$ nach λ bestätigt man sofort (8.3.18) und damit die übrigen Behauptungen des Satzes.   □

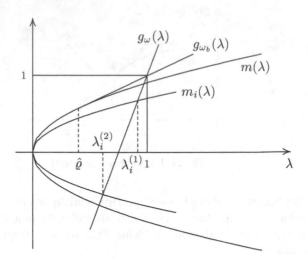

Fig. 22. Bestimmung von ω_b

8.4 Anwendungen auf Differenzenverfahren – ein Beispiel

Um ein Beispiel für die Anwendung der beschriebenen Iterationsverfahren zu geben, betrachten wir das Dirichletsche Randwertproblem

$$-u_{xx} - u_{yy} = f(x, y), \qquad 0 < x,\ y < 1,$$
(8.4.1)
$$u(x, y) = 0 \quad \text{für} \quad (x, y) \in \partial\Omega$$

für das Einheitsquadrat $\Omega := \{(x, y) \mid 0 < x,\ y < 1\} \subseteq \mathbb{R}^2$ mit dem Rand $\partial\Omega$ [vgl. Abschnitt 7.7]. $f(x, y)$ sei stetig auf $\Omega \cup \partial\Omega$. Da gewöhnlich die verschiedenen Verfahren zur Lösung von Randwertproblemen anhand dieses Problems verglichen werden, heißt (8.4.1) auch das „*Modellproblem*". Um (8.4.1) mittels eines Differenzenverfahrens zu lösen, ersetzt man, wie in Abschnitt 7.4 für Randwertprobleme bei gewöhnlichen Diffentialgleichungen beschrieben, den Differentialoperator durch einen Differenzenoperator. Dazu überdeckt man $\Omega \cup \partial\Omega$ mit einem Gitter $\Omega_h \cup \partial\Omega_h$ der Maschenweite $h := 1/(N + 1)$, $N \geq 1$ eine ganze Zahl:

$$\Omega_h := \big\{(x_i, y_j) \mid i, j = 1, 2, \ldots, N\big\},$$
$$\partial\Omega_h := \big\{(x_i, 0), (x_i, 1), (0, y_j), (1, y_j) \mid i, j = 0, 1, \ldots, N + 1\big\},$$

wobei zur Abkürzung gesetzt ist [s. Fig. 23]:

$$x_i := ih, \qquad y_j := jh, \qquad i, j = 0, 1, \ldots, N + 1.$$

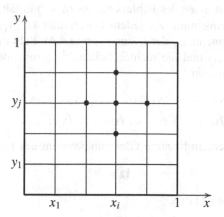

Fig. 23. Diskretisierung von Ω

Mit der weiteren Abkürzung

$$u_{ij} := u(x_i, y_j), \qquad i, j = 0, 1, \ldots, N+1,$$

kann man den Differentialoperator

$$-u_{xx} - u_{yy}$$

für alle $(x_i, y_j) \in \Omega_h$ bis auf einen Fehler τ_{ij} durch den Differenzenoperator

$$(8.4.2) \qquad \frac{4u_{ij} - u_{i-1,j} - u_{i+1,j} - u_{i,j-1} - u_{i,j+1}}{h^2}$$

ersetzen. Die Unbekannten u_{ij}, $1 \le i, j \le N$ (wegen der Randbedingungen kennt man die $u_{ij} = 0$ für $(x_i, y_j) \in \partial\Omega_h$), genügen daher einem Gleichungssystem der Form

$$(8.4.3) \qquad 4u_{ij} - u_{i-1,j} - u_{i+1,j} - u_{i,j-1} - u_{i,j+1} = h^2 f_{ij} + h^2 \tau_{ij}$$

$$(x_i, y_j) \in \Omega_h,$$

mit $f_{ij} := f(x_i, y_j)$. Dabei hängen die Fehler τ_{ij} natürlich von der Maschenweite h ab. Unter geeigneten Differenzierbarkeitsvoraussetzungen für die exakte Lösung u kann man wie in Abschnitt 7.4 zeigen, daß $\tau_{ij} = O(h^2)$ gilt. Für genügend kleines h kann man daher erwarten, daß die Lösung z_{ij}, $i, j = 1, \ldots, N$ des linearen Gleichungssystems

$$(8.4.4) \qquad 4z_{ij} - z_{i-1,j} - z_{i+1,j} - z_{i,j-1} - z_{i,j+1} = h^2 f_{ij}, \ i, j = 1, \ldots, N,$$

$$z_{0j} = z_{N+1,j} = z_{i0} = z_{i,N+1} = 0 \quad \text{für } i, j = 0, 1, \ldots, N+1,$$

das man durch Fortlassen des Fehlers τ_{ij} aus (8.4.3) erhält, näherungsweise mit den u_{ij} übereinstimmt. Zu jedem Gitterpunkt (x_i, y_j) von Ω_h gehört genau eine Komponente z_{ij} der Lösung von (8.4.4). Faßt man die gesuchten N^2 Unbekannten z_{ij} und die rechten Seiten $h^2 f_{ij}$ reihenweise (s. Fig. 22) zu Vektoren zusammen

$$z := (z_{11}, z_{21}, \ldots, z_{N1}, z_{12}, \ldots, z_{N2}, \ldots, z_{1N}, \ldots, z_{NN})^T,$$
$$b := h^2(f_{11}, \ldots, f_{N1}, \ldots, f_{1N}, \ldots, f_{NN})^T,$$

so ist (8.4.4) mit einem linearen Gleichungssystem der Form

$$Az = b$$

mit der N^2-reihigen Matrix

$$A = \begin{bmatrix}
\begin{matrix} 4 & -1 & & \\ -1 & 4 & \ddots & \\ & \ddots & \ddots & -1 \\ & & -1 & 4 \end{matrix} &
\begin{matrix} -1 & & \\ & -1 & \\ & & \ddots \\ & & & -1 \end{matrix} & \\
\begin{matrix} -1 & & \\ & -1 & \\ & & \ddots \\ & & & -1 \end{matrix} &
\begin{matrix} 4 & -1 & & \\ -1 & 4 & \ddots & \\ & \ddots & \ddots & -1 \\ & & -1 & 4 \end{matrix} &
\ddots \\
& \ddots & \begin{matrix} -1 & & \\ & -1 & \\ & & \ddots \\ & & & -1 \end{matrix} \\
& \begin{matrix} -1 & & \\ & -1 & \\ & & \ddots \\ & & & -1 \end{matrix} &
\begin{matrix} 4 & -1 & & \\ -1 & 4 & \ddots & \\ & \ddots & \ddots & -1 \\ & & -1 & 4 \end{matrix}
\end{bmatrix}$$

$$(8.4.5) \qquad = \begin{bmatrix}
A_{11} & A_{12} & & 0 \\
A_{21} & A_{22} & \ddots & \\
& \ddots & \ddots & A_{N-1,N} \\
0 & & A_{N,N-1} & A_{NN}
\end{bmatrix}$$

äquivalent. A ist auf natürliche Weise in N-reihige Blöcke A_{ij} partitioniert, die von der Partitionierung der Punkte (x_i, y_j) von Ω_h in horizontale Reihen $(x_1, y_j), (x_2, y_j), \ldots, (x_N, y_j)$ induziert werden.

Die Matrix A ist sehr schwach besetzt. Pro Zeile sind maximal fünf Elemente von Null verschieden. Deshalb benötigt man für die Durchführung eines Iterationsschritts $z^{(i)} \to z^{(i+1)}$ z. B. des Gesamtschrittverfahrens (8.1.7) oder des Einzelschrittverfahrens (8.1.8) nur etwa $5N^2$ Operationen (1 Operation $=$ 1 Multiplikation bzw. Division $+$ 1 Addition). (Wäre die Matrix A voll besetzt, würde man dagegen N^4 Operationen pro Iterationsschritt benötigen.) Man vergleiche diesen Aufwand mit dem eines endlichen Verfahrens zur Lösung von $Az = b$. Würde man etwa mit dem Cholesky-Verfahren (weiter unten sehen wir, daß A positiv definit ist) eine Dreieckszerlegung von $A = LL^T$ berechnen, so wäre L eine N^2-reihige untere Dreiecksmatrix der Form

$$L = \begin{bmatrix} * & & & & \\ \vdots & \ddots & & & \\ * & & \ddots & & \\ & \ddots & & \ddots & \\ & & * & \cdots & * \end{bmatrix}.$$

$$\underbrace{\qquad\qquad}_{N+1}$$

Zur Berechnung von L benötigt man ca. $\frac{1}{2}N^4$ Operationen. Da z. B. das Gesamtschrittverfahren ca. $(N + 1)^2$ Iterationen (Überrelaxationsverfahren: $N + 1$ Iterationen) braucht [s. u. (8.4.9)], um ein 2 Dezimalstellen genaues Resultat zu erhalten, wäre das Cholesky-Verfahren weniger aufwendig als das Gesamtschrittverfahren. Die Hauptschwierigkeit des Cholesky-Verfahrens liegt jedoch darin, daß man bei den heutigen Speichergrößen zur Speicherung der ca. N^3 nichtverschwindenden Elemente von L zu viel Platz benötigt. (Typische Größenordnung für N: 50–100). Hier liegen die Vorzüge der Iterationsverfahren, für die nur man $O(N^2)$ Speicherplätze benötigt.

Zum Gesamtschrittverfahren gehört die Matrix

$$J = L + U = \tfrac{1}{4}(4I - A).$$

Der zugehörige Graph $G(J)$ (für $N = 3$)

ist zusammenhängend und 2-zyklisch. A ist daher unzerlegbar [s. 8.2] und besitzt die „property A" [Satz (8.3.11)]. Man überlegt sich leicht, daß A außerdem bereits konsistent geordnet ist.

Die Eigenwerte und Eigenvektoren von $J = L + U$ können explizit angegeben werden. Man verifiziert durch Einsetzen sofort, daß für die N^2 Vektoren

$$z^{(k,l)}, \qquad k, l = 1, 2, \ldots, N,$$

mit den Komponenten

$$z_{ij}^{(k,l)} := \sin \frac{k\pi i}{N+1} \sin \frac{l\pi j}{N+1}, \qquad 1 \le i, j \le N,$$

gilt

$$J z^{(k,l)} = \mu^{(k,l)} z^{(k,l)}$$

mit

$$\mu^{(k,l)} := \frac{1}{2} \left(\cos \frac{k\pi}{N+1} + \cos \frac{l\pi}{N+1} \right), \qquad 1 \le k, l \le N.$$

J besitzt also die Eigenwerte $\mu^{(k,l)}$, $1 \le k, l \le N$.
Der Spektralradius von J ist daher

$$(8.4.6) \qquad \rho(J) = \max_{k,l} \left| \mu^{(k,l)} \right| = \cos \frac{\pi}{N+1}.$$

Zum Einzelschrittverfahren gehört die Matrix $H = (I - L)^{-1} U$ mit dem Spektralradius [s. (8.3.16)]:

$$\rho(H) = \rho(J)^2 = \cos^2 \frac{\pi}{N+1}.$$

Nach Satz (8.3.17) ist der optimale Relaxationsfaktor ω_b und $\rho(H(\omega_b))$ gegeben durch

$$\omega_b = \frac{2}{1 + \sqrt{1 - \cos^2 \dfrac{\pi}{N+1}}} = \frac{2}{1 + \sin \dfrac{\pi}{N+1}},$$

$$(8.4.7)$$

$$\rho\big(H(\omega_b)\big) = \frac{\cos^2 \dfrac{\pi}{N+1}}{\left(1 + \sin \dfrac{\pi}{N+1}\right)^2}.$$

Die Zahl $\kappa = \kappa(N)$ mit $\rho(J)^\kappa = \rho(H(\omega_b))$ gibt an, wie viele Schritte des Gesamtschrittverfahrens dieselbe Fehlerreduktion wie ein Schritt des optimalen Relaxationsverfahrens liefern. Für sie gilt

$$\kappa = \frac{\ln \rho\big(H(\omega_b)\big)}{\ln \rho(J)}.$$

Nun ist für kleines z, $\ln(1+z) = z - z^2/2 + O(z^3)$ und für großes N

$$\cos \frac{\pi}{N+1} = 1 - \frac{\pi^2}{2(N+1)^2} + O\left(\frac{1}{N^4}\right),$$

so daß

$$\ln \rho(J) = -\frac{\pi^2}{2(N+1)^2} + O\left(\frac{1}{N^4}\right).$$

Ebenso folgt

$$\ln \rho\big(H(\omega_b)\big) = 2\left[\ln \rho(J) - \ln\left(1 + \sin \frac{\pi}{N+1}\right)\right]$$

$$= 2\left[-\frac{\pi^2}{2(N+1)^2} - \frac{\pi}{N+1} + \frac{\pi^2}{2(N+1)^2} + O\left(\frac{1}{N^3}\right)\right]$$

$$= -\frac{2\pi}{N+1} + O\left(\frac{1}{N^3}\right),$$

so daß schließlich asymptotisch für großes N gilt

(8.4.8) $$\kappa = \kappa(N) \approx \frac{4(N+1)}{\pi},$$

d. h. das optimale Relaxationsverfahren ist mehr als N mal so schnell als das Gesamtschrittverfahren. Die Größen

$$R_J := -\frac{\ln(10)}{\ln \rho(J)} \approx 0.467(N+1)^2,$$

(8.4.9) $$R_{GS} := \frac{1}{2} R_J \approx 0.234(N+1)^2,$$

$$R_{\omega_b} := -\frac{\ln(10)}{\ln \rho\big(H(\omega_b)\big)} \approx 0.367(N+1)$$

geben die Zahl der Iterationen an, die man bei dem Jacobiverfahren, dem Gauß-Seidel-Verfahren bzw. bei dem optimalen Relaxationsverfahren benötigt, um den Fehler auf $1/10$ seines ursprünglichen Wertes zu vermindern.

Wir geben schließlich eine Formel für die Kondition $\text{cond}_2(A)$ von A bezüglich der euklidischen Norm an. Da J die Eigenwerte

$$\mu^{(k,l)} = \frac{1}{2}\left(\cos \frac{k\pi}{N+1} + \cos \frac{l\pi}{N+1}\right), \quad 1 \le k, l \le N,$$

besitzt, folgt aus $A = 4(I - J)$ für die extremen Eigenwerte von A

$$\lambda_{\max}(A) = 4\left(1 + \cos\frac{\pi}{N+1}\right), \quad \lambda_{\min}(A) = 4\left(1 - \cos\frac{\pi}{N+1}\right).$$

Man erhält so für $\text{cond}_2(A) = \lambda_{\max}(A)/\lambda_{\min}(A)$ die Formel

(8.4.10)
$$\text{cond}_2(A) = \frac{\cos^2\dfrac{\pi}{N+1}}{\sin^2\dfrac{\pi}{N+1}} \doteq \frac{4}{\pi^2}(N+1)^2 = \frac{4}{\pi^2 h^2}.$$

8.5 Block-Iterationsverfahren

Wie das Beispiel des letzten Abschnitts zeigt, haben die Matrizen A, die man bei der Anwendung von Differenzenverfahren auf partielle Differentialgleichungen erhält, häufig eine natürliche Blockstruktur,

$$A = \begin{bmatrix} A_{11} & \cdots & A_{1N} \\ \vdots & & \vdots \\ A_{N1} & \cdots & A_{NN} \end{bmatrix},$$

wobei die A_{ii} quadratische Matrizen sind. Sind überdies die A_{ii} alle nichtsingulär, so liegt es nahe, bezüglich der gegebenen Partition π von A *Block-Iterations-Verfahren* auf folgende Weise einzuführen: Analog zur Zerlegung (8.1.5) von A definiert man bezüglich π die Zerlegung

$$A = D_\pi - E_\pi - F_\pi, \quad L_\pi := D_\pi^{-1} E_\pi, \quad U_\pi := D_\pi^{-1} F_\pi$$

mit
(8.5.1)

$$D_\pi = \begin{bmatrix} A_{11} & & & 0 \\ & A_{22} & & \\ & & \ddots & \\ 0 & & & A_{NN} \end{bmatrix}, E_\pi := -\begin{bmatrix} 0 & & & 0 \\ A_{21} & \ddots & & \\ \vdots & \ddots & \ddots & \\ A_{N1} & \cdots & A_{N,N-1} & 0 \end{bmatrix},$$

$$F_\pi := -\begin{bmatrix} 0 & A_{12} & \cdots & A_{1N} \\ & \ddots & \ddots & \vdots \\ & & \ddots & A_{N-1,N} \\ 0 & & & 0 \end{bmatrix}.$$

Man erhält das *Block-Gesamtschrittverfahren* (Block-Jacobi-Verfahren) zur Lösung von $Ax = b$, indem man in (8.1.3) analog zu (8.1.7) $B := D_\pi$ wählt. Man erhält so die Iterationsvorschrift

$$D_\pi x^{(i+1)} = b + (E_\pi + F_\pi)x^{(i)},$$

oder ausgeschrieben

(8.5.2) $A_{jj}x_j^{(i+1)} = b_j - \sum_{k \neq j} A_{jk}x_k^{(i)}, \quad j = 1, 2, \ldots, N, \quad i = 0, 1, \ldots.$

Dabei sind natürlich die Vektoren $x^{(s)}, b$ ähnlich partitioniert wie A. In jedem Schritt des Verfahrens $x^{(i)} \rightarrow x^{(i+1)}$ müssen jetzt N lineare Gleichungssysteme der Form $A_{jj}z = y$, $j = 1, 2, \ldots, N$ aufgelöst werden. Das geschieht dadurch, daß man sich zunächst mit den Methoden von Abschnitt 4 eine Dreieckszerlegung (ggf. Cholesky-Zerlegung) $A_{jj} = L_j R_j$ der A_{jj} verschafft und die Lösung von $A_{jj}z = y$ auf die Lösung von zwei gestaffelten Gleichungssysteme reduziert,

$$L_j u = y, \quad R_j z = u.$$

Für die Effektivität des Verfahrens ist es wesentlich, daß die A_{jj} einfach gebaute Matrizen sind, für die die Dreieckszerlegung leicht durchzuführen ist. Dies ist z. B. bei der Matrix A (8.4.5) des Modellproblems der Fall. Hier sind die A_{jj} positiv definite N-reihige Tridiagonalmatrizen

$$A_{jj} = \begin{bmatrix} 4 & -1 & & \\ -1 & \ddots & \ddots & \\ & \ddots & \ddots & -1 \\ & & -1 & 4 \end{bmatrix}, \quad L_j = \begin{bmatrix} * & & & \\ * & \ddots & & \\ & \ddots & \ddots & \\ & & * & * \end{bmatrix},$$

deren Cholesky-Zerlegung sehr geringen Rechenaufwand (Operationszahl proportional N) erfordert.

Für die Konvergenzgeschwindigkeit von (8.5.2) ist jetzt natürlich der Spektralradius $\rho(J_\pi)$ der Matrix

$$J_\pi := I - B^{-1}A = L_\pi + U_\pi$$

bestimmend.

Ebenso kann man analog zu (8.1.8) *Block-Einzelschrittverfahren* (Block-Gauß-Seidel-Verfahren) definieren durch die Wahl

$$B := D_\pi - E_\pi, \quad H_\pi := (I - B^{-1}A) = (I - L_\pi)^{-1}U_\pi,$$

oder explizit:

(8.5.3)

$$A_{jj}x_j^{(i+1)} = b_j - \sum_{k<j} A_{jk}x_k^{(i+1)} - \sum_{k>j} A_{jk}x_k^{(i)},$$

$$j = 1, 2, \ldots, N, \quad i = 0, 1, \ldots.$$

Wiederum hat man in jedem Iterationsschritt N Gleichungssysteme mit den kleineren Matrizen A_{jj} zu lösen.

Wie in Abschnitt 8.3 kann man auch *Block-Relaxationsverfahren* einführen durch die Wahl $B := B(\omega) = (1/\omega)D_\pi(I - \omega L_\pi)$ oder explizit [vgl. (8.3.3)]:

$$x_j^{(i+1)} := \omega\big(\tilde{x}_j^{(i+1)} - x_j^{(i)}\big) + x_j^{(i)}, \qquad j = 1, 2, \ldots, N,$$

wobei $\tilde{x}_j^{(i+1)}$ die Lösung von (8.5.3) bezeichnet. Jetzt ist natürlich

$$H_\pi(\omega) := \big(I - B(\omega)^{-1}A\big) = (I - \omega L_\pi)^{-1}\big[(1 - \omega)I + \omega U_\pi\big].$$

Man kann auch die Theorie der konsistent geordneten Matrizen von Abschnitt 8.3 übertragen, wenn man A als konsistent geordnet definiert, falls die Eigenwerte der Matrizen

$$J_\pi(\alpha) = \alpha L_\pi + \alpha^{-1}U_\pi$$

von α unabhängig sind. Optimale Relaxationsparameter werden wie in Satz (8.3.17) mit Hilfe von $\rho(J_\pi)$ bestimmt.

Man erwartet intuitiv, daß die Blockverfahren umso besser konvergieren, je gröber die zugehörige Blockeinteilung π von A ist. Man kann dies auch unter verhältnismäßig allgemeinen Voraussetzungen für A beweisen [s. Varga (1962)]. Für die gröbste Partitionierung π von A in nur einen Block „konvergiert" das Iterationsverfahren z. B. nach nur einem Schritt. Es ist dann mit direkten Verfahren äquivalent. Dieses Beispiel zeigt, daß beliebig grobe Partitionierungen nur theoretisch interessant sind. Die Reduktion der Zahl der nötigen Iterationen wird gewissermaßen durch den größeren Rechenaufwand für die einzelnen Iterationsschritte kompensiert. Man kann jedoch für die gängigen Partitionierungen zeigen, bei denen A eine Block-Tridiagonalmatrix ist und die Diagonalblöcke A_{jj} gewöhnliche Tridiagonalmatrizen sind [dies ist z. B. bei dem Modellproblem der Fall], daß der Rechenaufwand der Block-Methoden gleich dem der gewöhnlichen Methoden ist. In diesen Fällen bringen die Block-Methoden Vorteile. Für das Modellproblem [s. 8.4] kann man bezüglich der in (8.4.5) angegebenen Partitionierung wieder den Spektralradius $\rho(J_\pi)$ explizit angeben. Man findet

$$\rho(J_\pi) = \frac{\cos\dfrac{\pi}{N+1}}{2 - \cos\dfrac{\pi}{N+1}} < \rho(J).$$

Für die entsprechende optimale Block-Relaxationsmethode ist asymptotisch für $N \to \infty$

$$\rho\big(H_\pi(\omega_b)\big) \approx \rho\big(H(\omega_b)\big)^\kappa \quad \text{mit} \quad \kappa = \sqrt{2}.$$

Die Zahl der Iterationen reduziert sich gegenüber dem gewöhnlichen optimalen Relaxationsverfahren um den Faktor $\sqrt{2}$ [Beweis: s. Übungsaufgabe 17].

8.6 Das ADI-Verfahren von Peaceman-Rachford

Noch schneller als die Relaxationsverfahren konvergieren die *ADI-Verfahren* (alternating direction implicit iterative methods) zur iterativen Lösung spezieller linearer Gleichungssysteme, die man bei Differenzenverfahren erhält. Von den vielen Varianten dieses Verfahrens beschreiben wir hier nur das historisch erste Verfahren dieses Typs, das von Peaceman und Rachford stammt [s. Varga (1962) und Young (1971) für die Beschreibung weiterer Varianten]. Wir wollen das Verfahren an dem Randwertproblem

$$(8.6.1) \quad \begin{aligned} -u_{xx}(x, y) - u_{yy}(x, y) + \sigma u(x, y) &= f(x, y) \quad \text{für } (x, y) \in \Omega, \\ u(x, y) &= 0 \quad \text{für } (x, y) \in \partial\Omega, \ \Omega := \big\{(x, y) \mid 0 < x, y < 1\big\}, \end{aligned}$$

für das Einheitsquadrat erläutern, das wegen des Terms σu nur geringfügig allgemeiner als das Modellproblem (8.4.1) ist. Wir setzen im folgenden σ als konstant und nichtnegativ voraus. Mit Hilfe der gleichen Diskretisierung und den gleichen Bezeichnungen wie in Abschnitt 8.4 erhält man jetzt statt (8.4.4) das lineare Gleichungssystem

(8.6.2)

$$4z_{ij} - z_{i-1,j} - z_{i+1,j} - z_{i,j-1} - z_{i,j+1} + \sigma h^2 z_{ij} = h^2 f_{ij}, \ 1 \le i, j \le N,$$

$$z_{0j} = z_{N+1,j} = z_{i0} = z_{i,N+1} = 0, \quad 0 \le i, j \le N+1,$$

für Näherungswerte z_{ij} der Werte $u_{ij} = u(x_i, y_j)$ der exakten Lösung. Der Zerlegung

$$4z_{ij} - z_{i-1,j} - z_{i+1,j} - z_{i,j-1} - z_{i,j+1} + \sigma h^2 z_{ij} \equiv$$
$$\equiv [2z_{ij} - z_{i-1,j} - z_{i+1,j}] + [2z_{ij} - z_{i,j-1} - z_{i,j+1}] + [\sigma h^2 z_{ij}],$$

nach den Variablen, die in der gleichen horizontalen bzw. vertikalen Reihe von Ω_h (s. Fig. 21) stehen, entspricht eine Zerlegung der Matrix A des Gleichungssystems (8.6.2) $Az = b$ der Form

$$A = H + V + \Sigma.$$

Dabei sind H, V, Σ durch ihre Wirkung auf den Vektor z definiert:

$$(8.6.3) \qquad w_{ij} = \begin{cases} 2z_{ij} - z_{i-1,j} - z_{i+1,j}, & \text{falls } w = Hz, \\ 2z_{ij} - z_{i,j-1} - z_{i,j+1}, & \text{falls } w = Vz, \\ \sigma h^2 z_{ij}, & \text{falls } w = \Sigma z. \end{cases}$$

Σ ist eine Diagonalmatrix mit nichtnegativen Elementen, H und V sind beide symmetrische positiv definite Matrizen. Für H sieht man das so: Ordnet man die z_{ij} entsprechend den Zeilen von Ω_h (s. Fig. 21) an, $z = [z_{11}, z_{21}, \ldots, z_{N1}, \ldots, z_{1N}, z_{2N}, \ldots, z_{NN}]^T$, so ist

$$H = \begin{bmatrix} \begin{matrix} 2 & -1 & & \\ -1 & \ddots & \ddots & \\ & \ddots & \ddots & -1 \\ & & -1 & 2 \end{matrix} & & \\ & \ddots & \\ & & \begin{matrix} 2 & -1 & & \\ -1 & \ddots & \ddots & \\ & \ddots & \ddots & -1 \\ & & -1 & 2 \end{matrix} \end{bmatrix}.$$

Nach Satz (7.4.7) sind die Matrizen

$$\begin{bmatrix} 2 & -1 & & \\ -1 & \ddots & \ddots & \\ & \ddots & \ddots & -1 \\ & & -1 & 2 \end{bmatrix}$$

und damit auch H positiv definit. Für V geht man ähnlich vor.

Analoge Zerlegungen von A erhält man auch bei wesentlich allgemeineren Randwertproblemen als (8.6.1).

Im ADI-Verfahren wird das Gleichungssystem (8.6.2), $Az = b$, entsprechend der Zerlegung $A = H + V + \Sigma$ äquivalent umgeformt in

$$\left(H + \tfrac{1}{2}\Sigma + rI \right) z = \left(rI - V - \tfrac{1}{2}\Sigma \right) z + b,$$

bzw.

$$\left(V + \tfrac{1}{2}\Sigma + rI \right) z = \left(rI - H - \tfrac{1}{2}\Sigma \right) z + b.$$

Dabei ist r eine beliebige reelle Zahl. Mit den Abkürzungen $H_1 := H + \tfrac{1}{2}\Sigma$, $V_1 := V + \tfrac{1}{2}\Sigma$ erhält man so die Iterationsvorschrift des ADI-Verfahrens, die aus zwei Halbschritten besteht,

$$(8.6.4a) \qquad \left(H_1 + r_{i+1}I\right)z^{(i+1/2)} = \left(r_{i+1}I - V_1\right)z^{(i)} + b,$$
$$(8.6.4b) \qquad \left(V_1 + r_{i+1}I\right)z^{(i+1)} = \left(r_{i+1}I - H_1\right)z^{(i+1/2)} + b.$$

Bei gegebenem $z^{(i)}$ rechnet man aus der ersten dieser Gleichungen zunächst $z^{(i+1/2)}$ aus, setzt diesen Wert in b) ein und berechnet $z^{(i+1)}$. r_{i+1} ist ein reeller Parameter, der in jedem Schritt neu gewählt werden kann. Bei geeigneter Anordnung der Variablen z_{ij} sind die Matrizen $(H_1 + r_{i+1}I)$ und $(V_1 + r_{i+1}I)$ positiv definite ($r_{i+1} \geq 0$ vorausgesetzt) Tridiagonalmatrizen, so daß über eine Cholesky-Zerlegung von $H_1 + r_{i+1}I$, $V_1 + r_{i+1}I$ die Gleichungssysteme (8.6.4) a), b) leicht nach $z^{(i+1/2)}$ und $z^{(i+1)}$ aufgelöst werden können.

Durch Elimination von $z^{(i+1/2)}$ erhält man aus (8.6.4)

$$(8.6.5) \qquad z^{(i+1)} = T_{r_{i+1}}z^{(i)} + g_{r_{i+1}}(b)$$

mit

$$(8.6.6) \qquad \begin{aligned} T_r &:= \left(V_1 + rI\right)^{-1}\left(rI - H_1\right)\left(H_1 + rI\right)^{-1}\left(rI - V_1\right), \\ g_r(b) &:= \left(V_1 + rI\right)^{-1}\left[I + \left(rI - H_1\right)\left(H_1 + rI\right)^{-1}\right]b. \end{aligned}$$

Aus (8.6.5) und der Beziehung $z = T_{r_{i+1}}z + g_{r_{i+1}}(b)$ folgt durch Subtraktion für den Fehler $f_i := z^{(i)} - z$

$$(8.6.7) \qquad f_{i+1} = T_{r_{i+1}}f_i$$

und daher

$$(8.6.8) \qquad f_m = T_{r_m}\cdots T_{r_1}f_0.$$

Ähnlich wie bei Relaxationsverfahren, versucht man die Parameter r_i so zu wählen, daß das Verfahren möglichst schnell konvergiert. Wegen (8.6.7), (8.6.8) heißt das, die r_i so zu bestimmen, daß der Spektralradius $\rho(T_{r_m}\cdots T_{r_1})$ möglichst klein wird.

Wir wollen zunächst den Fall betrachten, daß für alle i der gleiche Parameter $r_i = r$, $i = 1, 2, \ldots$, gewählt wird. Hier gilt

(8.6.9) **Satz:** *Unter der Voraussetzung, daß H_1 und V_1 positiv definit sind, ist $\rho(T_r) < 1$ für alle $r > 0$.*

Man beachte, daß die Voraussetzung für unser spezielles Problem (8.6.1) erfüllt ist. Aus Satz (8.6.9) folgt insbesondere, daß jede konstante Wahl $r_i = r > 0$ zu einem konvergenten Iterationsverfahren (8.6.4) führt.

Beweis: Nach Voraussetzung ist V_1 und H_1 positiv definit, also existieren $(V_1 + rI)^{-1}$, $(H_1 + rI)^{-1}$ für $r > 0$ und damit auch T_r (8.6.6). Die Matrix

$$\tilde{T}_r := (V_1 + rI) \, T_r \, (V_1 + rI)^{-1}$$

$$= \big[(rI - H_1)(H_1 + rI)^{-1} \big] \big[(rI - V_1)(V_1 + rI)^{-1} \big]$$

ist zu T_r ähnlich, also gilt $\rho(T_r) = \rho(\tilde{T}_r)$. Ferner besitzt die Matrix $\tilde{H} :=$ $(rI - H_1)(H_1 + rI)^{-1}$ die Eigenwerte

$$\frac{r - \lambda_j}{r + \lambda_j},$$

wenn $\lambda_j = \lambda_j(H_1)$ die nach Voraussetzung positiven Eigenwerte von H_1 sind. Wegen $r > 0$, $\lambda_j > 0$, folgt

$$\left| \frac{r - \lambda_j}{r + \lambda_j} \right| < 1,$$

und damit $\rho(\tilde{H}) < 1$. Da mit H_1 auch $\tilde{H}$ eine Hermitesche Matrix ist, gilt [s. 4.4] $\mathrm{lub}_2(\tilde{H}) = \rho(\tilde{H}) < 1$ bzgl. der euklidischen Norm $\| \cdot \|_2$. Auf die gleiche Weise folgt $\mathrm{lub}_2(\tilde{V}) < 1$, $\tilde{V} := (rI - V_1)(V_1 + rI)^{-1}$ und damit [s. Satz (6.9.1)]

$$\rho(\tilde{T}_r) \leq \mathrm{lub}_2(\tilde{T}_r) \leq \mathrm{lub}_2(\tilde{H}) \, \mathrm{lub}_2(\tilde{V}) < 1. \qquad \square$$

Für das Modellproblem (8.4.1) kann man genauere Aussagen machen. Die in Abschnitt 8.4 eingeführten Vektoren $z^{(k,l)}$, $1 \leq k, l \leq N$, mit

(8.6.10) $$z_{ij}^{(k,l)} := \sin \frac{k\pi i}{N+1} \sin \frac{l\pi j}{N+1}, \qquad 1 \leq i, j \leq N,$$

sind, wie man sofort verifiziert, Eigenvektoren von $H = H_1$ und $V = V_1$ und damit auch von T_r. Damit können die Eigenwerte von T_r explizit angegeben werden. Man findet

(8.6.11) $$\begin{aligned} H_1 z^{(k,l)} &= \mu_k z^{(k,l)}, \\ V_1 z^{(k,l)} &= \mu_l z^{(k,l)}, \\ T_r z^{(k,l)} &= \mu^{(k,l)} z^{(k,l)}, \end{aligned}$$

mit

(8.6.12) $$\mu^{(k,l)} := \frac{r - \mu_l}{r + \mu_l} \frac{r - \mu_k}{r + \mu_k} \quad \text{mit} \quad \mu_j := 4 \sin^2 \frac{j\pi}{2(N+1)},$$

so daß

(8.6.13) $$\rho(T_r) = \max_{1 \leq j \leq N} \left| \frac{r - \mu_j}{r + \mu_j} \right|^2.$$

Durch Diskussion dieses Ausdrucks findet man schließlich [s. Übungsaufgabe 20]

$$\min_{r>0} \rho(T_r) = \rho\big(H(\omega_b)\big) = \frac{\cos^2 \dfrac{\pi}{N+1}}{\left(1 + \sin \dfrac{\pi}{N+1}\right)^2},$$

wo ω_b zu dem optimalen (gewöhnlichen) Relaxationsverfahren gehört [vgl. (8.4.7)]. Mit anderen Worten: das beste ADI-Verfahren, konstante Parameterwahl vorausgesetzt, besitzt für das Modellproblem dieselbe Konvergenzgeschwindigkeit wie das optimale gewöhnliche Relaxationsverfahren. Da der einzelne Iterationsschritt des ADI-Verfahrens ungleich aufwendiger ist als bei dem Relaxationsverfahren, scheint das ADI- Verfahren unterlegen zu sein. Dies ist sicher richtig, falls man für alle Iterationsschritte die gleichen Parameter $r = r_1 = r_2 = \cdots$ wählt. Wenn man jedoch von der zusätzlichen Wahlmöglichkeit Gebrauch macht, in jedem Schritt einen eigenen Parameter r_i zu wählen, ändert sich das Bild zugunsten der ADI-Verfahren. Für das Modellproblem kann man z. B. so argumentieren: Die Vektoren $z^{(k,l)}$ sind Eigenvektoren von T_r für beliebiges r mit zugehörigem Eigenwert $\mu^{(k,l)}$ (8.6.12), also sind sie auch Eigenvektoren von $T_{r_i} \cdots T_{r_1}$ (8.6.8):

$$T_{r_i} \cdots T_{r_1} z^{(k,l)} = \mu^{(k,l)}_{r_i,\dots,r_1} z^{(k,l)}$$

zum Eigenwert

$$\mu^{(k,l)}_{r_i,\dots,r_1} := \prod_{j=1}^{i} \frac{(r_j - \mu_l)(r_j - \mu_k)}{(r_j + \mu_l)(r_j + \mu_k)}.$$

Wählt man $r_j := \mu_j$, $j = 1, 2, \dots, N$, so folgt

$$\mu^{(k,l)}_{r_N,\dots,r_1} = 0 \quad \text{für alle} \quad 1 \le k, l \le N,$$

so daß wegen der linearen Unabhängigkeit der $z^{(k,l)}$

$$T_{r_N} \cdots T_{r_1} = 0.$$

Bei dieser speziellen Wahl der r_j bricht das ADI-Verfahren für das Modellproblem nach N Schritten mit der exakten Lösung ab. Dies ist natürlich ein besonderer Glücksfall, der auf folgenden wesentlichen Voraussetzungen beruht:

1) H_1 und V_1 besitzen einen Satz von *gemeinsamen* Eigenvektoren, die den gesamten Raum aufspannen.
2) Die Eigenwerte von H_1 und V_1 sind bekannt.

Man kann natürlich nicht erwarten, daß beide Voraussetzungen bei anderen Problemen als (8.6.1), (8.6.2) in der Praxis erfüllt sind, insbesondere wird man kaum die exakten Eigenwerte σ_i von H_1 bzw. τ_i von V_1 kennen, sondern bestenfalls untere und obere Schranken für diese Eigenwerte, $\alpha \leq \sigma_i, \tau_i \leq \beta$. Wir wollen uns mit dieser Situation befassen und zunächst ein Kriterium dafür angeben, wann Voraussetzung 1) erfüllt ist.

(8.6.14) **Satz:** *Für zwei n-reihige Hermitesche Matrizen H_1 und V_1 gibt es genau dann n linear unabhängige (orthogonale) Vektoren $z_1, \ldots, z_n$, die gemeinsame Eigenvektoren von H_1 und V_1 sind,*

(8.6.15) $\qquad H_1 z_i = \sigma_i z_i, \quad V_1 z_i = \tau_i z_i, \qquad i = 1, 2, \ldots, n,$

wenn H_1 mit V_1 vertauschbar ist: $H_1 V_1 = V_1 H_1$.

Beweis: 1. Aus (8.6.15) folgt

$$H_1 V_1 z_i = \sigma_i \tau_i z_i = V_1 H_1 z_i \quad \text{für alle } i = 1, 2, \ldots, n.$$

Da die z_i eine Basis des $\mathbb{C}^n$ bilden, folgt sofort $H_1 V_1 = V_1 H_1$.

2. Sei umgekehrt $H_1 V_1 = V_1 H_1$. Ferner seien $\lambda_1 < \cdots < \lambda_r$ die Eigenwerte von V_1 mit den Vielfachheiten $\sigma(\lambda_i)$, $i = 1, \ldots, r$. Nach Satz (6.4.2) gibt es dann eine unitäre Matrix U mit

$$\Lambda_V := U^H V_1 U = \begin{bmatrix} \lambda_1 I_1 & & \\ & \ddots & \\ & & \lambda_r I_r \end{bmatrix},$$

wobei I_j eine $\sigma(\lambda_j)$-reihige Einheitsmatrix ist. Aus $H_1 V_1 = V_1 H_1$ folgt sofort $\tilde{H}_1 \Lambda_V = \Lambda_V \tilde{H}_1$ mit der Matrix $\tilde{H}_1 := U^H H_1 U$. Wir partitionieren $\tilde{H}_1$ analog zu Λ_V,

$$\tilde{H}_1 = \begin{bmatrix} H_{11} & H_{12} & \cdots & H_{1r} \\ H_{21} & H_{22} & & H_{2r} \\ \vdots & \vdots & & \vdots \\ H_{r1} & H_{r2} & \cdots & H_{rr} \end{bmatrix}.$$

Durch Ausmultiplizieren von $\tilde{H}_1 \Lambda_V = \Lambda_V \tilde{H}_1$ erhält man $H_{i,j} = 0$ für $i \neq j$ wegen $\lambda_i \neq \lambda_j$. Die H_{ii} sind $\sigma(\lambda_i)$-reihige Hermitesche Matrizen. Wiederum nach Satz (6.4.2) gibt es $\sigma(\lambda_i)$-reihige unitäre Matrizen $\bar{U}_i$, so daß $\bar{U}_i^H H_{ii} \bar{U}_i$ eine Diagonalmatrix Λ_i wird. Es folgen für die unitäre $n \times n$-Matrix

$$\bar{U} := \begin{bmatrix} \bar{U}_1 & & \\ & \ddots & \\ & & \bar{U}_r \end{bmatrix}$$

wegen $H_{ij} = 0$ für $i \neq j$ die Beziehungen

$$(U\bar{U})^H H_1 (U\bar{U}) = \bar{U}^H \tilde{H}_1 \bar{U} = \Lambda_H = \begin{bmatrix} \Lambda_1 & & \\ & \ddots & \\ & & \Lambda_r \end{bmatrix},$$

$$(U\bar{U})^H V_1 (U\bar{U}) = \bar{U}^H \Lambda_V \bar{U} = \Lambda_V,$$

also

$$H_1(U\bar{U}) = (U\bar{U})\Lambda_H, \quad V_1(U\bar{U}) = (U\bar{U})\Lambda_V,$$

so daß gerade die Spalten $z_i := (U\bar{U})e_i$ der unitären Matrix $U\bar{U} = (z_1, \ldots, z_n)$ als n gemeinsame orthogonale Eigenvektoren von H_1 und V_1 genommen werden können. □

Leider ist die Bedingung $H_1 V_1 = V_1 H_1$ recht stark. Man kann zeigen [s. Varga (1962), Young (1971)], daß sie im wesentlichen nur für Randwertprobleme des Typs

$$-\frac{\partial}{\partial x}\left(p_1(x)\frac{\partial u(x,y)}{\partial x}\right) - \frac{\partial}{\partial y}\left(p_2(y)\frac{\partial u(x,y)}{\partial y}\right) + \sigma u(x,y) = f(x,y)$$

$$\text{für} \quad (x,y) \in \Omega$$

$$u(x,y) = 0 \quad \text{für} \quad (x,y) \in \partial\Omega$$

$$\sigma > 0 \text{ konstant}, \quad p_1(x) > 0, \quad p_2(y) > 0 \quad \text{für} \quad (x,y) \in \Omega,$$

für Rechtecksgebiete Ω bei der üblichen Diskretisierung (Rechtecksgitter etc.) erfüllt ist. Trotzdem scheinen die praktischen Erfahrungen mit dem ADI-Verfahren nahe zu legen, daß die für den kommutativen Fall beweisbaren günstigen Konvergenzeigenschaften auch häufig im nichtkommutativen Fall vorliegen. Wir setzen daher für die folgende Diskussion voraus, daß H_1 und V_1 zwei positiv definite vertauschbare $n \times n$-Matrizen mit (8.6.15) sind und daß zwei Zahlen α, β gegeben sind, so daß $0 < \alpha \le \sigma_i, \tau_i \le \beta$ für $i = 1, 2, \ldots, n$. Es ist dann

$$T_r z_i = \frac{r - \sigma_i}{r + \sigma_i}\frac{r - \tau_i}{r + \tau_i} \cdot z_i \quad \text{für alle} \quad r > 0, \quad i = 1, 2, \ldots, n,$$

so daß

(8.6.16)
$$\rho(T_{r_m} \cdots T_{r_1}) = \max_{1 \le i \le n} \prod_{j=1}^{m} \left| \frac{r_j - \sigma_i}{r_j + \sigma_i}\frac{r_j - \tau_i}{r_j + \tau_i} \right|$$

$$\le \max_{\alpha \le x \le \beta} \prod_{j=1}^{m} \left| \frac{r_j - x}{r_j + x} \right|^2.$$

Dies legt nahe, bei gegebenem m die Parameter $r_i > 0$, $i = 1, \ldots, m$, so zu wählen, daß die Funktion

$$(8.6.17) \qquad \varphi(r_1, \ldots, r_m) := \max_{\alpha \le x \le \beta} \prod_{j=1}^{m} \left| \frac{r_j - x}{r_j + x} \right|$$

möglichst klein wird. Man kann zeigen, daß für jedes m eindeutig bestimmte Zahlen $\bar{r}_i$ mit $\alpha < \bar{r}_i < \beta$, $i = 1, \ldots, m$, gibt, so daß

$$(8.6.18) \qquad d_m(\alpha, \beta) := \varphi(\bar{r}_1, \ldots, \bar{r}_m) = \min_{\substack{r_i > 0 \\ 1 \le i \le m}} \varphi(r_1, \ldots, r_m).$$

Die optimalen Parameter $\bar{r}_1, \ldots, \bar{r}_m$ können sogar für jedes m explizit mit Hilfe von elliptischen Funktionen angegeben werden [s. Wachspress (1966), Young (1971)]. Für die $\bar{r}_i$ kennt man weiter leicht zu berechnende gute Näherungswerte. Für den Spezialfall $m = 2^k$ können jedoch auch die optimalen Parameter $\bar{r}_i$ leicht rekursiv berechnet werden. Für diesen Fall sollen hier die einschlägigen Resultate ohne Beweis mitgeteilt werden [Beweise: s. z. B. Wachspress (1966), Young (1971), Varga (1962)].

Mit $r_i^{(m)}$, $i = 1, 2, \ldots, m$, seien die optimalen ADI-Parameter für $m = 2^k$ bezeichnet. Die $r_i^{(m)}$ und $d_m(\alpha, \beta)$ können rekursiv mit Hilfe des Gaußschen *arithmetisch-geometrischen Mittels* berechnet werden.

Man kann zeigen, daß

$$(8.6.19) \qquad d_{2n}(\alpha, \beta) = d_n\left(\sqrt{\alpha\beta}, \frac{\alpha + \beta}{2} \right)$$

gilt, wobei die optimalen Parameter des min-max Problems (8.6.18) $r_i^{(2n)}$ und $r_i^{(n)}$ in folgendem Zusammenhang stehen:

$$(8.6.20) \qquad r_i^{(n)} = \frac{r_i^{(2n)} + \alpha\beta/r_i^{(2n)}}{2}, \qquad i = 1, 2, \ldots, n.$$

Ausgehend von dieser Beobachtung, erhält man folgenden Algorithmus zur Bestimmung von $r_i^{(m)}$. Man definiert für $m = 2^k$

$$\alpha_0 := \alpha, \qquad \beta_0 = \beta,$$

$$(8.6.21)$$

$$\alpha_{j+1} := \sqrt{\alpha_j \beta_j}, \qquad \beta_{j+1} := \frac{\alpha_j + \beta_j}{2}, \qquad j = 0, 1, \ldots, k-1.$$

Dann gilt

$$(8.6.22) \qquad d_{2^k}(\alpha_0, \beta_0) = d_{2^{k-1}}(\alpha_1, \beta_1) = \cdots = d_1(\alpha_k, \beta_k) = \frac{\sqrt{\beta_k} - \sqrt{\alpha_k}}{\sqrt{\beta_k} + \sqrt{\alpha_k}}.$$

Die Lösung von $d_1(\alpha_k, \beta_k)$ kann man angeben, $r_1^{(1)} = \sqrt{\alpha_k \beta_k}$. Die optimalen ADI-Parameter $r_i^{(m)}$, $i = 1, 2, \ldots, m = 2^k$, können dann rekursiv berechnet werden:

(8.6.23)

1. $s_1^{(0)} := \sqrt{\alpha_k \beta_k}$

2. für $j = 0, 1, \ldots, k-1$: Bestimme $s_i^{(j+1)}$, $i = 1, 2, \ldots, 2^{j+1}$, als die 2^{j+1} Lösungen der 2^j in x quadratischen Gleichungen

$$s_i^{(j)} = \frac{1}{2}\left(x + \frac{\alpha_{k-1-j}\beta_{k-1-j}}{x} \right), \qquad i = 1, 2, \ldots, 2^j.$$

3. Setze $r_i^{(m)} := s_i^{(k)}$ für $i = 1, 2, \ldots, m = 2^k$.

Die $s_i^{(j)}$, $i = 1, 2, \ldots, 2^j$, sind gerade die optimalen ADI- Parameter für das Intervall $[\alpha_{k-j}, \beta_{k-j}]$.

Wir wollen diese Formeln benutzen, um für das Modellproblem (8.4.1), (8.4.4) bei festem $m = 2^k$ das asymptotische Verhalten von $d_{2^k}(\alpha, \beta)$ für $N \to \infty$ zu studieren. Für α und β nehmen wir die bestmöglichen Schranken [s. (8.6.12)]:

$$\alpha = 4 \sin^2 \frac{\pi}{2(N+1)},$$
(8.6.24)
$$\beta = 4 \sin^2 \frac{N\pi}{2(N+1)} = 4 \cos^2 \frac{\pi}{2(N+1)}.$$

Es gilt dann

(8.6.25) $\qquad d_m(\alpha, \beta) \sim 1 - 4 \sqrt[m]{\dfrac{\pi}{4(N+1)}}$ für $N \to \infty$, $m := 2^k$.

Beweis: Durch vollständige Induktion nach k. Mit der Abkürzung

$$c_k := \sqrt{\alpha_k / \beta_k}$$

gilt wegen (8.6.21), (8.6.22)

(8.6.26a) $\qquad d_{2^k}(\alpha, \beta) = \dfrac{1 - c_k}{1 + c_k},$

(8.6.26b) $\qquad c_{k+1}^2 = \dfrac{2c_k}{1 + c_k^2};$

Es genügt

(8.6.27) $\qquad c_k \sim 2 \sqrt[2^k]{\dfrac{\pi}{4(N+1)}}, \quad N \to \infty,$

zu zeigen, denn dann folgt (8.6.25) aus (8.6.26a) für $N \to \infty$ wegen

$$d_{2^k}(\alpha, \beta) \sim 1 - 2c_k.$$

Für $k = 0$ ist aber (8.6.27) richtig, wegen

$$c_0 = \mathrm{tg}\, \frac{\pi}{2(N+1)} \sim \frac{\pi}{2(N+1)}.$$

Wenn (8.6.27) für ein $k \geq 0$ richtig ist, dann auch für $k + 1$, denn aus (8.6.26b) folgt sofort

$$c_{k+1} \sim \sqrt{2c_k} \quad \text{für} \quad N \to \infty$$

und damit die Behauptung.   □

In der Praxis wiederholt man häufig die Parameter r_i zyklisch, d. h. man wählt ein festes m, z. B. der Form $m = 2^k$, bestimmt zunächst näherungsweise die zu diesem m gehörigen optimalen ADI-Parameter $r_i^{(m)}$, $i = 1, 2, \ldots, m$, und nimmt für das ADI-Verfahren die Parameter

$$r_{jm+i} := r_i^{(m)} \quad \text{für} \quad i = 1, 2, \ldots, m, \quad j = 0, 1, \ldots.$$

Wenn man je m Einzelschritte des ADI-Verfahrens als einen „großen Iterationsschritt" bezeichnet, gibt die Zahl

$$\frac{-\ln(10)}{\ln \rho(T_{r_m} \cdots T_{r_1})}$$

an, wieviele *große* Iterationsschritte benötigt werden, um den Fehler auf $1/10$ des alten Wertes zu verkleinern, d. h.

$$R_{\mathrm{ADI}}^{(m)} = -m \frac{\ln(10)}{\ln \rho(T_{r_m} \cdots T_{r_1})}$$

gibt an, wieviele *gewöhnliche* ADI-Schritte zu diesem Zweck im Mittel nötig sind. Für das Modellproblem erhält man bei optimaler Parameterwahl und $m = 2^k$ wegen (8.6.16) und (8.6.25)

$$\rho(T_{r_m} \cdots T_{r_1}) \leq d_m(\alpha, \beta)^2 \sim 1 - 8 \sqrt[m]{\frac{\pi}{4(N+1)}}, \quad N \to \infty,$$

$$\ln \rho(T_{r_m} \ldots T_{r_1}) \,\dot{\leq}\, -8 \sqrt[m]{\frac{\pi}{4(N+1)}}, \quad N \to \infty,$$

so daß

(8.6.28) $$R_{\mathrm{ADI}}^{(m)} \,\dot{\leq}\, \frac{m}{8} \ln(10) \sqrt[m]{\frac{4(N+1)}{\pi}} \quad \text{für} \quad N \to \infty.$$

Ein Vergleich mit (8.4.9) zeigt, daß für $m > 1$ das ADI-Verfahren wesentlich schneller konvergiert als das optimale gewöhnliche Relaxationsverfahren. In diesem Konvergenzverhalten liegt die praktische Bedeutung des ADI-Verfahrens begründet.

8.7 Krylovraum-Methoden
zur Lösung linearer Gleichungen

Gegeben sei ein lineares Gleichungssystem

$$Ax = b,$$

mit einer reellen nichtsingulären $n \times n$-Matrix A und der rechten Seite $b \in \mathbb{R}^n$. Krylovraum-Methoden erzeugen iterativ, ausgehend von einer Näherungslösung $x_0 \in \mathbb{R}^n$ mit dem Residuum $r_0 := b - Ax_0$, eine Folge weiterer Näherungslösungen x_k,

$$x_0 \to x_1 \to \cdots \to x_m,$$

die bei exakter Rechnung spätestens nach n Schritten mit der gesuchten Lösung abbricht, $x_m = \bar{x} := A^{-1}b, m \le n$. Dabei wird für alle $k > 0$

$$x_k \in x_0 + K_k(r_0, A)$$

verlangt, wobei $K_k(r_0, A)$ der Krylovraum zur Matrix A und zum Startresiduum r_0 ist (siehe Abschnitt 6.5.3):

$$K_k(r_0, A) := \text{span } [r_0, Ar_0, \ldots, A^{k-1}r_0], \quad k = 1, 2, \ldots$$

Infolge der Rundungsfehler sind diese Verfahren aber nicht endlich, es kommt deshalb in erster Linie wie bei echten Iterationsverfahren auf ihr „Konvergenzverhalten" an, d.h. darauf, wie schnell diese Verfahren eine hinreichend genaue Näherungslösung x_k für $\bar{x}$ finden. Ihr Arbeitsaufwand pro Schritt $x_k \to x_{k+1}$ entspricht (in etwa) dem einer Multiplikation der Matrix A mit einem Vektor. Sofern diese Verfahren genügend schnell konvergieren, sind sie deshalb auch für sehr große Matrizen A gut geeignet, wenn diese Matrizen nur schwach und unregelmäßig besetzt sind. Sie sind ungünstig für voll besetzte Matrizen und für Bandmatrizen.

Ein erstes Verfahren, das cg-Verfahren („conjugate gradient method") wurde von Hestenes und Stiefel (1952) für positiv definite Matrizen A vorgeschlagen. Diese Matrizen definieren eine Norm $\|z\|_A := \sqrt{z^T A z}$, und das cg-Verfahren erzeugt eine Folge $x_k \in x_0 + K_k(r_0, A)$ mit der Minimumeigenschaft

$$\|x_k - \bar{x}\|_A = \min_{z \in x_0 + K_k(r_0, A)} \|z - \bar{x}\|_A.$$

In diesem Verfahren spielen A-konjugierte Vektoren $p_k \in \mathbb{R}^n$ eine Rolle,

$$p_i^T A p_k = 0 \quad \text{für} \quad i \neq k,$$

die die Krylovräume $K_k(r_0, A)$ aufspannen,

$$\text{span}[p_0, p_1, \ldots, p_{k-1}] = K_k[r_0, A], \quad k = 1, 2, \ldots$$

Das cg-Verfahren wird in Abschnitt 8.7.1 beschrieben.

Das verallgemeinerte Minimum-Residuen-Verfahren (GMRES, generalized minimum residual method, siehe Saad und Schulz (1986), Saad (1996)) ist für beliebige nichtsinguläre auch nichtsymmetrische $n \times n$-Matrizen A definiert. Hier besitzen die Vektoren $x_k \in x_0 + K_k(r_0, A)$ ein minimales Residuum $b - Ax_k$,

$$\|b - Ax_k\|_2 = \min_{z \in x_0 + K_k(r_0, A)} \|b - Az\|_2.$$

Hauptwerkzeug dieses Verfahrens ist eine Basis $v_1, \ldots, v_k$ von orthonormalen Vektoren für den Krylovraum $K_k(r_0, A)$,

$$\text{span}[v_1, v_2, \ldots, v_k] = K_k(r_0, A),$$

die von dem Verfahren von Arnoldi (1951) geliefert wird. Das GMRES-Verfahren wird in Abschnitt 8.7.2 beschrieben.

In Abschnitt 8.7.3 wird eine einfache Fassung des QMR-Verfahrens (quasi-minimal residual method) von Freund und Nachtigal (1991) dargestellt, mit dem man ebenfalls allgemeine lineare Gleichungssysteme lösen kann. Grundlage dieses Verfahrens ist der effizientere, aber auch numerisch empfindlichere Biorthogonalisierungsalgorithmus von Lanczos (1950). Er liefert für $K_k(r_0, A)$ eine nichtorthogonale Basis $v_1, \ldots, v_k$, mit deren Hilfe näherungsweise optimale Vektoren $x_k \in x_0 + K_k(r_0, A)$ bestimmt werden.

Auch das bikonjugierte-Gradienten Verfahren (Bi-CG) von Lanczos (1950) [s. Fletcher (1976) für eine detaillierte Untersuchung] ist ein Verfahren, um lineare Gleichungen mit einer beliebigen Matrix A zu lösen. Es handelt sich dabei um eine natürliche und effiziente Verallgemeinerung des cg-Verfahrens, das ebenfalls Iterierte $x_k \in x_0 + K_k(r_0, A)$ erzeugt. Es hat den Nachteil, daß es gelegentlich vorzeitig abbrechen und die Größenordnung der Residuen $r_k = b - Ax_k$, $k = 0, 1, \ldots$, erheblich schwanken kann. Van der Vorst (1992) gab mit seinem Bi-CGSTAB-Verfahren eine elegante stabilisierte Verallgemeinerung des Bi-CG-Verfahrens an, wir beschreiben es in Abschnitt 8.7.4.

8.7.1 Das cg-Verfahren von Hestenes und Stiefel

Sei nun

(8.7.1.1) $$Ax = b$$

ein lineares Gleichungssystem mit einer (reellen) positiv definiten $n \times n$-Matrix A, $b \in \mathbb{R}^n$ und der exakten Lösung $\bar{x} = A^{-1}b$. Mit $\|z\|_A$ bezeichnen wir die Norm $\|z\|_A := \sqrt{z^T A z}$. Sie ist eng verwandt mit dem quadratischen Funktional $F : \mathbb{R}^n \to \mathbb{R}$,

$$
\begin{aligned}
F(z) &= \tfrac{1}{2}\,(b - Az)^T A^{-1}(b - Az) \\
&= \tfrac{1}{2}\, z^T A z - b^T z + \tfrac{1}{2} b^T A^{-1} b \\
&= \tfrac{1}{2}\,(z - \bar{x})^T A(z - \bar{x}) \\
&= \tfrac{1}{2}\, \|z - \bar{x}\|_A^2,
\end{aligned}
$$

das durch $\bar{x}$ minimiert wird,

$$0 = F(\bar{x}) = \min_{z \in \mathbb{R}^n} F(z).$$

Zur Bestimmung von $\bar{x}$ legt dies z. B. die „Methode des steilsten Abstiegs" [vgl. Abschnitt 5.4.1] nahe, die eine Folge $x_0 \to x_1 \to \cdots$ durch eindimensionale Minimierung von F in Richtung des negativen Gradienten erzeugt,

$$x_{k+1}\colon\ F(x_{k+1}) = \min_u F(x_k + u r_k) \quad \text{mit } r_k := -\nabla F(x_k) = -Ax_k + b.$$

Im cg-Verfahren wird stattdessen im Schritt $x_k \to x_{k+1}$ eine $(k+1)$-dimensionale Minimierung durchgeführt:

$$x_{k+1}:\quad F(x_{k+1}) = \min_{u_0,\ldots,u_k} F(x_k + u_0 r_0 + \cdots + u_k r_k),$$

(8.7.1.2)

$$r_i := b - Ax_i \quad \text{für } i \le k.$$

Es stellt sich heraus, daß die x_k einfach berechnet werden können. Die r_i werden orthogonal sein, also linear unabhängig, solange $r_k \ne 0$. Bei exakter Rechnung gibt es also ein erstes $m \le n$ mit $r_m = 0$, da im $\mathbb{R}^n$ höchstens n Vektoren linear unabhängig sind. Das zugehörige x_m ist dann die gesuchte Lösung von (8.7.1.1).

Wir wollen zunächst das Verfahren beschreiben und anschließend seine Eigenschaften verifizieren.

(8.7.1.3) **cg-Verfahren:**

Start: Wähle $x_0 \in \mathbb{R}^n$ und setze $p_0 := r_0 := b - Ax_0$.

Für $k = 0, 1, \ldots$:

1) *Falls $p_k = 0$, setze $m := k$ und stop: x_k ist die Lösung von $Ax = b$.*

   Andernfalls

2) *berechne*

$$a_k := \frac{r_k^T r_k}{p_k^T A p_k}, \qquad x_{k+1} := x_k + a_k p_k,$$

$$r_{k+1} := r_k - a_k A p_k, \qquad b_k := \frac{r_{k+1}^T r_{k+1}}{r_k^T r_k},$$

$$p_{k+1} := r_{k+1} + b_k p_k.$$

Bei der Durchführung des Verfahrens hat man also lediglich vier Vektoren zu speichern, x_k, r_k, p_k und $A p_k$. In jedem Iterationsschritt fällt nur eine Matrix-Vektor-Multiplikation, $A p_k$, an, der restliche Aufwand entspricht dem der Berechnung von sechs Skalarprodukten im $\mathbb{R}^n$: Der Gesamtaufwand ist daher für dünn besetzte Matrizen A gering.

Die wichtigsten theoretischen Eigenschaften des Verfahrens sind in folgendem Satz beschrieben:

(8.7.1.4) **Satz:** *Sei A eine positiv definite (reelle) $n \times n$-Matrix und $b \in \mathbb{R}^n$. Dann gibt es zu jedem Startvektor $x_0 \in \mathbb{R}^n$ eine kleinste ganze Zahl m, $0 \le m \le n$, mit $p_m = 0$. Die Vektoren x_k, p_k, r_k, $k \le m$, die von dem cg-Verfahren (8.7.1.3) erzeugt werden, haben folgende Eigenschaften:*

a) *$Ax_m = b$: Das Verfahren liefert also nach spätestens n Schritten die exakte Lösung der Gleichung $Ax = b$.*

b) *$r_j^T p_i = 0$ für $0 \le i < j \le m$.*

c) *$r_i^T p_i = r_i^T r_i$ für $i \le m$.*

d) *$p_i^T A p_j = 0$ für $0 \le i < j \le m$, $p_j^T A p_j > 0$ für $j < m$.*

e) *$r_i^T r_j = 0$ für $0 \le i < j \le m$, $r_j^T r_j > 0$ für $j < m$.*

f) *$r_i = b - Ax_i$ für $i \le m$.*

Aus Satz (8.7.1.4) folgt u. a., daß das Verfahren wohldefiniert ist, weil für $p_k \ne 0$ stets $r_k^T r_k > 0$, $p_k^T A p_k > 0$ gilt. Ferner sind wegen d) die Vektoren p_k A-konjugiert, was den Namen des Verfahrens erklärt.

Beweis: Wir zeigen als erstes durch vollständige Induktion nach k, daß folgende Aussage (A_k) für alle $0 \le k \le m$ gilt, wobei m der erste Index mit $p_m = 0$ ist:

$$1) \ r_j^T p_i = 0 \quad \text{für } 0 \le i < j \le k,$$

$$2) \ r_i^T r_i > 0 \quad \text{für } 0 \le i < k, \ r_i^T p_i = r_i^T r_i \quad \text{für } 0 \le i \le k,$$

(A_k) $3) \ p_i^T A p_j = 0 \quad \text{für } 0 \le i < j \le k,$

$$4) \ r_i^T r_j = 0 \quad \text{für } 0 \le i < j \le k,$$

$$5) \ r_i = b - A x_i \quad \text{für } 0 \le i \le k.$$

(A_0) ist trivial richtig. Wir nehmen induktiv an, daß (A_k) für ein k mit $0 \le k < m$ gilt und zeigen (A_{k+1}):

Zu 1): Es folgt aus (8.7.1.3)

$$(8.7.1.5) \qquad r_{k+1}^T p_k = \left(r_k - a_k A p_k\right)^T p_k = r_k^T p_k - \frac{r_k^T r_k}{p_k^T A p_k} p_k^T A p_k = 0$$

wegen (A_k), 2). Für $j < k$ gilt analog

$$r_{k+1}^T p_j = \left(r_k - a_k A p_k\right)^T p_j = 0$$

wegen (A_k), 1), 3). Dies beweist (A_{k+1}), 1).

Zu 2): Es ist $r_k^T r_k > 0$, denn sonst wäre $r_k = 0$ und damit wegen (8.7.1.3)

$$(8.7.1.6) \qquad p_k = \begin{cases} r_0, & \text{falls } k = 0, \\ b_{k-1} p_{k-1}, & \text{falls } k > 0. \end{cases}$$

Wegen $k < m$ muß $k > 0$ sein, denn sonst hätte man $p_0 = r_0 \ne 0$. Für $k > 0$ folgt wegen $p_k \ne 0$ (weil $k < m$) aus (8.7.1.6) und (A_k), 3) der Widerspruch $0 < p_k^T A p_k = b_{k-1} p_k^T A p_{k-1} = 0$. Also gilt $r_k^T r_k > 0$ und damit sind b_k und p_{k+1} durch (8.7.1.3) wohl definiert. Es folgt daher aus (8.7.1.3)

$$r_{k+1}^T p_{k+1} = r_{k+1}^T \left(r_{k+1} + b_k p_k\right) = r_{k+1}^T r_{k+1}$$

wegen (8.7.1.5). Dies zeigt (A_{k+1}), 2).

Zu 3): Nach dem eben Bewiesenen ist auch $r_k \ne 0$, also existieren a_j^{-1} für $j \le k$. Aus (8.7.1.3) folgt daher für $j \le k$ [wir benutzen dabei die Definition $p_{-1} := 0$]

$$
\begin{aligned}
p_{k+1}^T A p_j &= r_{k+1}^T A p_j + b_k p_k^T A p_j \\
&= a_j^{-1} r_{k+1}^T \left(r_j - r_{j+1}\right) + b_k p_k^T A p_j \\
&= a_j^{-1} r_{k+1}^T \left(p_j - b_{j-1} p_{j-1} - p_{j+1} + b_j p_j\right) + b_k p_k^T A p_j \\
&= \begin{cases} 0 & \text{für } j < k \text{ wegen } (A_k), \ 3) \text{ und } (A_{k+1}), \ 1), \\ 0 & \text{für } j = k \text{ nach Definition von } a_k \text{ und } b_k \\ & \qquad \text{und wegen } (A_{k+1}), \ 1), \ 2). \end{cases}
\end{aligned}
$$

Dies zeigt (A_{k+1}), 3).

Zu 4): Es ist wegen (8.7.1.3) und (A_{k+1}), 1) für $i \le k$

$$r_i^T r_{k+1} = \left(p_i - b_{i-1} p_{i-1}\right)^T r_{k+1} = 0.$$

Zu 5): Man hat wegen (8.7.1.3) und (A_k), 5)

$$b - A x_{k+1} = b - A(x_k + a_k p_k) = r_k - a_k A p_k = r_{k+1}.$$

Damit ist (A_{k+1}) bewiesen. Also gilt (A_m).

Wegen (A_m), 2), 4) gilt $r_i \ne 0$ für $i < m$ und es bilden diese Vektoren ein Orthogonalsystem in $\mathbb{R}^n$, also muß $m \le n$ gelten. Aus $p_m = 0$ folgt schließlich wegen (A_m), 2) $r_m^T r_m = r_m^T p_m = 0$, also $r_m = 0$, so daß x_m Lösung von $Ax = b$ ist. Damit ist (8.7.1.4) vollständig bewiesen.   □

Mit den Hilfsmitteln von Satz (8.7.1.4) können wir schließlich (8.7.1.2) zeigen: Man sieht zunächst aus (8.7.1.3), daß für $k < m$ die Vektoren r_i, $i \le k$, und p_i, $i \le k$, die gleichen Teilräume des $\mathbb{R}^n$ aufspannen:

$$S_k := \left\{ u_0 r_0 + \cdots + u_k r_k \mid u_i \in \mathbb{R} \right\} = \left\{ \rho_0 p_0 + \cdots + \rho_k p_k \mid \rho_i \in \mathbb{R} \right\}.$$

Für die Funktion

$$\Phi(\rho_0, \ldots, \rho_k) := F(x_k + \rho_0 p_0 + \cdots + \rho_k p_k)$$

gilt aber für $j \le k$

$$\frac{\partial \Phi(\rho_0, \ldots, \rho_k)}{\partial \rho_j} = -r^T p_j$$

mit $r = b - Ax$, $x := x_k + \rho_0 p_0 + \cdots + \rho_k p_k$. Für die Wahl

$$\rho_j := \begin{cases} a_k & \text{für } j = k, \\ 0 & \text{für } j < k, \end{cases}$$

erhält man daher wegen (8.7.1.3) $x = x_{k+1}$, $r = r_{k+1}$ und wegen (8.7.1.4) b) $-r_{k+1}^T p_j = 0$, so daß in der Tat

$$\min_{\rho_0, \ldots, \rho_k} \Phi(\rho_0, \ldots, \rho_k) = \min_{u_0, \ldots, u_k} F(x_k + u_0 r_0 + \cdots + u_k r_k) = F(x_{k+1})$$

gilt.

Ebenso bestätigt man mit Hilfe der Rekursionsformel von (8.7.1.3) für r_k und p_k sofort

$$p_k \in \operatorname{span}[r_0, A r_0, \ldots, A^k r_0],$$

so daß

$$S_k = \operatorname{span}[p_0, \ldots, p_k] = \operatorname{span}[r_0, A r_0, \ldots, A^k r_0] = K_{k+1}(r_0, A)$$

gerade der $(k+1)$-te Krylovraum von A zum Vektor r_0 ist. Ersetzt man $k+1$ durch k, so folgt wegen (8.7.1.2) und $F(z) = \frac{1}{2}\|z-\bar{x}\|_A^2$, $S_{k-1} = K_k(r_0, A)$, sofort $x_k - x_0 \in K_k(r_0, A)$ und

(8.7.1.7) $\|x_k - \bar{x}\|_A = \min\{\|u - \bar{x}\|_A \mid u \in x_0 + K_k(r_0, A)\}.$

Bei exakter Rechnung wäre spätestens $r_n = 0$ und damit x_n die gesuchte Lösung von (8.7.1.1). Wegen des Einflusses der Rundungsfehler ist das berechnete r_n in der Regel von Null verschieden. Man setzt deshalb in der Praxis das Verfahren einfach über die Iteration $k = n$ hinaus fort, bis man ein genügend kleines $r_k(p_k)$ gefunden hat. Ein Algolprogramm für eine Variante dieses Algorithmus findet man in Wilkinson, Reinsch (1971), einen umfangreichen Bericht über numerische Erfahrungen in Reid (1971), sowie weitere Resultate in Axelsson (1976).

Die Minimaleigenschaft (8.7.1.7) führt zu einer Abschätzung der Konvergenzgeschwindigkeit des cg-Verfahrens (8.7.1.3). Bezeichnet man mit $e_j := x_j - \bar{x}$ den Fehler von x_j, so gilt $r_0 = -Ae_0$ und für $u \in x_0 + K_k(r_0, A)$

$$u - \bar{x} \in e_0 + \text{span}[Ae_0, A^2 e_0, \ldots, A^k e_0],$$

d. h. es gibt ein reelles Polynom $p(t) = 1 + \alpha_1 t + \cdots + \alpha_k t^k$, so daß $u - \bar{x} = p(A)e_0$. Also folgt

$$\|e_k\|_A = \min\{\|p(A)e_0\|_A \mid p \in \bar{\Pi}_k\},$$

wobei $\bar{\Pi}_k$ die Menge aller reellen Polynome vom Grad $\leq k$ mit $p(0) = 1$ bedeutet. Die positiv definite Matrix A besitzt nun n Eigenwerte $\lambda_1 \geq \lambda_2 \geq \cdots \geq \lambda_n > 0$ und zugehörige orthonormale Eigenvektoren z_i, $Az_i = \lambda z_i$, $z_i^T z_j = \delta_{ij}$ [Sätze (6.4.2), (6.4.4)]. Schreibt man e_0 in der Form $e_0 = \rho_1 z_1 + \cdots + \rho_n z_n$, so erhält man

$$\|e_0\|_A^2 = e_0^T A e_0 = \sum_{i=1}^{n} \lambda_i \rho_i^2$$

$$\|p(A)e_0\|_A^2 = \sum_{i=1}^{n} p(\lambda_i)^2 \lambda_i \rho_i^2 \leq (\max_i p(\lambda_i)^2) \cdot \|e_0\|_A^2,$$

also

(8.7.1.8) $\dfrac{\|e_k\|_A}{\|e_0\|_A} \leq \min_{p \in \bar{\Pi}_k} \max_i |p(\lambda_i)| \leq \min_{p \in \bar{\Pi}_k} \max_{\lambda \in [\lambda_n, \lambda_1]} |p(\lambda)|.$

Mit Hilfe der Tschebyscheff-Polynome

$$T_k(x) := \cos(k \arccos x) = \cos k\theta, \quad \text{falls } \cos\theta = x, \; k = 0, 1, \ldots,$$

für die offensichtlich $|T_k(x)| \leq 1$ für $x \in [-1, 1]$ gilt, kann man nun ein Polynom aus $\bar{\Pi}_k$ konstruieren, für das $\max\{|p(\lambda)| \mid \lambda \in [\lambda_n, \lambda_1]\}$ klein wird (man erhält auf diese Weise sogar das beste Polynom): Durch

$$\lambda \mapsto x = x(\lambda) := (2\lambda - (\lambda_n + \lambda_1))/(\lambda_1 - \lambda_n)$$

wird das Intervall $[\lambda_n, \lambda_1]$ auf $[-1, 1]$ abgebildet. Das Polynom

$$p_k(\lambda) := \frac{T_k(x(\lambda))}{T_k(x(0))}$$

liegt deshalb in $\bar{\Pi}_k$ und es gilt

$$\max_{\lambda \in [\lambda_n, \lambda_1]} |p_k(\lambda)| = |T_k(x(0))|^{-1} = \left| T_k\left(\frac{c+1}{c-1}\right) \right|^{-1},$$

wobei $c := \lambda_1/\lambda_n$ gerade die Kondition der Matrix A bezüglich der $\mathrm{lub}_2(.)$-Norm ist [s. Beispiel b) aus Abschnitt 4.4].

Für $x > 1$ kann man $T_k(x)$ leicht abschätzen. Wegen $T_k(x) = (z^k + z^{-k})/2$, falls $x = (z + z^{-1})/2$ und wegen

$$\frac{c+1}{c-1} = \frac{1}{2}\left(\frac{\sqrt{c}+1}{\sqrt{c}-1} + \frac{\sqrt{c}-1}{\sqrt{c}+1}\right)$$

erhält man schließlich die Ungleichung

$$(8.7.1.9) \qquad \frac{\|e_k\|_A}{\|e_0\|_A} \leq \left(T_k\left(\frac{c+1}{c-1}\right)\right)^{-1} \leq 2\left(\frac{\sqrt{c}-1}{\sqrt{c}+1}\right)^k.$$

Sie besagt, daß das cg-Verfahren umso schneller konvergiert, je kleiner die Kondition c von A ist.

Dieser Sachverhalt wird bei den sog. *Vorkonditionierungstechniken* (preconditioning) zur Beschleunigung des cg-Verfahrens ausgenutzt. Man versucht hier, die positiv definite Matrix A durch eine andere positiv definite Matrix B, die sog. *Vorkonditionierungsmatrix* (*preconditioner*), möglichst gut zu approximieren, so daß die Matrix $B^{-1}A$ zum einen eine gute Approximation der Einheitsmatrix und deshalb die Kondition der zu $B^{-1}A$ ähnlichen Matrix

$$A' = B^{1/2}(B^{-1}A)B^{-1/2} = B^{-1/2}AB^{-1/2}$$

eine positiv definite Matrix mit sehr viel kleinerer Kondition als A ist, $c' = \mathrm{cond}(A') \ll c = \mathrm{cond}(A)$. [Wir verwenden hier, daß es zu jeder positiv definiten Matrix B eine positiv definite Matrix $C =: B^{1/2}$ mit $C^2 = B$ gibt: Dies folgt leicht aus Satz (6.4.2).] Darüber hinaus sollte man lineare Gleichungssysteme $Bq = r$ mit der Matrix B möglichst leicht lösen können.

Dies ist z. B. der Fall, wenn für $B = LL^T$ eine Choleskyzerlegung bekannt ist und L eine dünn besetzte Matrix ist, z. B. eine Bandmatrix.

Nach Wahl von B ist der Vektor $\bar{x}' := B^{1/2}\bar{x}$ Lösung des zu $Ax = b$ äquivalenten Systems

$$A'x' = b', \quad b' := B^{-1/2}b.$$

Man wendet nun das cg-Verfahren (8.7.1.3) auf das System $A'x' = b'$ ausgehend von dem Startvektor $x_0' := B^{1/2}x_0$ an. Wegen (8.7.1.9) und $c' \ll c$ konvergiert die Folge x_k', die das cg-Verfahren für $A'x' = b'$ erzeugt, sehr rasch gegen $\bar{x}'$. Statt aber die Matrix A' und die cg-Folge x_k' explizit zu berechnen, konstruiert man direkt die den x_k' entsprechende rücktransformierte Folge $x_k := B^{-1/2}x_k'$. Unter Verwendung der Transformationsregeln

$$A' = B^{-1/2}AB^{-1/2}, \quad b' = B^{-1/2}b,$$

$$x_k' = B^{1/2}x_k, \quad r_k' = b' - A'x_k' = B^{-1/2}r_k, \quad p_k' = B^{1/2}p_k$$

findet man so aus den Formeln (8.7.1.3) für das gestrichene System sofort die Regeln für den

(8.7.1.10) cg-Algorithmus mit Vorkonditionierung:

Start: Wähle $x_0 \in R^n$, berechne $r_0 := b - Ax_0$, $q_0 := B^{-1}r_0$ und $p_0 := q_0$.
Für $k = 0, 1, \ldots:$

1) *Falls $p_k = 0$, stop: x_k ist Lösung von $Ax = b$.*
   Andernfalls,
2) *berechne*

$$a_k := \frac{r_k^T q_k}{p_k^T A p_k}, \qquad x_{k+1} := x_k + a_k p_k,$$

$$r_{k+1} := r_k - a_k A p_k, \qquad q_{k+1} := B^{-1}r_{k+1},$$

$$b_k := \frac{r_{k+1}^T q_{k+1}}{r_k^T q_k}, \qquad p_{k+1} := q_{k+1} + b_k p_k.$$

Verglichen mit (8.7.1.3) hat man jetzt in jedem Schritt zusätzlich ein lineares Gleichungssystem $Bq = r$ mit der Matrix B zu lösen.

Es bleibt das Problem, ein geeignetes B zu wählen, ein Problem, das bereits bei der Bestimmung guter Iterationsverfahren in den Abschnitten 8.1–8.3 in ähnlicher Form studiert wurde. Bei der Lösung der Gleichungssysteme $Ax = b$, die bei der Diskretisierung von Randwertproblemen für elliptische Differentialgleichungen auftreten, etwa bei der Lösung des Modellproblems in Abschnitt 8.4, hat es sich bewährt, als Vorkonditionierungsmatrizen die sog. SSOR-Matrizen [vgl. 8.3]

$$(8.7.1.11) \qquad B = \frac{1}{2 - \omega} \left(\frac{1}{\omega} D - E \right) \left(\frac{1}{\omega} D \right)^{-1} \left(\frac{1}{\omega} D - E^T \right)$$

mit einem geeigneten $\omega \in (0, 2)$ zu wählen [s. Axelsson (1977)]. Hier sind D und E durch die Standardzerlegung (8.1.5) von $A = D - E - E^T$ gegeben. Man beachte, daß der Faktor $L = (1/\omega)D - E$ von B eine untere Dreiecksmatrix ist, die ebenso dünn besetzt ist wie A: L ist an den gleichen Stellen wie A unterhalb der Diagonalen von Null verschieden.

Von Meijerink und van der Vorst (1977) stammt der Vorschlag, geeignete Vorkonditionierungsmatrizen B und ihre Choleskyzerlegung durch eine „*unvollständige Choleskyzerlegung*" von A zu bestimmen. Dabei betrachten wir etwas allgemeiner als in Abschnitt 4.3 Choleskyzerlegungen der Form $B = LDL^T$, wobei L eine untere Dreiecksmatrix mit $l_{ii} = 1$ und D eine positiv definite Diagonalmatrix ist. Bei der unvollständigen Choleskyzerlegung kann man sogar die Besetzungsstruktur von L vorschreiben: Zu einer beliebigen Menge $G \subset \{(i, j) \mid j \leq i \leq n\}$ von Indexpaaren mit $(i, i) \in G$ für alle i kann man ein L mit der Eigenschaft

$$l_{i,j} \neq 0 \Longrightarrow (i, j) \in G$$

finden. Das Verfahren ist allerdings nur für positiv definite Matrizen A definiert, die gleichzeitig M-*Matrizen* sind, d.h. Matrizen A mit $a_{ij} \leq 0$ für $i \neq j$ und $A^{-1} \geq 0$.

M-Matrizen A kommen in den Anwendungen sehr häufig vor, und es gibt einfache hinreichende Kriterien für sie. Beispielsweise ist jede Matrix $A = A^T$ mit $a_{ii} > 0$, $a_{ij} \leq 0$ für $i \neq j$, die die Voraussetzungen des Satzes (8.2.9) erfüllt (schwaches Zeilensummenkriterium), eine M-Matrix (so z. B. die Matrix A (8.4.5) des Modellproblems): Man zeigt dies ähnlich wie in den Sätzen (8.2.9), (8.2.12) durch den Nachweis der Konvergenz der Neumannreihe

$$A^{-1} = (I + J + J^2 + \cdots)D^{-1} \geq 0$$

für $A = D(I - J)$.

Die unvollständige Choleskyzerlegung einer M-Matrix A zu gegebenem G erzeugt folgendermaßen die Faktoren der Matrix $B = LDL^T$ [vgl. das Programm für das Cholesky-Verfahren am Ende von Abschnitt 4.3]:

(8.7.1.12) Unvollständige Choleskyzerlegung

Für $i = 1, \ldots, n$:

$\quad d_i := a_{ii} - \sum_{k=1}^{i-1} d_k l_{ik}^2$

$\quad$ *Für* $j = i + 1, \ldots, n$:

$$d_i l_{ji} := \begin{cases} a_{ji} - \sum_{k=1}^{i-1} d_k l_{jk} l_{ik} & \text{falls } (i, j) \in G, \\ 0 & \text{sonst.} \end{cases}$$

Der einzige Unterschied zum normalen Choleskyverfahren ist, daß man an den „verbotenen Stellen" $(i, j) \notin G$ das Element $l_{ij} = 0$ setzt.

Das cg-Verfahren kann auch zur Lösung von linearen *Ausgleichsproblemen*

(8.7.1.13)   bestimme $\min_x \| Bx - c \|_2$

mit (dünn besetzten) $m \times n$-Matrizen B vom Rang n verwandt werden: Nach Abschnitt 4.8.1 ist nämlich die Optimallösung $\bar{x}$ von (8.7.1.13) auch Lösung der Normalgleichungen

$$Ax = b, \quad A := B^T B, \quad b := B^T c,$$

wobei A positiv definit ist. Da auch für dünn besetztes B die Matrix $A = B^T B$ voll besetzt sein kann, liegt folgende Variante des cg-Algorithmus (8.7.1.3) zur Lösung von (8.7.1.13) nahe, die sich in der Praxis gut bewährt hat:

Start: Wähle $x_0 \in \mathbb{R}^n$ und berechne

$$s_0 := c - Bx_0, \quad p_0 := r_0 := B^T s_0.$$

Für $k = 0, 1, \ldots$:

1) *Falls $p_k = 0$, stop: x_k ist Optimallösung von (8.7.1.13); andernfalls,*
2) *berechne*

$$q_k := Bp_k, \qquad a_k := \frac{r_k^T r_k}{q_k^T q_k},$$

$$x_{k+1} := x_k + a_k p_k, \quad s_{k+1} := s_k - a_k q_k,$$

$$r_{k+1} := B^T s_{k+1}, \qquad b_k := \frac{r_{k+1}^T r_{k+1}}{r_k^T r_k},$$

$$p_{k+1} := r_{k+1} + b_k p_k.$$

Natürlich gilt dann für die Iterierten x_k, die dieses Verfahren erzeugt,

$$x_k - x_0 \in K_k(r_0, B^T B),$$

$$\|x_k - \bar{x}\|_{B^T B} = \min\{\|u - \bar{x}\|_{B^T B} \mid u \in x_0 + K_k(r_0, B^T B)\}.$$

Wegen $\operatorname{cond}_2(B^T B) = \operatorname{cond}_2(B)^2$ ist die Konvergenzgeschwindigkeit für großes $\operatorname{cond}_2(B) \gg 1$ dieser Variante des cg-Verfahrens zur Lösung von Ausgleichsproblemen nicht sehr hoch [vgl. die Überlegungen in Band I, Abschnitte 4.8.2 und 4.8.3].

Dieses Verfahren kann auch verwandt werden, um lineare Gleichungen $Bx = c$ mit einer quadratischen nichtsymmetrischen Matrix B zu lösen. In diesem Fall ist es aber besser, zur Lösung solcher Systeme eines der Verfahren GMRES, QMR, Bi-CGSTAB zu verwenden, die in den folgenden Abschnitten 8.7.2–8.7.4 beschrieben werden. Numerische Beispiele, in denen das vorkonditionierte cg-Verfahren (8.7.1.10) mit dem ursprünglichen Verfahren (8.7.1.3) verglichen wird, werden in Abschnitt 8.10 angegeben.

8.7.2 Der GMRES-Algorithmus

Wir betrachten nun Gleichungssysteme

$$Ax = b$$

mit einer reellen, evtl. auch nichtsymmetrischen, aber nichtsingulären $n \times n$-Matrix A und der Lösung $\bar{x} = A^{-1}b$. Die verschiedenen Bemühungen, cg-artige Verfahren zur Lösung solcher nicht positiv definiter Systeme zu entwickeln, führten unter anderem zu dem GMRES-Verfahren (generalized minimum residual method, siehe Saad und Schultz (1986)). Es handelt sich um eine Krylovraum-Methode, in der zu einem Startvektor $x_0 \neq \bar{x}$ mit dem Residuum $r_0 := b - Ax_0 \neq 0$ iterativ weitere Näherungslösungen x_k für die Lösung $\bar{x}$ mit folgenden Eigenschaften erzeugt werden:

$$(8.7.2.1) \qquad \begin{aligned} & x_k \in x_0 + K_k(r_0, A), \\ & \|b - Ax_k\|_2 = \min\{\|b - Au\|_2 \mid u \in x_0 + K_k(r_0, A)\}. \end{aligned}$$

Ein wichtiges Hilfsmittel dazu ist die Kenntnis geeigneter orthonormaler Basen der Krylovräume $K_k(r_0, A), k \geq 1$. Wegen $r_0 \neq 0$ gilt nach Definition von $K_k(r_0, A) = \mathrm{span}[r_0, Ar_0, \cdots, A^{k-1}r_0]$

$$1 \leq \dim K_k(r_0, A) \leq k,$$

so daß es einen größten Index m mit $1 \leq m \leq n$ gibt mit

$$\dim K_k(r_0, A) = k \quad \text{für alle} \quad 1 \leq k \leq m.$$

Gleichzeitig ist m die kleinste natürliche Zahl, für die der Krylovraum $K_m(r_0, A)$ ein A-invarianter Teilraum ist, d.h.

$$(8.7.2.2) \qquad A K_m(r_0, A) := \{Ax \mid x \in K_m(r_0, A)\} \subset K_m(r_0, A).$$

Denn die A-Invarianz von $K_m(r_0, A) = \mathrm{span}[r_0, Ar_0, \cdots, A^{m-1}r_0]$ ist mit

$$A^m r_0 \in K_m(r_0, A)$$

äquivalent, d.h. mit

$$\dim K_{m+1}(r_0, A) = \dim K_m(r_0, A) < m + 1.$$

Im GMRES-Verfahren spielen spezielle orthonormale Basen der Krylov-räume $K_k(r_0, A)$ eine wichtige Rolle, die durch orthonormale Vektoren $v_i \in \mathbb{R}^n$, $1 \leq i \leq m$, mit der Eigenschaft

$$\text{span}[v_1, v_2, \cdots, v_k] = K_k(r_0, A), \quad \text{für} \quad 1 \leq k \leq m$$

gegeben sind. Für $k = 1$ liefert dies (bis auf ein Vorzeichen) v_1:

$$v_1 := \frac{r_0}{\beta}, \quad \beta := \|r_0\|_2.$$

Die restlichen v_i kann man mit Hilfe eines Verfahrens berechnen, das (in Verallgemeinerung des Verfahrens von Lanczos (6.5.3.1)) von Arnoldi (1951) vorgeschlagen wurde. Er setzte dieses Verfahren im Zusammenhang mit dem Eigenwertproblem für eine beliebige Matrix A ein, um A mittels unitärer Ähnlichkeitstransformationen in eine Hessenbergmatrix zu transformieren [vgl. Abschnitt 6.5.4]:

(8.7.2.3) *Algorithmus von Arnoldi:*
Start: Gegeben $r_0 \neq 0$. *Setze* $\beta := \|r_0\|_2$, $v_1 := r_0/\beta$.
Für $k = 1, 2, \ldots$
  1) *Berechne* $u := Av_k$.
  2) *Für* $i = 1, 2, \ldots, k$
       berechne $h_{i,k} := v_i^T u$.
  3) *Berechne* $w_k := u - \sum_{i=1}^{k} h_{i,k} v_i$ *und* $h_{k+1,k} := \|w_k\|_2$.
  4) *Falls* $h_{k+1,k} = 0$ *setze* $m := k$ *und stop.*
     Andernfalls,
  5) *berechne* $v_{k+1} := w_k/h_{k+1,k}$.

In Schritt 2) des Algorithmus werden die $h_{i,k}$ wie im Schmidtschen Orthogonalisierungsverfahren so bestimmt, daß

$$w_k \perp v_i, \quad \text{d.h.} \quad v_i^T w_k = 0,$$

für $i = 1, \ldots, k$ gilt. Falls $\|w_k\|_2 \neq 0$ liefert deshalb Schritt 5) einen neuen Vektor v_{k+1}, der zusammen mit $v_1, \cdots, v_k$ ein Orthonormalsystem bildet. Wir werden sehen, daß der Algorithmus mit dem gleichen Index m abbricht, der oben eingeführt wurde.

Durch Induktion zeigt man, daß das Verfahren orthonormale Vektoren $v_1, \cdots, v_m$ mit der Eigenschaft

(8.7.2.4) $\text{span}[v_1, \cdots, v_k] = K_k(r_0, A) = \text{span}[r_0, Ar_0, \cdots, A^{k-1}r_0]$

für $k \le m$ liefert. Genauer besitzt v_k für $1 \le k \le m$ sogar eine Darstellung der Form

$$(8.7.2.5) \qquad v_k = \sum_{j=1}^{k} \gamma_j A^{j-1} r_0 \quad \text{mit} \quad \gamma_k \ne 0,$$

d.h. der Koeffizient γ_k von $A^{k-1} r_0$ ist von 0 verschieden. Denn dies ist für $k = 1$ nach Definition von $v_1 = r_0/\beta$ richtig. Falls (8.7.2.5) für ein $k \ge 1$ gilt, ist nach Induktionsvoraussetzung $v_i \in K_k(r_0, A)$ für $i \le k$ und es folgt wegen (8.7.2.5)

$$A v_k = \sum_{j=1}^{k} \gamma_j A^j r_0, \quad \gamma_k \ne 0,$$

und damit

$$w_k = \sum_{j=1}^{k} \gamma_j A^j r_0 - \sum_{j=1}^{k} h_{j,k} v_j.$$

Nach Induktionsvoraussetzung besitzt jedes v_j mit $1 \le j \le k$ eine Darstellung

$$v_j = \sum_{i=1}^{j} \delta_i A^{i-1} r_0,$$

also hat w_k die Form

$$w_k = \sum_{j=1}^{k} \epsilon_j A^j r_0 \quad \text{mit} \quad \epsilon_k = \gamma_k \ne 0.$$

Falls nun $h_{k+1,k} = \|w_k\| \ne 0$, folgt wegen $v_{k+1} = w_k / h_{k+1,k}$ die Behauptung (8.7.2.5) für $k + 1$.

Für $w_k = 0$ ist also $A^k r_0$ eine Linearkombination der $A^j r_0$ mit $j \le k-1$, d.h. der Abbruchindex $m = k$ des Arnoldi-Algorithmus ist der gleiche Index m, der oben eingeführt wurde,

$$m = \max\{k \ge 1 \mid \dim K_k(r_0, A) = k\}.$$

Die $n \times k$-Matrizen $V_k := [v_1, v_2, \ldots, v_k]$ besitzen orthonormale Spalten, $V_k^T V_k = I_k$, die eine Basis von $K_k(r_0, A)$ bilden,

$$K_k(r_0, A) = \{V_k y \mid y \in \mathbb{R}^k\}.$$

Jedes $x \in x_0 + K_k(r_0, A)$ besitzt also die Darstellung $x = x_0 + V_k y$ für ein $y \in \mathbb{R}^k$.

Die Rekursionen des Arnoldi-Verfahrens lassen sich kompakt mit Hilfe der $(k+1) \times k$-Hessenbergmatrizen

$$\bar{H}_k := \begin{bmatrix} h_{1,1} & h_{1,2} & \cdots & h_{1,k} \\ h_{2,1} & h_{2,2} & \cdots & h_{2,k} \\ 0 & \ddots & \ddots & \vdots \\ \vdots & \ddots & \ddots & h_{k,k} \\ 0 & \cdots & 0 & h_{k+1,k} \end{bmatrix}, \quad 1 \le k \le m,$$

und ihren $k \times k$-Untermatrizen H_k, die man durch Streichen der letzten Zeile von $\bar{H}_k$ erhält, darstellen.

Denn aus den Formeln der Schritte 3) und 5) des Algorithmus folgt sofort für $1 \le k < m$

$$Av_k = \sum_{i=1}^{k+1} h_{i,k} v_i = \sum_{i=1}^{k} h_{i,k} v_i + w_k,$$

sowie für $k = m$ wegen $w_m = 0$

$$Av_m = \sum_{i=1}^{m} h_{i,m} v_i.$$

Diese Beziehungen sind äquivalent zu

(8.7.2.6) $$AV_m = V_m H_m$$

bzw. für $1 \le k < m$

(8.7.2.7) $$AV_k = V_k H_k + w_k e_k^T, \quad e_k^T := (0, \cdots, 0, 1) \in \mathbb{R}^k,$$
$$= V_{k+1} \bar{H}_k.$$

Aus diesen Formeln folgt sofort für $1 \le k \le m$ (wegen $V_k^T w_k = 0$)

(8.7.2.8) $$H_k = V_k^T A V_k.$$

Wir notieren folgende Eigenschaft der H_k:

(8.7.2.9) *Die Matrix H_m ist nichtsingulär und es gilt* rg $\bar{H}_k = k$ *für* $k < m$.

Denn andernfalls gäbe es ein $y \in \mathbb{R}^m$, $y \ne 0$, mit $H_m y = 0$. Dann ist $z := V_m y \ne 0$ und aus (8.7.2.6) folgt sofort

$$Az = AV_m y = V_m H_m y = 0,$$

im Widerspruch zur Nichtsingularität von A. Der Beweis von $\operatorname{rg} \bar{H}_k = k$ für $k < m$ folgt direkt aus dem Nichtverschwinden der Subdiagonalelemente $h_{j+1,j}$, $j = 1, 2, \cdots, k$, von $\bar{H}_k$ für $k < m$.

Mit Hilfe der Matrizen $\bar{H}_k$, H_k und V_k läßt sich die Lösung x_k von (8.7.2.1) leicht berechnen. Zunächst besitzt jedes $x \in x_0 + K_k(r_0, A)$ die Form $x = x_0 + V_k y$ mit einem Vektor $y \in \mathbb{R}^k$. Es folgt wegen $r_0 = \beta v_1 = \beta V_{k+1} \bar{e}_1$, $\bar{e}_1 = (1, 0, \cdots, 0)^T \in \mathbb{R}^{k+1}$, $V_{k+1}^T V_{k+1} = I$, und (8.7.2.7) für $k < m$

$$\begin{aligned}
\|b - Ax\|_2 &= \|b - Ax_0 - AV_k y\|_2 \\
&= \|r_0 - V_{k+1} \bar{H}_k y\|_2 \\
&= \|V_{k+1}(\beta \bar{e}_1 - \bar{H}_k y)\|_2 \\
&= \|\beta \bar{e}_1 - \bar{H}_k y\|_2.
\end{aligned}$$

Die Lösung y_k des linearen Ausgleichsproblems

$$(8.7.2.10) \qquad \min_{y \in \mathbb{R}^k} \|\beta \bar{e}_1 - \bar{H}_k y\|_2$$

liefert die Lösung x_k von (8.7.2.1), $x_k = x_0 + V_k y_k$.

Für $k = m$ zeigt man unter Verwendung von (8.7.2.6) auf die gleiche Weise für $x \in x_0 + K_m(r_0, A)$

$$\begin{aligned}
\|b - Ax\|_2 &= \|r_0 - AV_m y\|_2 \\
(8.7.2.11) &= \|V_m(\beta e_1 - H_m y)\|_2 \\
&= \|\beta e_1 - H_m y\|_2,
\end{aligned}$$

wobei jetzt $e_1 = (1, 0, \ldots, 0)^T \in \mathbb{R}^m$. Man kann nun den Abbruchindex m von (8.7.2.3) auf eine weitere Weise mit Hilfe der x_k (8.7.2.1) charakterisieren:

(8.7.2.12) *Falls A nichtsingulär ist, ist $x_m = A^{-1}b$ die Lösung von $Ax = b$, und für alle $k < m$ gilt $x_k \neq A^{-1}b$: Der Abbruchindex m ist der erste Index k für den $x_k = A^{-1}b$ die Lösung von $Ax = b$ ist.*

Beweis: Wir verwenden (8.7.2.8). Für $k = m$ ist H_m nichtsingulär, so daß es genau ein $y_m \in \mathbb{R}^m$ mit $H_m y_m = \beta e_1$ gibt. Also ist wegen (8.7.2.11) das entsprechende $x_m := x_0 + V_m y_m$ Lösung von $Ax = b$.

Für $k < m$ sind alle Subdiagonalelemente $h_{j+1,j}$, $j = 1, 2, \ldots, k$, der Hessenbergmatrix $\bar{H}_k$ von Null verschieden. Das lineare Gleichungssystem

$$\bar{H}_k y = \begin{bmatrix} h_{1,1} & \cdots & h_{1,k} \\ h_{2,1} & \ddots & \vdots \\ \vdots & \ddots & h_{k,k} \\ 0 & \cdots & h_{k+1,k} \end{bmatrix} y = \begin{bmatrix} \beta \\ 0 \\ \vdots \\ 0 \end{bmatrix} = \beta \bar{e}_1$$

kann deshalb nicht lösbar sein: Denn die eindeutige Lösung der letzten k Gleichungen ist wegen $h_{j+1,j} \neq 0$, nur der Nullvektor $y = 0$, der aber wegen $\beta \neq 0$ keine Lösung der ersten Gleichung ist.   □

Die linearen Ausgleichsprobleme (8.7.2.10) kann man mit Hilfe von Orthogonalisierungsverfahren [siehe Band I, Abschnitt 4.8.2] lösen, wobei man ausnutzt, daß $\bar{H}_k$ eine Hessenbergmatrix ist. Haupthandwerkszeug sind $(k + 1)$-reihige Givensrotationen $\Omega_j = \Omega_{j,j+1}$ ($j=1, 2, \ldots, k$) vom Typ $\Omega_{j,j+1}$ [siehe (6.5.2.1)]

$$\Omega_{j,j+1} = \begin{bmatrix} 1 & & & & & & \\ & \ddots & & & & & \\ & & 1 & & & & \\ & & & c_j & -s_j & & \\ & & & s_j & c_j & & \\ & & & & & 1 & \\ & & & & & & \ddots \\ & & & & & & & 1 \end{bmatrix} \begin{matrix} \\ \\ \\ \leftarrow j \\ \leftarrow j+1 \\ \\ \\ \end{matrix}, \quad c_j^2 + s_j^2 = 1.$$

Ihre Parameter c_j, s_j werden so gewählt, daß in der Folge von Matrizen

$$\bar{H}_k \to \Omega_1 \bar{H}_k \to \Omega_2(\Omega_1 \bar{H}_k) \to \cdots \to \Omega_k(\Omega_{k-1} \cdots \Omega_1 \bar{H}_k) =: \bar{R}_k$$

alle Subdiagonalelemente der Reihe nach annulliert werden und eine obere $(k + 1) \times k$-reihige Dreiecksmatrix

$$\bar{R}_k = \begin{bmatrix} R_k \\ 0 \end{bmatrix}, \quad R_k = \begin{bmatrix} x & \ldots & x \\ \vdots & \ddots & \vdots \\ 0 & \ldots & x \end{bmatrix},$$

entsteht. Die gleichzeitige Transformation des Vektors $\bar{g}_0 := \beta \bar{e}_1 \in \mathbb{R}^{k+1}$

$$\bar{g}_0 \to \Omega_1 \bar{g}_0 \to \cdots \to \Omega_k(\Omega_{k-1} \cdots \Omega_1 \bar{g}_0) =: \bar{g}_k$$

liefert schließlich einen Vektor

$$\bar{g}_k := \begin{bmatrix} g_k \\ \bar{\gamma}_{k+1} \end{bmatrix}, \quad g_k := \begin{bmatrix} \gamma_1 \\ \gamma_2 \\ \vdots \\ \gamma_k \end{bmatrix} \in \mathbb{R}^k$$

(die Bezeichnung erklärt sich dadurch, daß sich die Komponenten $\gamma_1, \ldots, \gamma_k$ von $\bar{g}_k$ im weiteren Verlauf des Verfahrens, $k \to k + 1 \to \cdots$, nicht mehr ändern werden).

Wir illustrieren das Verfahren für $k = 2$. In der Skizze bedeutet $B \xrightarrow{\Omega} C$ die Linksmultiplikation mit der Matrix Ω, $C := \Omega B$. Mit * werden die Elemente bezeichnet, die sich bei den einzelnen Transformationen ändern.

$$[\bar{H}_2, \bar{g}_0] = \begin{bmatrix} x & x & x \\ x & x & 0 \\ & x & 0 \end{bmatrix} \xrightarrow{\Omega_1} \begin{bmatrix} * & * & * \\ 0 & * & * \\ & x & 0 \end{bmatrix} \xrightarrow{\Omega_2} \begin{bmatrix} x & x & x \\ 0 & * & * \\ & 0 & * \end{bmatrix} =$$

$$= \left[\begin{array}{c|c} R_2 & g_2 \\ \hline 0 & \gamma_3 \end{array} \right] = [\ \bar{R}_2 \mid \bar{g}_2\ ].$$

Nun ist $Q_k := \Omega_k \Omega_{k-1} \cdots \Omega_1$ eine unitäre Matrix, so daß

$$\|\beta \bar{e}_1 - \bar{H}_k y\|_2 = \|Q_k(\beta \bar{e}_1 - \bar{H}_k y)\|_2 = \|\bar{g}_k - \bar{R}_k y\|_2.$$

Man erhält deshalb die Lösung y_k des Ausgleichsproblems (8.2.7.10) als Lösung von

$$\min_y \|\bar{g}_k - \bar{R}_k y\|_2 = \min_y \left\| \begin{bmatrix} g_k \\ \bar{\gamma}_{k+1} \end{bmatrix} - \begin{bmatrix} R_k \\ 0 \end{bmatrix} y \right\|_2,$$

und damit als Lösung $y_k := R_k^{-1} g_k$ des linearen Gleichungssystems

$$(8.7.2.13) \qquad\qquad g_k = R_k y.$$

Dann ist $x_k := x_0 + V_k y_k$ die Lösung von (8.7.2.1) [man beachte, daß für $k < m$ wegen $\text{rg}\,\bar{H}_k = k$ auch $\text{rg}\,\bar{R}_k = \text{rg}\,(Q_k \bar{H}_k) = k$ ist, so daß R_k nichtsingulär ist].

Also ist die Größe des Residuums $b - A x_k$ gegeben durch

$$(8.7.2.14) \qquad \|b - A x_k\|_2 = \|\beta \bar{e}_1 - \bar{H}_k y_k\|_2 = \|\bar{g}_k - \bar{R}_k y_k\|_2 = |\bar{\gamma}_{k+1}|.$$

Es ist nun wichtig, daß man sich beim Übergang $k - 1 \to k$ einen großen Teil der Rechenarbeit sparen kann: Der Grund ist, daß sich $\bar{H}_k$ von $\bar{H}_{k-1}$ im wesentlichen nur durch eine zusätzliche Spalte unterscheidet,

$$\bar{H}_k = \left[\begin{array}{cccc|c} h_{1,1} & \cdots & h_{1,k-1} & & h_{1,k} \\ h_{2,1} & \ddots & \vdots & & \vdots \\ 0 & \ddots & h_{k-1,k-1} & & \vdots \\ \vdots & \ddots & h_{k,k-1} & & h_{k,k} \\ 0 & \cdots & 0 & & h_{k+1,k} \end{array} \right],$$

nämlich um die letzte Spalte

$$h_k := \begin{bmatrix} h_{1,k} \\ \vdots \\ h_{k,k} \\ h_{k+1,k} \end{bmatrix},$$

deren Komponenten in den Schritten 2) und 3) von (8.7.2.3) neu berechnet werden. Die Matrix $Q_{k-1}\bar{H}_k$, $Q_{k-1} := \Omega_{k-1} \cdots \Omega_1$, besitzt nämlich die Form

$$Q_{k-1}\bar{H}_k = \begin{bmatrix} R_{k-1} & r_k \\ 0 & \rho \\ 0 & \sigma \end{bmatrix} =: \tilde{R}_k \quad \text{mit} \quad \begin{bmatrix} r_k \\ \rho \\ \sigma \end{bmatrix} := Q_{k-1}h_k, \quad r_k \in \mathbb{R}^{k-1}.$$

Es muß also nur die letzte Spalte $\tilde{r}_k$ von $\tilde{R}_k$ mit Hilfe des Produkts

$$(8.7.2.15) \qquad \tilde{r}_k = \begin{bmatrix} r_k \\ \rho \\ \sigma \end{bmatrix} = Q_{k-1}h_k = \Omega_{k-1}\Omega_{k-2} \cdots \Omega_1 h_k$$

neu berechnet werden.

Die Matrix $\tilde{R}_k$ bringt man durch passende Wahl einer einzigen $(k+1)$-reihigen Givensrotation Ω_k des Typs $\Omega_{k,k+1}$ mit Parametern c_k, s_k auf obere Dreiecksgestalt:

$$\tilde{R}_k = \begin{bmatrix} R_{k-1} & r_k \\ 0 & \rho \\ 0 & \sigma \end{bmatrix} \to \Omega_k\tilde{R}_k =: \bar{R}_k = \begin{bmatrix} R_k \\ 0 \end{bmatrix} = \begin{bmatrix} R_{k-1} & r_k \\ 0 & r_{k,k} \\ 0 & 0 \end{bmatrix}.$$

Folgende Wahl

$$(8.7.2.16) \qquad c_k := \frac{\rho}{\sqrt{\rho^2 + \sigma^2}}, \quad s_k := \frac{-\sigma}{\sqrt{\rho^2 + \sigma^2}}$$

leistet das Verlangte. Insgesamt gilt also für die letzte Spalte $\bar{r}_k$ von $\bar{R}_k$

$$(8.7.2.17) \qquad \bar{r}_k = \begin{bmatrix} r_k \\ r_{k,k} \\ 0 \end{bmatrix} = \begin{bmatrix} r_{1,k} \\ \vdots \\ r_{k,k} \\ 0 \end{bmatrix} = \Omega_k\tilde{r}_k, \quad r_{k,k} = \sqrt{\rho^2 + \sigma^2}.$$

Skizze für $k = 3$:

$$\tilde{R}_2 = \begin{bmatrix} x & x & x \\ & x & x \\ & & \rho \\ & & \sigma \end{bmatrix} \xrightarrow{\Omega_3} \begin{bmatrix} x & x & x \\ & x & x \\ & & * \\ & & 0 \end{bmatrix} =: \bar{R}_3.$$

Nun ist $\bar{e}_1 \in \mathbb{R}^{k+1}$ der erste Einheitsvektor in $\mathbb{R}^{k+1}$. Setzt man $\bar{g}_0 := \beta \bar{e}_1$, so besitzt der Vektor $Q_{k-1}\bar{g}_0$ (wegen $\bar{g}_{k-1} \in \mathbb{R}^{k-1}$) die Form

$$Q_{k-1}\bar{g}_0 = \begin{bmatrix} \bar{g}_{k-1} \\ 0 \end{bmatrix}, \quad \text{mit} \quad \bar{g}_{k-1} = \begin{bmatrix} \gamma_1 \\ \vdots \\ \gamma_{k-1} \\ \bar{\gamma}_k \end{bmatrix}.$$

Also gilt für $\bar{g}_k := \Omega_k \Omega_{k-1} \cdots \Omega_1 \bar{g}_0$

$$\bar{g}_k = \begin{bmatrix} \gamma_1 \\ \vdots \\ \gamma_k \\ \bar{\gamma}_{k+1} \end{bmatrix} := \Omega_k \begin{bmatrix} \bar{g}_{k-1} \\ 0 \end{bmatrix} = \Omega_k \begin{bmatrix} \gamma_1 \\ \vdots \\ \gamma_{k-1} \\ \bar{\gamma}_k \\ 0 \end{bmatrix},$$

d.h. es gilt

(8.7.2.18) $\gamma_k = c_k \bar{\gamma}_k, \quad \bar{\gamma}_{k+1} = s_k \bar{\gamma}_k.$

Illustration des Schritts $k - 1 \to k$ für $k = 3$:

$$\begin{bmatrix} \bar{g}_2 \\ 0 \end{bmatrix} = \begin{bmatrix} \gamma_1 \\ \gamma_2 \\ \bar{\gamma}_3 \\ 0 \end{bmatrix} = \begin{bmatrix} x \\ x \\ x \\ 0 \end{bmatrix} \xrightarrow{\Omega_3} \begin{bmatrix} x \\ x \\ * \\ * \end{bmatrix} = \begin{bmatrix} \gamma_1 \\ \gamma_2 \\ \gamma_3 \\ \bar{\gamma}_4 \end{bmatrix} =: \bar{g}_3.$$

Die Größe des Residuums $b - Ax_k$ läßt sich also wegen (8.7.2.14) und (8.7.2.18) rekursiv berechnen, $\|b - Ax_k\|_2 = |\bar{\gamma}_{k+1}| = |s_k \bar{\gamma}_k|$, so daß

$$\|b - Ax_k\|_2 = |\bar{\gamma}_{k+1}| = |s_k s_{k-1} \cdots s_1|\beta.$$

Man kann deshalb die Größe des Residuums $\|b - Ax_k\|_2$ bestimmen, ohne vorher y_k als Lösung von $R_k y = g_k$ und $x_k = x_0 + V_k y_k$ zu berechnen. Dies kann man im GMRES-Algorithmus ausnutzen, indem man zu einer gewünschten Genauigkeit $\epsilon > 0$ erst dann die Lösung x_k von (8.7.2.1) berechnet, wenn $|\bar{\gamma}_{k+1}| = |s_k s_{k-1} \cdots s_1|\beta \le \epsilon$ ist.

Wir wollen kurz zeigen, daß man auch die Vektoren x_k rekursiv berechnen kann. Wegen

$$x_k = x_0 + V_k y_k = x_0 + V_k R_k^{-1} g_k =: x_0 + P_k g_k$$

führen wir die Matrizen $P_k := V_k R_k^{-1} = [p_1, \dots, p_k]$ mit den Spalten p_i ein. Wegen

$$R_k = \begin{bmatrix} R_{k-1} & r_k \\ 0 & r_{k,k} \end{bmatrix},$$

erfüllt dann P_k genau dann die Gleichung

$$V_k = [v_1, \ldots, v_k] = P_k R_k = [P_{k-1}, p_k] \begin{bmatrix} R_{k-1} & r_k \\ 0 & r_{k,k} \end{bmatrix},$$

wenn $v_k = P_{k-1} r_k + r_{k,k} p_k$. Dies liefert folgende Rekursionsformel für die Vektoren p_i:

$$(8.7.2.19) \qquad p_k = \frac{1}{r_{k,k}} \Big(v_k - \sum_{i=1}^{k-1} r_{i,k} p_i \Big).$$

Wegen

$$P_k g_k = [P_{k-1}, p_k] \begin{bmatrix} g_{k-1} \\ \gamma_k \end{bmatrix} = P_{k-1} g_{k-1} + \gamma_k p_k$$

erhält man die folgende Rekursionsformel für die x_k

$$(8.7.2.20) \qquad x_k = x_0 + P_k g_k = x_{k-1} + \gamma_k p_k.$$

Ihr Gebrauch ist aber i.allg. nicht ratsam: Man erspart sich zwar die Speicherung der Matrizen R_k, sie erfordert aber wegen (8.7.2.19) die Speicherung und die mit wachsendem k immer teurere Berechnung der Vektoren p_k, $k \geq 1$. Wir werden weiter unten sehen, daß die Situation sich ändert, wenn die $\bar{H}_k$ Bandmatrizen mit einer kleinen Bandbreite $l \ll n$ sind.

Ein gewisser Nachteil des Arnoldi-Verfahrens (8.7.2.3) ist es, daß unter dem Einfluß der Rundungsfehler die berechneten Vektoren v_i, $i \leq k$, nicht exakt orthogonal sind und sich ihre Orthogonalität mit wachsendem k weiter verschlechtert [dies ist ein bekannter Nachteil des Gram-Schmidtschen Orthogonalisierungsverfahrens, siehe Band I, Abschnitt 4.7 für eine Analyse des Phänomens]. Eine drastische Abhilfe besteht in der *Nachorthogonalisierung* von v_{k+1}, in der ein frisch berechneter Vektor $\tilde{v}_{k+1}$ noch einmal an den bereits akzeptierten Vektoren $v_1, \ldots, v_k$ orthogonalisiert wird

$$\tilde{v}_{k+1} \rightarrow \hat{v}_{k+1} := \tilde{v}_{k+1} - \sum_{i=1}^{k} (v_i^T \tilde{v}_{k+1}) v_i,$$

bevor er akzeptiert wird, $v_{k+1} := \hat{v}_{k+1} / \|\hat{v}_{k+1}\|_2$. Natürlich bedeutet dies eine Verdoppelung des Rechenaufwands. Eine billigere Verbesserung der Orthogonalität der berechneten v_i erhält man bereits ohne zusätzlichen Rechenaufwand, wenn man die Schritte 1)–3) des Arnoldi-Verfahrens (8.7.2.3) ersetzt durch

1') *Berechne* $w := A v_k$.

2') *Für* $i := 1, 2, \ldots k$
   berechne $h_{i,k} := v_i^T w$, $w := w - h_{i,k} v_i$.

3') *Berechne* $h_{k+1,k} := \|w\|_2$ *und setze* $w_k := w$.

Ein sehr viel gewichtigerer Nachteil des GMRES-Verfahrens ist es, daß anders als im cg-Verfahren (8.7.1.3) der Rechenaufwand für den k-ten Schritt $k - 1 \to k$ wegen der Orthogonalisierung von Av_k an den k Vektoren $v_1, \ldots, v_k$ linear mit k anwächst. Man führt deshalb das GMRES-Verfahren häufig mit $\bar{n}$-periodischen *restarts* entsprechend dem folgenden Schema durch, wobei $1 < \bar{n} \ll n$ (z.B. $\bar{n} = 10$):

(8.7.2.21) **GMRES($\bar{n}$):**

  0) *Gegeben x_0, berechne $r_0 := b - Ax_0$.*

  1) *Berechne $x_{\bar{n}}$ mittels des* GMRES-*Verfahrens.*

  2) *Setze $x_0 := x_{\bar{n}}$, gehe zu* 0).

Nachteilig ist hier, daß die Informationen, die in den Vektoren $v_1, \ldots, v_{\bar{n}}$ stecken, bei jedem restart verloren gehen.

Anstelle von restarts kann man auch die Anzahl der Orthogonalisierungen in Schritt 2) des Verfahrens künstlich begrenzen: die Vektoren Av_k werden dann nur noch an den letzten l Vektoren $v_k, v_{k-1}, \ldots, v_{k-l+1}$ orthogonalisiert, wobei $l \ll n$ eine fest gewählte Zahl ist (hier gehen also nur die Informationen verloren, die in den *alten Vektoren* v_{k-i} mit $i \geq l$ stecken). Man erhält so ein *verkürztes* GMRES-Verfahren, indem man in (8.7.2.3) die Schritte 1)–3) ersetzt durch

  1') *Berechne $w := Av_k$.*

  2') *Für $i = \max\{1, k - l + 1\}, \ldots, k$*

        berechne $h_{i,k} := v_i^T w$, $w := w - h_{i,k}v_i$.

  3') *Berechne $h_{k+1,k} := \|w\|_2$ und setze $w_k := w$.*

Das Verfahren erzeugt dann $(k + 1) \times k$-Hessenbergmatrizen $\bar{H}_k$ der *Bandbreite l*, sowie $k \times k$-Dreiecksmatrizen R_k der Bandbreite $l + 1$.

Skizze für $k = 4$ und $l = 2$:

$$\bar{H}_4 = \begin{bmatrix} x & x & 0 & 0 \\ x & x & x & 0 \\ 0 & x & x & x \\ 0 & 0 & x & x \\ 0 & 0 & 0 & x \end{bmatrix}, \quad R_4 = \begin{bmatrix} x & x & x & 0 \\ & x & x & x \\ & & x & x \\ & & & x \end{bmatrix}.$$

Die Relationen (8.7.2.7) bleiben erhalten, aber die Spalten der Matrizen $V_k = [v_1, \ldots, v_k]$ sind nicht mehr orthogonal. Trotzdem sind für $k \leq m$ die Vektoren $v_1, \ldots v_k$ linear unabhängig und bilden eine Basis von $K_k(r_0, A)$ (s. (8.7.2.4), der dort gegebene Induktionsbeweis bleibt gültig), so daß jedes $x \in x_0 + K_k(r_0, A)$ die Form $x = x_0 + V_k y$ besitzt. Wegen der fehlenden Orthogonalität der v_i gilt aber für $k < m$ nur

$$\|b - Ax\|_2 = \|b - Ax_0 - AV_k y\|_2$$
$$= \|r_0 - V_{k+1} \bar{H}_k y\|_2$$
$$= \|V_{k+1}(\beta \bar{e}_1 - \bar{H}_k y)\|_2$$
$$\neq \|\beta \bar{e}_1 - \bar{H}_k y\|_2,$$

so daß die Minimierung von $\|\beta \bar{e}_1 - \bar{H}_k y\|_2$ nicht mehr mit der Minimierung von $\|b - Ax\|_2$ äquivalent ist. Da die v_i i.allg. näherungsweise orthogonal sind, ist es trotzdem sinnvoll, die Optimallösung y_k von

$$\min_y \|\beta \bar{e}_1 - \bar{H}_k y\|_2$$

und den zugehörigen Vektor $x_k := x_0 + V_k y_k$ zu berechnen: x_k wird dann zwar $\|b - Ax\|_2$ auf $x_0 + K_k(r_0, A)$ nicht exakt minimieren, aber mit guter Näherung.

Da die $\bar{H}_k$ und die Dreiecksmatrizen R_k jetzt Bandmatrizen der Bandbreite l bzw. $l + 1$ sind, ist es für $l \ll n$ vorteilhaft, die Rekursionsformeln (8.7.2.19) und (8.7.2.20) zu verwenden: Für die Durchführung des Verfahrens muß man dann nur die letzten l Vektoren $v_k, \ldots, v_{k-l+1}$ und l zusätzliche Vektoren $p_{k-1}, \ldots, p_{k-l}$ speichern; die komplette Speicherung der Matrix R_k entfällt, nur die letzte Spalte von R_k wird benötigt. Die Formeln (8.7.2.15) und (8.7.2.19) vereinfachen sich wegen $h_{i,k} = 0$ für $i \leq k - l$, $r_{i,k} = 0$ für $i \leq k - l - 1$ zu

$$\tilde{r}_k = \Omega_{k-1} \Omega_{k-2} \cdots \Omega_{k-l} h_k,$$
$$p_k = \frac{1}{r_{k,k}} \Big(v_k - \sum_{i=\max\{1, k-l\}}^{k-1} r_{i,k} p_i \Big).$$

Insgesamt erhält man so das folgende *quasi-minimale Residuen-Verfahren* (QGMRES-Verfahren):

(8.7.2.22) **QGMRES(l):**

Gegeben $\epsilon > 0$, $2 \leq l \ll n$ *ganz,*

und ein x_0 *mit* $r_0 := b - Ax_0 \neq 0$.

0) *Setze* $\beta := \bar{\gamma}_0 := \|r_0\|_2$, $v_1 := r_0/\beta$, $k := 1$.

1) *Berechne* $w := Av_k$.

2) *Für* $i = 1, 2, \ldots, k$, *berechne*

$$h_{i,k} := \begin{cases} 0, & \text{falls } i \leq k - l, \\ v_i^T w, & \text{sonst,} \end{cases}$$
$$w := w - h_{i,k} v_i.$$

3) *Berechne* $h_{k+1,k} := \|w\|_2$,
   und damit den Vektor $\bar{h}_k = [h_{1,k}, \ldots, h_{k+1,k}]^T$.

4) *Berechne* $\tilde{r}_k := \Omega_{k-1}\Omega_{k-2} \cdots \Omega_{k-l}\bar{h}_k$,
   die Rotationsparameter c_k, s_k *mittels* (8.7.2.16),
   γ_k, $\bar{\gamma}_{k+1}$ *mittels* (8.7.2.18)
   und den Vektor [s. (8.7.2.17)]

$$\bar{r}_k = \begin{bmatrix} r_{1,k} \\ \vdots \\ r_{k,k} \\ 0 \end{bmatrix} := \Omega_k \tilde{r}_k.$$

5) *Berechne*

$$p_k := \frac{1}{r_{k,k}}\Big(v_k - \sum_{i=\max\{1,k-l\}}^{k-1} r_{i,k} p_i\Big).$$

6) *Setze* $x_k := x_{k-1} + \gamma_k p_k$.

7) *Falls* $|\bar{\gamma}_{k+1}| \le \varepsilon$, *stop.*
   Andernfalls
   setze $v_{k+1} := w/h_{k+1,k}$, $k := k+1$ *und gehe zu* 1).

Für symmetrische, aber indefinite Matrizen $A = A^T$ ist das Arnoldi-Verfahren mit dem Verfahren von Lanczos (6.5.3.1) identisch: Man kann wie in Abschnitt 6.5.3 zeigen, daß dann alle Skalarprodukte $h_{i,k} = v_i^T A v_k = 0$ für $1 \le i \le k-2$ verschwinden und daß

$$h_{k,k+1} = h_{k+1,k}, \quad k = 1, 2, \ldots n,$$

gilt. In diesem Fall sind also die Matrizen

$$H_k := \begin{bmatrix} h_{1,1} & h_{1,2} & & 0 \\ h_{2,1} & \ddots & \ddots & \\ & \ddots & \ddots & h_{k-1,k} \\ 0 & & h_{k,k-1} & h_{k,k} \end{bmatrix}$$

symmetrische Tridiagonalmatrizen. Es liegt also hier von Haus aus, ohne eine künstliche Verkürzung, die Situation $l = 2$ des QGMRES-Verfahrens vor. Das QGMRES-Verfahren vereinfacht sich dann zu dem SYMMLQ-Verfahren von Paige and Saunders (1975), das hier aber nicht näher dargestellt werden soll: Das QGMRES-Verfahrens ist als Verallgemeinerung dieses Verfahrens anzusehen.

Es ist ebenfalls möglich, die Konvergenz des GMRES-Verfahrens durch Vorkonditionierungstechniken ähnlich wie beim cg-Verfahren (8.7.1.10) zu beschleunigen: Diese Techniken beruhen auf der Wahl einer geeigneten Vorkonditionierungsmatrix B mit den folgenden Eigenschaften:

1) B ist eine gute Approximation von A, so daß $B^{-1}A$ bzw. AB^{-1} gute Approximationen der Einheitsmatrix sind.
2) Gleichungssysteme der Form $Bu = v$ sind leicht lösbar, d.h. $B^{-1}v$ ist leicht berechenbar.

Die Eigenschaft 2) ist z.B. dann erfüllt, wenn man eine LR-Zerlegung von $B = LR$ mit dünn besetzten Dreiecksmatrizen L und R kennt.

Anders als beim cg-Verfahren kann man zu gegebenem B zwischen zwei Vorkonditionierungstechniken wählen: Bei der *Linksvorkonditionierung* wendet man das GMRES-Verfahren auf das zu $Ax = b$ äquivalente System

$$B^{-1}Ax = B^{-1}b,$$

und bei der *Rechtsvorkonditionierung* auf das System

$$AB^{-1}u = b$$

in den neuen Variablen $u = Bx$ an. Wir gehen hier nur auf die Links-Vorkonditionierung ein. Man hat dann im GMRES-Verfahren lediglich die Matrix A durch $B^{-1}A$ und das Residuum $r_0 := b - Ax_0$ durch das neue Residuum $q_0 := B^{-1}b - B^{-1}Ax_0 = B^{-1}r_0$ zu ersetzen. Man erhält so statt (8.7.2.3) folgendes Verfahren:

(8.7.2.23) GMRES *mit Linksvorkonditionierung:*

    Gegeben $\epsilon > 0$, x_0 *mit* $r_0 := b - Ax_0 \neq 0$.

0)   *Berechne* $q_0 := B^{-1}r_0$, $\beta := \bar{\gamma}_0 := \|q_0\|_2$, $v_1 := q_0/\beta$
     und setze $k := 1$.

1)   *Berechne* $w := B^{-1}Av_k$.

2)   *Für* $i = 1, 2, \ldots, k$
     berechne $h_{i,k} := v_i^T w$, $w := w - h_{i,k}v_i$.

3)   *Berechne* $h_{k+1,k} := \|w\|_2$ *und* $\bar{\gamma}_{k+1}$ [s. (8.7.2.18)].

4)   *Falls* $|\bar{\gamma}_{k+1}| > \epsilon$,
     berechne $v_{k+1} := w/h_{k+1,k}$, *setze* $k := k + 1$
     und gehe zu 1).

    Andernfalls,

5)   *bestimme die Lösung* y_k *von* (8.7.2.13), *berechne*
     $x_k := x_0 + V_k y_k$, *setze* $m := k$ *und stop.*

Die Krylovräume $K_k(q_0, B^{-1}A)$, $k = 1, 2, \ldots$, besitzen jetzt die orthogonalen Basen $v_1, \ldots, v_k$ und das Verfahren liefert schließlich als Resultat den ersten Vektor $x_m \in x_0 + K_m(q_0, B^{-1}A)$ mit

$$\|B^{-1}(b - Ax_m)\|_2 = \min_u \{\|B^{-1}(b - Au)\|_2 \mid u \in x_0 + K_m(q_0, B^{-1}A)\}$$

$$\leq \epsilon.$$

8.7.3 Der Biorthogonalisierungsalgorithmus von Lanczos und das QMR-Verfahren

Es gibt weitere Krylovraum-Methoden zur Lösung allgemeiner linearer Gleichungssysteme $Ax = b$ mit einer nichtsingulären $n \times n$-Matrix A, die im Unterschied zu den bisher behandelten Methoden mit zwei Krylovräumen,

$$K_k(v_1, A) = \text{span}[v_1, Av_1, \ldots, A^{k-1}v_1],$$
$$K_k(w_1, A^T) = \text{span}[w_1, A^T w_1, \ldots, (A^T)^{k-1}w_1],$$

arbeiten.

Sei x_0 wie bisher eine Näherungslösung von $Ax = b$ mit $r_0 = b - Ax_0 \neq 0$. Der folgende Biorthogonalisierungsalgorithmus von Lanczos (1950) geht dann von dem speziellen Vektor

$$v_1 := r_0/\beta, \quad \beta := \|r_0\|_2,$$

und einem beliebigen weiteren Vektor $w_1 \in \mathbb{C}^n$ mit $\|w_1\|_2 = 1$ aus (in der Regel wählt man $w_1 := v_1$). Er hat zum Ziel, eine möglichst lange Folge von linear unabhängigen Vektoren v_i bzw. linear unabhängigen Vektoren w_i, $i = 1, 2, \ldots$, zu erzeugen, die die Krylovräume $K_k(v_1, A)$ bzw. $K_k(w_1, A^T)$, $k \geq 1$, aufspannen,

$$\text{span}[v_1, \ldots, v_k] = K_k(v_1, A), \quad \text{span}[w_1, \ldots, w_k] = K_k(w_1, A^T),$$

und die folgende Biorthogonalitätseigenschaft besitzen:

$$w_i^T v_j = \begin{cases} \delta_j \neq 0 & \text{für } i = j, \\ 0 & \text{sonst.} \end{cases}$$

(8.7.3.1) Biorthogonalisierungsverfahren:

Gegeben x_0 mit $r_0 := b - Ax_0 \neq 0$.

0) *Setze $\beta := \|r_0\|_2$, $v_1 := r_0/\beta$,*
   wähle $w_1 \in \mathbb{C}^n$ mit $\|w_1\|_2 = 1$, und setze $v_0 := w_0 := 0$, $k := 1$.

1) *Berechne $\delta_k := w_k^T v_k$. Falls $\delta_k = 0$, setze $m := k - 1$ und stop.*

Andernfalls,

2) *berechne* $\alpha_k := w_k^T A v_k / \delta_k$, $\beta_1 := \epsilon_1 := 0$ *und für* $k > 1$,

$$\beta_k := \frac{\sigma_k \delta_k}{\delta_{k-1}}, \quad \epsilon_k := \frac{\rho_k \delta_k}{\delta_{k-1}},$$

sowie

$$\tilde{v}_{k+1} := A v_k - \alpha_k v_k - \beta_k v_{k-1},$$
$$\tilde{w}_{k+1} := A^T w_k - \alpha_k w_k - \epsilon_k w_{k-1}.$$

3) *Berechne* $\rho_{k+1} := \|\tilde{v}_{k+1}\|_2$, $\sigma_{k+1} := \|\tilde{w}_{k+1}\|_2$.

   Falls $\rho_{k+1} = 0$ *oder* $\sigma_{k+1} = 0$, *setze* $m := k$ *und stop.*

4) *Andernfalls berechne* $v_{k+1} := \tilde{v}_{k+1}/\rho_{k+1}$, $w_{k+1} := \tilde{w}_{k+1}/\sigma_{k+1}$.

   Setze $k := k + 1$ *und gehe zu* 1).

Der folgende Satz zeigt, daß die v_k, w_k die verlangten Eigenschaften haben:

(8.7.3.2) **Satz:** *Sei m der Abbruchindex von* (8.7.3.1). *Dann gilt für alle* $1 \le k \le m$

(8.7.3.3)
$$\operatorname{span}[v_1, \ldots, v_k] = K_k(v_1, A),$$
$$\operatorname{span}[w_1, \ldots, w_k] = K_k(w_1, A^T),$$

sowie

(8.7.3.4)
$$w_k^T v_j = \begin{cases} \delta_j \ne 0 & \text{für } j = k, \\ 0 & \text{für } j \ne k, \ j = 1, \ldots, m. \end{cases}$$

Die Vektoren $v_1, \ldots, v_m$ bzw. die Vektoren $w_1, \ldots, w_m$ sind linear unabhängig.

Beweis: Die Eigenschaft (8.7.3.3) folgt sofort aus den Schritten 2)–4) des Verfahrens. Die Biorthogonalität (8.7.3.4) zeigt man durch vollständige Induktion. Wir nehmen dazu an, daß (8.7.3.4) für ein k mit $1 \le k < m$ gelte:

$$w_i^T v_j = 0, \quad v_i^T w_j = 0, \quad 1 \le i < j \le k.$$

Wegen $k < m$ ist dann $\delta_j \ne 0$ für alle $j \le k$, es ist $\rho_{k+1} \ne 0$, $\sigma_{k+1} \ne 0$ und es sind v_{k+1} und w_{k+1} wohldefiniert. Wir wollen zeigen, daß dann auch die Vektoren $v_1, \ldots, v_{k+1}$ und $w_1, \ldots, w_{k+1}$ biorthogonal sind.

Als erstes beweist man $w_i^T v_{k+1} = 0$ für $i \le k$. Für $i = k$ folgt nämlich aus der Definition von $\tilde{v}_{k+1}$, der Induktionsvoraussetzung und der Definition von α_k

$$w_k^T v_{k+1} = \frac{1}{\rho_{k+1}} [w_k^T A v_k - \alpha_k w_k^T v_k - \beta_k w_k^T v_{k-1}]$$

$$= \frac{1}{\rho_{k+1}} [w_k^T A v_k - \alpha_k w_k^T v_k] = 0.$$

Für $i \leq k-1$ erhält man aus der Induktionsvoraussetzung und der Definition von $\tilde{w}_{k+1}$ zunächst

$$w_i^T v_{k+1} = \frac{1}{\rho_{k+1}} [w_i^T A v_k - \alpha_k w_i^T v_k - \beta_k w_i^T v_{k-1}]$$

$$= \frac{1}{\rho_{k+1}} [w_i^T A v_k - \beta_k w_i^T v_{k-1}]$$

$$= \frac{1}{\rho_{k+1}} [v_k^T (\tilde{w}_{i+1} + \alpha_i w_i + \epsilon_i w_{i-1}) - \beta_k w_i^T v_{k-1}]$$

$$= \frac{1}{\rho_{k+1}} [(\sigma_{i+1} v_k^T w_{i+1} + \alpha_i v_k^T w_i + \epsilon_i v_k^T w_{i-1}) - \beta_k w_i^T v_{k-1}].$$

Die Induktionsvoraussetzung liefert dann $w_i^T v_{k+1} = 0$ für $i < k - 1$, und für $i = k - 1$ wegen der Definition von β_k

$$w_i^T v_{k+1} = w_{k-1}^T v_{k+1}$$

$$= \frac{1}{\rho_{k+1}} [(\sigma_k v_k^T w_k + 0 + 0) - \beta_k w_{k-1}^T v_{k-1}]$$

$$= \frac{1}{\rho_{k+1}} [(\sigma_k \delta_k - \beta_k \delta_{k-1})] = 0.$$

Auf die gleiche Weise zeigt man $v_i^T w_{k+1} = 0$ für alle $i \leq k$. Schließlich ist (8.7.3.4) mit der Matrixgleichung

$$W_m^T V_m = D_m$$

mit den Matrizen $V_k := [v_1, \ldots, v_k]$, $W_k := [w_1, \ldots, w_k]$, und den Diagonalmatrizen $D_k := \mathrm{diag}(\delta_1, \ldots, \delta_k)$ identisch. Da D_m nichtsingulär ist, folgt aus $W_m^T V_m = D_m$ sofort $\mathrm{rg}\, V_m = \mathrm{rg}\, W_m = m$. $\qquad\square$

Ähnlich wie bei dem Arnoldi-Verfahren kann man die Rekursionsformeln von (8.7.3.1) mit Hilfe der Matrizen V_k, W_k und der Tridiagonalmatrizen

$$\bar{T}_k := \begin{bmatrix} \alpha_1 & \beta_2 & \cdots & & 0 \\ \rho_2 & \alpha_2 & \ddots & & \vdots \\ \vdots & \ddots & \ddots & & \beta_k \\ \vdots & & \ddots & & \alpha_k \\ 0 & \cdots & & \cdots & \rho_{k+1} \end{bmatrix}, \quad \bar{S}_k := \begin{bmatrix} \alpha_1 & \epsilon_2 & \cdots & & 0 \\ \sigma_2 & \alpha_2 & \ddots & & \vdots \\ \vdots & \ddots & \ddots & & \epsilon_k \\ \vdots & & \ddots & & \alpha_k \\ 0 & \cdots & & \cdots & \sigma_{k+1} \end{bmatrix}$$

und ihrer k-reihigen Untermatrizen T_k bzw. S_k, die man durch Streichen der letzten Zeile von $\bar{T}_k$ bzw. $\bar{S}_k$ erhält, ausdrücken: Man zeigt wie beim Beweis von (8.7.2.6), (8.7.2.7) für $k < m$

$$AV_k = V_{k+1}\bar{T}_k = V_k T_k + \tilde{v}_{k+1}e_k^T,$$
$$A^T W_k = W_{k+1}\bar{S}_k = W_k S_k + \tilde{w}_{k+1}e_k^T.$$

Wegen $W_k^T V_k = D_k$, $W_k^T \tilde{v}_{k+1} = V_k^T \tilde{w}_{k+1} = 0$ folgt

$$W_k^T A V_k = D_k T_k, \quad V_k^T A^T W_k = D_k S_k,$$

sowie wegen $W_k^T A V_k = (V_k^T A^T W_k)^T$ die weitere Relation

$$S_k^T = D_k T_k D_k^{-1},$$

die man auch anhand der Definitionen der β_k und ϵ_k direkt verifizieren kann.

Das Abbruchverhalten des Biorthogonalisierungsverfahrens (8.7.3.1) ist komplizierter als bei dem Arnoldi-Verfahren (8.7.2.3). Das Verfahren kann einmal in Schritt 4) wegen $\rho_{k+1} = 0$ bzw. $\sigma_{k+1} = 0$ abbrechen. Wegen $k = \operatorname{rg} V_k = \dim K_k(v_1, A) = \operatorname{rg} W_k = \dim K_k(w_1, A^T)$ ist dies äquivalent zu

$$\dim K_{k+1}(v_1, A) = k \quad \text{bzw. } \dim K_{k+1}(w_1, A^T) = k,$$

d.h. mit der A-Invarianz von $K_k(v_1, A)$ bzw. der A^T-Invarianz von $K_k(w_1, A^T)$. Die Spalten von V_k (bzw. W_k) liefern dann eine Basis dieser invarianten Krylovräume $K_k(v_1, A)$ (bzw. $K_k(w_1, A^T)$). Es ist deshalb der Abbruchindex m von (8.7.3.1) kleiner oder gleich n.

Leider kommt es auch vor, daß der Lanczos-Algorithmus vorzeitig in Schritt 1) wegen $\delta_k = w_k^T v_k = 0$ abbricht (obwohl dann beide Vektoren v_k und w_k von 0 verschieden sind), bevor er eine Basis eines invarianten Krylovraums gefunden hat. Man spricht dann von einem „ernsthaften Kollaps" („serious breakdown") des Verfahrens. Für die Rechengenauigkeit gefährlich sind bereits Situationen, wenn $|\delta_k| \approx 0$ sehr klein wird und das Verfahren fast zusammenbricht („numerischer Kollaps"). Diese Situationen lassen sich aber (fast) alle mittels sog. *look-ahead-Techniken* entschärfen, wenn man die Biorthogonalitätsforderungen (8.7.3.4) abschwächt. So ist das QMR-Verfahren von Freund und Nachtigal (1991) eine Variante des Verfahrens (8.7.3.1), das (fast) alle ernsthaften Zusammenbrüche und zu kleine $|\delta_k|$ vermeidet und trotzdem Basen $v_1, \ldots, v_k$ und Basen $w_1, \ldots, w_k$ der Krylovräume $K_k(v_1, A)$ bzw. $K_k(w_1, A^T)$ erzeugt, ohne die Struktur der Matrizen $\bar{T}_k$ (bzw. $\bar{S}_k$) wesentlich zu beeinträchtigen: diese Matrizen sind dann *Blockmatrizen*, ihre Blockkomponenten $\alpha_i, \beta_i, \rho_i, \epsilon_i, \sigma_i$ sind dann nicht mehr Zahlen, sondern einfache Matrizen mit einer sehr geringen Zeilen- und Spaltenzahl. Ihre Dimension wird dabei im Verfahren so gesteuert, daß zu kleine $|\delta_k|$ vermieden werden.

Wir wollen hier lediglich das Prinzip des QMR-Verfahrens erläutern und verzichten deshalb der Einfachheit halber auf eine Darstellung dieser Steuerung, d.h. wir nehmen an, daß das Verfahren (8.7.3.1) nicht nach einem ernsthaften Kollaps in Schritt 1) wegen $\delta_k = 0$ abbricht, sondern nur in

Schritt 4). Es ist dann $\delta_k \neq 0$ für alle $k \leq m + 1$. Für $k \leq m$ liefern die Spalten von V_k eine Basis von $K_k(v_1, A) = K_k(r_0, A)$ und es gilt

$$AV_k = V_{k+1}\bar{T}_k = V_k T_k + \tilde{v}_{k+1}e_k^T.$$

Jedes $x \in x_0 + K_k(r_0, A)$ läßt sich also eindeutig in der Form $x = x_0 + V_k y$ mit einem $y \in \mathbb{C}^k$ schreiben und es gilt wie in Abschnitt 8.7.2

$$\|b - Ax\|_2 = \|b - Ax_0 - AV_k y\|_2$$
$$= \|r_0 - V_{k+1}\bar{T}_k y\|_2$$
$$= \|V_{k+1}(\beta\bar{e}_1 - \bar{T}_k y)\|_2,$$

wobei $\bar{e}_1 := [1, 0, \ldots, 0]^T \in \mathbb{R}^{k+1}$. Statt $\|b - Ax\|_2$ auf $x_0 + K_k(r_0, A)$ zu minimieren, bestimmt man wie im quasiminimalen Residuenverfahren y_k als Lösung des Ausgleichsproblems

$$(8.7.3.5) \qquad \min_y \|\beta\bar{e}_1 - \bar{T}_k y\|_2$$

und setzt $x_k := x_0 + V_k y_k$.

Das weitere Verfahren entspricht also genau dem verkürzten quasiminimalen Residuenverfahren QGMRES (8.7.2.22), wenn man dort die Hessenbergmatrix $\bar{H}_k$ der Bandbreite l durch die Tridiagonalmatrix $\bar{T}_k$ (sie besitzt die Bandbreite $l = 2$) ersetzt. Man hat deshalb in (8.7.2.22) lediglich $l = 2$ zu wählen und den Vektor h_k durch den Vektor

$$t_k = \begin{bmatrix} t_{1,k} \\ \vdots \\ t_{k+1,k} \end{bmatrix} = \begin{bmatrix} 0 \\ \vdots \\ \beta_k \\ \alpha_k \\ \rho_{k+1} \end{bmatrix},$$

die letzte Spalte von $\bar{T}_k$, zu ersetzen.

Insgesamt erhält man so die einfachste Form des *QMR-Verfahrens*, in dem die Möglichkeit eines ernsthaften Zusammenbruchs von (8.7.3.1) nicht berücksichtigt wird, und dessen allgemeinere numerisch stabile Form von Freund und Nachtigal (1991) beschrieben wurde.

(8.7.3.6) **QMR-Verfahren, einfache Form:**

Gegeben x_0 mit $r_0 := b - Ax_0 \neq 0$ und $\varepsilon > 0$.

0) *Berechne $\beta := \|r_0\|_2$, $v_1 = w_1 := r_0/\beta$ und setze $k := 1$.*

1) *Mittels (8.7.3.1) bestimme man α_k, β_k, ϵ_k, ρ_{k+1}, σ_{k+1},*
   v_{k+1}, w_{k+1} und damit die letzte Spalte t_k von $\bar{T}_k$.

2) *Berechne $\tilde{r}_k := \Omega_{k-1}\Omega_{k-2}t_k$ (mit $\Omega_{-1} = \Omega_0 := I$),*
die Rotationsparameter c_k, s_k von Ω_k wie in (8.7.2.16)
und γ_k, $\bar{\gamma}_{k+1}$ wie in (8.7.2.18).

3) *Berechne die Vektoren*

$$\bar{r}_k = \begin{bmatrix} r_{1,k} \\ \vdots \\ r_{k,k} \\ 0 \end{bmatrix} := \Omega_k \tilde{r}_k,$$

$$p_k := \frac{1}{r_{k,k}}\left(v_k - \sum_{i=k-2}^{k-1} r_{i,k}p_i\right).$$

4) *Berechne $x_k := x_{k-1} + \gamma_k p_k$.*
5) *Falls $|\bar{\gamma}_{k+1}| \leq \varepsilon$, stop.*

   Andernfalls setze $k := k + 1$ und gehe zu 1).

Ähnlich wie im GMRES-Verfahren kann man auch die Konvergenz des QMR-Verfahrens mit Hilfe von Vorkonditionierungstechniken beschleunigen [eine Beschreibung dieser Techniken findet man in der Arbeit von Freund und Nachtigal (1991)]. Vergleichende numerische Beispiele, die auch das vorkonditionierte QMR-Verfahren illustrieren, werden in Abschnitt 8.10 gegeben.

8.7.4 Der Bi-CG und der Bi-CGSTAB Algorithmus

Das *bikonjugierte Gradientenverfahren* (Bi-CG-Verfahren, oder auch BCG-Verfahren) zur Lösung eines Gleichungssystem $Ax = b$ mit einer nicht-symmetrischen (reellen) $n \times n$-Matrix A verallgemeinert das klassische cg-Verfahren (8.7.1.3) von Hestenes und Stiefel. Es ist mit dem Biorthogonalisierungsverfahren (8.7.3.1) verwandt und stammt von Lanczos (1950); von Fletcher (1976) wurde es näher untersucht.

In diesem Abschnitt bedeuten (v, w) und $\|v\|$ stets das übliche Skalarprodukt $(v, w) = v^T w$ bzw. die zugehörige euklidische Norm $\|v\| := (v, v)^{1/2}$ im $\mathbb{R}^n$.

Die folgende Formulierung des Bi-CG-Verfahrens unterstreicht seine Beziehungen zum cg-Verfahren (8.7.1.3):

(8.7.4.1) **Bi-CG-Verfahren:**
Start: Gegeben sei ein $x_0 \in \mathbb{R}^n$ mit $r_0 := b - Ax_0 \neq 0$. Wähle ein $\hat{r}_0 \in \mathbb{R}^n$ mit $(\hat{r}_0, r_0) \neq 0$ und setze $p_0 := r_0$, $\hat{p}_0 := \hat{r}_0$.

Für $k = 0, 1, \ldots$:

   Berechne

   (1) $a_k = \dfrac{(\hat{r}_k, r_k)}{(\hat{p}_k, A p_k)}, \quad x_{k+1} := x_k + a_k p_k,$

   $r_{k+1} := r_k - a_k A p_k, \quad \hat{r}_{k+1} := \hat{r}_k - a_k A^T \hat{p}_k.$

   (2) $b_k := \dfrac{(\hat{r}_{k+1}, r_{k+1})}{(\hat{r}_k, r_k)},$

   $p_{k+1} := r_{k+1} + b_k p_k, \quad \hat{p}_{k+1} := \hat{r}_{k+1} + b_k \hat{p}_k.$

Das Verfahren ist wohldefiniert, solange $(\hat{r}_k, r_k)$ und $(\hat{p}_k, A p_k)$ von Null verschieden bleiben. Seine theoretischen Eigenschaften sind mit denen des cg-Verfahrens vergleichbar [s. Satz (8.7.1.4)]:

(8.7.4.2) Satz: *Sei A eine reelle nichtsinguläre $n \times n$-Matrix, $b \in \mathbb{R}^n$ und $x_0 \in \mathbb{R}^n$, $\hat{r}_0$ Startvektoren mit $(\hat{r}_0, r_0) \neq 0$, $r_0 := b - A x_0$. Dann erzeugt (8.7.4.1) Vectoren x_k, p_k, $\hat{p}_k$, r_k, $\hat{r}_k$ mit folgenden Eigenschaften: Es gibt einen ersten Index $m \leq n$ mit $(\hat{r}_m, r_m) = 0$ oder $(\hat{p}_m, A p_m) = 0$, für den die Aussagen (1)–(6) von (A_m) gelten:*

(A_m) (1) $(\hat{p}_i, r_j) = (\hat{r}_j, p_i) = 0$ *für* $i < j \leq m,$

   (2) $(\hat{r}_i, r_i) \neq 0$ *für* $i < m,$

   $(\hat{r}_i, p_i) = (\hat{r}_i, r_i) = (\hat{p}_i, r_i) \neq 0$ *für* $i \leq m,$

   (3) $(\hat{p}_i, A p_j) = (A^T \hat{p}_j, p_i) = 0$ *für* $i < j \leq m,$

   $(\hat{p}_i, A p_i) \neq 0$ *für* $i < m,$

   (4) $(\hat{r}_i, r_j) = (\hat{r}_j, r_i) = 0$ *für* $i < j \leq m,$

   (5) $r_i = b - A x_i$ *für* $i \leq m.$

   (6) *Für* $i \leq m$:
   $\operatorname{span}[r_0, r_1, \ldots, r_i] = \operatorname{span}[p_0, p_1, \ldots, p_i] = K_{i+1}(r_0, A),$
   $\operatorname{span}[\hat{r}_0, \hat{r}_1, \ldots, \hat{r}_i] = \operatorname{span}[\hat{p}_0, \hat{p}_1, \ldots, \hat{p}_i] = K_{i+1}(\hat{r}_0, A^T).$

Beweis: Der Beweis wird analog zum Beweis von Satz (8.7.1.4) durch Induktion geführt: Die Aussage (A_0) ist trivial richtig. Für jedes $k \geq 0$ zeigt man wie im Beweis von (8.7.1.4) die Implikation

$$(A_k), \quad (\hat{p}_k, A p_k) \neq 0, \quad (\hat{r}_k, r_k) \neq 0 \quad \Rightarrow \quad (A_{k+1}),$$

ein Beweis, der dem Leser überlassen ist. Aus (A_k), (2), (4) folgt insbesondere, daß die Vektoren r_i, $\hat{r}_i$ für $i < k$ nicht verschwinden und biorthogonal sind,

$$(\hat{r}_i, r_j) = (\hat{r}_j, r_i) = 0 \quad \text{für } i < j < k.$$

Also sind die r_i, $i = 0, 1, \ldots k - 1$, und auch die $\hat{r}_i$, $i = 0, 1, \ldots k - 1$, linear unabhängige Vektoren im $\mathbb{R}^n$, so daß $k \leq n$. Also existiert ein erster Index $m \leq n$, für den $(\hat{r}_m, r_m) = 0$ oder $(\hat{p}_m, A p_m) = 0$ gilt.   □

Die Iterierten x_i existieren für $i = 0, 1, \dots, m$, aber sie besitzen keine Minimaleigenschaften bzgl. der Menge $x_0 + K_i(r_0, A)$ (wie die Iterierten des cg-Verfahrens, s. (8.7.1.7)), sondern nur die Galerkin-Eigenschaft

$$(w, b - Ax_i) = 0 \quad \text{für alle } w \in K_{i-1}(\hat{r}_0, A^T).$$

Diese folgt sofort aus (A_m) (1),(4).

Das Verfahren besitzt ähnliche und sogar noch kompliziertere Abbrecheigenschaften als das Biorthogonalisierungsverfahren (8.7.3.1) von Lanczos: Zunächst stoppt das Verfahren, falls $(\hat{p}_m, A p_m) = 0$, auch wenn beide Vektoren p_m und $\hat{p}_m$ nicht verschwinden: Man kann zeigen, daß dies genau dann geschieht, wenn es kein $x_{m+1} \in x_0 + K_{m+1}(r_0, A)$ mit der Galerkin-Eigenschaft gibt. Das Verfahren stoppt aber auch, falls $(\hat{r}_m, r_m) = 0$, auch wenn beide Vektoren r_m und $\hat{r}_m$ von Null verschieden sind: Dies geschieht genau dann, wenn der Lanczos Algorithmus (8.7.3.1) für die Startwerte $v_1 := r_0/\|r_0\|$, $w_1 := \hat{r}_0/\|\hat{r}_0\|$ mit einem „serious break-down" abbricht [siehe Abschnitt 8.7.3].

Ein weiterer Nachteil ist es, daß die Größen $\|r_i\|$ der Residuen mit i erratisch schwanken können, bevor sie sich für großes i „beruhigen". Ebenso leidet die Genauigkeit der berechneten Vektoren r_k, $\hat{r}_k$, p_k, $\hat{p}_k$, und x_k erheblich unter dem Einfluß von Rundungsfehlern, wenn die kritischen Größen

$$\frac{(\hat{r}_k, r_k)}{\|\hat{r}_k\| \|r_k\|}, \quad \frac{(\hat{p}_k, A p_k)}{\|\hat{p}_k\| \|A p_k\|}$$

klein werden werden und das Verfahren „fast" abbricht.

Das erratische Verhalten der Residuen r_k kann jedoch erheblich verbessert werden. Auf der Basis von Resultaten von Sonneveldt (1989) hat van der Vorst (1992) einen Algorithmus vorgeschlagen, das *Bi-CGSTAB-Verfahren*, der das Bi-CG-Verfahren stabilisiert. Zur Beschreibung dieses Verfahrens benötigen wir einige weitere Eigenschaften der Vektoren, die das Bi-CG-Verfahren (8.7.4.1) erzeugt. Der folgende Hilfssatz wird ohne Beweis mitgeteilt (man beweist ihn leicht mit Hilfe von (8.7.4.1) durch Induktion bzgl. k):

(8.7.4.3) **Hilfssatz:** *Es gibt Polynome* $R_k(\mu)$, $P_k(\mu)$, $k = 1, 2, \dots, m$, *des Grades* k *mit* $R_k(0) = 1$, $R_0(\mu) \equiv P_0(\mu) \equiv 1$, *die die Eigenschaften*

$$\left. \begin{array}{ll} r_k = R_k(A)r_0, & \hat{r}_k = R_k(A^T)\hat{r}_0 \\ p_k = P_k(A)r_0, & \hat{p}_k = P_k(A^T)\hat{r}_0 \end{array} \right\} \quad k = 0, 1, \dots, m,$$

besitzen und folgenden Rekursionsformeln genügen

$$(8.7.4.4) \quad \left. \begin{array}{l} R_{k+1}(\mu) = R_k(\mu) - a_k \mu P_k(\mu) \\ P_{k+1}(\mu) = R_{k+1}(\mu) + b_k P_k(\mu) \end{array} \right\} \quad k = 0, 1, \dots, m-1.$$

$\square$

Aus den Rekursionen folgen explizite Formeln für die höchsten Terme dieser Polynome für $k = 1, 2, \ldots, m$:

$$(8.7.4.5) \quad \begin{aligned} R_k(\mu) &= (-1)^k a_0 a_1 \cdots a_{k-1} \mu^k + O(\mu^{k-1}) \\ P_k(\mu) &= (-1)^k a_0 a_1 \cdots a_{k-1} \mu^k + O(\mu^{k-1}) \end{aligned}$$

Außerdem folgt aus der Aussage (A_m) (4) von Satz (8.7.4.2) die Orthogonalitätsrelation

$$(8.7.4.6) \quad \left(R_i(A^T)\hat{r}_0, R_j(A)r_0 \right) = \left(\hat{r}_0, R_i(A)R_j(A)r_0 \right) = 0 \quad \text{for } i < j \le m.$$

Wir führen nun neue Vektoren ein,

$$\begin{aligned} \bar{r}_k &:= Q_k(A)R_k(A)r_0 = Q_k(A)r_k, \\ \bar{p}_k &:= Q_k(A)P_k(A)r_0 = Q_k(A)p_k, \end{aligned} \quad k = 0, 1, \ldots,$$

die durch die Wahl weiterer reeller Polynome $Q_k(\mu)$ vom Grad k der Form

$$Q_k(\mu) = (1 - \omega_1\mu)(1 - \omega_2\mu)\cdots(1 - \omega_k\mu)$$

definiert sind. Die Q_k hängen noch von frei zu wählenden Parametern ω_i ab und genügen jedenfalls der Rekursionsformel

$$(8.7.4.7) \quad Q_{k+1}(\mu) = (1 - \omega_{k+1}\mu) Q_k(\mu).$$

Es wird sich herausstellen, daß man die Vektoren $\bar{r}_k$ und $\bar{p}_k$ (und die zugehörigen Vektoren $\bar{x}_k$ mit den Residuen $b - A\bar{x}_k = \bar{r}_k$) direkt berechnen kann, ohne die vom Bi-CG-Verfahren erzeugten Vektoren zu verwenden. Überdies kann der Parameter ω_k von Q_k so gewählt werden, daß die Größe des neuen Residuums $\bar{r}_k$ minimal wird.

Um dies zu zeigen, bemerken wir zunächst, daß die Rekursionen (8.7.4.4) und (8.7.4.7) zu einer Rekursion für $\bar{r}_k$ und $\bar{p}_k$ führen:

$$(8.7.4.8a) \quad \begin{aligned} \bar{r}_{k+1} &= Q_{k+1}(A)R_{k+1}(A)r_0 \\ &= (1 - \omega_{k+1}A)Q_k(A)\Big[R_k(A) - a_k A P_k(A) \Big] r_0 \\ &= \Big[Q_k(A)R_k(A) - a_k A Q_k(A)P_k(A) \Big] r_0 \\ &\quad - \omega_{k+1} A \Big[Q_k(A)R_k(A) - a_k A Q_k(A)P_k(A) \Big] r_0 \\ &= \bar{r}_k - a_k A \bar{p}_k - \omega_{k+1} A(\bar{r}_k - a_k A \bar{p}_k), \end{aligned}$$

sowie

$$\bar{p}_{k+1} = Q_{k+1}(A)P_{k+1}(A)r_0$$

(8.7.4.8b)
$$= Q_{k+1}(A)\Big[R_{k+1}(A) + b_k P_k(A)\Big]r_0$$
$$= \bar{r}_{k+1} + (1 - \omega_{k+1}A)[b_k Q_k(A)P_k(A)]r_0$$
$$= \bar{r}_{k+1} + b_k(\bar{p}_k - \omega_{k+1}A\bar{p}_k).$$

Als nächstes zeigen wir, daß die a_k und b_k mit Hilfe der Vektoren $\bar{r}_j$ und $\bar{p}_j$ ausgedrückt werden können. Dazu führen wir neue Größen ρ_k und $\bar{\rho}_k$ ein,

(8.7.4.9)
$$\rho_k := (\hat{r}_k, r_k),$$
$$\bar{\rho}_k := (\hat{r}_0, \bar{r}_k) = \big(\hat{r}_0, Q_k(A)R_k(A)r_0\big)$$
$$= \big(Q_k(A^T)\hat{r}_0, R_k(A)r_0\big).$$

Nun besitzt $Q_k(\mu)$ den führenden Term

$$(-1)^k \omega_1 \cdots \omega_k \, \mu^k.$$

Außerdem kann wegen (8.7.4.5) jede Potenz μ^i mit $i < k \, (\le m)$ als Linearkombination der Polynome $R_j(\mu)$ mit $j < k$ geschrieben werden. Also liefern die Orthogonalitätsrelationen (8.7.4.6) und (8.7.4.9)

$$\bar{\rho}_k = (-1)^k \omega_1 \cdots \omega_k \big((A^T)^k \hat{r}_0, R_k(A)r_0\big).$$

Daraus folgt mit Hilfe der gleichen Orthogonalitätsargumente und (8.7.4.5),

(8.7.4.10)
$$\rho_k = (\hat{r}_k, r_k) = \big(R_k(A^T)\hat{r}_0, R_k(A)r_0\big)$$
$$= (-1)^k a_0 \cdots a_{k-1} \big((A^T)^k \hat{r}_0, R_k(A)r_0\big),$$
$$= \bar{\rho}_k \frac{a_0}{\omega_1} \cdots \frac{a_{k-1}}{\omega_k}.$$

Also kann auch $b_k = (\hat{r}_{k+1}, r_{k+1})/(\hat{r}_k, r_k)$ wie folgt

(8.7.4.11)
$$b_k = \frac{\bar{\rho}_{k+1}}{\bar{\rho}_k} \frac{a_k}{\omega_{k+1}}$$

berechnet werden.

Als nächstes bestimmen wir mit Hilfe von (A_m) (3), (8.7.4.1) und (8.7.4.5) eine neue Formel für $(\hat{p}_k, Ap_k)$:

$$(\hat{p}_k, Ap_k) = (\hat{r}_k + b_{k-1}\hat{p}_{k-1}, Ap_k)$$
$$= (\hat{r}_k, Ap_k) = \big(R_k(A^T)\hat{r}_0, AP_k(A)r_0\big)$$
$$= (-1)^k a_0 \cdots a_{k-1} \big((A^T)^k \hat{r}_0, AP_k(A)r_0\big).$$

Andererseits folgt ebenfalls aus (A_m) (3)

$$(\hat{r}_0, A\bar{p}_k) = (\hat{r}_0, AQ_k(A)P_k(A)r_0)$$
$$= (Q_k(A^T)\hat{r}_0, AP_k(A)r_0)$$
$$= (-1)^k \omega_1 \cdots \omega_k ((A^T)^k r_0, AP_k(A)r_0),$$

so daß

$$(\hat{p}_k, Ap_k) = \frac{a_0}{\omega_1} \cdots \frac{a_{k-1}}{\omega_k} (\hat{r}_0, A\bar{p}_k).$$

Zusammen mit (8.7.4.10) liefert dies eine neue Formel für

$$a_k = (\hat{r}_k, r_k)/(\hat{p}_k, Ap_k),$$

nämlich

(8.7.4.12) $$a_k = \frac{(\hat{r}_0, \bar{r}_k)}{(\hat{r}_0, A\bar{p}_k)} = \frac{\bar{\rho}_k}{(\hat{r}_0, A\bar{p}_k)}.$$

Bisher ließen wir die Wahl von ω_{k+1} offen: Da wir an kleinen Residuen $\bar{r}_i$ interessiert sind, ist es vernünftig, ω_{k+1} so zu wählen, daß die Größe $\|\bar{r}_{k+1}\|$ des neuen Residuums von [s. (8.7.4.8a)]

$$\bar{r}_{k+1} = s_k - \omega_{k+1}t_k, \qquad \text{wo } s_k := \bar{r}_k - a_k A\bar{p}_k, \quad t_k := As_k,$$

minimal wird. Dies führt zu der Wahl

$$\omega_{k+1} := \frac{(s_k, t_k)}{(t_k, t_k)}.$$

Falls $\bar{r}_k = b - a\bar{x}_k$ das Residuum von $\bar{x}_k$ ist, dann ist wegen (8.7.4.8a) $\bar{r}_{k+1}$ das Residuum von

(8.7.4.13) $$\bar{x}_{k+1} := \bar{x}_k + a_k\bar{p}_k + \omega_{k+1}(\bar{r}_k - a_k A\bar{p}_k).$$

Das Bi-CGSTAB-Verfahren von van der Vorst erhält man schließlich durch eine Kombination der Formeln (8.7.4.8)–(8.7.4.13):

(8.7.4.14) **Bi-CGSTAB-Verfahren:**
Start: Gegeben sei ein $\bar{x}_0 \in \mathbb{R}^n$ mit $\bar{r}_0 := b - A\bar{x}_0 \neq 0$. Wähle ein $\hat{r}_0 \in \mathbb{R}^n$ mit $(\hat{r}_0, \bar{r}_0) \neq 0$, und setze $\bar{p}_0 := \bar{r}_0$.

For $k = 0, 1, \ldots,$:
  Berechne
  (1) $a_k := \dfrac{(\hat{r}_0, \bar{r}_k)}{(\hat{r}_0, \bar{A}p_k)},$

  $v := A\bar{p}_k, \quad s := \bar{r}_k - a_k v, \quad t := As,$

  (2) $\omega_{k+1} := \dfrac{(s, t)}{(t, t)},$

  $\bar{x}_{k+1} := \bar{x}_k + a_k\bar{p}_k + \omega_{k+1}s, \quad \bar{r}_{k+1} := s - \omega_{k+1}t,$

Stop, falls $\|\bar{r}_{k+1}\|$ *hinreichend klein ist.*

Andernfalls,

(3)   *berechne*

$$b_k := \frac{(\hat{r}_0, \bar{r}_{k+1})}{(\hat{r}_0, \bar{r}_k)} \frac{a_k}{\omega_{k+1}},$$

$$\bar{p}_{k+1} := \bar{r}_{k+1} + b_k(\bar{p}_k - \omega_{k+1}v).$$

Man beachte, daß man $(\hat{r}_0, \bar{r}_k)$ in Schritt k nicht mehr bestimmen muß: es wurde bereits in Schritt $k-1$ berechnet.

Eine Abschätzung des Rechenaufwands zeigt folgendes: In jedem Schritt von Bi-CGSTAB sind zwei Matrix-Vektor Produkte mit der $n \times n$-Matrix A, vier Skalarprodukte und $12n$ zusätzliche Gleitpunktoperationen erforderlich, um verschiedene Vektoren der Länge n rekursiv neu zu berechnen. Dieser Aufwand pro Iteration ist auch für sehr große Probleme gering, wenn nur A eine dünn besetzte Matrix ist, selbst für unsymmetrisches A. Bi-CGSTAB ist deshalb im Prinzip ein sehr leistungsfähiges Verfahren um selbst sehr große lineare Gleichungssysteme dieser Struktur zu lösen. Seine Effizienz kann man weiter steigern, wenn man Vorkonditionierungstechniken verwendet [s. van der Vorst (1992)].

Obwohl das Stabilitätsverhalten von Bi-CGSTAB sehr viel besser als das von Bi-CG, sollte man nicht übersehen, daß auch Bi-CGSTAB immer dann abbricht, wenn das zugrunde liegende Bi-CG-Verfahren kollabiert. Bi-CGSTAB ist zwar viel einfacher als das QMR-Verfahren aber nicht so stabil: Anders als das QMR-Verfahren trifft Bi-CGSTAB keine Vorkehrungen gegen einen ernsthaften oder einen numerischen Kollaps des Verfahrens [s. Abschnitt (8.7.3)]. Schließlich ist Bi-CGSTAB auch nicht gegen die Gefahren gefeit, die dann entstehen, wenn die Galerkinbedingungen einige Iterierte nur schlecht bestimmen. In Abschnitt 8.10 findet man vergleichende numerische Resultate.

8.8 Der Algorithmus von Buneman und Fouriermethoden zur Lösung der diskretisierten Poissongleichung

In leichter Verallgemeinerung des Modellproblems (8.4.1) betrachten wir das *Poisson-Problem*

(8.8.1)
$$-u_{xx} - u_{yy} + \sigma u = f(x, y) \quad \text{für} \quad (x, y) \in \Omega,$$

$$u(x, y) = 0 \quad \text{für} \quad (x, y) \in \partial\Omega$$

für das Rechteck $\Omega := \{(x, y) \mid 0 < x < a,\ 0 < y < b\} \subseteq \mathbb{R}^2$ mit dem Rand $\partial\Omega$. Hier sind $\sigma > 0$ eine Konstante und $f\colon \Omega \cup \partial\Omega \to \mathbb{R}$ eine stetige Funktion.

Diskretisiert man (8.8.1) auf die übliche Weise, so erhält man statt (8.8.1) für die Näherung z_{ij} der $u(x_i, y_j)$, $x_i := i\,\triangle x$, $y_j := j\,\triangle y$, $\triangle x := a/(p+1)$, $\triangle y := b/(q+1)$ die Gleichungen

$$\frac{-z_{i-1,j} + 2z_{ij} - z_{i+1,j}}{\triangle x^2} + \frac{-z_{i,j-1} + 2z_{ij} - z_{i,j+1}}{\triangle y^2} + \sigma z_{ij} = f(x_i, y_j)$$

für $i = 1, 2, \ldots, p$, $j = 1, 2, \ldots, q$. Zusammen mit den Randwerten

$$z_{0j} := z_{p+1,j} := 0 \quad \text{für} \quad j = 0, 1, \ldots, q+1,$$
$$z_{i0} := z_{i,q+1} := 0 \quad \text{für} \quad i = 0, 1, \ldots, p+1$$

erhält man so für die Unbekannten

$$z = \begin{bmatrix} z_1 \\ z_2 \\ \vdots \\ z_q \end{bmatrix}, \quad z_j = \begin{bmatrix} z_{1j}, z_{2j}, \ldots, z_{pj} \end{bmatrix}^T,$$

ein lineares Gleichungssystem, das man in der Form [vgl. (8.4.5)]

(8.8.2a) $$Mz = b$$

mit

(8.8.2b) $$M = \begin{bmatrix} A & I & & 0 \\ I & A & \ddots & \\ & \ddots & \ddots & I \\ 0 & & I & A \end{bmatrix}, \quad b = \begin{bmatrix} b_1 \\ b_2 \\ \vdots \\ b_q \end{bmatrix},$$

schreiben kann, wobei $I = I_p$ die p-reihige Einheitsmatrix, A eine p-reihige Hermitesche Tridiagonalmatrix der Form

(8.8.2c) $$A = \rho^2 \begin{bmatrix} -2\alpha & 1 & & 0 \\ 1 & -2\alpha & \ddots & \\ & \ddots & \ddots & 1 \\ 0 & & 1 & -2\alpha \end{bmatrix}$$

mit

$$\rho := \frac{\triangle y}{\triangle x}, \quad \alpha := 1 + \frac{1 + \sigma\,\triangle y^2/2}{\rho^2} \geq 1,$$

und M aus q Blockzeilen und -Spalten besteht.

In den letzten Jahren sind einige sehr effektive Verfahren zur Lösung von (8.8.2) vorgeschlagen worden, die auch dem ADI-Verfahren [s. 8.6] überlegen sind. Alle diese Verfahren sind Reduktionsverfahren: unter Ausnutzung der speziellen Struktur der Matrix M wird die Lösung von (8.8.2) rekursiv auf die Lösung ähnlich gebauter Gleichungssysteme mit der halben Unbekanntenzahl zurückgeführt und auf diese Weise die Zahl der Unbekannten sukzessive halbiert. Wegen seiner Einfachheit wollen wir hier nur eines der ersten Verfahren, den Algorithmus von Buneman (1969) beschreiben [s. auch Buzbee, Golub und Nielson (1970), sowie Hockney (1970) und Swarztrauber (1977) für verwandte Verfahren.]

Folgende Beobachtung ist für das Reduktionsverfahren von Buneman wesentlich: Betrachtet man das Gleichungssystem (8.8.2), ausgeschrieben

$$Az_1 + z_2 \qquad\qquad = b_1,$$
$$\dots$$
(8.8.3) $\qquad z_{j-1} + Az_j + z_{j+1} \qquad = b_j, \qquad j = 2, 3, \dots, q-1,$
$$\dots$$
$$z_{q-1} + Az_q = b_q,$$

so kann man für alle geraden $j = 2, 4, \dots$ aus den drei aufeinanderfolgenden Gleichungen

$$z_{j-2} + Az_{j-1} + z_j \qquad\qquad = b_{j-1},$$
$$z_{j-1} + Az_j + z_{j+1} \qquad\qquad = b_j,$$
$$z_j + Az_{j+1} + z_{j+2} = b_{j+1},$$

die Variablen z_{j-1} und z_{j+1} eliminieren, indem man von der Summe der ersten und dritten Gleichung das A-fache der zweiten Gleichung abzieht:

$$z_{j-2} + (2I - A^2)z_j + z_{j+2} = b_{j-1} - Ab_j + b_{j+1}.$$

Für ungerades q erhält man so das reduzierte System

(8.8.4)
$$\begin{bmatrix} 2I - A^2 & I & & \\ I & \ddots & \ddots & \\ & \ddots & \ddots & I \\ & & I & 2I - A^2 \end{bmatrix} \begin{bmatrix} z_2 \\ z_4 \\ \vdots \\ z_{q-1} \end{bmatrix} = \begin{bmatrix} b_1 + b_3 - Ab_2 \\ b_3 + b_5 - Ab_4 \\ \vdots \\ b_{q-2} + b_q - Ab_{q-1} \end{bmatrix}$$

für $z_2, z_4, \dots$. Kennt man die Lösung von (8.8.4), also die geradzahlig indizierten Teilvektoren z_{2j}, so kann man die ungeradzahlig indizierten Vektoren $z_1, z_3, \dots$ aus folgenden Gleichungen bestimmen, die sofort aus (8.8.3) für $j = 1, 3, \dots$ folgen:

$$
(8.8.5) \quad
\begin{bmatrix}
A & & & & 0 \\
& A & & & \\
& & A & & \\
& & & \ddots & \\
0 & & & & A
\end{bmatrix}
\begin{bmatrix}
z_1 \\ z_3 \\ z_5 \\ \vdots \\ z_q
\end{bmatrix}
=
\begin{bmatrix}
b_1 & - z_2 \\
b_3 - z_2 - z_4 \\
b_5 - z_4 - z_6 \\
\vdots \\
b_q - z_{q-1}
\end{bmatrix}.
$$

Auf diese Weise hat man die Lösung von (8.8.2) auf die Lösung des reduzierten Systems (8.8.4) mit der halben Zahl von Unbekannten und die anschließende Lösung von (8.8.5) zurückgeführt. Nun hat (8.8.4) wieder die gleiche Struktur wie (8.8.2):

$$
M^{(1)} z^{(1)} = b^{(1)}
$$

mit

$$
M^{(1)} =
\begin{bmatrix}
A^{(1)} & I & & 0 \\
I & \ddots & \ddots & \\
& \ddots & \ddots & I \\
0 & & I & A^{(1)}
\end{bmatrix},
\quad A^{(1)} := 2I - A^2,
$$

$$
z^{(1)} =
\begin{bmatrix}
z_1^{(1)} \\ z_2^{(1)} \\ \vdots \\ z_{q_1}^{(1)}
\end{bmatrix}
:=
\begin{bmatrix}
z_2 \\ z_4 \\ \vdots \\ z_{q-1}
\end{bmatrix},
\quad
b^{(1)} =
\begin{bmatrix}
b_1^{(1)} \\ b_2^{(1)} \\ \vdots \\ b_{q_1}^{(1)}
\end{bmatrix}
:=
\begin{bmatrix}
b_1 + b_3 - Ab_2 \\
b_3 + b_5 - Ab_4 \\
\vdots \\
b_{q-2} + b_q - Ab_{q-1}
\end{bmatrix},
$$

so daß man das eben beschriebene Reduktionsverfahren auch auf $M^{(1)}$ anwenden kann, usw. Allgemein erhält man so für $q := q_0 := 2^{k+1} - 1$ eine Folge von Matrizen $A^{(r)}$ und Vektoren $b_j^{(r)}$ nach der Vorschrift:

(8.8.6).
Start: Setze $A^{(0)} := A$, $b_j^{(0)} := b_j$, $j = 1, 2, \ldots, q_0$, $q_0 := q = 2^{k+1} - 1$.

Für $r = 0, 1, 2, \ldots, k - 1$:

Setze

a) $A^{(r+1)} := 2I - \left(A^{(r)}\right)^2$,

b) $b_j^{(r+1)} := b_{2j-1}^{(r)} + b_{2j+1}^{(r)} - A^{(r)} b_{2j}^{(r)}$, $j = 1, 2, \ldots, 2^{k-r} - 1 =: q_{r+1}$.

Für jede Stufe $r + 1$, $r = 0, \ldots, k - 1$, erhält man so ein lineares Gleichungssystem

$$
M^{(r+1)} z^{(r+1)} = b^{(r+1)},
$$

ausgeschrieben:

$$
\begin{bmatrix}
A^{(r+1)} & I & & 0 \\
I & A^{(r+1)} & \ddots & \\
 & \ddots & \ddots & I \\
0 & & I & A^{(r+1)}
\end{bmatrix}
\begin{bmatrix}
z_1^{(r+1)} \\
z_2^{(r+1)} \\
\vdots \\
z_{q_{r+1}}^{(r+1)}
\end{bmatrix}
=
\begin{bmatrix}
b_1^{(r+1)} \\
b_2^{(r+1)} \\
\vdots \\
b_{q_{r+1}}^{(r+1)}
\end{bmatrix}.
$$

Seine Lösung $z^{(r+1)}$ liefert die geradzahlig indizierten Teilvektoren der Lösung $z^{(r)}$ des Gleichungssystems $M^{(r)} z^{(r)} = b^{(r)}$ der Stufe r:

$$
\begin{bmatrix}
z_2^{(r)} \\
z_4^{(r)} \\
\vdots \\
z_{q_r-1}^{(r)}
\end{bmatrix}
:=
\begin{bmatrix}
z_1^{(r+1)} \\
z_2^{(r+1)} \\
\vdots \\
z_{q_{r+1}}^{(r+1)}
\end{bmatrix},
$$

während sich die ungeradzahlig indizierten Teilvektoren von $z^{(r)}$ durch Lösung der folgenden Gleichungen ergeben:

$$
\begin{bmatrix}
A^{(r)} & & & 0 \\
 & A^{(r)} & & \\
 & & \ddots & \\
0 & & & A^{(r)}
\end{bmatrix}
\begin{bmatrix}
z_1^{(r)} \\
z_3^{(r)} \\
\vdots \\
z_{q_r}^{(r)}
\end{bmatrix}
=
\begin{bmatrix}
b_1^{(r)} - z_2^{(r)} \\
b_3^{(r)} - z_2^{(r)} - z_4^{(r)} \\
\vdots \\
b_{q_r}^{(r)} - z_{q_r-1}^{(r)}
\end{bmatrix}.
$$

Man erhält so aus den Daten $A^{(r)}$, $b^{(r)}$, die durch (8.8.6) geliefert werden, schließlich die Lösung $z := z^{(0)}$ von (8.8.2) nach den folgenden Regeln:

(8.8.7).

0) *Start: Bestimme* $z^{(k)} = z_1^{(k)}$ *durch Lösung des Gleichungssystems*

$$
A^{(k)} z^{(k)} = b^{(k)} = b_1^{(k)}.
$$

1) *Für* $r = k - 1, k - 2, \ldots, 0$:

   a) *Setze* $z_{2j}^{(r)} := z_j^{(r+1)}$, $j = 1, 2, \ldots, q_{r+1} = 2^{k-r} - 1$.

   b) *Berechne für* $j = 1, 3, 5, \ldots, q_r$ *die Vektoren* $z_j^{(r)}$ *durch Lösung von*

$$
A^{(r)} z_j^{(r)} = b_j^{(r)} - z_{j-1}^{(r)} - z_{j+1}^{(r)}.
$$

2) *Setze* $z := z^{(0)}$.

In der Fassung (8.8.6), (8.8.7) ist der Algorithmus noch unvollständig und er hat er schwerwiegende numerische Mängel: Zunächst ist die explizite

Berechnung von $A^{(r+1)} = 2I - (A^{(r)})^2$ in (8.8.6) a) sehr aufwendig: Aus der Tridiagonalmatrix $A^{(0)} = A$ wird mit wachsendem r sehr rasch eine voll besetzte Matrix [$A^{(r)}$ ist eine Bandmatrix der Bandbreite $2^r + 1$], so daß die Berechnung von $(A^{(r)})^2$ und die Lösung der linearen Gleichungssysteme in (8.8.7) 1b) für größeres r immer teurer wird. Darüber hinaus kann man sich leicht überzeugen, daß die Größe der Matrizen $A^{(r)}$ exponentiell anwächst: z. B. ist für das Modellproblem (8.4.1)

$$A = A^{(0)} = \begin{bmatrix} -4 & 1 & & 0 \\ 1 & -4 & \ddots & \\ & \ddots & \ddots & 1 \\ 0 & & 1 & -4 \end{bmatrix}, \quad \|A^{(0)}\| \geq 4,$$

$$\|A^{(r)}\| \approx \|A^{(r-1)}\|^2 \geq 4^{2^r},$$

so daß bei der Berechnung von $b_j^{(r+1)}$ in (8.8.6) b) für größeres r große Genauigkeitsverluste auftreten, weil i. allg. $\|A^{(r)}b_{2j}^{(r)}\| \gg \|b_{2j-1}^{(r)}\|, \|b_{2j+1}^{(r)}\|$ gilt und deshalb bei der Summation in (8.8.6) b) die in $b_{2j-1}^{(r)}, b_{2j+1}^{(r)}$ enthaltene Information verloren geht.

Beide Nachteile lassen sich durch eine Umformulierung des Verfahrens vermeiden. Die explizite Berechnung von $A^{(r)}$ läßt sich vermeiden, wenn man $A^{(r)}$ als Produkt von Tridiagonalmatrizen darstellt:

(8.8.8) **Satz:** *Es gilt für alle* $r \geq 0$

$$A^{(r)} = -\prod_{j=1}^{2^r} \left[-\left(A + 2\cos\theta_j^{(r)} \cdot I \right) \right]$$

mit $\theta_j^{(r)} := (2j - 1)\pi/2^{r+1}$ *für* $j = 1, 2, \ldots, 2^r$.

Beweis: Wegen (8.8.6) a) gilt mit $A^{(0)} = A$

$$A^{(r+1)} = 2I - \left(A^{(r)} \right)^2,$$

so daß es ein Polynom $p_r(t)$ vom Grad 2^r gibt mit

(8.8.9) $A^{(r)} = p_r(A).$

Offensichtlich gilt für die Polynome p_r

$$p_0(t) = t,$$
$$p_{r+1}(t) = 2 - (p_r(t))^2,$$

also besitzt p_r die Form

$$(8.8.10) \qquad p_r(t) = -(-t)^{2^r} + \cdots.$$

Mit Hilfe der Substitution $t = -2\cos\theta$ und vollständiger Induktion folgt

$$(8.8.11) \qquad p_r(-2\cos\theta) = -2\cos(2^r\theta).$$

Diese Formel ist für $r = 0$ trivial. Wenn sie für ein $r \geq 0$ richtig ist, dann auch für $r + 1$ wegen

$$\begin{aligned}
p_{r+1}(-2\cos\theta) &= 2 - (p_r(-2\cos\theta))^2 \\
&= 2 - 4\cos^2(2^r\theta) \\
&= -2\cos(2 \cdot 2^r\theta).
\end{aligned}$$

Wegen (8.8.11) besitzt $p_r(t)$ die 2^r verschiedenen reellen Nullstellen

$$t_j = -2\cos\left(\frac{2j-1}{2^{r+1}}\,\pi\right) = -2\cos\theta_j^{(r)}, \qquad j = 1, 2, \ldots, 2^r,$$

und daher wegen (8.8.10) die Produktdarstellung

$$p_r(t) = -\prod_{j=1}^{2^r}\left[-(t - t_j)\right].$$

Daraus folgt wegen (8.8.9) sofort die Behauptung des Satzes. $\qquad\square$

Den letzten Satz kann man nun in der Weise praktisch nutzen, daß man die Lösung der verschiedenen Gleichungssysteme

$$A^{(r)}u = b$$

in (8.8.7) 1b) mit der Matrix $A^{(r)}$ rekursiv auf die Lösung von 2^r Gleichungssysteme mit den Tridiagonalmatrizen

$$A_j^{(r)} := -A - 2\cos\theta_j^{(r)}I, \qquad j = 1, 2, \ldots, 2^r,$$

zurückführt:

$$(8.8.12) \quad \begin{aligned}
A_1^{(r)}u_1 &= b & &\Rightarrow u_1, \\
A_2^{(r)}u_2 &= u_1 & &\Rightarrow u_2, \\
&\;\;\vdots \\
A_{2^r}^{(r)}u_{2^r} &= u_{2^r-1} & &\Rightarrow u_{2^r} \Rightarrow u := -u_{2^r}.
\end{aligned}$$

Da, wie man sich leicht überzeugt, die Tridiagonalmatrizen $A_j^{(r)}$ für die angegebene Diskretisierung von Problem (8.8.1) positiv definit sind, kann man diese Systeme mittels Dreieckszerlegung von $A_j^{(r)}$ ohne Pivotsuche [s. 4.3] mit sehr geringem Aufwand lösen.

Die numerische Instabilität, die in (8.8.6) b) wegen des exponentiellen Wachstums der $A^{(r)}$ auftritt, kann man nach dem Vorschlag von Buneman so vermeiden, daß man statt der Größen $b_j^{(r)}$ andere Vektoren $p_j^{(r)}, q_j^{(r)}, j = 1,$ 2, ..., q_r, einführt, die mit den $b_j^{(r)}$ auf folgende Weise zusammenhängen

$$(8.8.13) \qquad b_j^{(r)} = A^{(r)} p_j^{(r)} + q_j^{(r)}, \qquad j = 1, 2, \dots, q_r,$$

und die man numerisch stabiler als die $b_j^{(r)}$ berechnen kann. Vektoren $p_j^{(r)}$, $q_j^{(r)}$ mit diesen Eigenschaften sind folgendermaßen rekursiv berechenbar:

(8.8.14).

Start: *Setze* $\quad p_j^{(0)} := 0, q_j^{(0)} = b_j = b_j^{(0)}, j = 1, 2, \dots, q_0.$

Für $r = 0, 1, \dots, k - 1$:

Berechne für $j = 1, 2, \dots, q_{r+1}$:

a) $p_j^{(r+1)} := p_{2j}^{(r)} - \left(A^{(r)} \right)^{-1} \left[p_{2j-1}^{(r)} + p_{2j+1}^{(r)} - q_{2j}^{(r)} \right],$

b) $q_j^{(r+1)} := q_{2j-1}^{(r)} + q_{2j+1}^{(r)} - 2 p_j^{(r+1)}.$

Natürlich läuft die Berechnung von $p_j^{(r+1)}$ in Teilschritt a) darauf hinaus, daß man wie eben beschrieben [s. (8.8.12)] zunächst die Lösung u des Gleichungssystems

$$A^{(r)} u = p_{2j-1}^{(r)} + p_{2j+1}^{(r)} - q_{2j}^{(r)}$$

mit Hilfe der Faktorisierung von $A^{(r)}$ von Satz (8.8.8) bestimmt, und dann $p_j^{(r+1)}$ mit Hilfe von u berechnet:

$$p_j^{(r+1)} := p_{2j}^{(r)} - u.$$

Wir wollen durch Induktion nach r zeigen, daß die Vektoren $p_j^{(r)}, q_j^{(r)}$, die durch (8.8.14) definiert sind, die Beziehung (8.8.13) erfüllen.

Für $r = 0$ ist (8.8.13) trivial. Wir nehmen induktiv an, daß (8.8.13) für ein $r \geq 0$ richtig ist. Wegen (8.8.6) b) und $A^{(r+1)} = 2I - (A^{(r)})^2$ gilt dann

$$b_j^{(r+1)} = b_{2j+1}^{(r)} + b_{2j-1}^{(r)} - A^{(r)} b_{2j}^{(r)}$$

$$= A^{(r)} p_{2j+1}^{(r)} + q_{2j+1}^{(r)} + A^{(r)} p_{2j-1}^{(r)} + q_{2j-1}^{(r)} - A^{(r)} \left[A^{(r)} p_{2j}^{(r)} + q_{2j}^{(r)} \right]$$

$$= A^{(r)} \left[p_{2j+1}^{(r)} + p_{2j-1}^{(r)} - q_{2j}^{(r)} \right]$$

$$\quad + A^{(r+1)} p_{2j}^{(r)} + q_{2j-1}^{(r)} + q_{2j+1}^{(r)} - 2 p_{2j}^{(r)}$$

$$= A^{(r+1)} p_{2j}^{(r)} + \left(A^{(r)} \right)^{-1} \left\{ \left[2I - A^{(r+1)} \right] \left[p_{2j+1}^{(r)} + p_{2j-1}^{(r)} - q_{2j}^{(r)} \right] \right\}$$

$$\quad + q_{2j-1}^{(r)} + q_{2j+1}^{(r)} - 2 p_{2j}^{(r)}$$

$$= A^{(r+1)} \left\{ p_{2j}^{(r)} - \left(A^{(r)} \right)^{-1} \left[p_{2j-1}^{(r)} - p_{2j+1}^{(r)} - q_{2j}^{(r)} \right] \right\}$$

$$\quad + q_{2j-1}^{(r)} + q_{2j+1}^{(r)} - 2 p_j^{(r+1)}$$

$$= A^{(r+1)} p_j^{(r+1)} + q_j^{(r+1)}.$$

Wegen (8.8.13) kann man die Vektoren $b_j^{(r)}$ in (8.8.7) mit Hilfe der $p_j^{(r)}$, $q_j^{(r)}$ ausdrücken und erhält z. B. aus (8.8.7) 1b) für $z_j^{(r)}$ das Gleichungssystem

$$A^{(r)} z_j^{(r)} = A^{(r)} p_j^{(r)} + q_j^{(r)} - z_{j-1}^{(r)} - z_{j+1}^{(r)},$$

so daß man $z_j^{(r)}$ auf folgende Weise erhalten kann:
Bestimme die Lösung u von

$$A^{(r)} u = q_j^{(r)} - z_{j-1}^{(r)} - z_{j+1}^{(r)},$$

[man verwende dazu wieder die Faktorisierung von Satz (8.8.8)] und setze

$$z_j^{(r)} := u + p_j^{(r)}.$$

Wenn man so systematisch in (8.8.6), (8.8.7) die $b_j^{(r)}$ durch $p_j^{(r)}$ und $q_j^{(r)}$ ersetzt, erhält man den

(8.8.15) Algorithmus von Buneman.

Voraussetzung: Gegeben sei das Gleichungssystem (8.8.2), $q = 2^{k+1} - 1$.

0) *Start: Setze $p_j^{(0)} := 0$, $q_j^{(0)} := b_j$, $j = 1, 2, \ldots, q_0 := q$.*

1) *Für $r = 0, 1, \ldots, k - 1$:*

   Für $j = 1, 2, \ldots, q_{r+1} := 2^{k-r} - 1$:

   Berechne die Lösung u des Gleichungssystems

$$A^{(r)} u = p_{2j-1}^{(r)} + p_{2j+1}^{(r)} - q_{2j}^{(r)}$$

mittels der Zerlegung von Satz (8.8.8) und setze

$$p_j^{(r+1)} := p_{2j}^{(r)} - u; \quad q_j^{(r+1)} := q_{2j-1}^{(r)} + q_{2j+1}^{(r)} - 2p_j^{(r+1)}.$$

2) *Bestimme die Lösung u des Gleichungssystems*

$$A^{(k)}u = q_1^{(k)}$$

und setze $z^{(k)} := z_1^{(k)} := p_1^{(k)} + u.$

3) *Für* $r = k - 1, k - 2, \ldots, 0$:

a) *Setze* $z_{2j}^{(r)} := z_j^{(r+1)}$ *für* $j = 1, 2, \ldots, q_{r+1}.$

b) *Bestimme für* $j = 1, 3, 5, \ldots, q_r$ *die Lösung u des Gleichungssy-*
stems

$$A^{(r)}u = q_j^{(r)} - z_{j-1}^{(r)} - z_{j+1}^{(r)}$$

und setze $z_j^{(r)} := p_j^{(r)} + u.$

4) *Setze* $z := z^{(0)}.$

Dieses Verfahren ist sehr effizient: Wie eine Abzählung ergibt, benötigt man
zur Lösung des Modellproblems (8.4.1) ($a = b = 1$, $p = q = N = 2^{k+1} - 1$)
mit seinen N^2 Unbekannten ungefähr $3kN^2 \approx 3N^2 \log_2 N$ Multiplikationen,
die Zahl der Additionen ist von derselben Größenordnung. Eine Untersuchung der numerischen Stabilität des Verfahrens findet man in Buzbee,
Golub und Nielson (1970).

Das Buneman-Verfahren ist ein sog. *zyklisches Reduktions-Verfahren*:
Es reduziert wiederholt ein lineares System der Form (8.8.2) auf ein ähnlich
strukturiertes System (8.8.4) halber Größe. Der gleiche Rechenaufwand von
$O(N^2 \log_2 N)$ Operationen zur Lösung von (8.8.2) wird von einem „Fourier-
Verfahren" benötigt, das die Techniken der schnellen Fouriertransformation
aus der trigonometrischen Interpolation verwendet [s. Bd. I, Abschnitte 2.3.1
und 2.3.2]. Dabei wird die spezielle Struktur der Matrix A (8.8.2c) ausgenutzt:

Wir beginnen mit der leicht zu bestätigenden Beobachtung, daß die
$p \times p$-Matrix

$$\begin{bmatrix} 0 & 1 & & \\ 1 & \ddots & \ddots & \\ & \ddots & \ddots & 1 \\ & & 1 & 0 \end{bmatrix}$$

die Eigenwerte

$$\mu_k := 2\cos\xi_k, \quad \xi_k := \frac{k\pi}{p+1}, \quad k = 1, 2, \ldots, p,$$

mit den zugehörigen Eigenvektoren

$$(8.8.16) \quad x_k := [\,\sin(\xi_k),\, \sin(2\,\xi_k),\, \ldots,\, \sin(p\,\xi_k)\,]^T, \qquad k = 1,\, 2,\, \ldots,\, p$$

besitzt. Diese Eigenvektoren sind zueinander orthogonal [Satz (6.4.2)] und besitzen die gleiche euklidische Norm $\|x_k\| = \sqrt{(p+1)/2}$, so daß die Matrix

$$X := \sqrt{\frac{2}{p+1}}\,[x_1, x_2, \ldots, x_p]$$

eine orthogonale Matrix ist, $X^{-1} = X^T$. Also hat die Matrix A (8.8.2c) die Eigenwerte

$$(8.8.17) \quad \lambda_k := \rho^2(\mu_k - 2\alpha) = 2\rho^2(\cos\xi_k - \alpha), \qquad k = 1,\, 2\, \ldots,\, p,$$

und die gleichen Eigenvektoren x_k (8.8.16). Ihre Jordansche Normalform ist daher

$$X^T A X = \Lambda := \operatorname{diag}(\lambda_1, \ldots, \lambda_p).$$

Nun ist das System (8.8.2) äquivalent zu ($z_0 = z_{q+1} := 0$)

$$(8.8.18) \qquad z_{j-1} + A z_j + z_{j+1} = b_j, \qquad j = 1,\, 2,\, \ldots,\, q.$$

Also gelten für die Vektoren $y_j := X^{-1} z_j = X^T z_j$ und $u_j := X^{-1} b_j = X^T b_j$ die Gleichungen

$$(8.8.19) \qquad y_{j-1} + \Lambda y_j + y_{j+1} = u_j, \qquad j = 1,\, 2,\, \ldots,\, q.$$

Seien nun y_{kj} und u_{kj}, $k = 1, \ldots, p$, die k-ten Komponenten von y_j bzw. u_j. Wegen (8.8.19) genügen dann für jedes $k = 1, 2, \ldots, p$, die y_{kj} und u_{kj}, $j = 1, 2, \ldots, q$, dem folgenden tridiagonalen System von Gleichungen

$$y_{k,j-1} + \lambda_k y_{kj} + y_{k,j+1} = u_{kj}, \qquad j = 1,\, 2,\, \ldots,\, q.$$

Die rechten Seiten u_{kj}, $j = 1, \ldots, q$, dieser Gleichungen, d.h. die Komponenten von $u_j = X^T b_j$ sind dann gegeben durch

$$u_{kj} = \sqrt{\frac{2}{p+1}} \sum_{l=1}^{p} b_{lj} \sin(l\xi_k), \qquad k = 1,\, 2,\, \ldots,\, p.$$

Da die Abszissen $\xi_k = k\pi/(p+1)$ äquidistant sind, können diese Summen mit Hilfe der Algorithmen der trigonometrischen Interpolation [s. Bd. I, Satz (2.3.1.12)] berechnet werden, z.B. mit den FFT-Algorithmen aus Abschnitt 2.3.2. Schließlich erhält man die Lösung z_j von (8.8.18) durch die Berechnung von $z_j = X y_j$, wobei wiederum die Algorithmen der trigonometrischen Interpolation aus den Abschnitten 2.3.1 und 2.3.2 verwendet werden können.

Nun haben die Matrizen $A^{(r)}$ (8.8.6) des Buneman-Verfahrens die gleichen Eigenvektoren x_k wie A (8.8.2c). Also können wieder Fouriertechniken verwendet werden, um die reduzierten Systeme $M^{(r)}z^{(r)} = b^{(r)}$ zu lösen, die in (8.8.7), 1)b) vorkommen. Man kann auf diese Weise ein *kombiniertes Verfahren* konstruieren, das aus l Reduktionsschritten vom Buneman-Typ, $r = 1, 2, \ldots, l$, und der anschließenden Lösung von Systemen niedrigerer Ordnung durch Fouriermethoden besteht. Dies führt auf den FACR(l)- Algorithmus von Hockney (1969) (FACR: Fourier analysis and cyclic reduction). Swarztrauber (1977) konnte zeigen, daß man bei einer geeigneten Wahl von l ein Verfahren erhält, das nur $O(N^2 \log_2 \log_2 N)$ Operationen benötigt, um das Poisson-Problem auf einem $N \times N$-Gitter mit $p = q = N = 2^{k+1} - 1$ zu lösen.

In der vorliegenden Form dienen die Verfahren zur Lösung des diskretisierten Dirichletschen Randwertproblems für die Poisson-Gleichung auf einem Rechteckgebiet. Es gibt Varianten der Verfahren zur Lösung analoger Randwertprobleme für die Helmholtzgleichung oder die biharmonische Gleichung auf Rechtecksgebieten.

Reduktionsverfahren mit noch besseren Stabilitätseigenschaften zur Lösung solcher Probleme wurden von Schröder, Trottenberg und Reutersberg (1973, 1976) angegeben und eingehend untersucht. Es gibt ferner komplizertere Versionen dieser Verfahren zur Lösung der entsprechenden diskretisierten Randwertprobleme für Nichtrechtecksgebiete [s. Buzbee und Dorr (1974), Buzbee et al. (1971), Proskurowski und Widlund (1976), O'Leary und Widlund (1979)]. Während diese Verfahren direkt, also nichtiterativ sind, gibt es mittlerweile leistungsfähige Iterationsverfahren mit erheblich verbesserten Konvergenzeigenschaften. Zu ihnen gehören die *Mehrgitterverfahren,* deren Prinzipien wir im nächsten Abschnit kurz erläutern wollen, und die modernen *Gebiets-Zerlegungs-Methoden:* Hier sei der Leser auf die Spezialliteratur verwiesen, etwa Chan, Glowinski, Periaux und Widlund (1989); Glowinski, Golub, Meurant und Periaux (1988); Keyes und Gropp (1987).

8.9 Mehrgitterverfahren

Mehrgitterverfahren gehören zu den leistungsfähigsten Verfahren, um die linearen Gleichungssysteme zu lösen, die man bei der Diskretisierung von Differentialgleichungen erhält. Wir wollen hier nur die Grundideen dieser vielseitigen und variantenreichen Verfahren in einer sehr einfachen Situation studieren, was aber schon die wesentlichen Prinzipien klar werden läßt. Für eine eingehende Behandlung muß auf die Spezialliteratur verwiesen werden,

z. B. Brandt (1977), Hackbusch und Trottenberg (1982), insbesondere auf die Monographie von Hackbusch (1985). Unsere Darstellung schließt sich an Briggs (1987) an. Anstelle von Randwertproblemen für partielle Differentialgleichungen, wo die Stärke von Mehrgitterverfahren erst recht zum Tragen kommt, betrachten wir hier als Modellproblem nur die Randwertaufgabe [vgl. (7.4.1)]

$$(8.9.1) \qquad \begin{aligned} -y''(x) &= f(x) \quad \text{für } x \in \Omega := (0, \pi), \\ y(0) &= y(\pi) = 0, \end{aligned}$$

für eine gewöhnliche Differentialgleichung, die als eindimensionales Analogon des zweidimensionalen Modellproblems (8.4.1) anzusehen ist. Die übliche Diskretisierung mit einer Schrittweite $h = \pi/n$ führt zu einem eindimensionalen Gitter $\Omega_h = \{x_j = jh \mid j = 1, \ldots, n-1\} \subset \Omega$ und schließlich zu einem linearen Gleichungssystem
(8.9.2)

$$A_h u_h = f_h, \quad A_h := \frac{1}{h^2} \begin{bmatrix} 2 & -1 & & 0 \\ -1 & 2 & \ddots & \\ & \ddots & \ddots & -1 \\ 0 & & -1 & 2 \end{bmatrix}, \quad f_h := \begin{bmatrix} f(x_1) \\ f(x_2) \\ \vdots \\ f(x_{n-1}) \end{bmatrix},$$

für einen Vektor $u_h = [u_{h,1}, \ldots, u_{h;n-1}]^T$ von Näherungswerten $u_{h;j} \approx y(x_j)$ für die exakte Lösung y auf dem Gitter Ω_h. Der Index h deutet auch an, daß u_h und f_h als Funktionen auf dem Gitter Ω_h aufzufassen sind: Die j-te Komponente $u_{h;j}$ von u_h läßt sich so auch als Wert der Gitterfunktion $u_h(x)$ für $x = x_j \in \Omega_h$ schreiben, $u_{h;j} = u_h(x_j)$, was wir gelegentlich tun werden. Die Matrix A_h ist eine $(n-1)$-reihige Matrix, deren Eigenwerte $\lambda_h^{(k)}$ und Eigenvektoren $z_h^{(k)}$ explizit angegeben werden können [vgl. Abschnitt 8.4]:

$$(8.9.3) \qquad \begin{aligned} z_h^{(k)} &:= [\sin kh, \sin 2kh, \ldots, \sin(n-1)kh]^T, \\ \lambda_h^{(k)} &:= \frac{1}{h^2} 4 \sin^2 \frac{kh}{2} = \frac{2}{h^2}(1 - \cos kh), \quad k = 1, 2, \ldots, n-1. \end{aligned}$$

Dies bestätigt man leicht durch Verifikation von $A_h z_h^{(k)} = \lambda_h^{(k)} z_h^{(k)}$, $k = 1, \ldots, n-1$. Die Vektoren $z_h^{(k)}$ besitzen die euklidische Norm $\|z_h^{(k)}\| = \sqrt{n/2}$ und sind orthogonal zueinander [Satz (6.4.2)].

Betrachtet man die Komponenten $\sin jkh = \sin \frac{jk\pi}{n}$ der Vektoren $z_h^{(k)}$ auf den Gitterpunkten x_j von Ω_h für $j = 1, \ldots, n-1$, so sieht man, daß die $z^{(k)} = z_h^{(k)}$ mit wachsendem $k = 1, \ldots, n-1$ Schwingungen wachsender „Frequenz" k beschreiben: Die Frequenz k gibt gerade die Anzahl der Halbwellen auf Ω_h an (s. Fig. 24 für $n = 6$, $k = 1$).

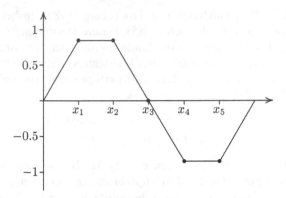

Fig. 24. Die Gitterfunktion $z^{(2)}$.

Um die Notation zu vereinfachen, lassen wir gelegentlich den Index h fort, wenn es klar ist, zu welchen Schrittweiten h bzw. Gittern Ω_h die Vektoren und Matrizen $u = u_h$, $f = f_h$, $A = A_h$ gehören.

Eine der Motivationen für Mehrgitterverfahren liegt in dem Konvergenzverhalten der üblichen Iterationsverfahren (8.1.7), (8.1.8) zur Lösung von $Au = f$. Wir wollen dies für das Jacobi-Verfahren (8.1.7) näher studieren. Die Standardzerlegung (8.1.5), (8.1.6)

$$A_h = D_h(I - J_h), \quad D_h = \frac{2}{h^2}I,$$

von $A = A_h$ führt zu der $(n-1)$-reihigen Matrix

$$J = J_h = I - \frac{h^2}{2}A_h = \frac{1}{2}\begin{bmatrix} 0 & 1 & & 0 \\ 1 & 0 & \ddots & \\ & \ddots & \ddots & 1 \\ 0 & & 1 & 0 \end{bmatrix}$$

und der Iterationsformel des Jacobi-Verfahrens

$$v^{(i+1)} = Jv^{(i)} + \frac{h^2}{2}f,$$

das eine Folge $v^{(i)}(= v_h^{(i)})$ von Näherungsvektoren für die exakte Lösung $u = u_h$ von (8.9.2) erzeugt. Der Fehler $e^{(i)} := v^{(i)} - u$ genügt dann der Rekursionsformel

$$e^{(i+1)} = Je^{(i)} = J^{i+1}e^{(0)}.$$

Die Iterationsmatrix $J = J_h = I - \frac{h^2}{2}A_h$ besitzt die Eigenwerte

$$\mu^{(k)} = \mu_h^{(k)} = 1 - \frac{h^2}{2}\lambda_h^{(k)} = \cos kh, \quad k = 1, \dots, n-1,$$

und die gleichen Eigenvektoren $z^{(k)} = z_h^{(k)}$ wie A_h. Wir analysieren das Verhalten des Fehlers e nach einem Iterationsschritt $e \Rightarrow \bar{e} = Je$ und zerlegen dazu e nach den Eigenvektoren von $J = J_h$ [s. 6.6.3]

$$e = \rho_1 z^{(1)} + \cdots + \rho_{n-1} z^{(n-1)}.$$

Hier gibt das Gewicht ρ_k an, wie stark die Schwingung der Frequenz k an e beteiligt ist. Es folgt

$$\bar{e} = \rho_1 \mu^{(1)} z^{(1)} + \cdots + \rho_{n-1} \mu^{(n-1)} z^{(n-1)}.$$

Wegen $1 > \mu^{(1)} > \mu^{(2)} > \cdots > \mu^{(n-1)} = -\mu^{(1)} > -1$ folgt, daß alle Frequenzen $k = 1, 2, \dots, n-1$ von e gedämpft werden, jedoch in unterschiedlichem Maße: Die extremen Frequenzen mit $k = 1$ und $k = n-1$ werden am schlechtesten gedämpft, die mittleren mit $k \approx \frac{n}{2}$ dagegen sehr gut.

Durch Einführung eines geeigneten Relaxationsfaktors ω in die Iterationsmatrix läßt sich das Dämpfungsverhalten für die hohen Frequenzen k mit $\frac{n}{2} \le k \le n-1$ erheblich verbessern. Dazu betrachten wir das *gedämpfte Jacobi-Verfahren* (8.1.3), (8.1.4), (8.1.7) das zu der Zerlegung $A = A_h = B - (B - A)$ mit $B := (1/\omega)D$ gehört und zu den Iterationsformeln

(8.9.4) $$v^{(i+1)} = J(\omega)v^{(i)} + \frac{\omega}{2}h^2 f$$

mit der Matrix $J_h(\omega) = J(\omega) := (1 - \omega)I + \omega J$ führt. Für $\omega = 1$ erhält man das ursprüngliche Jacobi-Verfahren zurück, $J(1) = J$. $J(\omega)$ besitzt offensichtlich die Eigenwerte
(8.9.5)
$$\mu_h^{(k)}(\omega) = \mu^{(k)}(\omega) := 1 - \omega + \omega\mu^{(k)} = 1 - 2\omega\sin^2\frac{kh}{2}, \quad k = 1, \dots, n-1,$$

und wieder die Eigenvektoren $z^{(k)} = z_h^{(k)}$.

Ein Iterationsschritt transformiert den Fehler folgendermaßen:

(8.9.6) $$e = \sum_{k=1}^{n-1} \rho_k z^{(k)} \Rightarrow \bar{e} = J(\omega)e = \sum_{k=1}^{n-1} \rho_k \mu^{(k)}(\omega)z^{(k)}.$$

Wegen $|\mu^{(k)}(\omega)| < 1$ für alle $0 < \omega \le 1$, $k = 1, \dots, n-1$, werden für $0 < \omega \le 1$ alle Frequenzen des Fehlers gedämpft. Jedoch kann man es bei passender Wahl von ω erreichen, daß die hohen Frequenzen k mit $\frac{n}{2} \le k \le n-1$ besonders stark gedämpft werden: Für $\omega = \omega_0 := 2/3$ wird

$$\max_{\frac{n}{2} \leq k \leq n-1} |\mu^{(k)}(\omega)|$$

minimal, und es gilt dann $|\mu^{(k)}(\omega)| \leq 1/3$ für $\frac{n}{2} \leq k \leq n - 1$: Man beachte, daß dieser Dämpfungsfaktor $1/3$ für die hohen Frequenzen *nicht* von h abhängt, während nach wie vor $\max_k |\mu^{(k)}(\omega)| = \mu^{(1)}(\omega) = 1 - 2\omega \sin^2(h/2) = 1 - O(h^2)$ für kleines $h \downarrow 0$ gegen 1 konvergiert, also auch das gedämpfte Jacobi-Verfahren für $h \downarrow 0$ immer schlechter konvergiert [vgl. die Diskussion in Abschnitt 8.4].

Ein Nachteil des gedämpften Jacobi-Verfahrens ist es, daß es von einem richtig zu wählenden Parameter ω abhängt. In der Praxis zieht man parameterunabhängige Iterationsverfahren vor. Ein solches Verfahren ist das *Gauß-Seidel-Verfahren* (8.1.8), das zu der Zerlegung

$$A_h = D_h - E_h - F_h, \quad E_h = F_h^T := \frac{1}{h^2} \begin{bmatrix} 0 & \cdots & \cdots & 0 \\ 1 & \ddots & & \vdots \\ \vdots & \ddots & \ddots & \vdots \\ 0 & \cdots & 1 & 0 \end{bmatrix},$$

von A_h gehört. Man erhält die Iterierte $v^{(i+1)}$ aus $v^{(i)}$ durch Lösung der linearen Gleichungen

$$(A_h - E_h)v^{(i+1)} - F_h v^{(i)} = f_h.$$

Man kann zeigen, daß das Gauß-Seidel-Verfahren ähnliche Dämpfungseigenschaften wie das gedämpfte Jacobi-Verfahren besitzt. Da die Theorie des gedämpften Jacobi-Verfahren einfacher ist, beschränken wir uns im folgenden auf die Analyse dieses Verfahrens.

Durch relativ wenige Schritte des gedämpften Jacobiverfahrens kann man eine Iterierte $v^{(i)} = v_h^{(i)}$ finden, deren Fehler

$$e_h^{(i)} = v_h^{(i)} - u_h = \rho_1^{(i)} z_h^{(1)} + \cdots + \rho_{n-1}^{(i)} z_h^{(n-1)}$$

praktisch keine hochfrequenten Anteile mehr enthält,

$$\max_{n/2 \leq k < n} |\rho_k^{(i)}| \ll \max_{1 \leq k < n/2} |\rho_k^{(i)}|.$$

Hier setzt nun eine weitere Überlegung an: $e_h^{(i)}$ ist Lösung des Gleichungssystems $A_h e_h^{(i)} = -r_h^{(i)}$, wobei $r_h^{(i)} = f_h - A_h v_h^{(i)}$ das Residuum von $v_h^{(i)}$ ist. Mit $e_h^{(i)}$ enthält auch die Zerlegung von

$$r_h^{(i)} = -\sum_{k=1}^{n-1} \rho_k^{(i)} \lambda_h^{(k)} z_h^{(k)}$$

kaum noch hochfrequente Anteile. Nun kann man „langwellige" Gitterfunktionen g_h auf Ω_h recht gut durch eine Gitterfunktion g_{2h} auf dem gröberen Gitter $\Omega_{2h} = \{j \cdot 2h \mid j = 1, 2, \ldots, \frac{n}{2} - 1\}$ (wir setzen hier voraus, daß n eine gerade Zahl ist) mit Hilfe eines *Projektionsoperators* I_h^{2h} approximieren:

$$g_{2h} := I_h^{2h} g_h, \quad I_h^{2h} := \frac{1}{4} \begin{bmatrix} 1 & 2 & 1 & & & \\ & & 1 & 2 & 1 & \\ & & & \cdots & \cdots & \\ & & & & 1 & 2 & 1 \end{bmatrix}.$$

Dabei ist I_h^{2h} eine $(\frac{n}{2} - 1) \times (n - 1)$-Matrix: Faßt man g_h als Funktion auf Ω_h und g_{2h} als Funktion auf dem „groben" Gitter Ω_{2h} auf, so erhält man g_{2h} durch *Mittelung*

$$g_{2h}(j \cdot 2h) = \frac{1}{4} g_h((2j - 1)h) + \frac{2}{4} g_h(2j \cdot h) + \frac{1}{4} g_h((2j + 1)h)$$

für $j = 1, \ldots, \frac{n}{2} - 1$ (s. Fig. 25 für $n = 6$).

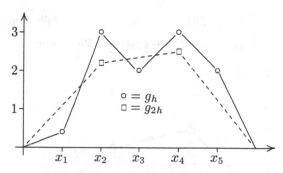

Fig. 25. Projektion durch Mittelung.

Anstelle des oben beschriebenen Mittelungsoperators könnte man auch den einfacheren Projektionsoperator

$$I_h^{2h} = \begin{bmatrix} 0 & 1 & 0 & & & \\ & & 0 & 1 & 0 & \\ & & & \cdots & \cdots & \\ & & & & 0 & 1 & 0 \end{bmatrix}$$

wählen, der der Funktion g_h auf Ω_h die Funktion $g_{2h} = I_h^{2h} g_h$ mit

$$g_{2h}(j \cdot 2h) := g_h(2j \cdot h), \quad j = 1, \ldots, \frac{n}{2} - 1,$$

auf Ω_{2h} zuordnet. Wir werden diese Möglichkeit aber nicht weiter diskutieren.

Umgekehrt kann man mit Hilfe eines *Interpolationsoperators* I_{2h}^h jede Gitterfunktion g_{2h} auf dem groben Gitter Ω_{2h} durch Interpolation zu einer Gitterfunktion $g_h = I_{2h}^h g_{2h}$ auf dem feinen Gitter Ω_h fortsetzen, wenn man I_{2h}^h z. B. definiert durch:

$$I_{2h}^h := \frac{1}{2} \begin{bmatrix} 1 & & & \\ 2 & & & \\ 1 & 1 & & \\ & 2 & & \\ & 1 & \vdots & \\ & & \vdots & 1 \\ & & & 2 \\ & & & 1 \end{bmatrix}.$$

Dabei ist I_{2h}^h eine $(n-1) \times (\frac{n}{2} - 1)$-Matrix, g_h wird durch Interpolation aus g_{2h} erhalten $(g_{2h}(0) = g_{2h}(\pi) := 0)$, d. h. für $j = 1, \ldots, n-1$ gilt

$$g_h(jh) := \begin{cases} g_{2h}(\frac{j}{2} \cdot 2h) & \text{falls } j \text{ gerade,} \\ \frac{1}{2}g_{2h}(\frac{j-1}{2} \cdot 2h) + \frac{1}{2}g_{2h}(\frac{j+1}{2} \cdot 2h) & \text{sonst.} \end{cases}$$

(s. Fig. 26 für $n = 6$).

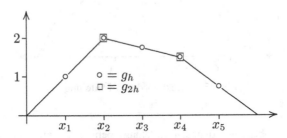

Fig. 26. Fortsetzung durch Interpolation.

Die einfachste Form eines Mehrgitterverfahrens besteht nun darin, im Anschluß an eine Reihe Glättungsschritte mit dem gedämpften Jacobi-Verfahren (8.9.4), die eine Näherungslösung $v_h^{(i)}$ von $A_h u_h = f_h$ mit dem Fehler $e_h^{(i)}$ und dem Residuum $r_h^{(i)}$ liefern, das Residuum $r_h^{(i)} \Rightarrow r_{2h}^{(i)} :=$ $I_h^{2h} r_h^{(i)}$ auf das gröbere Gitter Ω_{2h} zu projizieren, dann das lineare Gleichungssystem

$$A_{2h} e_{2h}^{(i)} = -r_{2h}^{(i)}$$

„auf dem groben Gitter" zu lösen und schließlich die Lösung $e_{2h}^{(i)} \Rightarrow \tilde{e}_h^{(i)} :=$ $I_{2h}^h e_{2h}^{(i)}$ auf das feine Gitter Ω_h fortzusetzen. Man erwartet dabei, daß $\tilde{e}_h^{(i)}$ jedenfalls dann eine recht gute Approximation für die Lösung $e_h^{(i)}$ von $A_h e_h^{(i)} = -r_h^{(i)}$ ist, falls $e_h^{(i)}$ eine „langwellige" Gitterfunktion ist, und daß deshalb $v_h^{(i+1)} := v_h^{(i)} - \tilde{e}_h^{(i)}$ eine sehr viel bessere Approximation für die Lösung u_h ist als $v_h^{(i)}$.

Insgesamt erhalten wir so ein einfaches *Zweigitterverfahren* (*ZG*), das aus einer gegebenen Näherungslösung $v_h^{(i)}$ von $A_h u_h = f_h$ die nächste Näherungslösung $v_h^{(i+1)} := ZG(v_h^{(i)})$ nach folgender Vorschrift erzeugt:

(8.9.7) **Zweigitterverfahren:** *Sei v_h ein Gittervektor auf Ω_h.*

1) *(Glättungsschritt) Führe ν Schritte des gedämpften Jacobi-Verfahrens (8.9.4) mit $\omega = \omega_0 := 2/3$ und dem Startvektor v_h durch. Das Resultat sei der Vektor w_h mit dem Residuum $r_h := f_h - A_h w_h$.*

2) *(Projektionsschritt) Berechne $r_{2h} := I_h^{2h} r_h$.*

3) *(Grobgitterlösung) Löse $A_{2h} e_{2h} = -r_{2h}$.*

4) *(Interpolation und Feingitterkorrektur) Setze $ZG(v_h) := w_h - I_{2h}^h e_{2h}$.*

In unserem einfachen Modellproblem können wir das Verhalten des Fehlers

$$e_h := v_h - u_h \to \bar{e}_h := \bar{v}_h - u_h$$

in einem Iterationsschritt $v_h \Rightarrow \bar{v}_h := ZG(v_h)$ von (8.9.7) verhältnismäßig leicht analysieren. Nach den ν Dämpfungsschritten gilt für den Fehler $d_h := w_h - u_h$ von w_h wegen (8.9.6)

$$d_h = J(\omega_0)^\nu e_h, \quad r_h = -A_h d_h = -A_h J(\omega_0)^\nu e_h.$$

Weiter findet man aus (8.9.7),

$$A_{2h} e_{2h} = -r_{2h} = -I_h^{2h} r_h = I_h^{2h} A_h d_h,$$
$$\bar{e}_h = \bar{v}_h - u_h = d_h - I_{2h}^h e_{2h},$$

ohne Mühe die Formel

(8.9.8)
$$\bar{e}_h = \left(I - I_{2h}^h A_{2h}^{-1} I_h^{2h} A_h\right) d_h$$
$$= C_h \cdot J(\omega_0)^\nu e_h$$

mit der $(n-1) \times (n-1)$-Matrix

$$C_h := I - I_{2h}^h A_{2h}^{-1} I_h^{2h} A_h.$$

Um die Fortpflanzung der einzelnen Frequenzen in e_h nach $\bar{e}_h$ zu studieren, benötigen wir Formeln für die Abbildung $C_h z_h^{(k)}$ der Eigenvektoren $z_h^{(k)}$ von

A_h. Mit den Abkürzungen $c_k := \cos^2(kh/2)$, $s_k := \sin^2(kh/2)$, $k' := n - k$, verifiziert man sofort durch einfaches Nachrechnen

$$(8.9.9) \qquad I_h^{2h} z_h^{(k)} = \begin{cases} c_k z_{2h}^{(k)} & \text{für } k = 1, \ldots, \frac{n}{2} - 1, \\ -s_{k'} z_{2h}^{(k')} & \text{für } k = \frac{n}{2}, \ldots, n - 1. \end{cases}$$

Dabei sind die $z_{2h}^{(k)}$, $1 \le k < n/2$, gerade die Eigenvektoren von A_{2h} zu den Eigenwerten

$$\lambda_{2h}^{(k)} = \frac{4}{(2h)^2} \sin^2 kh = \frac{1}{h^2} \sin^2 kh$$

[s. (8.9.3)], so daß

$$A_{2h}^{-1} z_{2h}^{(k)} = \frac{1}{\lambda_{2h}^{(k)}} z_{2h}^{(k)}, \quad k = 1, 2, \ldots, \frac{n}{2} - 1.$$

Ebenfalls durch Nachrechnen zeigt man

$$(8.9.10) \qquad I_{2h}^h z_{2h}^{(k)} = c_k z_h^{(k)} - s_k z_h^{(k')}, \quad k = 1, 2, \ldots, \frac{n}{2} - 1.$$

Durch Kombination dieser Resultate erhält man für $k = 1, 2, \ldots, \frac{n}{2} - 1$

$$\begin{aligned} I_{2h}^h A_{2h}^{-1} I_h^{2h} A_h z_h^{(k)} &= \lambda_h^{(k)} I_{2h}^h A_{2h}^{-1} I_h^{2h} z_h^{(k)} \\ &= \lambda_h^{(k)} c_k I_{2h}^h A_{2h}^{-1} z_{2h}^{(k)} \\ &= \frac{\lambda_h^{(k)}}{\lambda_{2h}^{(k)}} c_k I_{2h}^h z_{2h}^{(k)} \\ &= \frac{\lambda_h^{(k)}}{\lambda_{2h}^{(k)}} c_k (c_k z_h^{(k)} - s_k z_h^{(k')}). \end{aligned}$$

Unter Verwendung von

$$\frac{\lambda_h^{(k)}}{\lambda_{2h}^{(k)}} = \frac{\frac{4}{h^2} \sin^2 kh/2}{\frac{1}{h^2} \sin^2 kh} = \frac{4 s_k}{\sin^2 kh}, \quad c_k s_k = \frac{1}{4} \sin^2 kh,$$

bekommt man schließlich für $k = 1, 2, \ldots, \frac{n}{2} - 1$

$$(8.9.11) \qquad C_h z_h^{(k)} = (I - I_{2h}^h A_{2h}^{-1} I_h^{2h} A_h) z_h^{(k)} = s_k z_h^{(k)} + s_k z_h^{(k')}.$$

Auf die gleiche Weise berechnet man auch die Wirkung von C_h auf die „hochfrequenten" Vektoren $z_h^{(k')}$:

$$(8.9.12) \qquad C_h z_h^{(k')} = c_k z_h^{(k)} + c_k z_h^{(k')}, \quad k = 1, \ldots, \frac{n}{2}.$$

Wir können nun folgenden Satz zeigen:

(8.9.13) **Satz:** *Wählt man $v = 2$, $\omega_0 = 2/3$, so gilt nach einem Schritt von* (8.9.7) *für die Fehler $e_h := v_h - u_h$, $\bar{e}_h := \bar{v}_h - u_h$ von v_h und $\bar{v}_h := ZG(v_h)$ die Abschätzung*

$$\|\bar{e}_h\|_2 \le 0.782\,\|e_h\|_2.$$

Das Zweigitterverfahren liefert also Vektoren $v_h^{(j+1)} = ZG(v_h^{(j)})$, deren Fehler $e_h^{(j)} = v_h^{(j)} - u_h$ mit einer von h *unabhängigen Konvergenzrate* gegen 0 konvergieren,

$$\|e_h^{(j)}\|_2 \le 0.782^j\,\|e_h^{(0)}\|_2.$$

Dies bemerkenswert, weil die Konvergenzraten aller bisher behandelten Iterationsverfahren [vgl. Abschnitt 8.4] von h abhängen und für $h \downarrow 0$ immer schlechter werden.

Beweis: Der Fehler $e_h = v_h - u_h$ besitze die Zerlegung

$$e_h = \rho_1 z_h^{(1)} + \cdots + \rho_{n-1} z_h^{(n-1)}.$$

Wir haben bereits gesehen (s. (8.9.5)), daß $J(\omega_0)$ ebenfalls die Eigenvektoren $z_h^{(k)}$ zu den Eigenwerten $\mu_h^{(k)}(\omega_0) = 1 - 2\omega_0 s_k$, $k = 1, \ldots, n-1$, besitzt. Nach Wahl von ω_0 gilt dann für $k = 1, \ldots, \frac{n}{2}$, $k' := n - k$

$$|\mu_h^{(k)}(\omega_0)| < 1, \quad |\mu_h^{(k')}(\omega_0)| \le \frac{1}{3}.$$

Aus (8.9.6), (8.9.11) und (8.9.12) folgt für $k = 1, \ldots, \frac{n}{2}$

$$C_h J(\omega_0)^v z_h^{(k)} = \left(\mu_h^{(k)}(\omega_0)\right)^v (s_k z_h^{(k)} + s_k z_h^{(k')}) =: \alpha_k(z_h^{(k)} + z_h^{(k')}),$$
$$C_h J(\omega_0)^v z_h^{(k')} = \left(\mu_h^{(k')}(\omega_0)\right)^v (c_k z_h^{(k)} + c_k z_h^{(k')}) =: \beta_k(z_h^{(k)} + z_h^{(k')}),$$

wobei für die $\alpha_k := (\mu_h^{(k)}(\omega_0))^v s_k$, $\beta_k := (\mu_h^{(k')}(\omega_0))^v c_k$ die Abschätzungen

$$|\alpha_k| \le s_k \le \frac{1}{2}, \quad |\beta_k| \le \frac{1}{3^v} \quad \text{für } k = 1, \ldots, \frac{n}{2}$$

gelten. Damit erhält man für den Fehler ($\delta_{n/2} := 1/2$, sonst $\delta_k := 1$)

$$\bar{e}_h = C_h J(\omega_0)^v e_h$$
$$= \sum_{k=1}^{n/2} \delta_k (\rho_k \alpha_k + \rho_{k'} \beta_k)(z_h^{(k)} + z_h^{(k')}).$$

Wegen der Orthogonalität der $z_h^{(k)}$ und $\|z_h^{(k)}\|^2 = n/2$ für $k = 1, \ldots, n-1$ erhält man die Abschätzung

$$\|\bar{e}_h\|^2 = n\left[\sum_{k=1}^{n/2} \delta_k(\rho_k^2\alpha_k^2 + \rho_{k'}^2\beta_k^2 + 2\rho_k\rho_{k'}\alpha_k\beta_k)\right]$$

$$\leq n\left[\sum_{k=1}^{n/2} \delta_k(\rho_k^2\alpha_k^2 + \rho_{k'}^2\beta_k^2 + (\rho_k^2 + \rho_{k'}^2)|\alpha_k\beta_k|)\right]$$

$$\leq n(\frac{1}{4} + \frac{1}{2\cdot 3^v})\sum_{k=1}^{n/2} \delta_k(\rho_k^2 + \rho_{k'}^2)$$

$$= (\frac{1}{2} + \frac{1}{3^v})\|e_h\|^2.$$

Für $v = 2$ folgt daraus die Behauptung des Satzes. $\square$

Für das Zweigitterverfahren stellt sich das Problem, wie man in Schritt 3) von (8.9.7) das lineare Gleichungssystems $A_{2h}e_{2h} = -r_{2h}$ auf dem gröberen Gitter Ω_{2h} löst. Hier liegt die Idee nahe, das Zweigitterverfahren auch zur Lösung dieses Systems zu verwenden unter Benutzung von Lösungen von Gleichungen auf dem nächstgröberen Gitter Ω_{4h} usw. Man erhält so *Mehrgitterverfahren* im engeren Sinne. Als einen wesentlichen Bestandteil der verschiedenen denkbaren Verfahren dieses Typs beschreiben wir hier noch den sog. *Mehrgitter-V-Zyklus*, der in jedem Schritt zur Lösung von $A_hu_h = f_h$ auf dem feinsten Gitter Ω_h alle Gitter

$$\Omega_h \rightarrow \Omega_{2h} \rightarrow \cdots \rightarrow \Omega_{2^jh} \rightarrow \Omega_{2^{j-1}h} \rightarrow \cdots \rightarrow \Omega_h$$

der Reihe nach besucht. Der Name V-Zyklus rührt daher, daß man zunächst vom feinsten zum gröbsten Gitter „absteigt" und dann wieder zum feinsten Gitter „aufsteigt". Während eines *V*-Zyklus wird eine Näherungslösung v_h von $A_hu = f_h$ durch eine neue Näherungslösung

$$v_h \leftarrow MV_h(v_h, f_h)$$

ersetzt, wobei die Funktion $MV_h(v_h, f_h)$ rekursiv definiert ist durch

(8.9.14) **Mehrgitter-V-Zyklus**: *Gegeben v_h, f_h. Setze $H := h$.*

1) *Wende v-mal das gedämpfte Jacobi-Verfahren (8.9.4) (mit $\omega = \omega_0 = 2/3$) zur Lösung von $A_Hu = f_H$ mit dem Startvektor v_H an und bezeichne das Resultat wieder mit v_H.*

2) *Falls $H = 2^jh$, fahre fort mit 4). Andernfalls setze*

$$f_{2H} := I_H^{2H}(f_H - A_Hv_H), \quad v_{2H} := MV_{2H}(0, f_{2H}).$$

3) *Berechne $v_H := v_H + I_{2H}^Hv_{2H}$.*

4) *Wende v-mal (8.9.4) zur Lösung von $A_Hu = f_H$ ausgehend vom Startwert v_H an und nenne das Ergebnis wieder v_H.*

Weitere Varianten sind in der Literatur beschrieben und analysiert worden [s. z. B. Brandt (1977), Hackbusch und Trottenberg (1982), Hackbusch (1985), McCormick (1987)]. Für die effektivsten unter ihnen kann man unter sehr allgemeinen Bedingungen zeigen, daß sie zur Lösung von Diskretisierungsgleichungen wie $A_h u_h = f_h$ mit N Unbekannten nur $O(N)$ Operationen benötigen, um eine Näherungslösung v_h zu finden, deren Fehler $\|v_h - u_h\| = O(h^2)$ von der Größenordnung des Diskretisierungsfehlers $\max_{x \in \Omega_h} \|y(x) - u_h(x)\| = \tau(h) = O(h^2)$ ist [vgl. Satz (7.4.10)]. Da die exakte Lösung u_h der diskretisierten Gleichung $A_h u_h = f_h$ sich von der exakten Lösung $y(x)$ des ursprünglichen Problems (8.9.1) durch den Diskretisierungsfehler $\tau(h)$ unterscheidet, hat es keinen Sinn, ein v_h mit $\|v_h - u_h\| \ll \tau(h)$ zu bestimmen.

Für das einfache Zweigitterverfahren (8.9.7) können wir mit Hilfe von Satz (8.9.13) ein etwas schwächeres Ergebnis zeigen: Wegen $N = n - 1$ und $h^2 = \pi^2/n^2$ erfordert dieses Verfahren nach (8.9.13) $j = O(\ln N)$ Iterationen, um z. B. aus der Startlösung $v_h^{(0)} = 0$ ein $v_h^{(j)}$ mit $\|v_h^{(j)} - u_h\| = O(h^2)$ zu berechnen. Da die Lösung des tridiagonalen Gleichungssystems in Schritt 3) von (8.9.7) $O(N)$ Operationen erfordert, benötigt (8.9.7) insgesamt $O(N \ln N)$ Operationen, um eine Lösung akzeptabler Genauigkeit zu bestimmen.

8.10 Vergleich der Iterationsverfahren

Zum Vergleich der Verfahren aus diesem Kapitel betrachten wir den Rechenaufwand, den diese Verfahren bei der Lösung des folgenden Randwertproblems

$$-u_{xx} - u_{yy} + \gamma\, x\, u_x + \gamma\, y\, u_y + \delta\, u = f, \qquad \delta,\ \gamma \text{ Konstante},$$

(8.10.1)
$$u(x, y) = 0 \text{ for } (x, y) \in \partial\Omega,$$

$$\Omega := \{(x, y) \mid 0 \le x, y \le 1\},$$

auf dem Einheitsquadrat Ω des $\mathbb{R}^2$ erfordern.

Für $\delta = \gamma = 0$ erhalten wir das Modellproblem von Abschnitt 8.4. Wie dort approximieren wir das Problem (8.10.1) durch Diskretisierung: Wir wählen eine Schrittweite $h = 1/(N + 1)$, Gitterpunkte $(x_i, y_j) := (ih, jh)$, $i, j = 0, 1, \ldots, N + 1$, und ersetzen die Ableitungen u_{xx}, u_{yy}, u_x, u_y in (x_i, y_j), $i, j = 1, \ldots, N$, durch zentrale Differenzen:

$$-u_{xx}(x_i, y_j) - u_{yy}(x_i, y_j) \approx \frac{4u_{ij} - u_{i+1,j} - u_{i-1,j} - u_{i,j+1} - u_{i,j-1}}{h^2},$$

$$u_x(x_i, y_j) \approx \frac{u_{i+1,j} - u_{i-1,j}}{2h}, \qquad u_y(x_i, y_j) \approx \frac{u_{i,j+1} - u_{i,j-1}}{2h}.$$

Dies liefert ein System von linearen Gleichungen

$$(8.10.2) \qquad\qquad Az = b$$

für den Vektor

$$z := [z_{11}, z_{21}, \ldots, z_{N1}, \ldots, z_{1N}, z_{2N}, \ldots, z_{NN}]^T$$

der N^2 Unbekannten z_{ij}, i, $j = 1, \ldots, N$, die $u_{ij} := u(x_i, y_j)$ approximieren.

Die Matrix A hängt von der Wahl von δ und γ ab. Für $\delta = \gamma = 0$ ist sie (bis auf den Faktor h^2) mit der positiv definiten Matrix A (8.4.5) des Modellproblems identisch. Für $\gamma = 0$ und alle δ ist A noch symmetrisch, wird aber für genügend kleine negative Werte von δ indefinit. Schließlich ist A für alle $\gamma \neq 0$ nichtsymmetrisch.

In einer ersten Gruppe von Tests vergleichen wir die Verfahren von Jacobi, Gauß-Seidel, die Relaxationsmethoden, die ADI-Verfahren und das Verfahren von Buneman. Wir verwenden dazu die linearen Gleichungen (8.10.2), die zu dem Modellproblem gehören, weil für dieses Problem die Konvergenzeigenschaften der Verfahren genau bekannt sind. Außerdem sind die ADI-Verfahren und das Verfahren von Buneman auf die Behandlung des Modellproblems (und einfacher Varianten davon) zugeschnitten. Die linearen Gleichungen (8.10.2) zum Modellproblem werden auch im Test des konjugierten Gradientenverfahrens verwandt, weil das cg-Verfahren die positive Definitheit von A voraussetzt.

In einer zweiten Gruppe von Tests benutzen wir zum Vergleich der übrigen Krylovraum-Methoden (GMRES, QMR, Bi-CGSTAB) die linearen Gleichungen (8.10.2) mit einer nichtsymmetrischen Matrix A ($\gamma \neq 0$ und $\delta \ll 0$); diese Verfahren dienen ja zur Lösung solcher allgemeinerer Probleme.

Für die erste Gruppe von Tests, die zu dem Modellproblem gehören, verwenden wir als rechte Seite f von (8.10.1) die Funktion

$$f(x, y) = 2\pi^2 \sin \pi x \sin \pi y.$$

Die exakte Lösung $u(x, y)$ von (8.10.1) ist dann

$$u(x, y) := \sin \pi x \sin \pi y$$

und als rechte Seite b von (8.10.2) erhält man

$$b := 2\pi^2 \bar{u}$$

wobei

$$\bar{u} := [u_{11}, u_{21}, \ldots, u_{N1}, \ldots, u_{1N}, \ldots, u_{NN}]^T, \qquad u_{ij} = u(x_i, y_j).$$

In Abschnitt 8.4 wurden die Eigenvektoren der Iterationsmatrix J des Jacobiverfahrens angegeben, die zu A gehört. Man verifiziert sofort, daß b Eigenvektor von J, und wegen $A = 4(I - J)/h^2$ auch Eigenvektor von A ist. Daher läßt sich auch die exakte Lösung z von (8.10.2) angeben: Wegen

$$Jb = \mu b, \quad \text{mit} \quad \mu = \cos \pi h.$$

erhält man

(8.10.3) $$z := \frac{h^2 \pi^2}{2(1 - \cos \pi h)} \bar{u}.$$

Für das Relaxationsverfahren wurden die optimalen Relaxationsparameter ω_b gewählt [s. Satz (8.3.17)], wobei für $\rho(J)$ der exakte Wert (8.4.6) genommen wurde. Ebenso wurden im ADI-Verfahren die optimalen Parameter aus (8.6.23) gewählt, die zu $m = 2^k$, $k = 2$, 4, gehören, und die Parameter α und β wie in (8.6.24).

Als Maß für den Fehler wurde die Größe

$$\bar{r}^{(i)} := \left\| Az^{(i)} - b \right\|_\infty$$

genommen; die Iterationen wurden abgebrochen, sobald $\bar{r}^{(i)}$ auf die Größenordnung 10^{-4} reduziert war.

Bei den Jacobi-, Gauß-Seidel-, Relaxations- und ADI-Verfahren wurde $z^{(0)} := 0$ als Startvektor der Iteration benutzt. Dem entspricht das Startresiduum $\bar{r}^{(0)} = 2\pi^2 \approx 20$. Die Ergebnisse findet man in Tabelle I, in der neben dem Wert N auch die Zahl i der Iterationen und das Endresiduum $\bar{r}^{(i)}$ angegeben sind.

Die Resultate von Tabelle I stehen im Einklang mit den Aussagen über die Konvergenzgeschwindigkeit, die in Kapitel 8 hergeleitet wurden: das Gauß-Seidel-Verfahren konvergiert doppelt so schnell wie das Jacobi-Verfahren [Korollar (8.3.16)], die Relaxationsverfahren bringen eine weitere Reduktion der Anzahl der Iterationen [Satz (8.3.17), (8.4.9)], und das ADI-Verfahren benötigt die wenigsten Iterationen [vgl. (8.6.28)].

Da das Verfahren von Buneman [s. Abschnitt 8.8] nichtiterativ ist und (bei exakter Rechnung) die exakte Lösung von (8.10.2) in endlich vielen Schritten mit einem Aufwand [s. 8.8] von ca. $6N^2 \log_2 N$ Gleitpunktoperationen liefert, sind die Rechenresultate für dieses Verfahren nicht angegeben. Um die iterativen Verfahren mit dem von Buneman zu vergleichen, beachte man, daß alle diese Verfahren nur die Lösung z von (8.10.2) berechnen. Diese Lösung z ist aber nur eine Approximation für die eigentlich gesuchte Lösung $u(x, y)$ von (8.10.1). In der Tat folgt aus (8.10.3) durch Taylorentwicklung nach Potenzen von h

Verfahren	k	N	$\bar{r}^{(i)}$	i
Jacobi		5	3.5×10^{-3}	60
		10	1.2×10^{-3}	235
Gauss-Seidel		5	3.0×10^{-3}	33
		10	1.1×10^{-3}	127
		25	5.6×10^{-3}	600
Relaxation		5	1.6×10^{-3}	13
		10	0.9×10^{-3}	28
		25	0.6×10^{-3}	77
		50	1.0×10^{-2}	180
ADI	2	5	0.7×10^{-3}	9
		10	4.4×10^{-3}	12
		25	2.0×10^{-2}	16
	4	5	1.2×10^{-3}	9
		10	0.8×10^{-3}	13
		25	1.6×10^{-5}	14
		50	3.6×10^{-4}	14

Tabelle I

$$z - \bar{u} = \left(\frac{\pi^2 h^2}{2(1 - \cos \pi h)} - 1 \right) \bar{u} = \frac{h^2 \pi^2}{12} \bar{u} + O(h^4),$$

so daß für den Fehler $\|z - \bar{u}\|_\infty$ wegen $\|\bar{u}\|_\infty \leq 1$ gilt

$$\|z - \bar{u}\|_\infty \leq \frac{h^2 \pi^2}{12} + O(h^4).$$

Da man in den Anwendungen nicht an der Lösung z von (8.10.2), sondern an der Lösung $u(x, y)$ von (8.10.1) interessiert ist, hat es wenig Sinn, die Lösung z von (8.10.2) genauer als mit einem Fehler der Größenordnung $h^2 = 1/(N + 1)^2$ zu approximieren. Weil der Startvektor $z^{(0)} = 0$ einen Fehler $\|z - z^{(0)}\| \approx 1$ besitzt, benötigt man wegen (8.4.9) mit dem Jacobi-, Gauß-Seidel- und dem optimalen Relaxationsverfahren folgende Iterations- und Operationszahlen (eine Iteration erfordert ca. $5N^2$ Gleitpunktoperationen (flops, floating-point operations)), um z mit einem Fehler der Ordnung h^2 zu berechnen:

Verfahren	Iterationszahl	flops
Jacobi	$0.467(N + 1)^2 \log_{10}(N + 1)^2 \approx N^2 \log_{10} N$	$5N^4 \log_{10} N$
Gauß-Seidel	$0.234(N + 1)^2 \log_{10}(N + 1)^2 \approx \frac{1}{2}N^2 \log_{10} N$	$2.5N^4 \log_{10} N$
SOR	$0.367(N + 1) \log_{10}(N + 1)^2 \approx 0.72N \log_{10} N$	$3.6N^3 \log_{10} N$

Zur Analyse des ADI-Verfahrens benutzt man (8.6.28): Man zeigt so leicht, daß zu gegebenem N die Zahl $R_{\text{ADI}}^{(m)}$ für $m \approx \ln[4(N + 1)/\pi]$, $\sqrt[m]{4(N + 1)/\pi} \approx e$, minimal wird. Das ADI-Verfahren mit optimaler Wahl von m und optimaler Parameterwahl benötigt also

$$R_{\text{ADI}}^{(m)} \cdot \log_{10}(N + 1)^2 \approx 3.6(\log_{10} N)^2$$

Iterationen, um die Lösung z von (8.10.2) mit einem Fehler der Größenordnung h^2 zu approximieren. Pro Iteration erfordert das ADI-Verfahren ca. $16N^2$ Gleitpunktoperationen, so daß die gesamte erforderliche Operationszahl ungefähr

$$57.6N^2(\log_{10} N)^2$$

beträgt. Das Buneman-Verfahren benötigt dagegen nach Abschnitt 8.8 nur

$$6N^2 \log_2 N \approx 20N^2 \log_{10} N$$

Gleitpunktoperationen, um (8.10.2) exakt zu lösen.

Als nächstes untersuchen wir die Krylovraum-Methoden aus den Abschnitten 8.7.1–8.7.4. Die numerischen Resultate für diese Verfahren (Ausnahme: die unvollständige QMGRES(l)-Methode (8.7.2.22)) wurden mit Hilfe von MATLAB unter Verwendung der MATLAB-Funktionen PCG, GM-RES, QMR and BICGSTAB gewonnen.

Da das cg-Verfahren (8.7.1.3) nur für positiv definite Systeme anwendbar ist, dienten zum Test die Gleichungen (8.10.2), die zum Modellproblem gehören ($\delta = \gamma = 0$). Als rechte Seite von (8.10.2) wurde der Vektor $b := Ae$, $e := [1, \dots, 1]^T \in \mathbb{R}^{N^2}$ genommen, so daß $z = e$ die exakte Lösung von (8.10.2) ist. Als Startvektor wurde $z^{(0)} := 0$ gewählt. Wir beschreiben die numerischen Resultate für $N = 50$ [d.h. die Anzahl der Unbekannten in (8.10.2) ist $N^2 = 2500$] in Form eines Diagramms, das die Größen

$$(8.10.4) \qquad \text{rel}_i := \frac{\|Az^{(i)} - b\|_2}{\|Az^{(0)} - b\|_2}$$

der relativen Residuen als Funktion der Iterationsnummer i angibt. Figur 27 zeigt die Resultate für das cg-Verfahren (8.7.1.3) ohne Vorkonditionierung

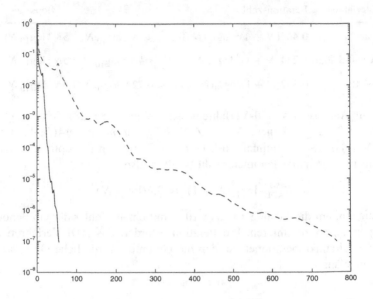

Fig. 27. Das cg-Verfahren mit und ohne Vorkonditionierung.

(durchgezogene Linie —) und das vorkonditionierte cg-Verfahren (8.7.1.10) (– – –), in dem zur Vorkonditionierung die SSOR-Matrix (8.7.1.11) mit $\omega = 1$ verwandt wurde.

Die langsame Konvergenz des cg-Verfahrens ohne Vorkonditionierung wird durch die Abschätzung (8.7.1.9) erklärt: denn die Matrix A besitzt nach (8.4.10) die relativ große Kondition

$$c = \text{cond}_2(A) \doteq \frac{4}{\pi^2}(N+1)^2 \approx 1054.$$

Die langsame Konvergenz wird also durch die Vorkonditionierung erheblich beschleunigt. Dabei ist ein Schritt des vorkonditionierten Verfahrens zwar teurer, aber nicht wesentlich teurer, wie die folgende Tabelle zeigt. In ihr werden die Anzahl der Gleitpunktoperationen (flops) pro Iteration für beide Verfahren angegeben:

	ohne Vorkonditionierung	mit Vorkonditionierung
flops/Iteration	$34.5N^2$	$47.5N^2$

Die Anzahlen der Iterationen (it) und Operationen (flops), die man insgesamt zur Reduktion der Größe des Startresiduums um den Faktor 10^{-7}

benötigt, sind:

	keine Vorkonditionierung	mit Vorkonditionierung
it	765	56
flops	$26378N^2$	$2662N^2$

In diesen Zusammenhang gehört ein theoretisches Resultat von Axelsson (1977): Er zeigte, daß das cg-Verfahren (8.7.1.10) mit der SSOR-Vorkonditionierung $O(N^{2.5}\log N)$ Operationen erfordert, um eine Näherungslösung $\bar{z}$ der linearen Gleichungen (8.10.2) des Modellproblems zu finden, die genügend genau ist, $\|\bar{z} - \bar{u}\| = O(h^2)$.

Das Verhalten der übrigen Krylovraum-Methoden GMRES, QMR, und Bi-CGSTAB, die in den Abschnitten 8.7.2–8.7.4 beschrieben wurden, wird durch analoge Tabellen und Diagramme illustriert. Da diese Verfahren primär zur Lösung von linearen Gleichungen mit einer nichtsymmetrischen Matrix A dienen, wurden sie anhand der unsymmetrischen Systeme (8.10.2) getestet, die man aus (8.10.1) für $\delta := -100$, $\gamma := 40$, $N := 50$, und den Startvektor $z^{(0)} = 0$ erhält, aber nur für die vorkonditionierten Versionen dieser Verfahren [es wurde die SSOR-Vokonditionierungsmatrix (8.7.1.11) mit $\omega = 1$ zur Linksvorkonditionierung verwandt]. Figur 28 illustriert das Verhalten der relativen Residuen rel_i (8.10.4) in Abhängigkeit von i für folgende Verfahren: die Restart-Version GMRES(25) (8.7.2.21) von GMRES (– – –) , das unvollständige GMRES-Verfahren QGMRES(30) (8.7.2.22) (–·–·), das QMR-Verfahren aus Abschnitt 8.7.3 (———), und das Bi-CGSTAB-Verfahren (8.7.4.14) (···). Der Restart-Parameter $\bar{n} = 25$ für GMRES, und der Parameter $l = 30$ für QGMRES wurden minimal und zwar so gewählt, daß diese Methoden überhaupt in der Lage waren, eine Iterierte $z^{(i)}$ mit $\text{rel}_i \leq 10^{-9}$ zu liefern.

Die folgende Tabelle gibt wieder die Anzahl it der Iterationen und den Rechenaufwand an, die diese Verfahren benötigen, um das Startresiduum $\text{rel}_0 = 1$ auf $\text{rel}_{it} \leq 10^{-9}$ zu reduzieren:

	GMRES(25)	QGMRES(30)	QMR	Bi-CGSTAB
it	202	179	73	101
flops	$25199N^2$	$37893N^2$	$6843N^2$	$4928N^2$
flops/it	$124.7N^2$	$211.7N^2$	$93.7N^2$	$48.8N^2$

Die numerischen Resultate für die Krylovraum-Methoden zeigen folgendes: Das QMR-Verfahren und das Bi-CGSTAB-Verfahren sind klar den verkürzten Versionen GMRES($\bar{n}$) (8.7.2.21) und QGMRES(l) (8.7.2.22) von GMRES überlegen. Falls die Parameter $\bar{n}$ und l klein sind, ist zwar der durchschnittliche Rechenaufwand pro Iteration dieser Verfahren klein, aber

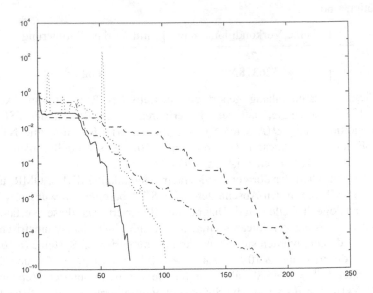

Fig. 28. Verhalten der GMRES-, QMR- und Bi-CGSTAB-Verfahren.

sie sind dann oft nicht mehr in der Lage, das Startresiduum in einer vertretbaren Anzahl von Iterationen substantiell zu reduzieren. Für größere Werte von $\bar{n}$ oder von l sind die Verfahren zwar fähig, genaue Lösungen zu liefern aber dann werden die Verfahren auch teuer, weil ihr durchschnittlicher Aufwand pro Iteration mit $\bar{n}$ und l rasch wächst.

In unseren Tests benötigte QMR ungefähr 40% mehr Rechenoperationen aber 30% weniger Iterationen als Bi-CGSTAB, um eine Lösung hoher Genauigkeit zu berechnen. Die Resultate zeigen aber auch, daß die Residuen der Iterierten bei QMR glatter konvergieren als bei Bi-CGSTAB, wo man größere Schwankungen beobachtet.

Zum Schluß einige allgemeine Bemerkungen zu den Verfahren von Kapitel 8. Die klassischen Verfahren (Jacobi, Gauß-Seidel, Relaxation) und alle Krylovraum-Methoden sind im Prinzip geeignet, lineare Gleichungen $Ax = b$ mit einer dünn besetzten Matrix A beliebiger Herkunft iterativ zu lösen. Dagegen sind die ADI-Verfahren, das Buneman-Verfahren und die Fouriermethoden aus Abschnitt 8.8 nur geeignet, die linearen Gleichungen zu lösen, die man bei der Diskretisierung *bestimmter* Randwertprobleme für partielle Differentialgleichungen erhält (Varianten des Modellproblems). Verglichen mit diesen spezialisierten Methoden ist die Konvergenz der klassischen Verfahren zu langsam. Wegen ihrer besonderen

Dämpfungseigenschaften werden sie aber Rahmen anderer Algorithmen verwendet, so z.B. innerhalb des Dämpfungsschritts von Mehrgitterverfahren [s. Abschnitt 8.9, (8.9.7) und (8.9.14)].

Im allgemeinen verwendet man heute Mehrgitterverfahren zur Lösung der großen linearen Gleichungssysteme, die man durch Diskretisierung von Randwertproblemen für partielle Differentialgleichungen erhält. Unter sehr allgemeinen Voraussetzungen liefern diese Verfahren eine genügend genaue Lösung der linearen Gleichungen mit einer Anzahl von Rechenoperationen, die lediglich linear (oder nur geringfügig langsamer) mit der Zahl der Unbekannten der linearen Gleichungen wächst. In dieser Hinsicht sind die spezialisierteren ADI-Verfahren und die Methoden von Abschnitt 8.8 für das Modellproblem mit Mehrgitterverfahren vergleichbar, mit denen man aber sehr viel allgemeinere Probleme lösen kann.

Krylovraum-Methoden finden ihre natürliche Anwendung bei der Lösung der dünn besetzten linearen Gleichungssysteme, auf die, vereinfacht ausgedrückt, Mehrgittermethoden nicht anwendbar sind. Solche Probleme erhält man z.B. bei der Behandlung von Netzwerkproblemen. Krylovraum-Methoden werden aber auch *innerhalb* von Mehrgitterverfahren verwandt, z.B. bei der Berechnung von „Grobgitterlösungen" [s. (8.9.7)]. Für die Effizienz von Kryloraum-Methoden sind Vorkonditionierungstechniken äußerst wichtig.

Übungsaufgaben zu Kapitel 8

1. Man zeige:

$$\rho(A) < 1 \Leftrightarrow \lim_{i \to \infty} A^i = 0.$$

Hinweis: Man benutze Satz (6.9.2).

2. A sei eine $m \times m$-Matrix und $S_n = \sum_{i=0}^{n} A^i$. Man zeige: $\lim_{n \to \infty} S_n$ existiert genau dann, wenn $\rho(A) < 1$ ist und es gilt dann

$$\lim_{n \to \infty} S_n = (I - A)^{-1}.$$

Hinweis: Man verwende Aufgabe 1) und die Identität

$$(I - A)S_n = I - A^{n+1}.$$

3. In Gleitpunktarithmetik wird an Stelle von (8.1.10) effektiv folgende Iteration ausgeführt:

$$\bar{x}^{(0)} := x^{(0)}; \quad B := \bar{L} \cdot \bar{R};$$
$$\bar{x}^{(i+1)} := \bar{x}^{(i)} + B^{-1} \bar{r}^{(i)} + a^{(i)},$$

mit $\bar{r}^{(i)} := b - A\bar{x}^{(i)}$ und

$$a^{(i)} := \text{gl}(\bar{x}^{(i)} + B^{-1}\bar{r}^{(i)}) - (\bar{x}^{(i)} + B^{-1}\bar{r}^{(i)}).$$

(Mit Hilfe der Theorie in 4.5, 4.6 läßt sich $\|a^{(i)}\|$ nach oben abschätzen.) Man zeige:

a) Der Fehler $\varepsilon^{(i)} := \bar{x}^{(i)} - x$, $x := A^{-1}b$ genügt der Rekursion

$$(*) \quad \varepsilon^{(i+1)} = (I - B^{-1}A)\varepsilon^{(i)} + a^{(i)} = C\varepsilon^{(i)} + a^{(i)}, \quad C := I - B^{-1}A.$$

Man leite daraus eine explizite Formel für $\varepsilon^{(i)}$ ab.

b) Man zeige, daß die $\|\varepsilon^{(i)}\|$ für $i \to \infty$ beschränkt bleiben, falls $\rho(C) < 1$ und die $a^{(i)}$ beschränkt bleiben, $\|a^{(i)}\| \leq \eta$ für alle i. Man gebe eine möglichst gute obere Schranke für $\lim \sup_{i \to \infty} \|\varepsilon^{(i)}\|$.

4. Man zeige:

a) A ist genau dann unzerlegbar, falls der zu A gehörige Graph $G(A)$ zusammenhängend ist.
   Hinweis: Man benutze, daß die Graphen $G(A)$ und $G(P^T A P)$, P eine Permutationsmatrix, bis auf die Numerierung der Knoten übereinstimmen.

b) Sei

$$A_1 = \begin{bmatrix} 1 & 0 & 2 \\ 3 & 1 & 0 \\ -1 & 0 & 1 \end{bmatrix}, \quad A_2 = \begin{bmatrix} 1 & 2 & 0 \\ -1 & 1 & 0 \\ 3 & 0 & 1 \end{bmatrix}.$$

Man zeige: Es existiert eine Permutationsmatrix P, so daß $A_2 = P^T A_1 P$; $G(A_1)$ und $G(A_2)$ sind identisch bis auf Umbenennung der Knoten der Graphen.

5. Gegeben

$$A = \begin{bmatrix} 2 & 0 & -1 & -1 \\ 0 & 2 & -1 & -1 \\ -1 & -1 & 2 & 0 \\ -1 & -1 & 0 & 2 \end{bmatrix}.$$

Man zeige:

a) A ist unzerlegbar.

b) Das Gesamtschrittverfahren konvergiert nicht.

6. Man zeige: die Matrix

$$A = \begin{bmatrix} 2 & -1 & 0 & -1 \\ -1 & 2 & -1 & 0 \\ 0 & 0 & 2 & -1 \\ -1 & 0 & -1 & 2 \end{bmatrix}$$

ist unzerlegbar und nichtsingulär.

7. Man betrachte das lineare Gleichungssystem $Ax = b$, A eine nichtsinguläre $n \times n$-Matrix. Falls A zerlegbar ist, so kann man das vorliegende Gleichungssystem immer in N Gleichungssysteme, $2 \leq N \leq n$, der Form

$$\sum_{k=j}^{N} A_{jk}x_k = b_j, \quad A_{jj} \ m_j \times m_j\text{-Matrix}, \quad \sum_{j=1}^{N} m_j = n,$$

zerlegen, wobei alle A_{jj} unzerlegbar sind.

8. (Varga (1962)) Man betrachte die gewöhnliche Differentialgleichung

$$-\frac{d}{dx}\left(p(x)\frac{d}{dx}y(x)\right) + \sigma(x)y(x) = f(x), \qquad a \le x \le b,$$

$$y(a) = \alpha_1, \quad y(b) = \alpha_2,$$

$p(x) \in C^3[a, b]$, $\sigma(x)$ stetig und $\sigma(x) > 0$, $p(x) > 0$ auf $a \le x \le b$.
Man diskretisiere die Differentialgleichung zu der allgemeinen Intervallteilung
$a = x_0 < x_1 < x_2 < \cdots < x_n < x_{n+1} = b$, mit

$$h_i := x_{i+1} - x_i,$$

unter Verwendung von

$$(*) \qquad \frac{d}{dx}\left(p(x)\frac{d}{dx}y(x)\right)_{x=x_i} = \frac{p_{i+1/2}\dfrac{y_{i+1}-y_i}{h_i} - p_{i-1/2}\dfrac{y_i-y_{i-1}}{h_{i-1}}}{\dfrac{h_i + h_{i-1}}{2}}$$

$$+ \begin{cases} O(\bar{h}_i^2), & \text{falls } h_i = h_{i-1} \\ O(\bar{h}_i), & \text{falls } h_i \ne h_{i-1} \end{cases}$$

mit $\bar{h}_i = \max(h_i, h_{i-1})$ und

$$p_{i+1/2} = p(x_{i+1/2}) = p(x_i + h_i/2), \quad p_{i-1/2} = p(x_{i-1/2}) = p(x_i - h_{i-1}/2).$$

Man zeige:

a) mit Hilfe der Taylorentwicklung, daß (∗) gilt.

b) Für die Matrix A des entstehenden linearen Gleichungssystems mit $Ax = b$ gilt: A ist reell, tridiagonal mit positiver Diagonale und negativen Nebendiagonalelementen, sofern die h_i für alle i hinreichend klein sind.

c) A ist unzerlegbar und erfüllt das schwache Zeilensummenkriterium.

d) Die Jacobi Matrix J ist unzerlegbar, $J \ge 0$, 2-zyklisch, konsistent geordnet und es ist $\rho(J) < 1$.

e) Konvergieren die Jacobi-, Gauß-Seidel-, Relaxationsverfahren bzgl. der feinsten Partitionierung von A?

9. Gegeben seien

$$A_1 = \begin{bmatrix} 0 & 1 & 1 \\ 1 & 0 & 1 \\ 1 & 1 & 0 \end{bmatrix}, \qquad A_2 = \begin{bmatrix} 0 & 1 & 0 \\ 1 & 0 & 1 \\ 1 & 1 & 0 \end{bmatrix},$$

$$A_3 = \begin{bmatrix} 0 & 1 & 0 \\ 1 & 0 & 1 \\ 0 & 1 & 0 \end{bmatrix}, \qquad A_4 = \begin{bmatrix} 0 & 1 & 0 & 0 \\ 0 & 0 & 1 & 0 \\ 0 & 1 & 0 & 1 \\ 1 & 0 & 0 & 0 \end{bmatrix},$$

$$A_5 = \begin{bmatrix} 0 & 1 & 0 & 0 \\ 0 & 0 & 1 & 0 \\ 0 & 0 & 0 & 1 \\ 1 & 0 & 0 & 0 \end{bmatrix}, \quad A_6 = \begin{bmatrix} 0 & 1 & 0 & 0 \\ 0 & 0 & 1 & 1 \\ 0 & 1 & 0 & 1 \\ 1 & 0 & 0 & 0 \end{bmatrix}.$$

Welche Graphen $G(A_i)$ sind 2-zyklisch?

10. Gegeben sei die 9×9-Matrix A

$$(*) \qquad A = \begin{bmatrix} M & -I & 0 \\ -I & M & -I \\ 0 & -I & M \end{bmatrix}, \quad \text{mit} \quad M = \begin{bmatrix} 4 & -2 & 0 \\ -1 & 4 & -1 \\ 0 & -1 & 6 \end{bmatrix}.$$

a) Man gebe die Zerlegungsmatrizen B, C von $A = B - C$ an, die den folgenden 4 Iterationsverfahren entsprechen:

(1) Jacobi $\Big\}$ bzgl. der feinsten Partionierung,
(2) Gauß-Seidel

(3) Jacobi $\Big\}$ bzgl. der in (*) benutzten Partionierung π.
(4) Gauß-Seidel

b) Man zeige: A ist unzerlegbar, $G(J)$ 2-zyklisch und A hat „property A".

c) Man zeige, daß die Verfahren (1) und (2) für A konvergieren, wobei (2) schneller als (1) konvergiert.

d) Man zeige, daß (3) und (4) konvergieren.
   Hinweis: Man berechne nicht M^{-1}, sondern man leite einen Zusammenhang zwischen den Eigenwerten von J_π bzw. H_π und M her. Dabei beachte man, daß bei speziell partitionierten Matrizen S, wie

$$S = \begin{bmatrix} 0 & R & 0 \\ R & 0 & R \\ 0 & R & 0 \end{bmatrix},$$

die Eigenwerte von S durch die von R ausgedrückt werden können, falls man einen Eigenvektor für S ansetzt, der analog zu S partitioniert ist.

11. Man zeige von folgender Matrix A, daß sie „property A" besitzt und nicht konsistent geordnet ist. Man gebe eine Permutation an, so daß die permutierte Matrix $P^T A P$ konsistent geordnet ist.

$$A = \begin{bmatrix} 4 & -1 & 0 & 0 & 0 & -1 \\ -1 & 4 & -1 & 0 & -1 & 0 \\ 0 & -1 & 4 & -1 & 0 & 0 \\ 0 & 0 & -1 & 4 & -1 & 0 \\ 0 & -1 & 0 & -1 & 4 & -1 \\ -1 & 0 & 0 & 0 & -1 & 4 \end{bmatrix}.$$

12. Man zeige: Alle Blocktridiagonalmatrizen

$$\begin{bmatrix} D_1 & A_{12} \\ A_{21} & D_2 & A_{23} \\ & \ddots & \ddots & \ddots \\ & & \ddots & \ddots & A_{N-1,N} \\ & & & A_{N,N-1} & D_N \end{bmatrix}$$

D_i nichtsinguläre Diagonalmatrizen, $A_{ij} \neq 0$ haben „property A".

13. Man zeige: (8.4.5) ist konsistent geordnet.

14. Man weise nach: A ist konsistent geordnet, besitzt aber nicht die „property A".

$$A := \begin{bmatrix} 1 & -1 & 0 \\ 1 & 1 & 0 \\ 1 & 1 & 1 \end{bmatrix}.$$

15. Man betrachte das Dirichletsche Randwertproblem auf dem Gebiet Ω (s. Fig. 27 mit Ω_h für $h = 1$.

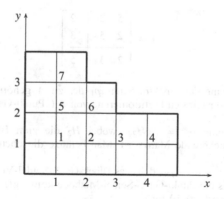

Fig. 27. Das Gebiet Ω.

a) Man stelle das zugehörige Gleichungssystem $Ax = b$ auf unter Benutzung der Diskretisierung (8.4.2) und gebe A an, wobei der Vektor x in der in Fig. 26 angegebenen Reihenfolge geordnet werden soll, d. h.
$x = [x_{11}, x_{21}, x_{31}, x_{41}, x_{12}, x_{22}, x_{13}]^T$.
b) Man zeige: A ist unzerlegbar, symmetrisch, $G(J)$ 2-zyklisch, A hat „property A" und es ist $\rho(J) < 1$.
c) Man ordne A konsistent und gebe an, welcher Umnummerierung der Variablen x in der Figur dies entspricht. Ist diese Umordnung eindeutig?

380   8 Iterationsverfahren für große lineare Gleichungssysteme

16. Gegeben sei

$$A := \begin{bmatrix} 3 & -1 & 0 & 0 & 0 & -1 \\ -1 & 3 & -1 & 0 & -1 & 0 \\ 0 & -1 & 3 & -1 & 0 & 0 \\ 0 & 0 & -1 & 3 & -1 & 0 \\ 0 & -1 & 0 & -1 & 3 & -1 \\ -1 & 0 & 0 & 0 & -1 & 3 \end{bmatrix}.$$

a) Man zeige, daß die Gesamtschritt, Einzelschritt- und Relaxationsverfahren konvergieren.
b) Welches dieser Verfahren ist vorzuziehen?
c) Man gebe explizit die zu A und dem unter b) gewählten Verfahren gehörige Iteration an.

17. Man vergleiche anhand des Modellproblems das einfache Relaxations- mit dem Blockrelaxationsverfahren zu der in (8.4.5) angegebenen Partitionierung und zeige für $N \to \infty$:

$$\rho\Big(H_\pi(\omega_b)\Big) \approx \rho\Big(H(\omega)\Big)^\kappa, \quad \text{mit} \quad \kappa = \sqrt{2}.$$

Hinweis: Man beachte die Angaben zum Modellproblem in 8.5.

18. (Varga (1962)) Gegeben sei die Matrix A

$$A = \left[\begin{array}{cc|c} 5 & 2 & 2 \\ 2 & 5 & 3 \\ \hline 2 & 3 & 5 \end{array} \right].$$

a. Man bestimme den Spektralradius ρ_1 der zu A gehörigen Gauß-Seidel-Matrix H_1 zur feinsten Partitionierung von A („Punkt-Gauß-Seidel-Methode").
b. Man bestimme $\rho_2 = \rho(H_2)$, wobei H_2 die zum Block-Gauß-Seidel-Verfahren gehörende Matrix ist. Man benutze die oben angegebene Partitionierung.
c. Man zeige $1 > \rho_2 > \rho_1$, d. h. das Block-Gauß-Seidel-Verfahren muß nicht schneller als die Punkt-Gauß-Seidel-Methode konvergieren.
d. Man beantworte a), b) für

$$\bar{A} = \left[\begin{array}{cc|c} 5 & -2 & -2 \\ -2 & 5 & -3 \\ \hline -2 & -3 & 5 \end{array} \right];$$

gilt wiederum $1 > \rho_2 > \rho_1$?

19. Man verifiziere (8.6.10)–(8.6.13).

20. (Varga (1962)) Man zeige:

a)
$$\min_{r>0} \max_{0<\alpha \leq x \leq \beta} \left| \frac{r-x}{r+x} \right|^2 = \left(\frac{\sqrt{\beta} - \sqrt{\alpha}}{\sqrt{\beta} + \sqrt{\alpha}} \right)^2,$$

wobei das Minimum gerade für $r = \sqrt{\alpha\beta}$ angenommen wird.

b) Für das Modellproblem mit

$$\mu_j = 4 \sin^2 \frac{j\pi}{2(N+1)}$$

(vgl. (8.6.12)) erhält man dann

$$\min_{r>0} \rho(T_r) = \frac{\cos^2 \dfrac{\pi}{N+1}}{\left(1 + \sin \dfrac{\pi}{N+1} \right)^2}.$$

21. Man kann für (8.6.18) Näherungslösungen angeben, die in der Praxis für kleine m oft hinreichend gut die exakte Lösung approximieren. Peaceman, Rachford haben folgende Näherung vorgeschlagen:

$$r_j = \beta \cdot \left(\frac{\alpha}{\beta} \right)^{(2j-1)/(2m)}, \qquad j = 1, 2, \ldots, m.$$

Man zeige:

a)
$$\left| \frac{r_j - x}{r_j + x} \right| < 1, \quad \text{für alle} \quad j, \quad \alpha \leq x \leq \beta.$$

b) $\beta > r_1 > r_2 > \cdots > r_m > \alpha$ und für $z := (\alpha/\beta)^{1/(2m)}$ gilt:

$$\left| \frac{r_k - x}{r_k + x} \right| \leq \frac{1-z}{1+z} \quad \text{für } k = m, \alpha \leq x \leq r_m \text{ bzw. } k = 1, \beta \geq x \geq r_1.$$

$$\left| \frac{x - r_{i+1}}{x + r_{i+1}} \frac{x - r_i}{x + r_i} \right| \leq \left(\frac{1-z}{1+z} \right)^2, \quad r_i \geq x \geq r_{i+1}.$$

c) Aus a) und b) folgt für (8.6.17)

$$\varphi(r_1, \ldots, r_m) \leq \frac{1-z}{1+z}.$$

[s. Young (1971) für Einzelheiten zu diesen Näherungsformeln].

22. Man zeige für die in (8.6.21) erzeugte Folge α_j, β_j:

$$\alpha_0 < \alpha_j < \alpha_{j+1} < \beta_{j+1} < \beta_j < \beta_0. \qquad j \geq 1,$$

vadjust

und

$$\lim_{j \to \infty} \alpha_j = \lim_{j \to \infty} \beta_j.$$

23. Man bestimme die Parameter $r_i^{(4)}$ für $m = 4$, $\alpha = 0.5$, $\beta = 3.5$ aus (8.6.23) und vergleiche sie mit den Näherungswerten der Formel von Peaceman-Rachford in Aufgabe 21. Insbesondere vergleiche man $\varphi(r_1, \ldots, r_4)$ mit der in Aufgabe 21 c) gegebenen Abschätzung.

24. Man betrachte das Dirichletsche Problem zur Differentialgleichung

$$u_{xx} + u_{yy} + \frac{1}{x} u_x + \frac{1}{y} u_y = 0$$

in einem rechteckigen Gebiet Ω mit $\Omega \subset \left\{ (x, y) \mid x \geq 1, y \geq 1 \right\}$. Man gebe eine Differenzenapproximation des Problems, so daß das entstehende lineare Gleichungssystem der Form

$$(H + V)z = b$$

die Eigenschaft $HV = VH$ besitzt.

25. (Varga (1962)) Man betrachte die Differentialgleichung

$$u_{xx} + u_{yy} = 0$$

auf dem Rechtecksgebiet $\Omega := \{(x, y) \mid 0 \leq x, y \leq 1\}$ mit den Randbedingungen

$$u(0, y) = 1, \quad u(1, y) = 0, \qquad 0 \leq y \leq 1.$$

$$\frac{\partial u}{\partial y}(x, 0) = \frac{\partial u}{\partial y}(x, 1) = 0, \qquad 0 \leq x \leq 1.$$

a) Analog zu (8.4.2) diskretisiere man $u_{xx} + u_{yy}$ für die Maschenweite $h = 1/3$ für alle Gitterpunkte an denen die Lösung unbekannt ist. Die Randbedingung $u_y(x, 0) = u_y(x, 1) = 0$ berücksichtige man durch Einführung fiktiver Gitterpunkte z. B. $(x_i, -h)$ und approximiere $u_y(x_i, 0)$ durch

$$u_y(x_i, 0) = \frac{u(x_i, 0) - u(x_i - h)}{h} + O(h), \qquad i = 1, 2.$$

Man erhält so ein lineares Gleichungssystem $Az = b$ in acht Unbekannten. Man gebe A und b an.

b) Man bestimme die Zerlegung $A = H_1 + V_1$ entsprechend (8.6.3) und zeige
   H_1 ist reell, symmetrisch, positiv definit,
   V_1 ist reell, symmetrisch, positiv semidefinit.

c) Man zeige:

$$H_1 V_1 = V_1 H_1.$$

d) Obwohl die Voraussetzungen von (8.6.9) nicht erfüllt sind, zeige man $\rho(T_r) < 1$ für $r > 0$ und man berechne r_{opt}:

$$\rho(T_{r_{\text{opt}}}) = \min_{r > 0} \rho(T_r).$$

Als Ergebnis erhält man $r_{opt} = \sqrt{3}$, mit

$$\rho(T_{r_{opt}}) \leq \frac{\sqrt{3} - 1}{\sqrt{3} + 1}.$$

Hinweis: Man benutze das Ergebnis von Aufgabe 20 a), die exakten Eigenwerte von H_1 und beachte den Hinweis zu Aufgabe 10 d).

26. Man betrachte das lineare Gleichungssystem $Az = b$ von Aufgabe 15, wenn man die Unbekannten nicht in der in 15 a) angegebenen Reihenfolge $\{1, 2, 3, 4, 5, 6, 7\}$ (s. Fig. 22), sondern in der Reihenfolge $\{7, 5, 6, 1, 2, 3, 4\}$ anordnet.

   a) Man zeige, daß mit dieser Ordnung A konsistent geordnet ist.
   b) Man gebe die zu (8.6.3) analoge Zerlegung

$$A = H_1 + V_1$$

an und zeige:

   α) H_1, V_1 sind symmetrisch, reell, H_1 ist positiv definit, V_1 hat negative Eigenwerte.
   β) $H_1 V_1 \neq V_1 H_1$.

Literatur zu Kapitel 8

Arnoldi, W.E. (1951): The principle of minimized iteration in the solution of the matrix eigenvalue problem. *Quart. Appl. Math.* **9**, 17–29.

Axelsson, O. (1977): Solution of linear systems of equations: Iterative methods. In: Barker (1977).

——— (1994): *Iterative Solution Methods.* Cambridge, UK: Cambridge University Press.

Barker, V.A. (Ed.) (1977): *Sparse Matrix techniques.* Lecture Notes in Mathematics Vol. 572, Berlin-Heidelberg-New York: Springer.

Braess, D. (1997): *Finite Elemente.* Berlin-Heidelberg-New York: Springer.

Bramble, J.H. (1993): *Multigrid Methods.* Harlow: Longman.

Brandt, A. (1977): Multi-level adaptive solutions to boundary value problems. *Math. of Comput.* **31**, 333–390.

Briggs, W.L. (1987): *A Multigrid Tutorial.* Philadelphia: SIAM.

Buneman, O. (1969): A compact non-iterative Poisson solver. Stanford University, Institute for Plasma Research Report Nr. 294, Stanford, CA.

Buzbee, B.L., Dorr, F.W. (1974): The direct solution of the biharmonic equation on rectangular regions and the Poisson equation on irregular regions. *SIAM J. Numer. Anal.* **11**, 753–763.

———, ———, F.W., George, J.A., Golub, G.H. (1971): The direct solution of the discrete Poisson equation on irregular regions. *SIAM J. Numer. Anal.* **8**, 722–736.

———, Golub, G.H., Nielson, C.W. (1970): On direct methods for solving Poisson's equations. *SIAM J. Numer. Anal.* **7**, 627–656.

Chan, T.F., Glowinski, R., Periaux, J., Widlund, O. (Eds.) (1989): *Proceedings of the Second International Symposium on Domain Decomposition Methods.* Philadelphia: SIAM.

Fletcher, R. (1974). Conjugate gradient methods for indefinite systems. In: G.A. Watson (ed.), *Proceedings of the Dundee Biennial Conference on Numerical Analysis 1974*, p. 73–89. New York: Springer-Verlag 1975.

Forsythe, G.E., Moler, C.B. (1967): *Computer Solution of Linear Algebraic Systems*. Series in Automatic Computation. Englewood Cliffs, N.J.: Prentice Hall.

Freund, R.W., Nachtigal, N.M. (1991): QMR: a quasi-minimal residual method for non-Hermitian linear systems. *Numerische Mathematik* **60**, 315–339.

George, A. (1973): Nested dissection of a regular finite element mesh. *SIAM J. Numer. Anal.* **10**, 345–363.

Glowinski, R., Golub, G.H., Meurant, G.A., Periaux, J. (Eds.) (1988): *Proceedings of the First International Symposium on Domain Decomposition Methods for Partial Differential Equations*. Philadelphia: SIAM.

Hackbusch, W. (1985): *Multigrid Methods and Applications*. Berlin-Heidelberg-New York: Springer-Verlag.

————, Trottenberg, U. (Eds.) (1982): *Multigrid Methods*. Lecture Notes in Mathematics. Vol. 960. Berlin-Heidelberg-New York: Springer-Verlag.

Hestenes, M.R., Stiefel, E. (1952): Methods of conjugate gradients for solving linear systems. *Nat. Bur. Standards, J. of Res.* **49**, 409–436.

Hockney, R.W. (1969): The potential calculation and some applications. *Methods of Computational Physics* **9**, 136–211. New York, London: Academic Press.

Householder, A.S. (1964): *The Theory of Matrices in Numerical Analysis*. New York: Blaisdell Publ. Comp.

Keyes, D.E., Gropp, W.D. (1987): A comparison of domain decomposition techniques for elliptic partial differential equations. *SIAM J. Sci. Statist. Comput.* **8**, s166–s202.

Lanczos, C. (1950): An iteration method for the solution of the eigenvalue problem of linear differential and integral equations. *J. Res. Nat. Bur. Standards.* **45**, 255–282.

Lanczos, C. (1952): Solution of systems of linear equations by minimized iterations. *J. Res. Nat. Bur. Standards.* **49**, 33–53.

McCormick, S. (1987): *Multigrid Methods*. Philadelphia: SIAM.

Meijerink, J.A., van der Vorst, H.A. (1977): An iterative solution method for linear systems of which the coefficient matrix is a symmetric M-matrix. *Math. Comp.* **31**, 148–162.

O'Leary, D.P., Widlund, O. (1979): Capacitance matrix methods for the Helmholtz equation on general three-dimensional regions. *Math. Comp.* **33**, 849–879.

Paige, C.C., Saunders, M.A. (1975): Solution of sparse indefinite systems of linear equations. *SIAM J. Numer. Analysis* **12**, 617–624.

Proskurowski, W., Widlund, O. (1976): On the numerical solution of Helmholtz's equation by the capacitance matrix method. *Math. Comp.* **30**, 433–468.

Quarteroni, A., Valli, A. (1997): *Numerical Approximation of Partial Differential Equations*. 2nd Ed., Berlin-Heidelberg-New York: Springer.

Reid, J.K. (Ed.) (1971a): *Large Sparse Sets of Linear Equations*. London, New York: Academic Press.

————(1971b): On the method of conjugate gradients for the solution of large sparse systems of linear equations. In: Reid (1971a), 231–252.

Rice, J.R., Boisvert, R.F. (1984): *Solving Elliptic Problems Using ELLPACK*. Berlin-Heidelberg-New York: Springer.

Saad, Y. (1996): *Iterative Methods for Sparse Linear Systems*. Boston: PWS Publishing Company.

————, Schultz, M.H. (1986): GMRES: a generalized minimal residual algorithm for solving nonsymmetric linear systems. *SIAM J. Scientific and Statistical Computing,* **7**, 856–869.

Schröder, J., Trottenberg, U. (1973): Reduktionsverfahren für Differenzengleichungen bei Randwertaufgaben I. *Numer.Math.* **22**, 37–68.

————, ————, Reutersberg, H. (1976): Reduktionsverfahren für Differenzengleichungen bei Randwertaufgaben II. *Numer. Math.* **26**, 429–459.

Sonneveldt, P. (1989): CGS, a fast Lanczos-type solver for nonsymmetric linear systems. *SIAM J. Scientific and Statistical Computing* **10**, 36–52.

Swarztrauber, P.N. (1977): The methods of cyclic reduction, Fourier analysis and the FACR algorithm for the discrete solution of Poisson's equation on a rectangle. *SIAM Review* **19**, 490–501.

van der Vorst (1992): Bi-CGSTAB: A fast and smoothly converging variant of Bi-CG for the solution of non-symmetric linear systems. *SIAM J. Scientific and Statistical Computing* **12**, 631–644.

Varga, R.S. (1962): *Matrix Iterative Analysis.* Series in Automatic Computation. Englewood Cliffs: Prentice Hall.

Wachspress, E.L. (1966): *Iterative Solution of Elliptic Systems and Application to the Neutron Diffusion Equations of Reactor Physics.* Englewood Cliffs, N.J.: Prentice-Hall.

Wilkinson, J.H., Reinsch, C. (1971): *Linear Algebra.* Handbook for Automatic Computation, Vol. II. Grundlehren der mathematischen Wissenschaften in Einzeldarstellungen, Bd. 186. Berlin-Heidelberg-New York: Springer.

Young, D.M. (1971): *Iterative Solution of Large Linear Systems.* Computer Science and Applied Mathematics. New York: Academic Press.

Namen- und Sachverzeichnis

Printed in the United States
By Bookmasters